KUHMINSA

한 발 앞서나가는 출판사, 구민사
독자분들도 구민사와 함께 한 발 앞서나가길 바랍니다.

구민사 출간도서 中 수험서 분야

- 용접
- 자동차
- 조경/산림
- 품질경영
- 산업안전
- 전기
- 건축토목
- 실내건축

- 기술사
- 기계
- 금속
- 환경
- 보일러
- 가스
- 공조냉동
- 위험물

전문가를 위한 첫걸음, 구민사는 그 이상을 봅니다!

전국 도서판매처

- 일산남부서점
- 안산대동서적
- 대구북앤북스
- 대구하나도서
- 포항학원사
- 울산처용서림
- 창원그랜드문고
- 순천중앙서점
- 광주조은서림

전문가를 위한 첫걸음, 구민사는 그 이상을 봅니다!

상시시험 12종목
굴삭기운전기능사, 지게차운전기능사, 미용사(일반), 미용사(피부), 미용사(네일), 미용사(메이크업), 조리기능사(양식, 일식, 중식, 한식), 제과·제빵기능사

필기 합격 확인
큐넷(www.q-net.or.kr) 사이트에서 확인

실기 원서 접수
큐넷(www.q-net.or.kr) 응시 자격 서류는 **실기시험 접수기간(4일 내)에** 제출해야만 접수 가능

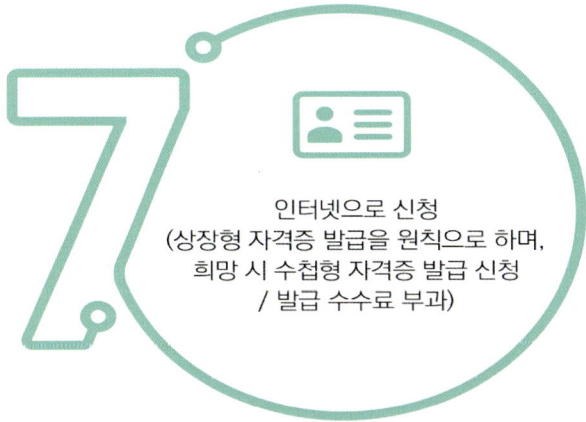

자격증 신청
인터넷으로 신청
(상장형 자격증 발급을 원칙으로 하며, 희망 시 수첩형 자격증 발급 신청 / 발급 수수료 부과)

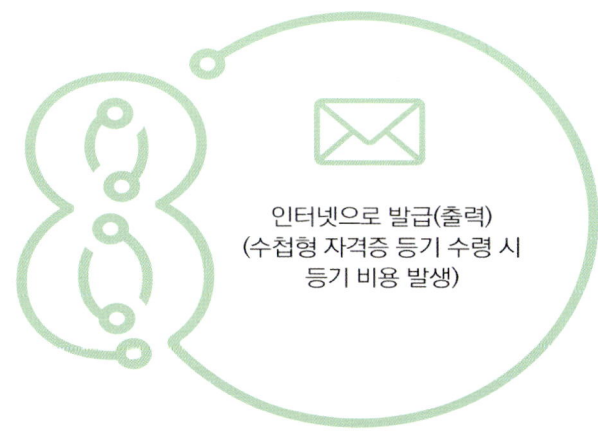

자격증 수령
인터넷으로 발급(출력)
(수첩형 자격증 등기 수령 시 등기 비용 발생)

자동차정비기능사 필기시험은 60문제를 CBT로 보며 60점 이상이면 합격이다. 응시자격에는 연령, 학력, 경력, 성별, 지역 등에 제한을 두지 않는다.

자동차정비기능사 필기 검정 방법은 자동차 엔진, 섀시, 전기·전자장치 정비 및 안전관리로 구성되어 있다. 그래서 저자들은 자동차정비기능사 필기시험을 준비하는 모든 수검자들에게 보다 쉽게 이해하고, 접근할 수 있도록 판정기준과 출제경향을 면밀히 분석하여 엔진, 섀시, 전기·전자장치 정비 및 안전관리의 내용 요약과 출제 예상문제를 총망라하여 정리하였다. 엔진, 섀시, 전기·전자장치 정비 및 안전관리를 각 단원별로 핵심이론을 수록하고 출제예상문제를 수록하였다. 출제예상문제는 각 문제마다 해설을 수록하여 쉽게 이해하여 자동차정비기능사 필기시험을 준비할 수 있도록 하였다.

마지막으로 종합적으로 필기 CBT 시행 문제를 수록하여 각 단원별로 공부한 내용을 테스트할 수 있도록 하였고, 필기 CBT 시행 문제에도 각 문제마다 해설을 수록하였다.
자동차정비기능사 필기를 어려움이 없이 합격할 수 있는 교재가 되길 바라며 저자들은 열정과 노력, 정성으로 이 교재를 저술했지만, 간혹 내용 중에 오류가 있으면 독자 여러분이 지적해 주시고 미흡한 부분이 있으면 독자 여러분들의 관심과 조언 그리고 격려 속에서 계속하여 이를 수정, 보완할 것이다.

이 책의 출판을 위해 바쁘신 와중에도 저자들을 도와주신 지인들 및 도서출판 구민사 조규백 대표님과 직원 여러분에게 마음 깊이 고마움을 전합니다.

저자 일동

PART 01 엔진

CHAPTER 01 _ 자동차 공학 _ 002

- 01 단위계 _ 002
  - 출제예상문제 _ 006
- 02 배기량 _ 008
- 03 압축비 _ 008
  - 출제예상문제 _ 010
- 04 일, 힘, 회전력 및 동력(마력) _ 013
  - 출제예상문제 _ 015
- 05 열량 _ 019
- 06 효율 _ 019
- 07 열역학 제 1법칙과 제 2법칙 _ 020
- 08 내연엔진의 분류 _ 021
  - 출제예상문제 _ 027

CHAPTER 02 _ 엔진본체 _ 029

- 01 실린더헤드 _ 029
  - 출제예상문제 _ 031
- 02 실린더블록 _ 037
  - 출제예상문제 _ 039
- 03 피스톤 _ 041
  - 출제예상문제 _ 043
- 04 피스톤링 _ 047
  - 출제예상문제 _ 049
- 05 피스톤핀 _ 050
- 06 커넥팅로드 _ 050

출제예상문제 _ 051
07 크랭크축 _ 053
    출제예상문세 _ 056
08 플라이휠 _ 060
09 크랭크축 베어링(엔진 베어링) _ 060
    출제예상문제 _ 063
10 밸브기구와 밸브 _ 066
    출제예상문제 _ 072
11 DOHC엔진 _ 078
    출제예상문제 _ 079

CHAPTER 03 _ 냉각장치 _ 080

01 냉각장치 역할 _ 080
02 엔진의 냉각방법 _ 080
03 수냉식의 주요 구조와 그 기능 _ 081
    출제예상문제 _ 085
04 냉각수와 부동액 _ 091
05 엔진의 과열 및 과냉 원인 _ 092
    출제예상문제 _ 093

CHAPTER 04 _ 윤활장치 _ 097

01 윤활장치 일반 _ 097
02 윤활유 공급방법 _ 098
03 윤활유의 작용 _ 098
04 오일의 작용 및 구비조건 _ 098
05 엔진오일의 분류 _ 100
06 엔진오일 공급장치 _ 100
07 윤활장치의 고장 원인 _ 102
    출제예상문제 _ 103

CHAPTER 05 _ 흡·배기장치 _ 111

- 01 흡·배기장치 _ 111
- 02 가변흡기장치 _ 113
- 03 과급기 및 인터쿨러 _ 114
- 04 유해 배출가스 저감장치 _ 115
  출제예상문제 _ 118

CHAPTER 06 _ 연료장치 _ 126

- 01 가솔린 연료장치 _ 126
  출제예상문제 _ 130
- 02 디젤엔진의 연료 _ 135
  출제예상문제 _ 137
- 03 전자 가솔린엔진 연료장치 _ 140
  출제예상문제 _ 146
- 04 LPG엔진의 연료장치 _ 154
  출제예상문제 _ 160
- 05 디젤엔진 연료장치 _ 165
  출제예상문제 _ 173

목차
CONTENTS

PART 02 전기

CHAPTER 01 _ 전기 기초 _ 182

- 01 전기와 물질 _ 182
- 02 정전기(축전기 : 커패시터) _ 182
- 03 전류 _ 183
- 04 저항 _ 184
- 05 전압 _ 184
- 06 옴의 법칙 _ 184
- 07 저항의 접속방법과 특징 _ 185
- 08 키르히호프의 법칙 _ 186
- 09 전력과 전력량 _ 187
- 10 전자력과 전자유도 작용 _ 188
- 11 자기 유도 작용과 상호 유도 작용 _ 190
  출제예상문제 _ 191

CHAPTER 02 _ 전자 기초 _ 202

- 01 반도체 _ 202
- 02 다이오드 _ 203
- 03 서미스터 _ 205
- 04 트랜지스터 _ 205
  출제예상문제 _ 209

CHAPTER 03 _ 충전장치 _ 218

- 01 축전지 _ 218
  출제예상문제 _ 227
- 02 발전기 _ 241
  출제예상문제 _ 246

CHAPTER 04 _ 시동장치 _ 256

- 01 시동장치의 개요 _ 256
- 02 시동장치의 구성 및 구조 _ 258
- 03 기동전동기 고장원인 _ 260
- 04 기동전동기의 시험 _ 261
  출제예상문제 _ 262

CHAPTER 05 _ 편의장치 _ 271

- 01 에어백장치 _ 271
- 02 편의장치 _ 273
- 03 계기(운전 정보)장치 _ 279
  출제예상문제 _ 282

CHAPTER 06 _ 등화장치 _ 290

- 01 전기회로 _ 290
- 02 등화장치 _ 291
  출제예상문제 _ 298

목차 CONTENTS

CHAPTER 07 _ 점화장치 _ 303
- 01 점화장치의 구비조건 _ 303
- 02 점화장치 구성 _ 303
- 03 고에너지 점화장치 _ 308
- 04 무배전 점화장치 DLI 또는 독립(직접) 점화장치 _ 309
- 05 크랭크 각센서와 캠 포지션센서 _ 310
  - 출제예상문제 _ 311

PART 03 섀시

CHAPTER 01 _ 클러치 · 수동변속기 _ 324
- 01 단위계 _ 324
- 02 클러치 _ 324
  - 출제예상문제 _ 332
- 03 수동변속기 _ 340
  - 출제예상문제 _ 344

CHAPTER 02 _ 드라이브라인 _ 349
- 01 슬립이음 _ 349
- 02 자재이음 _ 349
- 03 추진축 _ 351
- 04 동력배분장치(종감속 기어와 차동장치) _ 352
- 05 뒷바퀴 구동 방식의 뒤 차축지지 방식 _ 355
  - 출제예상문제 _ 356

CHAPTER 03 _ 휠·타이어·얼라인먼트 _ 366

- 01 휠 _ 366
- 02 타이어 _ 366
- 03 휠 얼라인먼트 _ 371
- 출제예상문제 _ 376

CHAPTER 04 _ 유압식 제동장치 _ 386

- 01 유압 브레이크 구조 _ 386
- 02 제동장치 구비조건 _ 387
- 03 유압 제동장치 장·단점 _ 387
- 04 유압 제동장치의 구조와 그 작용 _ 388
- 05 브레이크 이상 현상 _ 391
- 06 디스크 브레이크 _ 391
- 07 드럼 브레이크 _ 393
- 08 배력 방식 제동장치 _ 393
- 09 제동 시 자동차가 한쪽으로 쏠리는 원인 _ 394
- 출제예상문제 _ 395

CHAPTER 05 _ 유압식 현가장치 _ 414

- 01 일반 현가장치 _ 414
- 02 현가장치의 구비조건 _ 414
- 03 현가장치의 구성 _ 415
- 04 현가장치의 분류 _ 417
- 05 자동차 진동 _ 420
- 06 차체 진동수와 승차감 _ 421
- 출제예상문제 _ 422

CHAPTER 06 _ 조향장치 _ 431

01 조향장치의 원리 _ 431
02 조향장치의 구조 _ 432
03 조향 기어장치의 종류 _ 433
04 조향 기어장치의 방식 _ 435
05 조향핸들의 고장증상 _ 435
06 동력 조향장치 _ 437
　출제예상문제 _ 439

PART 04 부록 – 필기 CBT 시행문제

필기 CBT 시행문제 제1회 _ 448
필기 CBT 시행문제 제2회 _ 462
필기 CBT 시행문제 제3회 _ 476
필기 CBT 시행문제 제4회 _ 489
필기 CBT 시행문제 제5회 _ 502
필기 CBT 시행문제 제6회 _ 515

출제기준(필기)

| 직무분야 | 기계 | | 중직무분야 | 자동차 |
| 자격종목 | 자동차정비기능사 | | 적용 기간 | 2025.1.1 ~ 2027.12.31 |

| 직무내용 | 자동차의 엔진, 섀시, 전기·전자장치 등의 결함이나 고장부위를 진단하고 정비하는 직무이다.

| 필기검정방법 | 객관식 | | 문제수 | 60 | | 시험시간 | 1시간 |

필기과목명	문제수	주요항목	세부항목
자동차엔진,섀시,전기·전자 장치정비 및 안전 관리	60	1. 충전장치 정비	1. 충전장치 점검 · 진단 2. 충전장치 수리 3. 충전장치 교환 4. 충전장치 검사
		2. 시동장치 정비	1. 시동장치 점검 · 진단 2. 시동장치 수리 3. 시동장치 교환 4. 시동장치 검사
		3. 편의장치 정비	1. 편의장치 점검 · 진단 2. 편의장치 조정 3. 편의장치 수리 4. 편의장치 교환 5. 편의장치 검사
		4. 등화장치 정비	1. 등화장치 점검 · 진단 2. 등화장치 수리 3. 등화장치 교환 4. 등화장치 검사
		5. 엔진 본체 정비	1. 엔진본체 점검 · 진단 2. 엔진본체 관련 부품 조정 3. 엔진본체 수리 4. 엔진본체 관련부품 교환 5. 엔진본체 검사
		6. 윤활 장치 정비	1. 윤활장치 점검 · 진단 2. 윤활장치 수리 3. 윤활장치 교환 4. 윤활장치 검사

필기과목명	문제수	주요항목	세부항목
자동차엔진,섀시,전기·전자 장치정비 및 안전 관리	60	7. 연료 장치 정비	1. 연료장치 점검·진단 2. 연료장치 수리 3. 연료장치 교환 4. 연료장치 검사
		8. 흡·배기 장치 정비	1. 흡·배기장치 점검·진단 1. 흡·배기장치 점검·진단 2. 흡·배기장치 수리 3. 흡·배기장치 교환 4. 흡·배기장치 검사
		9. 클러치수동변속기 정비	1. 클러치·수동변속기 점검·진단 2. 클러치·수동변속기 조정 3. 클러치·수동변속기 수리 4. 클러치·수동변속기 교환 5. 클러치·수동변속기 검사
		10. 드라이브라인 정비	1. 드라이브라인 점검·진단 2. 드라이브라인 조정 3. 드라이브라인 수리 4. 드라이브라인 교환 5. 드라이브라인 검사
		11. 휠·타이어·얼라인먼트 정비	1. 휠·타이어·얼라인먼트 점검·진단 2. 휠·타이어·얼라인먼트 조정 3. 휠·타이어·얼라인먼트 수리 4. 휠·타이어·얼라인먼트 교환 5. 휠·타이어·얼라인먼트 검사
		12. 유압식 제동장치 정비	1. 유압식 제동장치 점검·진단 2. 유압식 제동장치 조정 3. 유압식 제동장치 수리 4. 유압식 제동장치 교환 5. 유압식 제동장치 검사
		13. 엔진점화장치 정비	1. 엔진점화장치 점검·진단 2. 엔진점화장치 조정 3. 엔진점화장치 수리 4. 엔진점화장치 교환 5. 엔진점화장치 검사

필기과목명	문제수	주요항목	세부항목
자동차엔진,섀시,전기·전자장치정비 및 안전 관리	60	14. 유압식 현가장치 정비	1. 유압식 현가장치 점검·진단 2. 유압식 현가장치 교환 3. 유압식 현가장치 검사
		15. 조향장치 정비	1. 조향장치 점검·진단 2. 조향장치 조정 3. 조향장치 수리 4. 조향장치 교환 5. 조향장치 검사
		16. 냉각 장치 정비	1. 냉각장치 점검·진단 2. 냉각장치 수리 3. 냉각장치 교환 4. 냉각장치 검사

출제기준(실기)

| 직무분야 | 기계 | 중직무분야 | 자동차 |
| 자격종목 | 자동차정비기능사 | 적용기간 | 2025.01.01~2027.12.31 |

| 직무내용 | 자동차의 엔진, 섀시, 전기·전자장치 등의 결함이나 고장부위를 진단하고 정비하는 직무이다.

| 수행준거 |

1. 차량에 안정된 전원을 공급하기 위하여 벨트의 장력 및 소손 상태와 배터리 및 발전기의 충전상태를 점검·진단하여 고장부위를 수리, 교환, 검사할 수 있다.
2. 정상적인 엔진시동을 위하여 시동장치의 관련회로와 시동전동기의 상태를 점검·진단하여 고장부위를 수리, 교환, 검사할 수 있다.
3. 각종 편의장치의 정상적인 작동을 위하여 진단장비를 활용하여 전원 및 컨트롤 모듈을 점검·진단하고 규정값에 맞게 조정, 수리, 교환할 수 있다.
4. 등화장치의 정상적인 작동을 위하여 등화장치를 점검·진단하여 문제의 부분을 수리, 교환, 검사할 수 있다.
5. 엔진의 구조 및 작동원리를 이해하고, 각 구성부품의 이상 유·무를 점검 및 진단하고 관련 장비를 활용하여 정비할 수 있다.
6. 윤활장치의 윤활압력을 측정하고 윤활유 누유 상태와 순환 상태를 점검·진단하여 문제의 부분을 수리, 교환할 수 있다.
7. 연료장치의 연료압력을 측정하고 연료 라인에 누유와 분사상태를 점검·진단하여 문제의 부분을 수리, 교환하는 능력이다.
8. 흡·배기장치의 제어·공기 누설, 오염상태를 점검·진단하며 흡·배기장치의 막힘, 손상, 누설의 문제 부분을 수리 교환할 수 있다.
9. 클러치 관련 장치의 작동유와 클러치 유격, 수동변속기 관련 장치의 오일, 기어 조작 및 작동상태와 소음과 출력을 점검하여 문제의 부분을 조정, 수리, 교환할 수 있다.
10. 동력전달 관련 장치의 소음, 충격, 진동, 마모, 누유 및 동력 전달 여부를 점검하여 문제의 부분을 조정, 수리, 교환할 수 있다.
11. 타이어 공기압력, 타이어의 이상마모상태, 휠의 밸런스, 주행 안정성과 핸들의 쏠림 등의 여부를 계측장비를 활용하여 점검, 조정, 수리, 교환할 수 있다.
12. 브레이크 오일의 양, 상태, 누유, 라인을 점검하고 디스크 및 캘리퍼, 패드, 드럼 및 휠 실린더, 라이닝, 부스터 및 마스터 실린더 등을 점검하여 조정, 수리 교환할 수 있다.

| 실기검정방법 | 작업형 | | 시험시간 | 4시간 정도 |

실기과목명	주요항목	세부항목
자동차정비 실무	1. 충전장치 정비	1. 충전장치 점검 · 진단하기 2. 충전장치 수리하기 3. 충전장치 교환하기 4. 충전장치 검사하기
	2. 시동장치 정비	1. 시동장치 점검 · 진단하기 2. 시동장치 수리하기 3. 시동장치 교환하기 4. 시동장치 검사하기
	3. 편의장치 정비	1. 편의장치 점검 · 진단하기 2. 편의장치 조정하기 3. 편의장치 수리하기 4. 편의장치 교환하기 5. 편의장치 검사하기
	4. 등화장치 정비	1. 등화장치 점검 · 진단하기 2. 등화장치 수리하기 3. 등화장치 교환하기 4. 등화장치 검사하기
	5. 엔진 본체 정비	1. 엔진본체 점검 · 진단하기 2. 엔진본체 관련 부품 조정하기 3. 엔진본체 수리하기 4. 엔진본체 관련부품 교환하기 5. 엔진본체 검사하기
	6. 윤활 장치 정비	1. 윤활장치 점검 · 진단하기 2. 윤활장치 수리하기 3. 윤활장치 교환하기 4. 윤활장치 검사하기
	7. 연료 장치 정비	1. 연료장치 점검 · 진단하기 2. 연료장치 수리하기 3. 연료장치 교환하기 4. 연료장치 검사하기

실기과목명	주요항목	세부항목
자동차정비 실무	8. 흡·배기 장치 정비	1. 흡·배기장치 점검·진단하기 2. 흡·배기장치 수리하기 3. 흡·배기장치 교환하기 4. 흡·배기장치 검사하기
	9. 클러치수동변속기정비	1. 클러치·수동변속기 점검·진단하기 2. 클러치·수동변속기 조정하기 3. 클러치·수동변속기 수리하기 4. 클러치·수동변속기 교환하기 5. 클러치·수동변속기 검사하기
	10. 드라이브라인 정비	1. 드라이브라인 점검·진단하기 2. 드라이브라인 조정하기 3. 드라이브라인 수리하기 4. 드라이브라인 교환하기 5. 드라이브라인 검사하기
	11. 휠·타이어·얼라인먼트 정비	1. 휠·타이어·얼라인먼트 점검·진단하기 2. 휠·타이어·얼라인먼트 조정하기 3. 휠·타이어·얼라인먼트 수리하기 4. 휠·타이어·얼라인먼트 교환하기 5. 휠·타이어·얼라인먼트 검사하기
	12. 유압식 제동장치 정비	1. 유압식 제동장치 점검·진단하기 2. 유압식 제동장치 조정하기 3. 유압식 제동장치 수리하기 4. 유압식 제동장치 교환하기 5. 유압식 제동장치 검사하기

Chapter 1 자동차 공학

01 단위계

종래에 사용됐던 단위계에는 절대 단위계와 공학 단위계 두 종류가 있었으나, 현재는 SI(System International), 즉 국제표준 단위계로 통일되어 가고 있다.

1 기본 단위계

국제단위계에서는 7개의 기본 단위가 정해져 있다. 이것을 SI 기본 단위(국제단위계 기본 단위)라고 하며, 기본이 되는 단위에는 초(s), 미터(m), 킬로그램(kg), 암페어(A), 켈빈(K), 몰(mol), 칸델라(cd) 7가지가 있다.

[1] 절대 단위계

절대 단위계는 길이(length), 질량(mass), 시간(time)의 세 종류를 기본 단위로 하고 있다. 절대 단위계는 MKS 단위계(미터, 킬로그램, 세컨드)와 CGS(센티미터, 그램, 세컨드) 단위계로 구분된다.

① **MKS 단위계** : 질량[kgf], 길이[m], 시간[s]을 기본으로 하는 단위계이며, 힘은 [N]으로 표시한다.

$$1[N] = 1[kgf] \times 1[m/s^2]$$

② CGS 단위계 : 질량[g], 길이[cm], 시간[s]을 기본으로 하는 단위계로, 힘은 [dyne]으로 표시한다.

$$1\,[\text{dyne}] = 1[\text{g}] \times 1[\text{cm/s}^2] = 10^{-5}\,[\text{N}]$$

2 온도(Temperature)

[1] 섭씨온도

표준대기압 상태에서 물의 빙점(icing point)을 0도로 하고 비등점(boiling point)을 100도로 하여 이 두 정점 사이를 100등분한 눈금을 1℃로 정하여 섭씨눈금으로 하였다. 단위는 [℃]이다. 섭씨온도와 화씨온도가 같아지는 온도는 -40℃ = -40°F이다.

[2] 화씨온도

표준대기압 상태에서 순수한 물의 빙점을 32도, 비등점을 212도로 정하고, 이 사이를 180등분하여 1°F로 정하며, 이를 화씨 눈금이라 한다. 단위는 [°F]이다.

[3] 절대온도(Absolute temperature)

(1) 캘빈온도(Kelvin temperature scale : T_K)

열역학 제2법칙에 따라 정해진 온도로 물질의 특이성에 의존하지 않고 눈금을 정의한 온도이다. 영하 273.15℃(0°K)를 기준으로 하여, 보통의 섭씨와 같은 간격으로 눈금을 붙였다. 단위는 켈빈(K)이다.

> 참고
>
> ① 섭씨를 화씨온도로 변환 : $°F = \dfrac{9}{5}°C + 32$
>
> ② 화씨를 섭씨온도로 변환 : $°C = \dfrac{5}{9}(°F - 32)$

Chapter 1 _ 자동차 공학

③ 절대온도를 섭씨온도로 변환 :
$$T_K = t_c + 273.15 = t_c + 273 [K], \ t_c : 섭씨온도$$

3 물질의 성질

상태변수 또는 상태량이라 한다.

[1] 밀도(Density)

단위 부피당(체적당) 질량을 나타내는 값이다. 보통 밀도는 압력이나 온도가 바뀜에 따라 바뀐다. 압력이 증가하면 무조건 물질의 밀도가 증가한다. 온도가 증가하면 보통 밀도가 낮아지지만, 단위 부피 중 물의 무게로는 4℃일 때가 가장 높다.

[2] 비중량(Specific weight)

비중량은 단위 부피당 중량으로, 단위는 [N/m³]으로 표시한다. 비중량의 기호는 "γ"(감마)이며 밀도와 비교하면 밀도는 질량을 부피로 나눈 것이었지만 비중량은 중량을 부피로 나눈 것이다.

$$\gamma(비중량) = \frac{G(무게)}{V(체적)} = \frac{mg}{V} = \rho g \ [kgf/m^3, \ N/m^3]$$

[3] 비체적(Specific volume)

비체적은 단위 질량당의 체적 또는 단위 중량당의 체적으로 단위는 [m³/kgf, m³/N]으로 표시한다.

$$v(비체적) = \frac{V(체적)}{m(질량)} \ [m^3/kgf]$$

[4] 비중(Specific gravity)

4℃ 물의 밀도(비중량)에 대한 어떤 물질의 밀도(비중량)의 비를 의미하며, 기호는 S로 사용한다.

$$S = \frac{\rho_{물질}}{\rho_{물}}$$

4 압력(Pressure)

단위 면적당 받는 힘의 크기를 나타내며, 1[kgf] 힘이 1[cm²]의 면적에 작용될 때의 압력을 말한다.

$$P(압력) = \frac{F(힘)}{A(면적)}$$

$$1[ata] = 1[kgf/cm^2] = 735.6[mmHg] = 735.6 \times 13.6[mmH_2O]$$
$$= 10[mAq] = 98,070[pA] = 0.9807[bar] = 0.9679[atm]$$

> **참고** $1kgf/cm^2 = 14.22 lb/in^2(psi)$

5 속도 및 가속도

① 속도(m/s, km/h) : 단위 시간에 이동한 거리이다.

$$1km/h = \frac{1,000m}{3,600s}$$

② 가속도(m/s²) : 시간의 흐름에 따라 증가하는 속도이다.

$$가속도(m/s^2) = \frac{나중속도 - 처음속도}{걸린시간}$$

> **참고** 중력가속도 : 9.8m/s²

Chapter 1.1 자동차 공학 출제예상문제

01
176°F는 몇 ℃인가?

① 76   ② 80
③ 144 ④ 176

> $t_C = \frac{5}{9}(t_F - 32)℃ = \frac{5}{9} \times (176-32) = 80℃$

02
단위에 대한 설명으로 옳은 것은?

① 1PS는 75kgf · m/h의 일률이다.
② 1J은 0.24cal이다.
③ 1kW는 1000kgf · m/s의 일률이다.
④ 초속 1m/s는 시속 36km/h와 같다.

> ① 1[kgf · m/s] = 9.8[W] = 9.8N · m/s
>   = 9.8J/s
> ② 1[W] = 1[J/s] = 1/9.8kgf · m/s
> ③ 1[PS] = 75[kgf · m/s] = 0.736kW
>   = 632.3[kcal/h]
> ④ 1[HP] = 76[kgf · m/s] = 0.746[kW]
>   = 1.0144[PS]
>   = 550.2[lbf · ft/s]
> ⑤ 1[kW] = 1.36[PS] = 102[kgf · m/s]
> ⑥ 1J = 0.24cal
> ⑦ 1cal = 4.2J
>   (1cal는 물 1g을 1℃ 높이는데 필요한 열량)
> ⑧ 0℃ = 273.15K
> ⑨ 1m/s = 3.6km/h
> ⑩ 1kgf/cm² = 14.2PSI

03
다음 중 단위 환산으로 틀린 것은?

① 1J = 1N · m   ② -40℃ = -40°F
③ -273℃ = 0K   ④ 1kgf/cm² = 1.42PSI

정답 01 ② 02 ② 03 ④

04
표준 대기압의 표기로 옳은 것은?

① 735mmHg ② 0.85kgf/cm²
③ 101.3kPa ④ 10bar

> 1기압(atm) = 101,325(Pa) = 1,013.25(hPa)
> = 101.325(kPa) = 0.101325(MPa)
> = 1,013,250dyne/cm²
> = 1,013.25(mb)
> = 1.01325(bar) = 1.033227kgf/cm²
> = 14.696(psi) = 760mmHg

05
단위환산으로 맞는 것은?

① 1mile = 2km
② 1lb = 1.55kg
③ 1kgf · m = 1.42ft · lbf
④ 9.81N · m = 9.81J

> ① 1mile = 1.6km
> ② 1lb = 0.45kg
> ③ 1kgf · m = 7.2ft · lbf

06
가솔린기관 압축압력의 단위로 쓰이는 것은?

① rpm
② mm
③ ps
④ kgf/cm²

> 압축압력의 측정단위는 PSI 또는 kgf/cm²를 사용한다.

정답 04 ③ 05 ④ 06 ④

Chapter 1 _ 자동차 공학

02 배기량(cm³, cc)

피스톤이 1행정하였을 때의 흡입 또는 배출한 공기나 혼합기의 체적이다.

① 실린더 배기량$(V) = \dfrac{\pi D^2 L}{4} \times \dfrac{1}{1,000}$

② 총 배기량$(V) = \dfrac{\pi D^2 LN}{4} \times \dfrac{1}{1,000}$

③ 분당 배기량$(V) = \dfrac{\pi D^2 LN}{4} \times \dfrac{1}{1,000} \times R$

D : 실린더 안지름(mm), L : 피스톤 행정(mm)
N : 실린더 수, R : 회전수(2행정 엔진 : R, 4행정 엔진 : $\dfrac{R}{2}$)

03 압축비(ε)

실린더 총 체적과 연소실 체적과의 비이다.

$$압축비(\varepsilon) = \dfrac{실린더\ 체적(V_b)}{연소실\ 체적(V_c)} = \dfrac{행정체적(V_s) + 연소실\ 체적(V_c)}{연소실\ 체적(V_c)}$$
$$= 1 + \dfrac{행정\ 체적(V_s)}{연소실체적(V_c)}$$

> **참고** 용어해설
> ① 행정(Stroke) : 피스톤의 하사점과 상사점까지 피스톤이 이동하는 거리
> ② 주기(Cycle) : 피스톤이 상하 운동 시 혼합기를 흡입, 압축, 폭발(연소), 배기 과정
> ③ 상사점(Top Dead Center) : 피스톤이 상하 운동 시 맨 위에 위치한 상태
> ④ 하사점(Bottom Dead Center) : 피스톤이 상하 운동 시 맨 아래로 하강되어 있는 상태

⑤ 연소실체적(Clearance Volume) : 간극체적이라도 하며, 피스톤이 상사점에 있을 때 실린더헤드까지의 공간체적을 말한다.

⑥ 행정 체적(Stroke Volume) : 피스톤이 상사점에서 하사점까지 움직이는 범위의 체적을 말하며, 배기량이라고 한다.

⑦ 실린더체적(Cylinder Volume) : 실린더에서 간극체적과 행정 체적의 합이다.

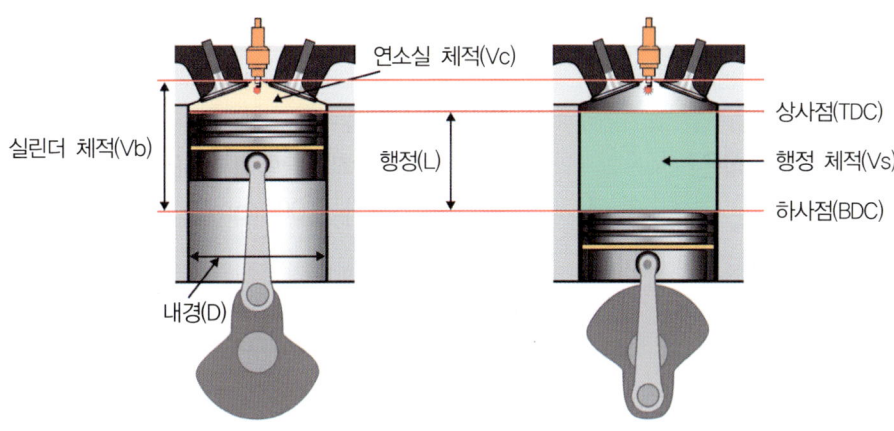

그림 1-1 행정 체적과 연소실 체적

Chapter 1.2-3 배기량/압축비 출제예상문제

01
기관의 총배기량을 구하는 식은?

① 총배기량 = 피스톤 단면적 × 행정
② 총배기량 = 피스톤 단면적 × 행정 × 실린더 수
③ 총배기량 = 피스톤의 길이 × 행정
④ 총배기량 = 피스톤의 길이 × 행정 × 실린더 수

02
실린더 내경이 75mm, 행정이 70mm인 4기통 가솔린엔진의 총 배기량은?

① 1,236cc
② 1,328cc
③ 1,492cc
④ 1,539cc

$$V = \frac{\pi \times D^2}{4} \times L \times N = \frac{3.14 \times 7.5^2}{4} \times 7 \times 4 = 1236.4$$

V : 배기량(cc), D : 실린더내경(cm),
L : 피스톤 행정(cm), N : 실린더 수

03
기관의 최고출력이 1.3PS이고, 총배기량이 50cc, 회전수가 5,000rpm일 때 리터 마력(PS/L)은?

① 56   ② 46
③ 36   ④ 26

$$리터마력 = \frac{최고출력}{총배기량} \times 1000$$
$$= \frac{1.3PS \times 1,000}{50cc} = 26PS/L$$

04
연소실 체적이 30cc이고, 행정 체적이 180cc이다. 압축비는?

① 6 : 1   ② 7 : 1
③ 8 : 1   ④ 9 : 1

$$\epsilon = \frac{Vc + Vs}{Vc} = \frac{30 + 180}{30} = 7$$

ϵ: 압축비, Vs: 실린더 배기량(행정 체적),
Vc: 연소실 체적

정답 01 ②   02 ①   03 ④   04 ②

05

연소실 체적이 40cc이고, 총배기량이 1280cc인 4기통 기관의 압축비는?

① 6 : 1 ② 9 : 1
③ 18 : 1 ④ 33 : 1

> 배기량$(Vs) = \dfrac{1,280}{4} = 320$,
> $\epsilon = \dfrac{Vc+Vs}{Vc} = \dfrac{40+320}{40} = 9$
> ϵ : 압축비, Vs : 실린더 배기량(행정 체적),
> Vc : 연소실 체적

06

어떤 가솔린엔진의 간극체적이 행정 체적의 20%이다. 이 엔진의 압축비는?

① 6 : 1 ② 7 : 1
③ 8 : 1 ④ 9 : 1

> $\epsilon = 1 + \dfrac{V_2}{V_1} = 1 + \dfrac{100}{20} = 6$

07

연소실 체적이 48cc이고 압축비가 9 : 1인 기관의 배기량은 얼마인가?

① 432cc ② 384cc
③ 336cc ④ 288cc

> $Vs = Vc \times (\epsilon - 1) = 48 \times (9 - 1) = 384cc$
> Vs : 실린더 배기량(행정 체적), Vc : 연소실 체적,
> ϵ : 압축비

08

엔진의 내경 9cm, 행정 10cm인 1기통 배기량은?

① 약 666cc ② 약 656cc
③ 약 646cc ④ 약 636cc

> $Vs = 0.785 \times D^2 \times L = 0.785 \times 81 \times 10$
> $= 636cc$
> Vs : 배기량(행정 체적), D : 실린더 안지름(내경),
> L : 피스톤행정

09

실린더 내경 78mm, 압축비 7, 연소실 체적 48cc인 4사이클 4실린더 엔진의 총 배기량은?

① 980cc ② 1,048cc
③ 1,152cc ④ 1,230cc

> $V = (\epsilon-1) \times V_1 \times N = (7-1) \times 48 \times 4 = 1,152$

10

실린더 내경이 75mm, 행정이 70mm인 4기통 가솔린엔진의 총 배기량은?

① 1,236cc ② 1,328cc
③ 1,492cc ④ 1539cc

정답 05 ② 06 ① 07 ② 08 ④ 09 ③ 10 ①

🔍 $V = \dfrac{\pi \times D^2}{4} \times L \times N = \dfrac{3.14 \times 7.5^2}{4} \times 7 \times 4$
= 1236.4
V : 배기량(cc), D : 실린더 내경(cm),
L : 피스톤 행정(cm), N : 실린더 수

11
실린더 안지름이 100mm, 피스톤 행정 130mm, 압축비가 21일 때 연소실 용적은 약 얼마인가?

① 25cc ② 32cc
③ 51cc ④ 58cc

🔍 $Vc = \dfrac{Vs}{(\epsilon - 1)} = \dfrac{0.785 \times 10^2 \times 13}{(21 - 1)} = 51\text{cc}$
Vc : 연소실 체적, Vs : 실린더 배기량(행정 체적),
ϵ : 압축비

12
4기통 엔진의 실린더 지름이 80mm, 행정 길이 80mm, 압축비가 9 : 1일 때 이 엔진의 연소실 체적은?

① 40.24cc ② 50.24cc
③ 60.24cc ④ 70.24cc

🔍 $V_2 = \dfrac{V}{\epsilon - 1} = \dfrac{\dfrac{\pi}{4} \times 8^2 \times 8}{9 - 1} = 50.24\text{cc}$

13
실린더 지름이 100mm의 정방형 엔진이다. 행정 체적은 약 얼마인가?

① 600cm³
② 785cm³
③ 1,200cm³
④ 1,490cm³

🔍 $Vs = 0.785 \times D^2 \times L = 0.785 \times 10^2 \times 10$
= 785cm³
Vs : 행정 체적, D : 실린더 지름, L : 피스톤 행정

정답 11 ③ 12 ② 13 ②

04 일, 힘, 회전력 및 동력(마력)

① 일은 어떤 물체에 힘을 가하여 힘의 작용방향으로 이동한 값으로 표시한다.

$$W = F \cdot L 이고, 1[J] = 1[N \cdot m]$$

② 힘은 질량을 1kgf의 갖는 물체를 1m/sec²의 가속도를 생기게 하는 힘의 크기이며 단위는 [N]이다.

$$1N = 1kgf\text{-}m/sec^2, \quad 1kgf = 1kgf \times 9.80665m/sec^2 = 9.80665N$$

③ 회전력은 어떤 물체를 회전하였을 때의 일이며, 토크로 나타낸다. 단위는 [N·m]을 사용하며, 회전력(T) = 이동거리(L) × 힘(F)이다.

④ 동력(power)은 단위 시간당 이루어진 일량으로 정의하며, 단위는 [kgf·m/s] 또는 [HP](Horse power), [PS], W[watt]를 사용한다.

1 지시마력(도시마력 IHP : indicated horse power)

실린더 내에서 발생한 폭발압력을 직접 측정한 마력

$$\bullet \text{ 지시마력 = 제동마력 + 마찰마력,} \quad \bullet \text{ IHP} = \frac{PALNR}{75 \times 60}$$

※ 75는 1PS=75kgf·m/s이며, 60은 분당회전수를 초당회전수로 변환한 값이다.
P : 지시평균 유효압력(kgf/cm²), A : 실린더 단면적(cm²)
L : 행정(m), N : 실린더 수, R : 회전수(rpm, 2행정은 R, 4행정은 $\frac{R}{2}$)

2 제동마력(정미(축)마력 BHP : brake horse power)

크랭크축에서 발생하여 실제 일로 변환되는 마력

$$BHP = \frac{2\pi TR}{75 \times 60} = \frac{TR}{716}, \quad T : 회전력(m \cdot kgf), \quad R : 회전수(rpm)$$

3 마찰마력(손실마력 FHP : friction horse power)

기계마찰 등으로 인하여 손실된 마력

$$FHP = \frac{총마찰력(kgf) \times 속도(m/s)}{75}$$

4 연료마력(PHP : petrol horse power)

연료 소비량에 따른 엔진의 출력을 측정한 마력

$$PHP = \frac{60CW}{632.3t} = \frac{CW}{10.5t}, \quad ※ \ 1PS = 632.3kcal/h$$

C : 연료의 저위발열량(kcal/kgf), W : 연료의 무게(kgf), t : 측정시간(분)

5 SAE마력(과세 표준(공칭)마력)

① 실린더 안지름이 mm일 때

$$\bullet \ SAE마력 = \frac{M^2N}{1,613}, \quad M : 실린더 안지름, \quad N : 실린더 수$$

② 실린더 안지름이 inch일 때

$$\bullet \ SAE마력 = \frac{D^2N}{2.5}, \quad D : 실린더 안지름, \quad N : 실린더 수$$

1.4 일, 힘, 회전력 및 동력(마력) 출제예상문제

01
엔진 실린더 내부에서 실제로 발생한 마력으로 혼합기가 연소 시 발생하는 폭발압력을 측정한 마력은?

① 지시마력
② 경제마력
③ 정미마력
④ 정격마력

02
평균유효압력이 4kgf/cm², 행정 체적이 300cc인 2행정 사이클 단기통 기관에서 1회의 폭발로 몇 kgf·m의 일을 하는가?

① 6
② 8
③ 10
④ 12

🔍 Wk = Pm × Vs = 4kgf/cm² × 300cc
　 = 1,200kgf·cm = 12kgf·m
　 Wk : 일,　Pm : 평균유효압력,　Vs : 행정 체적

03
평균유효압력이 10kgf/cm², 배기량이 7,500cc, 회전속도 2,400rpm, 단기통인 2행정 사이클의 지시마력은?

① 200PS
② 300PS
③ 400PS
④ 500PS

🔍 $$I_{PS} = \frac{P \times A \times L \times R \times N}{75 \times 60} = \frac{PVNR}{75 \times 60}$$

$$= \frac{10 \times 7,500 \times 2,400}{75 \times 60 \times 100} = 400$$

I_{PS} : 지시(도시)마력,　P : 평균유효압력,
A : 실린더 단면적,　L : 피스톤 행정,
R : 기관 회전속도(4행정 사이클=$R/2$, 2행정 사이클=R),
N : 실린더 수,　V : 배기량

04
엔진이 2,000rpm으로 회전하고 있을 때 그 출력이 65PS라고 하면 이 엔진의 회전력은 몇 m·kgf인가?

① 23.27
② 24.45
③ 25.46
④ 26.38

정답　01 ①　02 ④　03 ③　04 ①

$$BHP = \frac{TR}{716}$$ 에서,

$$T = \frac{716 \times BHP}{R} = \frac{716 \times 65}{2,000} = 23.27 \text{m} \cdot \text{kgf}$$

05
연료의 저위발열량 10,500kcal/kgf, 제동마력 93PS, 제동열효율 31%인 기관의 시간당 연료소비량(kgf/h)은?

① 약 18.07 ② 약 17.07
③ 약 16.07 ④ 약 5.53

$$\eta = \frac{632.3 \times BHP}{B \times H_L} \times 100(\%),$$

BHP : 제동마력, H_L : 연료의 저위발열량,
B : 연료소비량에서, η : 제동 열효율

$$B = \frac{632.3 \times BHP}{H_L \times \eta} = \frac{632.3 \times 93}{10,500 \times 0.31}$$
$$= 18.07 \text{kgf/h}$$

06
120PS의 디젤기관이 24시간 동안에 360ℓ의 연료를 소비하였다면, 이 기관의 연료소비율(g/PS·h)은?(단, 연료의 비중은 0.9이다.)

① 약 125 ② 약 450
③ 약 113 ④ 약 513

$$be = \frac{W}{H_{PS} \times H} = \frac{360L \times 0.9 \times 1,000}{120PS \times 24h}$$
$$= 112.5 \text{g/PS-h}$$

be : 연료소비율, W : 연료의 무게(부피×비중),
H_{PS} : 기관의 출력, H : 기관 가동시간

07
피스톤링 1개당 실린더 안에서의 마찰력을 0.25kg이라 할 때 피스톤 1개당 3개의 링이 설치된 6실린더 엔진의 피스톤 평균 속도가 15m/sec일 때 피스톤링이 마찰로 인한 엔진의 손실 마력은?

① 0.2PS
② 0.9PS
③ 1.2PS
④ 1.5PS

$$FHP = \frac{FV}{75} = \frac{0.25 \times 3 \times 6 \times 15}{75} = 0.9$$

F : 총마찰력(kgf) = 피스톤 1개당 마찰력 × 피스톤 1개당 링 수 × 실린더 수, V : 피스톤 평균 속도(m/s)

08
실린더 1개당 총 마찰력이 6kg, 피스톤 평균 속도가 15m/sec라 할 때 마찰로 인한 엔진의 손실 마력은?

① 0.4 ② 1.2
③ 2.5 ④ 9.0

$$FHP = \frac{F \times V}{75} = \frac{6 \times 15}{75} = 1.2$$

정답 05 ① 06 ③ 07 ② 08 ②

09

베어링에 작용하중이 80kgf 힘을 받으면서 베어링 면의 미끄럼 속도가 30m/s일 때 손실마력은?(단, 마찰계수는 0.2이다)

① 4.5PS ② 6.4PS
③ 7.3PS ④ 8.2PS

$F_{PS} = \dfrac{W \times s \times \mu}{75} = \dfrac{80 \times 30 \times 0.2}{75} = 6.4\text{PS}$

F_{PS} : 손실마력, W : 베어링에 작용하는 하중,
s : 미끄럼속도, μ : 마찰계수

10

4기통 엔진에서 실린더당 3개의 피스톤링이 있고, 1개 링의 마찰력이 0.3kgf이라면 총 마찰력은?

① 0.9kgf ② 1.2kgf
③ 1.8kgf ④ 3.6kgf

P = Pr × N × Z = 0.3 × 3 × 4 = 3.6kgf
P : 총 마찰력, Pr : 피스톤링 1개당 마찰력(kgf),
N : 피스톤당 링 수, Z : 실린더 수

11

공칭마력이라 함은 실린더 수(N)와 실린더 지름(D)으로 계산되는데 그 식은?

① $\dfrac{D \times N^2}{2.5}$ ② $\dfrac{D^2 \times N}{2.5}$
③ $\dfrac{D \times N^2}{1.6}$ ④ $\dfrac{D^2 \times N}{1.6}$

12

행정의 길이 200mm인 가솔린엔진에서 피스톤의 평균 속도를 5m/sec라면 크랭크축의 1분간 회전수는?

① 400rpm
② 500rpm
③ 750rpm
④ 1,000rpm

$N = \dfrac{60 \times V}{2 \times L} = \dfrac{60 \times 5}{2 \times 0.2} = 750$

13

실린더 지름이 220mm, 행정이 360mm, 엔진 회전수가 400rpm인 엔진의 피스톤 평균속도는?

① 3m/s
② 4.2m/s
③ 4.8m/s
④ 5.2m/s

피스톤의 평균속도
$S = \dfrac{2NL}{60} = \dfrac{2 \times 400 \times 0.36}{60} = 4.8\text{m/s}$

N : 회전수(rpm), L : 행정(m)

정답 09 ② 10 ④ 11 ② 12 ③ 13 ③

14

4기통인 4행정 사이클 기관에서 회전수가 1,800 rpm, 행정이 75mm인 피스톤의 평균속도는?

① 2.55m/sec
② 2.45m/sec
③ 2.35m/sec
④ 4.5m/sec

> $S = \dfrac{2NL}{60} = \dfrac{2 \times 1,800 \times 75}{60 \times 1,000}$ = 4.5m/sec
>
> S : 피스톤 평균속도, N : 기관 회전속도,
> L : 피스톤 행정

정답 14 ④

05 열량(Quantity of heat)

열이 이동하는 형태를 열에너지라고 하며, 열에너지를 물리량으로 표현할 때 열량(quantity of heat)이라고 한다. 단위는 [cal]이며, 공학에서는 [cal]의 단위는 너무 작기 때문에 열량의 단위로서 [kcal]가 많이 사용되고 있다. 1kcal는 0[℃], 1[atm]의 표준상태 하에서 1[kgf]의 순수한 물을 14.5[℃]에서 15.5[℃]까지 1[℃] 높이는데 필요한 열량에 상당한다. 열량이란 어떤 물체의 온도를 변화시킬 수 있는 에너지를 말하며, 기호는 Q, 단위는 [cal], [kcal] 또는 [J], [kJ]을 사용한다.

$$1[J] = \frac{1}{4,186}[kcal] = 9.478 \times 10^{-4}[Btu]$$

$$1[kgf \cdot m] = 9.8[J] = \frac{1}{427}[kcal]$$

06 효율

1 열효율

열효율은 열엔진에 공급된 열량 중 유용하게 사용된 일량의 비를 열효율이라 한다. 열효율로서 열엔진의 경제성 여부를 판단할 수 있다.

$$\eta_{(열효율)} = \frac{동력}{연료의\ 저위발열량 \times 연료소비율}$$

H_ℓ : 연료의 저위발열량[kcal/kgf, kJ/kgf], G_f : 연료소비율[kgf/h], P : 동력[PS, kW]

2 기계효율

도시마력에서 실제 일로 변환된 제동마력을 효율로 표시한 것을 기계효율이라 한다.

$$\text{기계효율}(\eta_m) = \frac{\text{제동마력(BHP)}}{\text{도시마력(IHP)}} \times 100$$

07 열역학 제 1법칙과 제 2법칙

어떤 물체에 열을 가하거나 가해지던 열을 제거하였을 때 그 물체에서 일어나는 열과 여러 가지 변화를 연구하는 학문을 열역학(thermodynamics)이라 한다.

1 열역학 제 1법칙

열역학 제 1법칙은 에너지의 보존 법칙으로, 열은 본질상 일과 같은 에너지이며, 일은 에너지 보존의 법칙을 열과 일 사이에 적용한 것이다. 일은 열로 전환할 수 있고 또한 그 역으로의 전환이 가능하다. 이때 열과 일 사이의 비율은 항상 일정하다.

$$Q = AW \text{ 또는 } W = \frac{1}{A}Q = JQ$$

$A = \frac{1}{427}$ kcal/kgf·m : 일의 열당량, $J = 427$ kgf·m/kcal : 열의 일당량으로 표시된다. 이 법칙은 에너지의 전환에 대한 관계를 표시한 것으로 가역적($Q \rightleftarrows W$) 특성을 설명하고 있다.

2 열역학 제 2법칙

열역학 제 2법칙은 엔트로피(entropy) 증가의 법칙으로 열이 흘러가는 방향, 즉 온도가 높은 곳에서 낮은 곳으로 흐르는 사실을 설명한 것이다. 열과 기계적 일 사이의 방향 관계를 명시한 것으로 온도 차이가 없으면 아무리 많은 열이라도 이것을 일로 바꿀 수 없다.

08 내연엔진의 분류

1 열역학적 사이클에 의한 분류

[1] 오토 사이클(정적 사이클)

가솔린엔진의 기본 사이클이며, 일정한 체적에서 연소가 이루어지므로 정적 사이클이라고도 부른다. 이 사이클의 이론 열효율은 다음과 같다.

$$\eta_o = 1 - \left(\frac{1}{\epsilon}\right)^{k-1}$$

η_o : 오토 사이클의 이론 열효율, ϵ : 압축비, k : 비열비(정압비열/정적비열)

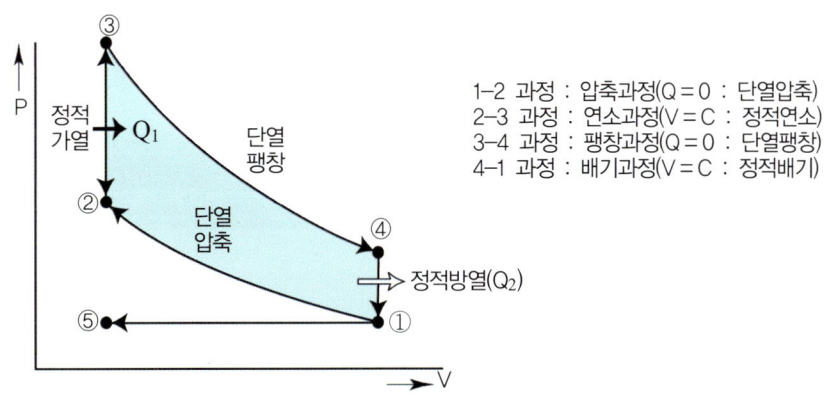

그림 1-2 오토 사이클의 지압(P—V) 선도

[2] 디젤 사이클(정압 사이클)

저속・중속 디젤엔진의 기본 사이클이며, 일정한 압력에서 연소가 이루어지므로 정압 사이클이라고도 부른다. 이 사이클의 이론 열효율은 다음과 같다.

$$\eta_d = 1 - \left(\frac{1}{\epsilon}\right)^{k-1} \frac{\rho^k - 1}{k(\rho - 1)}, \quad \rho : 단절비(정압 팽창비)$$

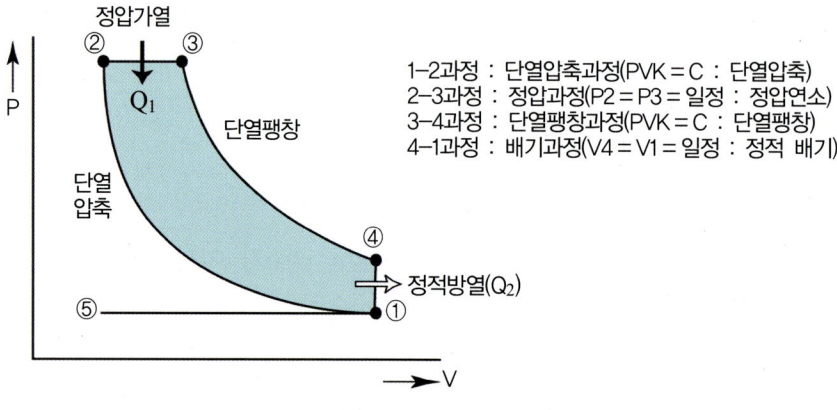

그림 1-3 디젤 사이클의 지압(P—V) 선도

[3] 사바테 사이클(복합 사이클)

고속 디젤엔진의 기본 사이클이며, 열 공급은 정적과 정압에서 이루어지므로 복합 또는 혼합 사이클이라고도 부른다. 이 사이클의 이론 열효율은 다음과 같다.

$$\eta_s = 1 - \left(\frac{1}{\epsilon}\right)^{k-1} \frac{\alpha \delta^k - 1}{(\alpha - 1) + k\alpha(\delta - 1)}, \quad \alpha : 폭발비(압력비)$$

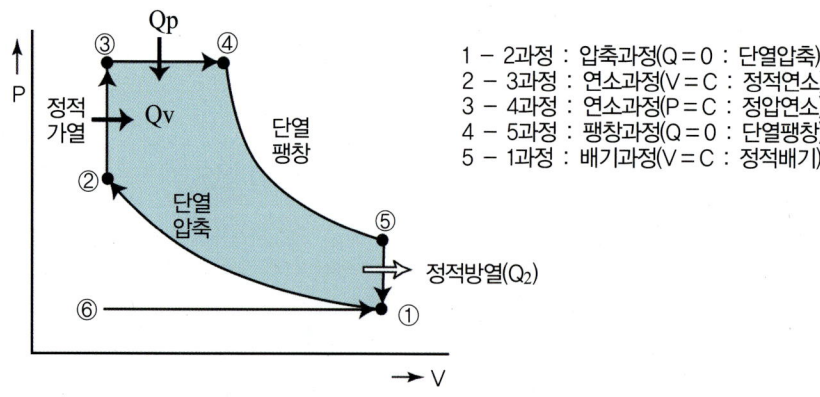

그림 1-4 사바테 사이클의 지압(P—V) 선도

공급열량(가열량)과 압축비가 같을 경우 이들 이론 열효율의 관계는 오토 사이클 > 사바테 사이클 > 디젤 사이클 순서이다.

2 실린더 안지름과 행정비율에 의한 분류

[1] 장행정 엔진(under square engine)

장행정 엔진은 실린더 안지름(D)보다 피스톤 행정(L)이 큰 형식이다. 회전 속도가 느리고, 회전력이 크며 피스톤 측압이 작은 반면 기관의 높이가 높다.

[2] 정방형 엔진(square engine)

정방형 엔진은 실린더 안지름(D)과 피스톤 행정(L)의 크기가 똑같은 형식이다.

[3] 단행정 엔진(over square engine)

단행정 엔진은 실린더 안지름(D)이 피스톤 행정(L)보다 큰 형식이며, 다음과 같은 특징이 있다.

① 피스톤 평균속도를 올리지 않고도 회전속도를 높일 수 있으므로 단위 실린더 체적당 출력을 높일 수 있다.
② 흡·배기 밸브 지름을 크게 할 수 있어 체적효율을 높일 수 있다.
③ 직렬형에서는 엔진의 높이가 낮아지고, V형에서는 엔진의 폭이 좁아진다.
④ 피스톤이 과열하기 쉽고, 폭발압력이 커 엔진 베어링의 폭이 넓어야 한다.
⑤ 회전속도가 증가하면 관성력의 불평형으로 회전 부분의 진동이 커진다.
⑥ 실린더 안지름이 커 엔진의 길이가 길어진다.

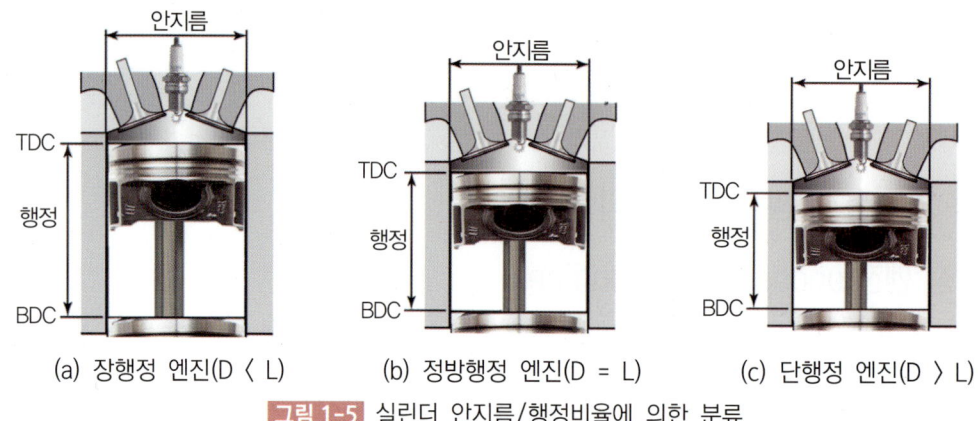

(a) 장행정 엔진(D < L)　　(b) 정방행정 엔진(D = L)　　(c) 단행정 엔진(D > L)

그림 1-5 실린더 안지름/행정비율에 의한 분류

3 실린더 배열에 의한 분류

엔진의 실린더 배열에는 직렬형, V형, 수평 대향형, 성형(또는 방사형) 등이 있다.

(a) 직렬형　　(b) V형　　(c) 성형　　(e) 수평 대향형

그림 1-6 각종 실린더 배열의 종류

4 기계학적 분류

[1] 4행정 사이클 엔진

흡입, 압축, 폭발, 배기의 4행정이 1사이클을 완성하는 엔진으로 1사이클을 완료하면 크랭크축이 2회전, 캠축이 1회전, 각 실린더의 흡기밸브와 배기밸브는 각 1회 열리고 닫히는 형태이다.

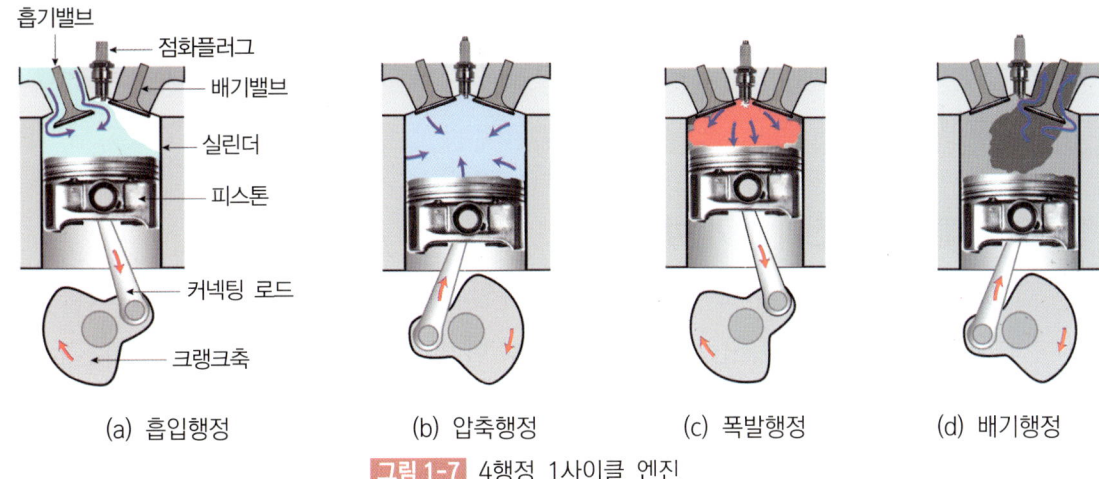

그림 1-7 4행정 1사이클 엔진

① 흡입행정 : 피스톤이 하강하여 혼합기나 공기를 흡입(흡기밸브 열림, 배기밸브 닫힘)
② 압축행정 : 피스톤이 상승하여 혼합기나 공기를 압축(흡·배기밸브 닫힘)
③ 폭발(동력)행정 : 연소 시 폭발압력으로 피스톤이 하강하여 크랭크축을 회전(흡·배기밸브 닫힘)
④ 배기행정 : 피스톤이 상승하며 배기가스를 배출(흡기밸브 닫힘, 배기밸브 열림)

[2] 2행정 사이클 엔진

피스톤 상승행정과 하강행정의 2행정이 1사이클을 완성하는 엔진

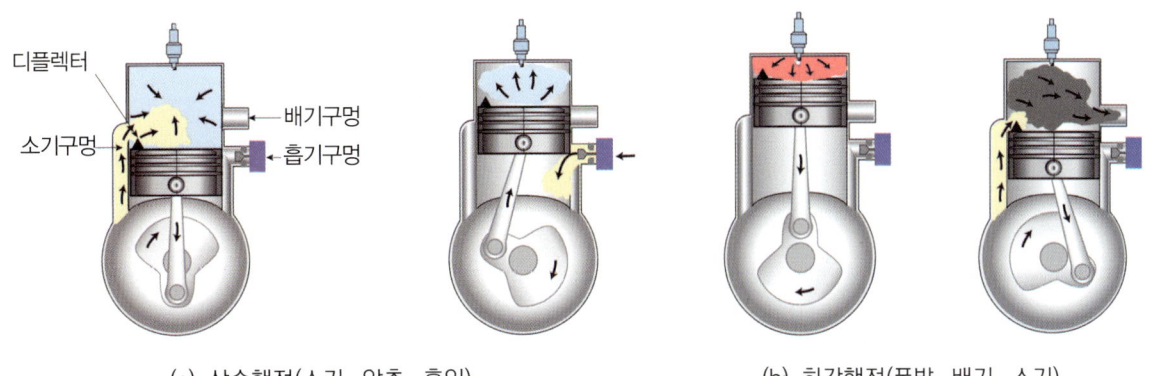

그림 1-8 2행정 1사이클 엔진

① 상승행정 : 연소실 내의 혼합기 압축, 크랭크실로 혼합기 흡입
② 하강행정 : 연소실 내의 동력행정, 하강행정 말 배기와 함께 소기구멍을 통해 혼합기 흡입

[3] 2사이클 디젤엔진의 소기 방식

① 2사이클 디젤엔진의 소기 방식 종류 : 유입되는 혼합기의 힘으로 잔류가스를 배출하는 과정을 소기라 하고, 소기 방식 종류에는 단류 소기식(밸브 인 헤드형, 피스톤 제어형), 루프 소기식, 횡단 소기식 등이 있다.
② 디플렉터의 작용 : 혼합기의 와류작용, 잔류가스 배출, 압축비 높임, 연료 손실 감소

[4] 4행정 및 2행정 사이클 엔진 비교

구분 \ 기관	4행정 사이클	2행정 사이클
장 점	① 각 행정이 구분되어 확실하다. ② 회전속도 범위가 넓다. ③ 체적효율이 높다. ④ 연료 소비율이 적다. ⑤ 기동이 쉽다.	① 4행정 사이클 엔진에 비해 출력이 1.6~1.7배이다. ② 회전력의 변동이 적다. ③ 실린더 수가 적어도 회전이 원활하다. ④ 밸브기구가 간단하다. ⑤ 소음이 적고 마력당 중량이 가볍다.
단 점	① 밸브기구가 복잡하다. ② 충격이나 기계적 소음이 크다. ③ 실린더 수가 적을 경우 회전이 원활하지 못하다. ④ 마력당 중량이 무겁다.	① 유효행정이 짧아 흡·배기가 불완전하다. ② 연료 소비율이 많다. ③ 저속이 어렵고 역화 현상이 발생한다. ④ 피스톤과 피스톤링의 소손이 빠르다.

1.5-8 효율/내연엔진의 분류/열역학 제1법칙과 제2법칙 출제예상문제

01
엔진 기계효율을 구하는 공식으로 맞는 것은?

① $\dfrac{마찰마력}{제동마력} \times 100$

② $\dfrac{도시마력}{이론마력} \times 100$

③ $\dfrac{제동마력}{도시마력} \times 100$

④ $\dfrac{마찰마력}{도시마력} \times 100$

02
자동차기관의 기본 사이클이 아닌 것은?

① 역 브레이튼 사이클
② 정적 사이클
③ 정압 사이클
④ 복합 사이클

03
내연기관에서 언더 스퀘어 엔진은 어느 것인가?

① 행정/실린더 내경 = 1
② 행정/실린더 내경 < 1
③ 행정/실린더 내경 > 1
④ 행정/실린더 내경 ≦ 1

04
실린더 내경이 피스톤 행정보다 긴 엔진은?

① 장행정 엔진　② 정방형 엔진
③ 단행정 엔진　④ 스퀘어 엔진

05
피스톤의 평균속도를 높이지도 않고 회전속도를 높일 수 있으며, 단위 체적당 출력이 크고, 엔진의 높이를 낮게 할 수 있는 행정 엔진은?

① 장행정 엔진　② 정방형 엔진
③ 단행정 엔진　④ 스퀘어 엔진

정답 01 ③　02 ①　03 ③　04 ③　05 ③

06

가솔린엔진을 오버 스퀘어 엔진으로 하는 이유로 맞는 것은?

① 피스톤 측압을 적게 하기 위해서
② 피스톤의 과열을 방지하기 위해서
③ 흡·배기밸브의 양정을 크게 하기 위해서
④ 평균속도를 높이지 않고도 회전속도를 높일 수 있으므로

07

실린더 형식에 따른 기관의 분류에 속하지 않는 것은?

① 수평형 엔진
② 직렬형 엔진
③ V형 엔진
④ T형 엔진

08

4행정 V6 기관에서 6실린더가 모두 1회의 폭발을 하였다면 크랭크축은 몇 회전하였는가?

① 2회전
② 3회전
③ 6회전
④ 9회전

> 실린더 수에 관계없이 4행정 기관이므로 모든 실린더가 1회 폭발하였다면 1사이클을 완료한 것이므로 크랭크축은 2회전한다.

09

4행정 사이클 기관에서 크랭크축이 4회전할 때 캠축은 몇 회전하는가?

① 1회전
② 2회전
③ 3회전
④ 4회전

> 흡입, 압축, 폭발, 배기의 4행정이 1사이클을 완성하는 엔진으로 1사이클을 완료하면 크랭크축이 2회전, 캠축이 1회전하므로 크랭크축이 4회전이면 캠축은 2회전한다.

10

4행정기관의 행정과 관계없는 것은?

① 흡입행정
② 소기행정
③ 배기행정
④ 압축행정

11

4행정 기관과 비교한 2행정 기관(2stroke engine)의 장점은?

① 각 행정의 작용이 확실하여 효율이 좋다.
② 배기량이 같을 때 발생동력이 크다.
③ 연료소비율이 적다.
④ 윤활유 소비량이 적다.

정답 06 ④ 07 ④ 08 ① 09 ② 10 ② 11 ②

Chapter 2 엔진본체

엔진(heat engine)이란 열에너지(연료의 연소)를 받아 팽창과 수축 과정을 반복하면서 기계적 에너지(일)로 변환시켜 외부에 일정량의 일을 해 주는 동력기관이다.

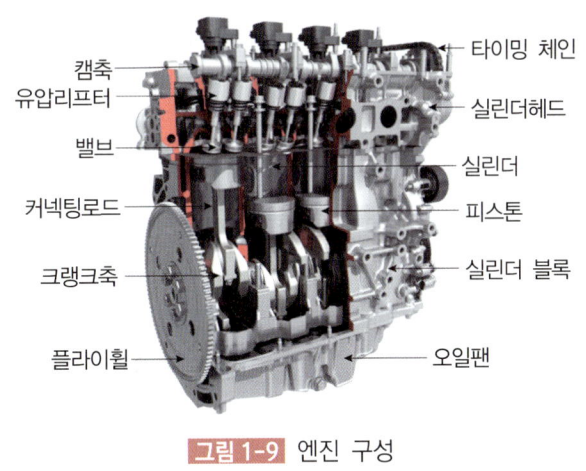

그림 1-9 엔진 구성

01 실린더헤드(cylinder head)

1 실린더헤드의 구조 및 재질

실린더헤드는 연소실을 구성하며 고온고압의 연소가스에 직접 접촉되기 때문에 재질로는 가볍고, 열전도가 좋아 냉각성이 좋은 알루미늄 합금재가 주로 사용된다.

2 균열점검 및 실린더헤드 탈부착 방법

실린더헤드를 떼어낼 때는 연질해머로 두들겨 떼어내는 방법, 호이스트를 이용하여 자중에 의해 떼어내는 방법, 엔진 자체 압축압력을 이용하는 방법 등이 있다. 실린더헤드의 균열 점검방법은 타진법, 자기 탐상법, 육안 검사법, 염색 탐상법, 형광 탐상법이 있다. 헤드 볼트의 조임 순서는 중앙에서 바깥쪽으로 좌우, 상하 대칭으로 조이며, 토크렌치를 사용하여 규정값으로 조인다.

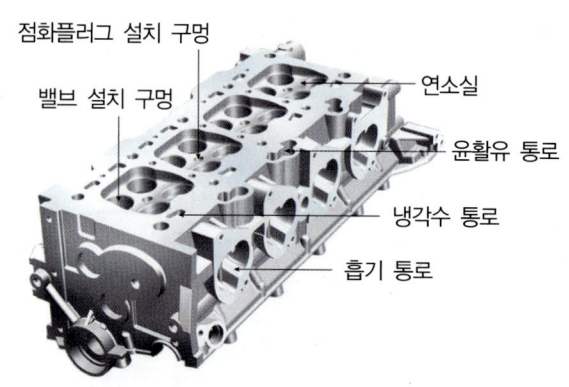

그림 1-10 실린더헤드 구조

3 실린더헤드 재질의 구비조건

① 기계적 강도가 높을 것
② 열팽창률이 작을 것
③ 열전도성이 클 것
④ 열변형에 대한 안정성이 클 것

4 연소실 설계상 주의할 사항

① 화염전파에 요하는 시간을 가능한 한 짧게 한다.
② 가열되기 쉬운 돌출부를 두지 않는다.
③ 연소실의 표면적이 최소가 되게 한다.
④ 압축행정에서 혼합기에 와류를 일으키게 한다.

2.1 실린더헤드 출제예상문제

01
소형 승용차기관의 실린더헤드를 알루미늄 합금으로 제작하는 이유는?

① 가볍고 열전달이 좋기 때문에
② 부식성이 좋기 때문에
③ 주철에 비해 열팽창계수가 작기 때문에
④ 연소실 온도를 높여 체적효율을 낮출 수 있기 때문에

02
실린더와 실린더헤드의 재질로서 필요한 특성이 아닌 것은?

① 기계적 강도가 높아야 한다.
② 열팽창성은 좋은 반면에 열전도성은 낮아야 한다.
③ 열변형에 대한 안정성이 있어야 한다.
④ 실린더의 재질은 특히 내마모성과 길들임성이 좋아야 한다.

03
기관 연소실 설계 시 고려할 사항으로 틀린 것은?

① 화염전파에 요하는 시간을 가능한 한 짧게 한다.
② 가열되기 쉬운 돌출부를 두지 않는다.
③ 연소실의 표면적이 최대가 되게 한다.
④ 압축행정에서 혼합기에 와류를 일으키게 한다.

04
엔진의 연소실이 갖추어야 할 조건으로 틀린 것은?

① 화염전파 시간이 짧을 것
② 연소실 표면적을 최소화할 것
③ 흡·배기밸브의 지름을 최대한 작게 할 것
④ 가열되기 쉬운 돌출부를 없앨 것

정답 01 ① 02 ② 03 ③ 04 ③

05

OHV 엔진에서 와류가 좋고 고압축비를 얻을 수 있는 연소실 종류는?

① 반구형   ② 쐐기형
③ 지붕형   ④ 욕조형

> **OHV 엔진 연소실의 종류**
> ① 반구형 연소실 : 고출력을 기대할 수 있으나 압축 와류를 얻을 수 없고 옥탄가가 높은 연료를 사용해야 하며 점화 플러그 위치와 밸브 개폐 기구가 복잡하다.
> ② 쐐기형 연소실 : 강한 압축와류를 얻을 수 있고 고압축비를 할 수 있으나, 연소화염 전파거리가 길어 열손실이 크다.
> ③ 지붕형 연소실 : 밸브가 크랭크축의 방향으로 배열되어 밸브 기구가 간단하다. 하지만 압축비를 높이기 위해 피스톤의 형상이 특수하여 피스톤의 무게가 늘어나야 하기 때문에 관성력이 크다.
> ④ 욕조형 연소실 : 압축와류를 얻을 수 있고 옥탄가도 보통인 것을 사용할 수 있으며, 점화 플러그의 배치가 용이하나 밸브의 크기가 제한받고 고출력을 얻을 수 없다.
> ⑤ 다구형 연소실 : 반구형에 비해 가스 유동이 좋다.
> ⑥ 루프형 연소실 : 현재 4밸브 기구에 채택한다.

06

오버헤드밸브엔진의 연소실이 아닌 것은?

① 반구형   ② 쐐기형
③ 지붕형   ④ 오목형

07

엔진에 이상이 있을 때 또는 엔진의 성능이 현저하게 저하되었을 때 분해 수리 여부를 결정하기 위한 시험은?

① 압축압력 시험
② 진공도 시험
③ 코일의 용량 시험
④ CO가스 시험

> 엔진의 분해 수리 여부를 결정하기 위한 시험은 압축압력 시험이다.

08

엔진의 압축압력 측정시험 방법에 대한 설명으로 틀린 것은?

① 엔진을 정상 작동온도로 한다.
② 점화플러그를 전부 뺀다.
③ 엔진오일을 넣고도 측정한다.
④ 엔진회전을 1,000rpm으로 한다.

> 압축압력은 공회전 상태가 아닌 시동이 걸리지 않고 기동모터의 회전수만으로 측정하기 때문에 기동모터의 회전수 약 300~400rpm 정도로 측정한다.

정답 05 ② 06 ④ 07 ① 08 ④

09
가솔린엔진의 압축시험 준비 조건으로 맞는 것은?

① 1개의 점화 플러그를 떼어낸 상태
② 자동 초크가 닫혀 있는 상태
③ 모든 점화 플러그를 떼어낸 상태
④ 스로틀밸브가 닫혀 있는 상태

> **가솔린엔진의 압축시험 준비 조건**
> ① 축전지의 충전 상태를 점검한 다음 단자 기둥과 케이블과의 접속 상태를 점검한다.
> ② 엔진을 시동하여 난기운전(웜업)시킨 후 정지한다(수온게이지 80~90도).
> ③ 모든 점화플러그를 탈거한다.
> ④ 연료의 공급차단 및 점화 1차선을 분리한다.
> ⑤ 공기 청정기 및 구동벨트를 제거한다.
> ⑥ 스로틀밸브를 완전 개방한다.

10
엔진의 압축압력을 시험할 때 오일을 점화 플러그 구멍에 넣고 할 경우 맞는 조건은?

① 오일을 5cc 넣고 바로 한다.
② 오일을 10cc 넣고 1분 후에 한다.
③ 오일을 20cc 넣고 5분 후에 한다.
④ 오일을 25cc 넣고 바로 한다.

> **습식시험**
> 압축압력이 불량일 경우 밸브 불량, 실린더 벽, 피스톤링, 헤드 개스킷 불량 등의 상태를 판단하기 위하여 규정값 이하로 나오는 실린더 점화 플러그 구멍으로 엔진오일을 약 10cc 정도 넣고 1분 후에 다시 시험하는 것을 말한다.

11
실린더헤드 개스킷이 인접된 실린더 사이에서 파괴되었을 경우 측정할 수 있는 측정기는?

① 압축압력 게이지   ② 필러 게이지
③ 다이얼 게이지   ④ 가스 분석기

> 실린더헤드 개스킷이 인접된 실린더 사이에서 파괴되었을 경우 측정 시험은 압축압력 게이지를 이용한 압축압력 시험이다.

12
디젤엔진에서 압축압력 측정 방법 중 틀린 것은?

① 분사노즐 및 예열플러그를 전부 빼고 시험한다.
② 기동전동기 회전속도에서 측정한다.
③ 엔진을 정상운전 온도로 올린 다음 정지시키고 측정한다.
④ 공기식 거버너가 부착된 경우는 에어밸브를 완전히 열고 시험한다.

> **디젤엔진의 압축압력 시험 시 준비 사항**
> ① 엔진을 워밍업시킨 다음 정지시킨다.
> ② 모든 분사노즐 또는 예열플러그를 모두 탈착한다.
> ③ 연료가 공급되지 않게 한다.
> ④ 에어클리너를 떼어내 공기의 저항을 작게 한다.
> ⑤ 공기식 거버너인 경우 에어밸브를 완전히 연다.
> ⑥ 압축압력은 기동 전동기 회전 속도에서 측정한다.

정답 09 ③ 10 ② 11 ① 12 ①

13
압축압력 시험에서 압축압력이 떨어지는 원인이 아닌 것은?

① 헤드 개스킷 소손
② 피스톤링 마모
③ 밸브시트 마모
④ 밸브 가이드 고무 마모

> 밸브 가이드 고무 마모는 엔진오일이 연소실로 유입되어 백색 연기의 배출가스를 유발한다.

14
실린더헤드의 균열 여부를 점검할 때 하는 시험으로 틀린 것은?

① 육안검사
② 자기 탐상법
③ 피로 시험법
④ 형광 탐상법

> 실린더헤드 및 블록의 균열점검방법으로 육안검사, 자기 탐상법, 형광 탐상법, 염색 탐상법 등이 있다.

15
실린더헤드의 변형을 점검할 때 사용하는 공구는?

① 다이얼 게이지
② 마이크로미터
③ 직각자
④ 곧은자와 필러게이지

> 실린더헤드의 변형 점검은 곧은자와 필러게이지를 이용하여 6개소를 측정한다.

16
실린더헤드 볼트를 조일 때 쓰는 공구로 맞는 것은?

① 소켓렌치
② 토크렌치
③ 복스렌치
④ 오픈 엔드렌치

17
실린더헤드의 변형으로 발생되는 문제가 아닌 것은?

① 냉각수의 누출
② 압축압력의 저하
③ 출력의 저하
④ 피스톤의 변형

> 실린더헤드의 변형으로 냉각수의 누출, 압축압력의 저하, 가스누출, 출력이 저하된다.

18
실린더헤드 볼트를 풀었는데도 실린더헤드가 떨어지지 않는다. 실린더헤드를 떼어내는 방법으로 틀린 것은?

① 고무 해머로 두들겨서 떼어낸다.
② 엔진의 압축압력을 이용한다.
③ 호이스트로 들어 자중을 이용한다.
④ 드라이버를 이용하여 헤드를 떼어낸다.

정답 13 ④ 14 ③ 15 ④ 16 ② 17 ④ 18 ④

> 실린더헤드면에는 드라이버나 스크레이퍼로 긁어 흠을 내면 기밀유지가 안 된다.

19

실린더헤드 볼트의 조임에 대한 설명으로 맞는 것은?

① 중앙에서 바깥쪽으로 좌·우 대칭으로 죈다.
② 대각선 방향으로 1회에 완전히 조인다.
③ 처음부터 토크렌치로만 조인다.
④ 볼트 조임 순서와 실린더헤드의 변형과는 관계없다.

> 실린더헤드 볼트를 조일 때는 실린더헤드의 변형을 방지하기 위하여 토크렌치를 사용하여 규정 토크로 2~3회 나누어 대각선의 중앙에서 바깥쪽을 향하여 좌·우 대칭으로 조인다.

20

실린더헤드 볼트를 규정 토크로 일정하게 조이지 않았을 때 발생되는 현상과 관계없는 것은?

① 냉각수가 누출된다.
② 피스톤이 균열된다.
③ 압축 압력이 저하된다.
④ 가스 또는 압축이 샌다.

21

마이크로미터 보관 시 주의사항이 아닌 것은?

① 앤빌과 스핀들을 밀착시킨다.
② 습기가 없는 곳에 보관한다.
③ 앤빌과 스핀들을 접촉시키지 않는다.
④ 청소한 다음 기름을 바른다.

> 마이크로미터 보관 시에는 앤빌과 스핀들의 측정면이 닿지 않게 조금 벌려서 보관한다.

22

가솔린엔진의 진공도 측정 시 안전에 관한 내용으로 적합하지 않은 것은?

① 엔진의 벨트에 손이나 옷자락이 닿지 않도록 주의한다.
② 작업 시 주차브레이크를 걸고 고임목을 괴어둔다.
③ 리프트를 눈높이까지 올린 후 점검한다.
④ 화재 위험이 있을 수 있으니 소화기를 준비한다.

> 진공도 측정은 가동 중에 흡기 다기관의 진공상태를 측정해 엔진의 이상여부를 측정하는 시험으로, 측정방법은 기관을 가동해 정상 작동 온도로 하고, 기관을 정지한 후 흡기 다기관에 진공 게이지 진공 호스를 연결한 다음 기관을 공전상태로 운전하면서 진공계의 눈금을 판독하는 것이기 때문에 리프트의 높이와는 무관하다.

정답 19 ① 20 ② 21 ① 22 ③

23
엔진의 공전속도 조정 조건으로 틀린 것은?

① 냉각수 온도는 80~95℃이어야 한다.
② 각종 전기장치는 ON상태이어야 한다.
③ 자동변속기는 N, P 위치에 있어야 한다.
④ 조향 휠은 직진상태에 있어야 한다.

> 🔍 각종 전기장치의 전원은 OFF상태를 유지하고 있어야 한다.

정답 23 ②

02 실린더블록(cylinder block)

내부에는 피스톤이 왕복운동을 하는 실린더가 마련되어 있으며, 이 실린더의 냉각을 위한 물 재킷이 둘러싸고 있다. 아래쪽에는 개스킷을 사이에 두고 오일 팬이 설치되어 윤활유가 담겨지며 아래 크랭크 실을 이룬다. 실린더블록의 재질은 규소(Si), 망간(Mn), 니켈(Ni), 크롬(Cr) 등을 포함하는 특수 주철이나 보통 주철 또는 알루미늄 합금으로 실린더와 함께 일체 주조하여 만든다.

1 실린더(cylinder)

실린더는 진원통형으로 그 길이는 피스톤 행정의 약 2배 정도이며 실린더 재료로는 니켈-크롬 주철이다. 실린더 내면을 정밀가공하고 크롬 도금을 하여 마모를 최소로 한다. 실린더 마멸은 TDC(상사점) 부근에서 최대이고, 실린더 하부가 실린더의 마멸이 가장 적다. 실린더는 일체형과 라이너 방식이 있다.

2 실린더 라이너 방식

라이너 방식은 실린더블록과 실린더를 별도로 제작한 후 실린더블록에 끼우는 형식으로, 일반적으로 보통주철의 실린더블록에 특수주철의 라이너를 끼우는 경우와 알루미늄 합금 실린더블록에 주철로 만든 라이너를 끼우는 형식이 있다. 그리고 라이너에는 습식과 건식이 있다. 라이너 방식 실린더의 장점은 다음과 같다.

① 마멸되면 라이너만 교환하므로 정비 성능이 좋다.
② 원심주조 방법으로 제작할 수 있다.
③ 실린더 벽에 도금하기가 쉽다.
④ 습식 라이너 삽입 시 약간의 힘으로 삽입되고 삽입 시 라이너 바깥 둘레에 비눗물을 바른다.

⑤ 습식 라이너 실링(seal ring)이 파손되거나 변형되면 크랭크케이스로 냉각수가 유입된다.
⑥ 건식 라이너는 삽입 시 2~3ton의 힘이 필요하다.

그림 1-11 실린더 라이너식

3 실린더 벽의 마모 측정

[1] 측정방법

① 실린더 보어 게이지를 이용하는 방법
② 내측 마이크로미터를 이용하는 방법
③ 외측 마이크로미터와 텔레스코핑 게이지를 이용하는 방법

[2] 측정부위

실린더의 상, 중, 하로 크랭크축의 방향과 그 직각방향(측압방향) 6개소

2.2 실린더블록 출제예상문제

01
건식 라이너에 대한 설명으로 맞는 것은?

① 냉각수와 직접 접촉하는 라이너이다.
② 디젤엔진에서 사용한다.
③ 라이너 두께가 5~8mm이다.
④ 라이너 삽입 시 2~3ton의 힘이 필요하다.

> **건식 라이너**
> 건식 라이너는 냉각수가 직접 라이너와 접촉하지 않고 실린더블록을 거쳐 냉각되는 형식으로 라이너의 두께는 2~4mm로써 비교적 얇다. 삽입 시 압력이 2~3ton이 필요하며, 삽입 후에는 호닝(horning)을 하여야 한다. 구조가 복잡하여 정비성능이 떨어지고 냉각효과가 불량하다.

02
엔진의 실린더 마멸량이란?

① 실린더 안지름의 최대 마멸량
② 실린더 안지름의 최대 마멸량과 최소 마멸량의 차이값
③ 실린더 안지름의 최소 마멸량
④ 실린더 안지름의 최대 마멸량과 최소 마멸량의 평균값

03
실린더 마멸로 인한 고장원인으로 틀린 것은?

① 엔진 출력의 저하
② 실린더의 소결
③ 열효율의 저하
④ 윤활유의 부족

> 실린더가 소결(열에 의해 눌러붙는 현상)되는 경우는 피스톤과 실린더의 간극이 없기 때문이다.

04
실린더 마멸을 측정하는 게이지가 아닌 것은?

① 다이얼 게이지
② 내측 마이크로미터
③ 실린더 보어 게이지
④ 외측 마이크로미터와 텔레스코핑 게이지

> 다이얼 게이지는 휨, 런아웃, 백래시, 캠고 측정 시 사용한다.

정답 01 ④ 02 ② 03 ② 04 ①

05

실린더의 마멸량을 측정하는 설명으로 틀린 것은?

① 상사점 부근이 가장 마모가 심하다.
② 최소 치수는 실린더 하부에서 알 수 있다.
③ 크랭크축 방향이 직각 방향보다 마모가 심하다.
④ 크랭크축 방향과 직각 방향으로 상, 중, 하 6군데를 측정한다.

> 크랭크축 방향보다 직각방향의 마모가 더 심하다.

06

실린더의 마멸이 가장 적은 곳은?

① 상사점
② 상사점과 하사점 중간
③ 하사점
④ 실린더 하부

07

실린더 내경을 보링한 후 호닝을 하였다. 실린더 상호간의 내경차 한계값은?

① 0.05mm
② 0.10mm
③ 0.15mm
④ 0.20mm

> **호닝(horning)**
> 보링작업 후에는 바이트(bite) 자국을 지우는 작업으로 실린더 벽 다듬질 작업, 호닝 여유는 0.005mm이며, 호닝을 한 후 1개의 실린더 각 부분의 안지름 차이는 0.02mm 정도, 실린더 상호간의 안지름 차이는 0.05mm 이하로 해야 한다.

08

실린더 표준 안지름이 90.00mm인 어느 엔진이 0.27mm가 마멸되었을 때 보링값(수정값)은 얼마인가?

① 85.00mm
② 85.50mm
③ 90.00mm
④ 90.50mm

> 최대 마멸량 90.27mm+0.2mm(진원 절삭값) = 90.47mm이다. 그러나 피스톤 오버 사이즈 규격에는 0.47mm가 없으므로 이 값보다 크면서 가장 가까운 값 0.50mm를 선정한다. 따라서 보링값은 90.50mm이며, 오버 사이즈값(O/S)은 0.50mm이다.

정답 05 ③ 06 ④ 07 ① 08 ④

03 피스톤(piston)

1 피스톤의 기능

피스톤은 실린더 내를 직선 왕복운동을 하여 폭발행정에서의 고온·고압가스로부터 받은 동력을 커넥팅로드를 통하여 크랭크축에 회전력을 발생시키고, 흡입·압축 및 배기행정에서 크랭크축으로부터 힘을 받아서 각각 작용한다.

2 피스톤의 구비조건

① 고온 고압가스에 충분히 견딜 수 있을 것
② 연소실에 오일이 들어가지 않도록 할 것
③ 열전도율이 좋을 것
④ 열팽창률이 적고 무게가 가벼울 것
⑤ 다기통 엔진에서는 피스톤 상호간의 중량 차이가 적을 것
⑥ 실린더와 피스톤 사이에서 미연소가스가 크랭크케이스로 누출되는 현상인 블로바이(gas blow-by)가 없을 것

3 피스톤의 구조

피스톤은 피스톤 헤드, 피스톤 스커트(피스톤 측압을 받는 부분), 링 지대(링 홈과 랜드로 구성), 피스톤 보스 등으로 구성된다.

그림 1-12 피스톤의 구조

4 피스톤의 재질

피스톤의 재질은 특수주철과 알루미늄 합금이 있으며, 피스톤용 알루미늄 합금에는 구리 계열의 Y-합금과 규소 계열의 로 엑스(LO-EX)가 있다.

5 피스톤 간극

피스톤 간극이란 실린더 안지름과 피스톤 최대 바깥지름(스커트 부분 지름)과의 차이이며 엔진 작동 중 열팽창을 고려하여 둔다.

[1] 피스톤 간극이 작으면

엔진 작동 중 열팽창으로 인해 실린더와 피스톤 사이에서 고착(소결)이 발생한다.

[2] 피스톤 간극이 크면

압축압력의 저하, 블로바이 발생, 연소실에 엔진오일 상승, 피스톤 슬랩 발생, 연료가 엔진오일에 떨어져 희석되고, 엔진 시동성능 저하, 엔진 출력이 감소하는 원인이 된다.

2.3 피스톤 출제예상문제

01
피스톤이 갖추어야 구비조건으로 틀린 것은?

① 내마모성이 커야 한다.
② 기계적 강도가 커야 한다.
③ 관성력을 방지하기 위하여 무거워야 한다.
④ 열팽창률이 적고, 열전도가 잘되어야 한다.

> 관성력을 방지하기 위해서 가벼워야 한다.

02
피스톤 재질의 요구특성으로 틀린 것은?

① 무게가 가벼워야 한다.
② 고온강도가 높아야 한다.
③ 내마모성이 좋아야 한다.
④ 열팽창계수가 커야 한다.

> 열팽창계수가 작아야 한다.

03
피스톤의 재질이 아닌 것은?

① 로 엑스
② 특수주철
③ Y-합금
④ 크롬 합금

> 피스톤의 재질은 특수주철과 알루미늄 합금이 있으며, 피스톤용 알루미늄 합금에는 구리 계열의 Y-합금과 규소 계열의 로 엑스(LO-EX)가 있다. 인바 스트럿 피스톤은 기둥 또는 링 모양으로 스커트 윗부분에 넣고 일체 주조한다.

04
자동차 피스톤의 재질로서 가장 거리가 먼 것은?

① 로엑스 합금 ② 켈밋합금
③ 특수주철   ④ 인바 강

> 켈밋 메탈(Kelmet Metal)은 미끄럼 베어링 용도로 사용하는 합금으로서, 열전도율이 좋아 주로 고온 고하중을 받는 베어링에 사용한다. 주성분인 구

정답 01 ③ 02 ④ 03 ④ 04 ②

리(Cu)에 납(Pb) 28~42%, 니켈(Ni) 또는 은(Ag) 2% 이하, 철(Fe) 0.80% 이하로 구성된다.

05
알루미늄 합금인 규소계 Lo-Ex 합금으로 가장 많이 사용되는 자동차 부품은?

① 실린더블록
② 크랭크축
③ 피스톤
④ 플라이휠

06
스커트 상부에 홈을 두어 스커트부로 열이 전달되는 것을 방지하는 피스톤은?

① 캠연마 피스톤
② 스플릿 피스톤
③ 옵셋 피스톤
④ 슬리퍼 피스톤

> **피스톤의 종류**
> ① 솔리드 피스톤(solid piston) : 스커트 부분에 홈(slot)이 없고 통형으로 되어 있다.
> ② 스플릿 피스톤(split piston) : 피스톤 스커트와 링 지대 사이에 가늘게 가공한 홈을 두어 스커트로 열이 전달되는 것을 제한하고, 열팽창을 적게 하기 위한 형식이다. 홈의 모양에는 U형, T형, I형 등이 있다.
> ③ 인바 스트럿 피스톤(invar strut piston) : 온도 변화에 따른 변형을 감소시키기 위하여 열팽창률이 매우 적은 인바강을 기둥 또는 링 모양으로 스커트 윗부분에 넣고 일체 주조한 형식이다.
> ④ 링캐리어 피스톤(ring carrier piston) : 디젤 엔진에서는 1번 압축링이 특히 고온고압에 노출되어 지속적으로 사용할 경우 톱링그루브의 마멸이 심해 링이 진동하게 된다. 이런 현상을 방지하기 위해 톱링크루브 강제의 링캐리어를 삽입하여 일체로 주조한 피스톤이다.
> ⑤ 슬리퍼 피스톤(slipper piston) : 측압을 받지 않는 스커트 부분을 떼어낸 모양의 것이다.
> ⑥ 옵셋 피스톤(off set piston) : 피스톤 중심에 대해 피스톤 핀의 중심을 피스톤 좌우 어느 한 쪽으로부터 1.0~2.5mm 정도 편심시킨 피스톤이다.
> ⑦ 캠 연마 피스톤(cam ground piston) : 보스부는 작게 스러스트부는 직경이 크게 제작된 타원형 피스톤이다. 이때 장경과 단경의 차이는 대략 0.125~0.325mm이다.

07
피스톤의 열팽창이 억제되어 항상 일정한 간극을 유지할 수 있는 피스톤은?

① 캠연마 피스톤
② 스플릿 피스톤
③ 옵셋 피스톤
④ 인바 스트럿 피스톤

> 인바 스트럿 피스톤은 열팽창계수가 적은 인바강을 넣고 일체로 주조하여 항상 일정한 간극을 유지할 수 있다.

정답 05 ③ 06 ② 07 ④

08

측압이 가해지지 않은 쪽의 스커트 부분을 따낸 것으로 무게를 늘리지 않고 접촉면적은 크게 하고, 피스톤 슬랩(slap)은 적게 하여 고속엔진에 널리 사용하는 피스톤의 종류는?

① 슬리퍼 피스톤(slipper piston)
② 솔리드 피스톤(solid piston)
③ 스플릿 피스톤(split piston)
④ 옵셋 피스톤(offset piston)

09

피스톤 헤드부의 고온을 스커트부로 전달되는 것을 방지하는 것은?

① 랜드　　　② 리브
③ 보스부　　④ 히트댐

> 히트댐(heat dam)은 피스톤에 설치되어 있는 슬롯이나 돌기로, 피스톤의 열 흐름을 제한하여 피스톤 헤드부의 고온을 스커트부로 전달되는 것을 방지한다.

10

피스톤 오프셋을 두는 이유로 틀린 것은?

① 측압을 감소시킨다.
② 피스톤의 편마모를 방지한다.
③ 실린더에 가해지는 압력을 감소시킨다.
④ 블로바이 현상을 방지한다.

> 피스톤 오프셋을 두는 이유
> 피스톤의 원활한 회전을 위해 실린더에 가해지는 압력을 감소시켜 측압 및 진동, 편마모를 방지한다.

11

피스톤 슬랩(piston slap)이 가장 현저하게 나타나는 때는?

① 엔진의 정상적인 작동 중에서 현저하다.
② 고온의 열을 받았을 때 현저하다.
③ 저온에서 현저하다.
④ 기밀이 유지될 때 현저하다.

> 피스톤의 슬랩은 피스톤 간극이 너무 커서 피스톤의 운동방향을 바꿀 때 실린더 벽에 충격을 주는 현상으로 저온에서 현저하다.

12

피스톤의 슬랩음이 발생되는 원인으로 맞는 것은?

① 피스톤핀이 고정되어 있다.
② 피스톤링 이음 간극이 너무 작다.
③ 피스톤과 실린더의 소결이 일어난다.
④ 피스톤과 실린더와의 간극이 너무 크다.

정답　08 ①　09 ④　10 ④　11 ③　12 ④

13
다음 중 엔진에서 피스톤을 떼어내려고 할 때 먼저 떼어야 할 것은?

① 실린더헤드, 오일 팬, 리지
② 실린더헤드, 피스톤링, 오일 팬
③ 실린더헤드, 피스톤링, 피스톤핀
④ 실린더헤드, 크랭크축, 흡·배기밸브

14
피스톤 간극이 크면 나타나는 현상이 아닌 것은?

① 블로바이가 발생한다.
② 압축압력이 상승한다.
③ 피스톤 슬랩이 발생한다.
④ 기관의 기동이 어려워진다.

> 🔍 **피스톤 간극이 크면 나타나는 현상**
> 압축압력의 저하, 블로바이 발생, 연소실에 엔진오일 상승, 피스톤 슬랩 발생, 연료가 엔진오일에 떨어져 희석되고, 엔진 시동성능 저하, 엔진 출력이 감소하는 원인이 된다.

15
피스톤 간극이 클 때 일어나는 현상으로 틀린 것은?

① 블로바이에 의한 압축압력이 저하된다.
② 피스톤 슬랩 현상이 발생되어 출력이 저하된다.
③ 블로다운 현상으로 출력이 저하된다.
④ 오일이 연소실로 유입되어 오일 소비가 증대된다.

> 🔍 블로다운 현상은 배기밸브가 열릴 때 연소실 안과 대기와의 압력 차이로 배기가스 스스로 대기로 방출되는 현상이다.

16
피스톤의 측압과 관계가 있는 것은?

① 압축비와 실린더 수
② 실린더 직경과 실린더 수
③ 압축압력과 피스톤의 무게
④ 커넥팅로드의 길이와 행정

> 🔍 피스톤의 측압은 커넥팅로드의 길이와 행정에 영향을 받는다.

17
피스톤의 직경을 측정하는 부분은?

① 피스톤 스커트부
② 피스톤 보스부
③ 피스톤 랜드부
④ 피스톤 헤드부

> 🔍 피스톤과 실린더 사이의 간극은 피스톤 스커트부에서 측정한다.

정답 13 ① 14 ② 15 ③ 16 ④ 17 ①

04 피스톤링(piston ring)

피스톤링은 압축 및 폭발행정에서 기밀을 유지하기 위하여 링 일부를 절단하여 적당한 탄성을 주어 피스톤링 홈에 3~5개 정도 설치한 금속제 링이다. 압축링과 오일링이 있으며 링 이음의 종류는 버트이음, 각이음, 랩이음, 실이음이 있다.

1 피스톤링의 3가지 작용

① 기밀유지 작용 : 실린더 내에서의 가스누설 방지작용, 즉 압축가스와 연소가스에 대한 기밀유지 작용이다.
② 오일제어 작용 : 실린더 벽에 뿌려진 오일을 긁어내려 여분의 오일이 연소실에 들어가지 못하게 하는 작용이다.
③ 열전도 작용 : 피스톤 헤드가 받은 열을 실린더 벽으로 전달하여 피스톤을 냉각시켜 주는 작용이다.

2 피스톤링의 구비조건

① 고온에서도 탄성을 유지할 수 있을 것
② 열팽창률이 적을 것
③ 장시간 사용하여도 링 자체의 마모나 실린더 벽의 마모를 적게 할 것
④ 실린더 벽에 균일한 압력을 가할 것

3 피스톤링의 재질

피스톤링의 재질은 조직이 치밀한 특수주철이며, 원심주조 방법으로 제작한다.

4 피스톤링의 종류

① 압축링 : 압축링은 피스톤과 실린더 벽 사이의 압축누설을 방지하고 피스톤이 받는 열을

실린더로 전도하는 기능을 하는 것으로, 제 1압축링, 제 2압축링이 있다.

② 오일링 : 오일링은 실린더 벽에 뿌려진 과잉의 윤활유를 긁어내려 연소실로 들어가지 못하게 하는 작용을 한다.

5 피스톤링 이음간극(절개구 간극) 측정

이음간극 측정은 실린더에 링을 끼우고 피스톤 헤드로 밀어 넣어 수평 상태로 한 후 필러게이지로 측정한다.

2.4 피스톤링 출제예상문제

01
피스톤링의 작용이 아닌 것은?

① 혼합기 기밀 유지
② 오일제어 기능
③ 열전도 기능
④ 응력 분산

> 피스톤링의 3대 기능은 기밀 유지, 오일 제어, 열전도이며, 응력분산은 윤활유의 역할이다.

02
피스톤링이 3개라면 각 피스톤링의 절개구의 각각의 방향은?

① 90도
② 120도
③ 180도
④ 일렬로 배치한다.

> 서로 절개구의 방향이 최대한 근접하지 않도록 설치한다.

03
엔진 정비작업 시 피스톤링의 이음간극을 측정할 때 측정 도구는?

① 마이크로미터 ② 다이얼게이지
③ 시크니스게이지 ④ 버니어캘리퍼스

> 링 이음간극은 간극 게이지인 시크니스(틈새) 게이지로 측정한다.

04
피스톤링 이음간극이 작을 때 수정하는 방법으로 맞는 것은?

① 양두 그라인더로 연마한다.
② 유리판 위에 컴파운드를 놓고 그 위에서 연마한다.
③ 일반 평줄로 연마한다.
④ 실린더 내경을 연마하여 링 이음간극을 맞춘다.

> 피스톤링 이음간극이 작을 때에는 일반 평줄로 연마한다. 피스톤링 사이드 간극이 작을 때는 유리판 위에 컴파운드를 놓고 연마하여 수정한다.

정답 01 ④ 02 ② 03 ③ 04 ③

05 피스톤핀(piston pin)

피스톤과 커넥팅로드 소단부(small end)를 연결할 때 피스톤핀을 사용한다. 피스톤에 피스톤핀을 끼울 때 알루미늄 합금제 피스톤의 경우 피스톤을 히터로 100℃ 정도 가열한 후 끼워야 한다. 재질로는 탄소강이나 니켈-크롬(Ni-Cr)강을 주로 사용한다. 피스톤핀의 설치 방법에는 고정식, 반 부동식(요동식), 전 부동식의 3가지가 있다.

06 커넥팅로드(connecting rod)

피스톤핀이 장착되는 부위를 소단부(small end)라 하며 크랭크핀과 연결되는 부위를 대단부(big end)라 한다. 또한 소단부 중심과 대단부 중심 사이의 거리가 커넥팅로드 길이인데 피스톤 행정의 1.5~2.3배 정도로 한다. 커넥팅로드 길이를 크게 하면 피스톤의 측압을 작게 할 수 있으나 중량이 커지고, 길이를 짧게 하면 피스톤 측압은 커지나 중량을 작게 할 수 있어 고속 엔진에 적합하다. 재질은 크롬(Cr)강, 크롬-몰리브덴(Cr-Mo)강을 사용하여 단면을 I 또는 H형으로 단조(forging), 주조 또는 소결한다.

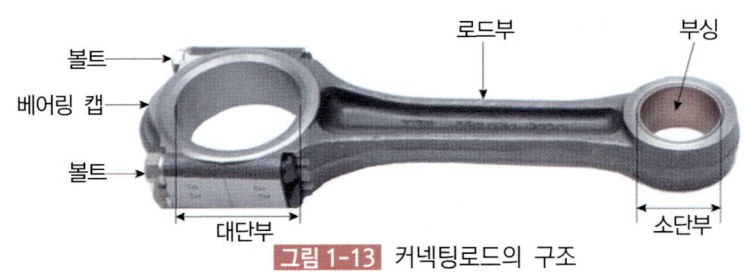

그림 1-13 커넥팅로드의 구조

2.5-6 피스톤핀 / 커넥팅로드 출제예상문제

01
피스톤핀의 고정방법이 아닌 것은?

① 고정식
② 반 부동식
③ 전 부동식
④ 3/4 부동식

02
커넥팅로드의 길이는 피스톤 행정의 몇 배인가?

① 약 0.5~1배
② 약 1.5~2.3배
③ 약 2.3~2.8배
④ 약 2.8~3.2배

> 소단부 중심과 대단부 중심 사이의 거리가 커넥팅로드 길이인데 피스톤 행정의 1.5~2.3배 정도로 한다.

03
커넥팅로드의 대단부와 연결되는 크랭크축의 부분은?

① 크랭크 암
② 크랭크 저널
③ 크랭크 핀
④ 크랭크 메인저널

> 피스톤핀이 장착되는 부위를 소단부(small end)라 하며 크랭크핀과 연결되는 부위를 대단부(big end)라 한다.

정답 01 ④ 02 ② 03 ③

04

커넥팅로드의 길이가 길 때 일어나는 현상으로 맞는 것은?

① 측압이 감소된다.
② 엔진의 높이는 낮아진다.
③ 강성이 증대된다.
④ 마멸이 증대된다.

> 커넥팅로드가 길어지면 측압이 작아 실린더 마멸이 감소된다.

05

커넥팅로드 얼라이너로 점검할 수 없는 것은?

① 커넥팅로드의 비틀림
② 커넥팅로드의 휨
③ 커넥팅로드의 대단부 변형
④ 커넥팅로드 상하 중심의 불균형

> 커넥팅로드 얼라이너는 커넥팅로드의 비틀림, 휨 및 상하 중심의 불균형을 점검한다.

06

커넥팅로드의 길이가 150mm, 피스톤의 행정이 100mm라면 커넥팅로드의 길이는 크랭크 회전반지름의 몇 배가 되는가?

① 1.5배
② 3배
③ 3.5배
④ 6배

> $$Cr = \frac{Ci \times 2}{L} = \frac{150 \times 2}{100} = 3$$
>
> Cr : 크랭크 회전반경의 비율, Ci : 커넥팅로드 길이,
> L : 피스톤 행정

정답 04 ① 05 ③ 06 ②

07 크랭크축(crank shaft)

1 크랭크축의 구조

메인저널(main journal), 크랭크핀(crank pin), 크랭크암(crank arm), 평형추(balance weight)로 구성되어 있다.

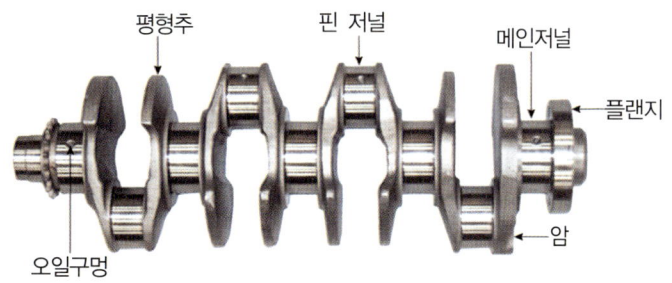

그림 1-14 크랭크축의 구조

2 크랭크축의 구비조건

① 정적 및 동적 평형이 잡혀 있어야 한다.
② 강도와 강성이 충분하여야 한다.
③ 내마멸성이 커야 한다.

3 크랭크축의 재질

크랭크축의 재질은 중탄소강(고탄소강), 크롬-몰리브덴강, 니켈-크롬강 등의 단조품 또는 구상 흑연 주철을 사용한 주조품을 사용하는데, 메인 저널과 핀 저널의 일부분을 중첩되게 한다. 이것을 오버랩(over lap)이라 한다.

4 크랭크축의 형식

[1] 직렬 4실린더형

크랭크축의 위상각은 180°, 점화순서는 1—2—4—3 또는 1—3—4—2이다.

그림 1-15 4실린더 엔진의 크랭크축

[2] 직렬 6실린더형

제1번과 제6번, 제2번과 제5번, 제3번과 제4번의 각 크랭크핀이 동일 평면 위에 있으며, 각각은 120°의 위상 차이를 지니고 있다. 크랭크축을 마주보고 제1번과 제6번 크랭크핀을 상사점으로 하였을 때 제3번과 제4번 크랭크핀이 오른쪽에 있는 우수식(점화순서 1-5-3-6-2-4)과 제3번과 제4번 크랭크핀이 왼쪽에 있는 좌수식(점화순서 1-4-2- 6-3-5)이 있다.

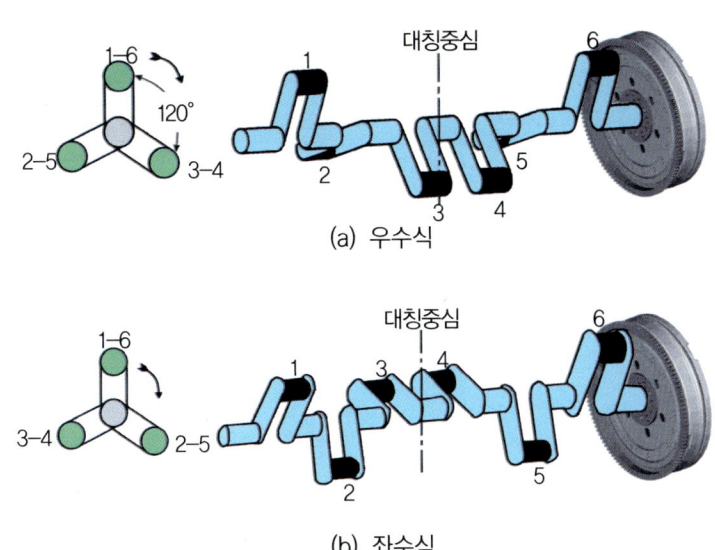

그림 1-16 직렬 6실린더 엔진의 크랭크축

5 점화순서 정할 때 고려할 사항

① 폭발은 같은 간격으로 일어나게 한다.
② 크랭크축에 비틀림 진동이 일어나지 않게 한다.
③ 인접한 실린더에 연이어서 폭발이 발생하지 않도록 한다.
④ 혼합가스 또는 공기가 각 실린더에 동일하게 분배되게 한다.

Chapter 2.7 크랭크축 출제예상문제

01
크랭크축의 구조 명칭이 아닌 것은?

① 핀(pin)
② 암(arm)
③ 저널(journal)
④ 플라이휠

> **크랭크축 구조 명칭**
> ① 메인 저널(main journal) : 크랭크축의 회전의 중심을 형성하는 축 부분으로 블록에 직접 장착되는 부분
> ② 핀 저널(pin journal) : 커넥팅로드 대단부가 장착되는 부분으로 피스톤의 왕복 에너지를 전달받는 부분
> ③ 크랭크 암(crank arm) : 핀 저널과 메인 저널을 연결하는 부분
> ④ 밸런스 웨이트(평형추) : 크랭크축의 회전 균형을 유지하는 부분으로 크랭크 암에 밸런스 웨이트(평형추)가 부착되어 있다.

02
크랭크축의 재질이 아닌 것은?

① 알루미늄 합금
② 니켈-크롬강
③ 크롬-몰리브덴강
④ 니켈강

> 크랭크축은 큰 강성이 필요하기 때문에 알루미늄의 합금은 적합하지 않다.

03
크랭크축이 회전하면서 받는 힘이 아닌 것은?

① 휨(bending)
② 전단(shearing)
③ 비틀림(torsion)
④ 관통(penetration)

> 크랭크축이 회전하면서 받는 힘은 휨, 전단, 비틀림 등이다.

정답 01 ④ 02 ① 03 ④

04

V-8 엔진의 크랭크축에서 크랭크핀의 개수는?

① 2개　　　　　② 3개
③ 4개　　　　　④ 8개

> V형 엔진은 크랭크핀 1개에 2개의 커넥팅로드가 연결되어 있으므로 실린더 수의 1/2이다.

05

점화순서를 정할 때 고려사항이 아닌 것은?

① 폭발은 같은 간격으로 일어나게 한다.
② 크랭크축에 비틀림 진동이 일어나지 않게 한다.
③ 인접한 실린더에 순차적으로 연이어서 폭발이 발생하도록 한다.
④ 혼합가스 또는 공기가 각 실린더에 동일하게 분배되게 한다.

> 인접한 실린더에서 연이어 점화되지 않도록 설계되어야 한다.

06

4기통 엔진의 점화순서는?

① 1-3-4-2, 1-2-4-3
② 1-3-4-2, 1-4-2-3
③ 1-3-4-2, 1-3-2-4
④ 1-2-3-4, 1-3-4-2

07

4행정 6실린더 우수식 엔진의 점화 순서는?

① 1-2-4-6-5-3　　② 1-2-3-6-5-4
③ 1-5-3-6-2-4　　④ 1-5-4-6-3-2

08

점화순서가 1-3-4-2인 4행정 기관의 3번 실린더가 압축행정을 할 때 1번 실린더는?

① 흡입행정　　　② 압축행정
③ 폭발행정　　　④ 배기행정

> 점화순서 1-3-4-2에서 3번 실린더가 압축행정을 하면 1번 실린더는 폭발행정, 2번 실린더는 배기행정, 4번 실린더는 흡입행정을 각각 한다.

09

4행정 4실린더 엔진의 폭발순서가 1-2-4-3일 때 1번 실린더가 폭발행정 시 3번 실린더의 행정은?

① 흡입행정　　　② 압축행정
③ 폭발행정　　　④ 배기행정

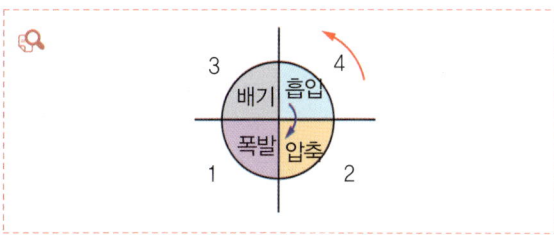

정답 04 ③ 05 ③ 06 ① 07 ③ 08 ③ 09 ④

10

4행정 6실린더 엔진에서 3번 실린더가 폭발행정 말이라면 흡입행정 초인 실린더는 몇 번 실린더인가? (단, 점화순서는 1-5-3-6-2-4)

① 6번 ② 4번
③ 3번 ④ 1번

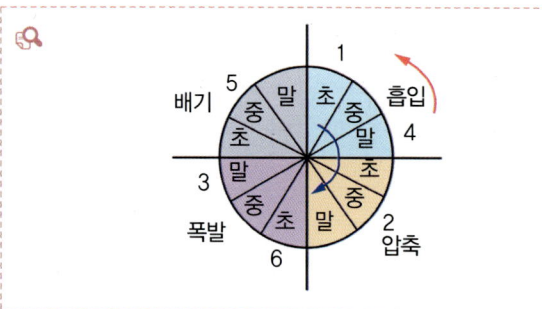

11

엔진의 회전속도가 3,600rpm이다. 연소지연시간이 $\frac{1}{600}$ 초라면 연소 지연동안에 크랭크축의 회전각도는?

① 9°
② 18°
③ 36°
④ 72°

🔍 회전각도 = $\frac{rpm}{60}$ × 연소지연시간 × 360°
= $\frac{3,600}{60} × \frac{1}{600} × 360 = 36°$

12

크랭크축 메인 저널의 외경을 측정하였더니, 54.87mm였다. 수정값은 얼마로 하여야 하는가? (단, 이 메인 저널의 표준 외경은 55.00mm이다.)

① 54.00mm ② 54.25mm
③ 54.50mm ④ 54.75mm

🔍 54.87mm - 0.2mm = 54.67mm. 따라서 언더사이즈 표준값에는 54.67mm가 없으므로 이 값보다 작으면서 가까운 54.50mm로 수정한다.

13

크랭크축의 축방향 놀음(end play)을 측정하는 계측기는?

① 버니어캘리퍼스
② 마이크로미터
③ 다이얼 게이지
④ 텔레스코핑 게이지

🔍 크랭크축 축방향 움직임 측정을 플라이 바로 크랭크축을 한쪽으로 밀고 다이얼 게이지(또는 필러 게이지)로 점검한다.

14

크랭크축의 엔드 플레이를 조정할 수 있는 것은?

① 와셔   ② 베어링 캡
③ 조정볼트   ④ 스러스트 베어링

> 한계값 이상인 경우에는 스러스트 베어링(스러스트 플레이트 형식에서는 플레이트 교환)을 교환한다.

15
크랭크축의 축방향 놀음(end play)의 설명으로 틀린 것은?

① 축방향 놀음이 크면 실린더 마멸에 영향을 준다.
② 축방향 놀음이 크면 스러스트 베어링이 소결된다.
③ 규정값 이상이면 스러스트 베어링을 교환하거나, 시임을 끼워 조정한다.
④ 크랭크축을 플라이 바(bar)로 밀고 시크니스 게이지나 다이얼 게이지로 측정한다.

> 축방향 움직임이 크면 크랭크축이 앞·뒤로 움직여 소음이 나며 실린더, 피스톤의 편마멸이나 커넥팅로드의 변형을 초래한다. 반대로 작으면 크랭크 암과 스러스트 면 사이에 열이 발생하여 손상을 일으킨다.

16
크랭크축의 축방향의 유격이 크면 일어나는 현상이 아닌 것은?

① 실린더의 마멸을 촉진한다.
② 스러스트 베어링이 소결된다.
③ 베어링에서 오일이 누설된다.
④ 커넥팅로드가 비틀려지기 쉽다.

17
엔진의 크랭크축의 휨을 다이얼 게이지로 측정하였더니, 지침이 0.34mm였다. 이 크랭크축의 휨량은?

① 0.17mm
② 0.34mm
③ 0.51mm
④ 0.68mm

> 크랭크축의 휨량은 측정된 게이지 눈금의 1/2이다. 따라서 0.34 × 1/2 = 0.17mm이다.

18
크랭크축에서 크랭크핀 저널의 간극이 커졌을 때 일어나는 현상으로 맞는 것은?

① 운전 중 심한 소음이 발생할 수 있다.
② 흑색연기를 뿜는다.
③ 윤활유 소비량이 많다.
④ 유압이 낮아질 수 있다.

정답 15 ② 16 ② 17 ① 18 ①

08 플라이휠(fly wheel)

플라이휠은 회전 관성을 이용하여 크랭크축의 맥동적인 출력을 원활히 하는 일을 한다. 재질은 주철이나 강철이며 뒷면은 클러치의 마찰면으로 사용된다. 바깥둘레에는 엔진을 시동할 때 기동전동기의 피니언과 물려 회전력을 받는 링 기어(ring gear)가 열 박음으로 고정되어 있다. 플라이휠의 무게는 회전속도와 실린더 수에 관계한다.

09 크랭크축 베어링(crank shaft bearing : 엔진 베어링)

1 구비조건

베어링이 갖추어야 할 조건은 하중 부담 능력, 초기 길들임성, 이물질 매입성, 추종 유동성, 내고착성, 고강도, 고강성, 내열성, 내식성 및 내피로성 등이 요구된다.

2 크랭크축 베어링 재료

① 배빗메탈(babbitt metal) : 배빗메탈은 주석(Sn) 80~90%, 안티몬(Sb) 3~12%, 구리(Cu) 3~7%가 표준 조성이다.
② 켈밋합금(kelmet Alloy) : 켈밋합금은 구리(Cu) 60~70%, 납(Pb) 30~40%가 표준 조성이다.
③ 트리 메탈 : 배빗메탈의 동합금 셀에 Zn 10%, Sn 10%, Cu 80%를 혼합한 연청동에 융착한 베어링

3 크랭크축 베어링의 구조

[1] 베어링 크러시(bearing crush)

베어링이 하우징 내에서 움직이지 않게 하기 위하여 베어링의 바깥둘레를 하우징의 둘레보다 조금 크게 하여 압착되도록 하는데, 베어링 바깥둘레와 하우징 둘레와의 차이를 크러시라 한다.

[2] 베어링 스프레드(bearing spread)

베어링 하우징의 지름과 베어링을 끼우지 않았을 때 베어링 바깥지름과의 차이를 말한다 (0.125~0.50mm). 이는 적은 힘으로 베어링을 제자리에 밀착되게 하며 작업하기 편리하고 조립 시 찌그러짐을 방지하는 역할을 한다.

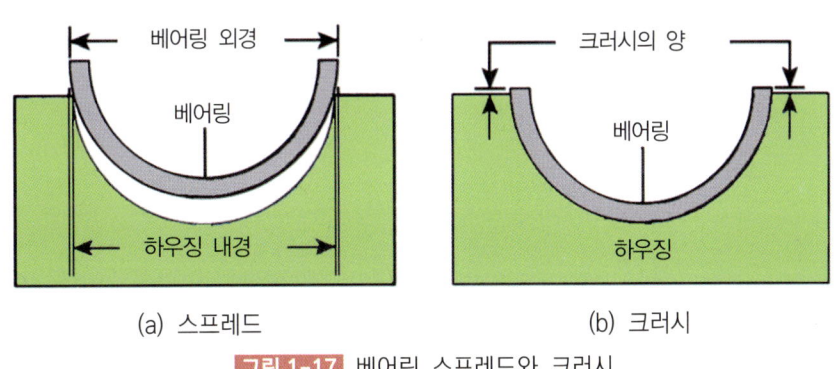

그림 1-17 베어링 스프레드와 크러시

4 크랭크축과 베어링 오일간극

[1] 측정방법 종류

크랭크축과 베어링 오일간극은 크랭크축과 베어링 사이의 간극으로 측정방법 종류에는 마이크로미터, 심 스톡스, 플라스틱 게이지 등으로 점검하는데, 이 중 플라스틱 게이지에 의한 방법이 가장 편리하고 정확하다.

[2] 오일간극이 크거나 적을 때 일어나는 현상
① 오일간극이 적을 때 일어나는 현상 : 마멸 촉진, 과열, 스틱현상 발생
② 오일간극이 클 때 일어나는 현상 : 소음 및 진동이 발생

2.8-9 플라이휠 / 크랭크축 베어링 출제예상문제

01
운동의 법칙 중 관성을 이용한 부품은?

① 플라이휠
② 기화기
③ 피스톤
④ 커넥팅로드

02
플라이휠이 필요한 이유는?

① 더 많은 가속력을 얻기 위해서 필요하다.
② 크랭크축의 무게 중심을 잡아주기 위해서 필요하다.
③ 엔진의 동력을 전달하거나 차단하는 클러치를 설치하기 위해서 필요하다.
④ 폭발행정에 발생된 맥동적인 회전을 균일한 회전으로 유지하기 위해 필요하다.

> 플라이휠은 폭발행정에서 발생된 힘을 저장하였다가, 흡입, 압축, 배기행정을 원활하게 하고, 회전력의 차이에 의한 속도변화를 감소시켜 맥동적인 회전을 균일한 회전으로 유지하는 역할을 한다.

03
플라이휠의 무게와 관계있는 것은?

① 회전속도와 실린더 수
② 크랭크축의 길이
③ 링기어의 잇수
④ 클러치판의 길이

04
자동차엔진의 크랭크축 베어링에 대한 구비조건으로 틀린 것은?

① 하중 부담능력이 있을 것
② 매입성이 있을 것
③ 내식성이 있을 것
④ 피로성이 있을 것

> 피로 한계성이 높아야 한다.

정답 01 ① 02 ④ 03 ① 04 ④

05

크랭크축 베어링의 조성이 주석(Sn) 80~90%, 안티몬(Sb) 3~12%, 구리(Cu) 3~7%로 이루어진 베어링은?

① 켈밋 ② 배빗
③ 화이트 ④ 부싱

06

커넥팅로드 대단부의 배빗메탈의 주성분은?

① 주석(Sn) ② 안티몬(Sb)
③ 구리(Cu) ④ 납(Pb)

> 배빗메탈은 주석(80~90%), 안티몬(3~12%), 구리(3~7%)로 구성된 엔진 베어링이다.

07

배빗메탈의 단점을 보완하고 배빗메탈의 동합금 셀에 Zn 10%, Sn 10%, Cu 80%를 혼합한 연청동을 중간층에 융착한 베어링으로 현재 가장 많이 사용하는 베어링의 재질은?

① 화이트 메탈 ② 켈밋 합금
③ 트리 메탈 ④ 포드 메탈

08

베어링이 하우징 내에서 움직이지 않게 하기 위하여 베어링의 바깥 둘레를 하우징의 둘레보다 조금 크게 하여 차이를 두는 것은?

① 베어링 크러시
② 베어링 스프레드
③ 베어링 돌기
④ 베어링 어셈블리

> 베어링 크러시는 베어링이 하우징 내에서 움직이지 않게 하기 위하여 베어링의 바깥둘레를 하우징의 둘레보다 조금 크게 하여 압착되도록 하는데, 베어링 바깥둘레와 하우징 둘레와의 차이를 크러시라 한다.

09

베어링 크러시의 정의는?

① 베어링 반원부의 지름
② 베어링 반원부의 두께
③ 베어링 바깥둘레와 베어링 하우징의 안 둘레와의 차이
④ 베어링 바깥쪽 지름과 베어링 하우징 안쪽 지름과의 차이

정답 05 ② 06 ① 07 ③ 08 ① 09 ③

10
베어링 스프레드를 두는 이유를 설명한 것 중 틀린 것은?

① 베어링을 제자리에 밀착시키기 위해
② 작은 힘으로도 눌러 끼워 작업을 편하게 하기 위해
③ 베어링 마모를 촉진시켜 적당한 간극을 유지하기 위해
④ 크러시가 압축됨에 따라 안쪽으로 찌그러짐을 방지하기 위해

> 스프레드는 크랭크축 베어링 하우징의 지름과 베어링을 끼우지 않았을 때 베어링 바깥쪽 지름의 차이로 스프레드를 두는 이유는 작은 힘으로 눌러 끼워 베어링을 제자리에 밀착시키고 크러시가 조립시 안쪽으로 찌그러짐을 방지하기 위해서 둔다.

11
크랭크축 베어링 하우징의 지름과 베어링을 끼우지 않았을 때 베어링 바깥쪽 지름의 차이는?

① 베어링 크러시 ② 베어링 스프레드
③ 베어링 두께   ④ 베어링 돌기

12
베어링 간극을 측정하는 게이지로 맞는 것은?

① 필러 게이지   ② 플라스틱 게이지
③ 디크니스 게이지 ④ 하이트 게이지

13
크랭크축의 메인 베어링의 오일간극을 측정하는 방법으로 틀린 것은?

① 마이크로미터
② 필러 게이지
③ 심 스톡식
④ 플라스틱 게이지

> 메인 베어링의 오일간극은 베어링이 조립이 되어 있는 상태이기 때문에 필러(틈새)게이지를 이용하여 측정이 불가능하다.

14
크랭크축에서 크랭크 핀 저널의 간극이 커졌을 때 일어나는 현상으로 맞는 것은?

① 운전 중 심한 소음이 발생할 수 있다.
② 흑색 연기를 뿜는다.
③ 윤활유 소비량이 많다.
④ 유압이 낮아질 수 있다.

> 크랭크 핀 저널과 크랭크축 간극이 커지면 부품들이 마찰하며 운전 중 심한 소음이 발생할 수 있다.

정답 10 ③ 11 ② 12 ② 13 ② 14 ①

10 밸브기구와 밸브(valve train & valve)

1 밸브 및 캠축 위치에 따른 분류

4사이클 엔진에는 캠축의 수와 위치에 따라 밸브가 실린더 옆에 붙어 있는 사이드밸브(SV), 밸브가 실린더 위에 있는 오버헤드밸브(OHV), 밸브기구와 캠축을 실린더헤드 위에 설치한 오버헤드 캠축(OHC) 등이 있다. 오버헤드 캠축 형식에는 한 개의 캠축으로 모든 밸브를 개폐시키는 싱글 오버헤드 캠축(SOHC)과 두 개의 캠축으로 각각의 흡기밸브와 배기밸브를 구동시키는 더블 오버헤드 캠축(DOHC)이 있다.

2 밸브기구의 구성부품과 그 기능

[1] 캠축과 캠(cam shaft & cam)

캠축은 엔진의 밸브 수와 같은 수의 캠이 배열된 축으로 기능은 흡·배기밸브 개폐이다. 캠축의 구동 방식에는 기어 구동 방식, 체인 구동 방식, 벨트 구동 방식 등 3가지가 사용된다. 캠축 기어와 크랭크축 기어의 잇수비는 2:1이다. 캠축은 보통 주철을 사용하며 캠의 면은 경화되어 있다. 또한 저탄소강이나 중탄소강을 화염경화 또는 고주파 침탄법을 이용하여 경화시킨 것이 사용되기도 하며, 캠의 구조에서 기초원과 노스원과의 거리를 양정이라고 한다(양정=캠고-기초원).

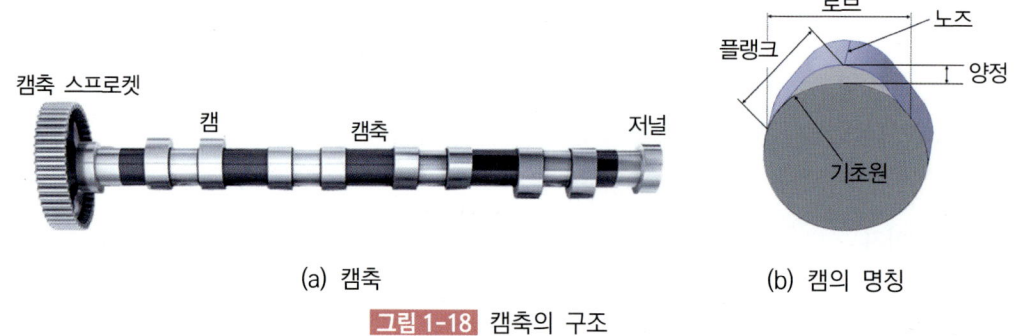

(a) 캠축 (b) 캠의 명칭

그림 1-18 캠축의 구조

[2] 밸브 리프터(밸브 태핏 : valve lifter or valve tappet)

밸브 리프터는 캠축의 회전운동을 상하운동으로 변환시켜 밸브 또는 푸시로드로 전달하는 것이며, 기계식과 유압식이 있다. 캠 샤프트에 결합된 캠의 중심과 리프터의 중심이 약간 오프셋(off-set)되어 설치되어 있기 때문에, 움직일 때 밸브 리프터가 조금씩 회전하여 캠과 접촉되는 접촉 부분의 편마모를 방지하게 되어 있다.

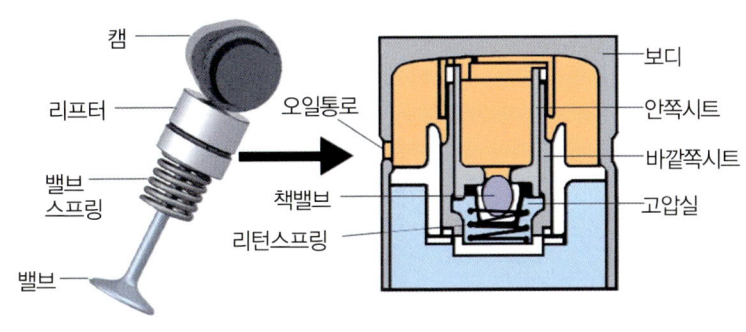

그림 1-19 유압 리프터

[3] 유압식 밸브 리프터

유압식 리프터는 오일의 비압축성과 윤활장치의 순환압력을 이용하여 작동하기 때문에 엔진 오일을 사용한다. 밸브간극이 0(zero)이므로 충돌음이 없고 밸브간극을 조정할 필요성이 없다. 유압식 리프터의 특징은 다음과 같다.

① 밸브간극을 점검·조정하지 않아도 된다.
② 밸브 개폐시기가 정확하고 작동이 조용하다.
③ 오일이 완충작용을 하므로 밸브개폐 기구의 내구성이 향상된다.
④ 밸브기구의 구조가 복잡하다.
⑤ 윤활장치가 고장이 나면 엔진 작동이 정지된다.

[4] 흡·배기밸브(valve)

흡·배기밸브는 연소실에 설치된 흡·배기구멍을 각각 개폐하고 공기를 흡입하고, 연소가스를 내보내는 일을 하며, 압축과 폭발행정에서는 밸브시트에 밀착되어 연소실 내의 가스가 누출되지 않도록 한다. 흡·배기밸브는 포핏밸브(poppet valve)가 사용된다. 밸브에 회전 기구를 두는데 밸브를 엔진 작동 시 밸브를 회전시켜 카본의 제거, 밸브 스틱현상 방지, 밸브의 편마모 방지, 밸브 헤드의 균일 온도를 유지하기 위해서이다.

그림 1-20 흡·배기밸브의 구성

① 밸브 헤드(valve head) : 밸브 헤드는 고온·고압의 가스에 노출되는 부분으로 배기밸브는 열부하가 매우 크다. 그리고 헤드 부분의 지름은 흡입효율을 증대시키기 위해 흡입밸브를 크게 한다.

② 밸브 마진(valve margin) : 기밀유지를 위해 보조 충격에 지탱력을 유지하기 위해 재사용 여부 두께는 0.8mm 이하가 되면 교환해야 한다.

③ 밸브 면(valve face) : 밸브 면은 밸브 시트에 밀착되어 기밀작용을 하고 밸브 헤드에 작용하는 열을 시트에 전달하며, 작동 시 충격적으로 작동되어 내마멸성이 커야 하므로 표면경화 처리한다. 밸브 면의 각도는 60°, 45°, 30°가 있으나 일반적으로 45°를 많이 사용한다.

④ 밸브 스템(valve stem) : 밸브 스템은 밸브 가이드에 의해 지지되어 내부를 왕복운동하며 밸브 헤드에 받는 열을 밸브 가이드를 통해 방출한다.

⑤ 밸브 스프링 리테이너 록 홈(valve spring retainer lock groove) : 밸브 스프링에 밸브를 설치하기 위한 홈으로 록(lock)이나 키(key)가 끼워진다.

⑥ 밸브 시트(valve seat) : 실린더 헤드에는 밸브와 밀착하여 기밀을 유지하기 위해 밸브 시트를 설치한다. 밸브 시트 각도는 밸브 면과 마찬가지로 30°와 45°, 60°의 것이 있으며, 작동 중 열팽창을 고려하여 밸브 면과 시트 사이에는 1/4~1° 정도의 간섭각을 두고 있다. 시트 폭은 일반적으로 1.5~2.2mm 정도 둔다. 밸브 헤드의 열은 밸브 시트를 통해 75% 냉각되며, 나머지 25%는 가이드를 통해 냉각된다.

[5] 나트륨 밸브

나트륨 밸브는 스템과 밸브 가이드를 통하여 전달되는 열의 전도성을 높이기 위해서 스템과 밸브 헤드를 중공(中空)으로 하여 그 체적의 60% 정도를 금속 나트륨으로 채운다.

[6] 밸브 스프링 서징(valve spring surging) 현상

고속에서 밸브 스프링의 신축이 심하여 밸브 스프링의 고유 진동수와 캠축 회전속도 공명에 의하여 스프링이 퉁기는 현상이다. 서징 현상이 발생하면 밸브 개폐가 불량하여 흡·배기작용이 불충분해진다. 서징 현상 방지방법은 다음과 같다.

① 고유 진동수가 서로 다른 2중 스프링을 사용한다.
② 정해진 양정 내에서 충분한 스프링 정수를 얻도록 한다.
③ 부등 피치 스프링을 사용한다.
④ 밸브 스프링의 고유 진동수를 높인다.
⑤ 원뿔형 스프링(conical spring)을 사용한다.

3 밸브 개폐시기

크랭크축의 회전에 맞추어 밸브의 개폐를 정확히 유지하는 것을 밸브 개폐시기(valve timing)라고 하며, 밸브 타이밍이 맞지 않게 되면 엔진의 부조 및 출력 부족의 원인이 될 수 있기 때문에 매우 중요하다. 흡입밸브는 배기밸브가 닫히기 전에 열리고 피스톤 하사점 지난 위치에서 닫히게 된다. 배기밸브는 하사점 전 위치에서 열기 시작하고 피스톤 상사점 후에 닫히게 된다. 이때 흡입밸브와 배기밸브가 같이 열려있는 상태를 밸브 오버랩이라 한다. 이는 흡·배기 효율을 높이기 위함이다. 블로우 다운(Blow down)은 폭발행정 말기에 배기밸브를 개방하면, 피스톤은 계속 하강해도 연소가스가 자체의 압력으로 인하여 스스로 배출되는 현상이다.

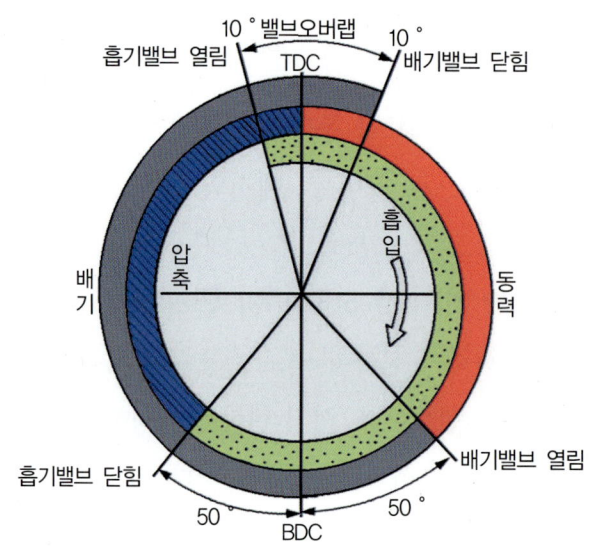

그림 1-21 4행정 사이클의 밸브 개폐시기 선도

4 밸브 스프링 점검사항

① 스프링 자유고 : 자유높이의 낮아짐 변화량은 3% 이내일 것
② 스프링 장력 : 규정 장력의 감소는 표준값의 15% 이내일 것

③ 스프링 직각도 : 직각도가 스프링 자유 높이 3% 이내(100mm당 3mm 이내)일 것
④ 접촉면의 상태는 2/3 이상 수평일 것

5 밸브간극

밸브간극은 온도가 상승함에 따라 밸브기구가 팽창하여 밸브 면과 밸브 시트가 밀착되지 않는 것을 방지하기 위한 인위적 간극으로, 필러 게이지(디그시스 게이지)와 조정나사로 조정한다. 간극이 너무 크면 소음이 나고 밸브기구에 충격을 준다. 일반적으로 밸브간극은 흡입밸브의 간극은 0.15~0.25mm이고 배기밸브의 간극은 0.25~0.35mm 정도이다.

Chapter 2.10 밸브기구와 밸브 출제예상문제

01
캠축의 구동방식이 아닌 것은?

① 기어형 ② 체인형
③ 포핏형 ④ 벨트형

> 캠축의 구동 방식에는 기어 구동 방식, 체인 구동 방식, 벨트 구동 방식이 있다.

02
캠과 태핏을 오프셋(off-set)하는 이유로 맞는 것은?

① 측압을 감소시키기 위해서
② 정숙한 운전을 위해서
③ 축방향 놀음을 위하여
④ 한 부분만의 마모를 감소시키기 위하여

> 캠과 태핏을 오프셋(off-set)하는 이유는 움직일 때 밸브 리프터가 조금씩 회전하여 캠과 접촉되는 접촉부분의 편마모를 방지한다.

03
캠의 구조에서 기초원과 노스원과의 거리는?

① 베이스 서클 ② 플랭크
③ 로브   ④ 리프트

> 캠에서 기초원과 노스원과의 거리를 양정(리프트)이라 한다.

04
표면 경화가 되어있지 않은 것은?

① 피스톤 핀   ② 캠축의 캠
③ 캠축   ④ 밸브 스템 엔드

> 표면 경화란 마모가 발생하는 곳에 마모를 방지할 목적으로 표면층은 경도가 크고, 내부는 인성이 큰 것이 요구될 때 경화하는 방법으로 피스톤 핀, 캠축의 캠, 밸브 스템 엔드, 크랭크축 저널 등이 있다. 캠축을 경화할 경우 경도가 커서 캠축 작동 시 부러질 수 있다.

정답 01 ③ 02 ④ 03 ④ 04 ③

05
캠축 기어와 크랭크축 기어의 잇수비로 맞는 것은?

① 1 : 1　　② 2 : 1
③ 1 : 2　　④ 3 : 1

> 캠축 기어와 크랭크축 기어의 잇수비는 2:1이다.

06
고속회전을 하는 엔진에서는 흡기밸브와 배기밸브 중 어느 것이 더 크게 만드는가?

① 흡기밸브　　② 배기밸브
③ 둘 다 같게 만든다.　　④ 1번 배기밸브

> 고속회전을 하는 엔진은 흡기효율을 높이기 위해 흡기밸브를 크게 만든다.

07
밸브 오버랩에서 밸브의 상태는?

① 흡기밸브만 열려 있는 상태
② 배기밸브만 열려 있는 상태
③ 흡기, 배기밸브 모두 열려 있는 상태
④ 흡기, 배기밸브 모두 닫혀 있는 상태

> 밸브 오버랩은 가스 흐름의 관성을 유효하게 이용하기 위해 흡기, 배기밸브가 모두 열려있는 상태이다.

08
가스 흐름의 관성을 유효하게 이용하기 위하여 흡·배기밸브를 동시에 열어주는 현상은?

① 블로다운(blow-down)
② 블로바이(blow-by)
③ 밸브 바운드
④ 오버랩(over lap)

09
밸브 회전 기구를 두는 목적이 아닌 것은?

① 밸브 스템과 가이드 사이의 카본을 제거한다.
② 밸브를 회전시켜 열효율을 증대시킨다.
③ 헤드부의 열을 균일하게 발산한다.
④ 밸브 스템과 가이드의 편마모를 방지한다.

> 밸브에 회전 기구를 두는 이유는 밸브를 엔진 작동 시 밸브를 회전시켜 카본의 제거, 밸브 스틱현상 방지, 밸브의 편마모 방지, 밸브 헤드의 균일 온도를 유지하기 위해서이다.

10
밸브 헤드의 열을 가장 많이 냉각시키는 곳은?

① 밸브 페이스　　② 밸브 스템
③ 밸브 시트　　④ 밸브 가이드

> 밸브 헤드의 열은 밸브 시트를 통해 75% 냉각되며, 나머지 25%는 가이드를 통해 냉각된다.

정답　05 ②　06 ①　07 ③　08 ④　09 ②　10 ③

11

밸브의 주요부에서 기밀유지를 위해 보조 충격에 지탱력을 가진 두께로서 재사용 여부를 결정하는 것은?

① 밸브 헤드　　　② 밸브 마진
③ 밸브 페이스　　④ 스템 앤드

> 🔍 밸브 마진은 기밀유지를 위해 보조 충격에 지탱력을 유지하기 위해 재사용 여부 두께는 0.8mm 이하가 되면 교환해야 한다.

12

밸브 스프링의 점검 항목이 아닌 것은?

① 스프링의 장력　　② 직각도
③ 자유높이　　　　④ 코일의 수

> 🔍 밸브 스프링의 점검 사항
> ① 직각도 : 스프링 자유고의 3% 이하
> ② 자유고 : 스프링 규정 자유고의 3% 이하
> ③ 장력 : 스프링 규정 장력의 15% 이하

13

밸브 스프링의 직각도는 규정값의 몇 % 변형 시 교환하는가?

① 1% 이상　　　② 3% 이상
③ 5% 이상　　　④ 10% 이상

14

일반적으로 밸브 시트와 밸브 페이스와의 접촉 폭은?

① 1.0mm~1.5mm
② 1.5mm~2.0mm
③ 2.0mm~2.5mm
④ 2.5mm~3.0mm

> 🔍 시트 폭은 일반적으로 1.5~2.2mm 정도 둔다.

15

다음 중 밸브 간섭각으로 맞는 것은?

① 1/4~1°　　　② 1~2°
③ 2~4°　　　　④ 7~10°

> 🔍 열팽창을 고려하여 1/4~1°의 밸브 간섭각을 둔다.

16

어떤 4사이클 엔진이 2,400rpm으로 회전하고 있을 때 제 1번 실린더의 배기밸브는 1초간에 몇 번 열리는가?

① 20번　　　　② 200번
③ 2,400번　　 ④ 4,800번

> 🔍 회전수 = $\dfrac{2,400}{2 \times 60}$ = 20

정답　11 ②　12 ④　13 ②　14 ②　15 ①　16 ①

17
밸브의 개폐시기에 대한 설명으로 틀린 것은?

① 흡기밸브는 상사점 전에서 열리고 하사점 후에 닫힌다.
② 배기밸브는 하사점 전에서 열리고 상사점 후에 닫힌다.
③ 혼합기나 공기의 흐름 관성을 유효하게 하기 위해 상사점 전후 또는 하사점 전후에서 열리고 닫힌다.
④ 밸브 오버랩은 하사점 부근에서 흡·배기밸브가 동시에 열려 있는 상태로 흡입 및 배기효율을 향상시킨다.

> 밸브 오버랩은 상사점 부근에서 흡입밸브와 배기밸브가 같이 열려있는 상태를 밸브 오버랩이라 한다. 이는 흡·배기효율을 높이기 위함이다.

18
블로다운(blow down) 현상에 대한 설명으로 맞는 것은?

① 밸브와 밸브시트 사이에서의 가스 누출 현상
② 압축행정 시 피스톤과 실린더 사이에서 공기가 누출되는 현상
③ 피스톤이 상사점 근방에서 흡·배기밸브가 동시에 열려 배기 잔류가스를 배출시키는 현상
④ 배기행정 초기에 배기밸브가 열려 배기가스 자체의 압력에 의하여 배기가스가 배출되는 현상

> 블로다운이란 배기행정 초기에 배기밸브가 열려 배기가스 자체의 압력에 의하여 배기가스가 배출되는 현상.

19
배기밸브가 하사점 전 55°에서 열리고 상사점 후 15°에서 닫혀진다면 배기밸브의 열림각은?

① 70°   ② 195°
③ 235° ④ 250°

> 배기밸브 열림각도 = 배기밸브 열림 + 배기밸브 닫힘 + 180° = 55° + 15° + 180° = 250°

20
밸브스프링의 고유 진동수와 밸브 개폐 횟수가 같거나 정수배일 때 캠에 의한 강제 진동과 스프링 자체의 고유진동이 공진하여 캠의 작동과 상관없이 진동을 일으키는 현상은?

① 밸브 오버랩   ② 밸브 서징
③ 밸브 양정   ④ 밸브 클리어런스

21
고속에서 밸브 스프링의 신축이 심하여 밸브 스프링의 고유 진동수와 캠축 회전속도 공명에 의하여 스프링이 튕기는 현상은?

① 밸브 스프링 서징
② 밸브 스프링 맥동
③ 밸브 스프링 탄성
④ 밸브 스프링 바운싱

정답 17 ④ 18 ④ 19 ④ 20 ② 21 ①

22
밸브 서징 현상을 방지하기 위해 사용하는 스프링이 아닌 것은?

① 이중 스프링
② 부등 피치형 스프링
③ 원추형 스프링
④ 하이텐션 스프링

23
밸브 서징 현상으로 일어날 수 있는 현상은?

① 엔진 회전수가 증가한다.
② 엔진의 출력이 증가한다.
③ 밸브 개폐 시기가 정확하지 못하다.
④ 밸브 스프링의 장력이 커진다.

24
밸브 스템을 중공으로 하여 그 속에 넣어 냉각 효과를 돕는 물질은?

① 나트륨
② 칼륨
③ 라듐
④ 알루미늄

> 🔍 금속 나트륨이 열을 받아 액체가 되기 위해서는 약 100℃의 열이 필요하기 때문에 헤드의 온도를 약 100℃ 정도 저하시킬 수 있다.

25
유압식 밸브 리프터의 특징이 아닌 것은?

① 밸브간극을 점검·조정하지 않아도 된다.
② 밸브 개폐시기가 정확하고 작동이 조용하다.
③ 밸브기구의 구조가 간단하다.
④ 밸브개폐 기구의 내구성이 향상된다.

> 🔍 **유압식 리프터의 특징**
> ① 밸브간극이 0(zero)이므로 밸브간극을 점검·조정하지 않아도 된다.
> ② 밸브 개폐시기가 정확하고 충돌음이 없어 작동이 조용하다.
> ③ 오일이 완충작용을 하므로 밸브개폐기구의 내구성이 향상된다.
> ④ 밸브기구의 구조가 복잡하다.
> ⑤ 윤활장치가 고장이 나면 엔진 작동이 정지된다.

26
유압식 밸브 리프터의 장점이 아닌 것은?

① 항상 밸브간극을 0으로 유지한다.
② 오일펌프가 고장 나도 작동한다.
③ 밸브 개폐시기가 정확하다.
④ 충격을 흡수하여 내구성이 좋다.

정답 22 ④ 23 ③ 24 ① 25 ③ 26 ②

27

가솔린엔진의 밸브간극이 규정값보다 클 경우 일어나는 현상은?

① 정상 작동온도에서 밸브가 완전하게 개방되지 않는다.
② 소음이 감소하고 밸브기구에 충격을 준다.
③ 흡입밸브간극이 크면 흡입량이 많아진다.
④ 엔진의 체적효율이 증대된다.

> 밸브간극이 규정값보다 크면 정상 작동온도에서 밸브가 늦게 열리고, 일찍 닫혀 완전하게 개방되지 않는다. 간극이 너무 작을 때는 일찍 열리고 늦게 닫힌다.

정답 27 ①

11 DOHC엔진

1 DOHC(double over cam shaft)엔진의 특징

① 실린더헤드에 캠축이 2개 설치되어 있어 SOHC엔진보다 흡입효율이 좋다.
② 1개의 실린더에 흡기밸브가 2개, 배기밸브가 2개 설치되어 있다.

2 DOHC엔진의 장점

① 흡입효율이 향상된다.
② 허용 최고 회전속도가 향상된다.
③ 응답성이 향상된다.
④ 연소효율이 향상된다.

2.11 DOHC엔진 출제예상문제

01
DOHC엔진의 특징이 아닌 것은?

① SOHC엔진보다 흡입효율이 좋다.
② 흡기밸브가 2개, 배기밸브가 2개 설치되어 있다.
③ 허용 최고 회전속도가 제한된다.
④ 연소효율이 향상된다.

02
DOHC(double over head cam shaft)엔진의 장점이 아닌 것은?

① 흡입 효율의 향상
② 엔진의 출력 향상
③ 캠축의 구동방법 및 구조가 간단하다.
④ 엔진의 성능 향상을 위해 로커암을 사용하지 않는다.

정답 01 ③ 02 ③

Chapter 3 냉각장치

01 냉각장치 역할

실린더 내의 연료가 연소하여 생기는 온도는 1,400~2,000℃에 달하는 고온이므로, 엔진 연소 온도를 적당한 온도로 냉각시켜 엔진의 과열, 조기점화, 엔진 각부의 윤활유의 연소 등에 의하여 엔진이 소결, 융착이 되는 것을 방지해 준다. 또한 엔진이 지나치게 냉각되면 열효율이 나빠지므로 알맞은 엔진 온도를 유지하는 것이 필요하다. 경부하의 운전 상태에서 냉각수의 온도는 75~85℃ 정도이고, 엔진 전열량에서 냉각 손실은 약 32%가 된다.

02 엔진의 냉각방법

1 공랭식(air cooling type)

공랭식은 엔진을 대기와 직접 접촉시켜서 냉각시키는 방법으로, 냉각 효과를 증대시키기 위해 실린더헤드와 블록에 방열 핀(냉각 핀)을 설치한다. 냉각수의 보충, 누수, 동결 등의 염려가 없어 엔진의 보수 점검이 용이하다. 수냉식에 비하여 구조가 간단하여 무게가 가볍고 웜업시간이 짧다.

2 수냉식(water cooling type)

수냉식은 냉각수를 순환시키는 방식에 따라 자연순환 방식, 강제순환 방식, 압력순환 방식, 밀봉압력 방식 등이 있다. 실린더 주위를 균일하게 냉각시켜 공랭식보다 냉각효과가 좋고, 실린더 주위를 저온으로 유지시키므로 공랭식보다 체적효율이 좋으나 냉각수를 사용하므로 공랭식보다 보수 및 취급이 복잡하다.

03 수냉식의 주요 구조와 그 기능

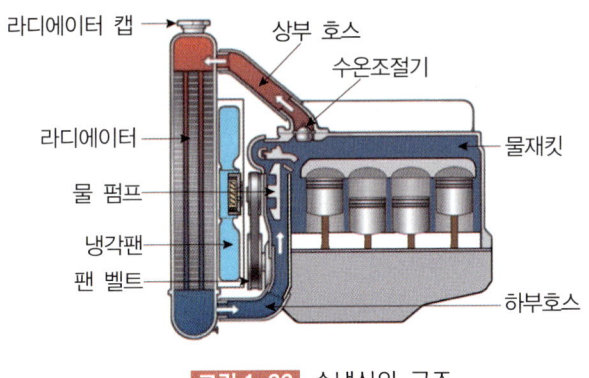

그림 1-22 수냉식의 구조

1 물 재킷(water jacket)

실린더헤드 및 블록에 일체구조로 된 냉각수가 순환하는 물 통로이다.

2 물 펌프(water pump)

구동벨트를 통하여 크랭크축에 의해 구동되며, 실린더헤드 및 블록의 물 재킷 내로 냉각수를 순환시키는 원심력 펌프이다. 물 펌프의 효율은 냉각수를 가압하여 압력을 높이고, 펌프 임펠러는 와류형으로 된 것을 사용한다. 라디에이터 캡은 압력식 캡을 사용하며, 냉각수의 압력에 비례하고 냉각수의 온도에 반비례한다.

3 냉각 팬(cooling fan)

냉각 팬은 라디에이터를 통하여 공기를 흡입하여 라디에이터 통풍을 도와준다.

4 구동벨트(drive belt or fan belt)

이음새가 없는 고무제 V벨트를 사용하며, 크랭크축 풀리, 발전기 풀리, 물 펌프 풀리 등을 연결 구동한다. V구동벨트의 접촉면의 각도는 40도가 가장 적당하다.

[1] 구동벨트의 점검

발전기 풀리와 물 펌프 풀리 사이에서 점검하여 10kgf의 힘으로 눌렀을 때 6~10mm의 헐거움이 있으면 양호하다.

[2] 팬벨트 장력이 너무 크면(팽팽하면)

물 펌프 및 발전기 풀리의 베어링 마멸이 촉진된다.

[3] 팬벨트 장력이 너무 작으면(유격이 너무 클 때)

① 소음이 발생하며, 팬벨트의 손상이 촉진된다.
② 물 펌프 회전속도가 느려 엔진이 과열되기 쉽다.
③ 발전기의 출력이 저하된다.

5 라디에이터(방열기 : radiator)

라디에이터는 방열기라고도 하며 자동차 그릴 바로 뒤에 위치하며, 뜨거워진 냉각수를 라디에이터를 통해 식혀주게 된다.

[1] 라디에이터의 구비조건

① 단위 면적당 방열량이 클 것
② 가볍고 작으며, 강도가 클 것
③ 냉각수 흐름저항이 적을 것
④ 공기 흐름저항이 적을 것

[2] 라디에이터 코어 막힘

라디에이터 코어 막힘률은 20% 이상 되면 라이데이터를 교환해야 한다.

$$코어\ 막힘률 = \frac{신품\ 용량 - 사용품\ 용량}{신품\ 용량} \times 100$$

6 라디에이터 캡(radiator cap)

라디에이터 캡은 냉각수 주입구 뚜껑이며, 냉각장치 내의 비등점(비점)을 높이고, 냉각 범위를 넓히기 위하여 압력식 캡을 사용한다. 보통 캡의 압력은 게이지 압력으로 $0.2 \sim 0.9 kgf/cm^2$ 정도이며, 냉각수의 비등점은 110~120℃로 높아지게 된다.

① 냉각장치 내부압력이 규정보다 높을 때 압력밸브가 열린다.
② 냉각장치 내부압력이 부압이 되면 진공밸브가 열린다.

그림 1-23 라디에이터 캡

7 수온조절기(정온기 : thermostat)

수온조절기는 실린더헤드 물 재킷 출구 부분에 설치되어 냉각수 온도에 따라 냉각수 통로를 개폐하여 엔진의 온도를 알맞게 유지하는 기구이다. 종류에는 바이메탈형, 케이스 내에 에테르가 봉입되어 있는 벨로즈형, 케이스 내에 왁스가 봉입되어 있는 펠릿형 등이 있다.

[1] 입구제어 방식과 출구제어 방식

① 입구제어 방식은 물 펌프 앞쪽에 수온조절기를 설치하여 실린더블록으로 유입되는 냉각수를 제어하는 것이다.

② 출구제어 방식은 실린더헤드에서 배출되는 부분에 수온조절기를 설치하여 냉각수 온도를 제어하는 방식이다. 특징은 수온센서의 출력변동은 적으나 수온조절기에 걸리는 부하가 증대되고, 과냉 현상이 발생할 수 있다.

[2] 지글밸브(jiggle valve)

수온조절기에 통기 구멍을 두고 냉각장치에 압력이 형성되면 닫히는 방식의 밸브이다.

그림 1-24 수온조절기

Chapter 3.1-3 엔진의 냉각방법/수냉식의 주요 구조와 그 기능 출제예상문제

01
냉각장치에 대한 설명으로 맞는 것은?

① 냉각장치는 차의 불필요한 손실을 가져오므로 설치가 필요 없다.
② 연소 온도에 의한 엔진이 과열되는 것을 방지하기 위해 설치한다.
③ 냉각수는 엔진의 열을 식혀주면 되므로 순수한 증류수만을 사용한다.
④ 냉각장치는 과열방지가 목적이므로 엔진이 과냉되어도 엔진 성능에 아무런 영향이 없다.

> 엔진 연소 온도를 적당한 온도로 냉각시켜 주지 않는다면 엔진의 과열, 조기점화, 엔진 각 부의 윤활유의 연소 등에 의하여 엔진이 소결, 융착되는 것을 방지해 준다.

02
냉각장치에서 흡수되는 열은 연료의 전 발열량의 몇 %인가?

① 30~35   ② 40~50
③ 55~65   ④ 70~80

> 전열량(100%)에서 배기 손실(37%), 냉각 손실(32%), 기계 손실(6%)이므로 실 출력은 25%이다.

03
엔진과 대기를 직접 접촉시켜서 냉각하는 방식은?

① 공랭식   ② 수냉식
③ 복합식   ④ 변조식

04
공랭식 냉각장치의 장점으로 틀린 것은?

① 냉각수의 동결 및 누수 염려가 없다.
② 냉각 팬 등에 의한 운전 중의 소음이 적다.
③ 웜업시간이 짧고, 엔진 전체 무게가 가볍다.
④ 냉각수를 보충할 필요가 없어 엔진의 보수 점검이 용이하다.

> 공랭식 냉각장치는 별도의 냉각 라디에이터를 설치하지 않기 때문에 냉각 팬이 필요 없다.

정답 01 ② 02 ① 03 ① 04 ②

05
수냉식과 비교한 공랭식 엔진의 장점이 아닌 것은?

① 구조가 간단하다.
② 마력당 중량이 가볍다.
③ 정상온도에 도달하는 시간이 짧다.
④ 엔진을 균일하게 냉각시킬 수 있다.

> 공랭식 엔진의 경우 냉각핀이 공기 접촉에 의해 냉각하는 방식으로 엔진 뒤편은 상대적으로 냉각이 어렵기 때문에 균일한 냉각이 어렵다.

06
수냉식 냉각장치의 장·단점에 대한 설명으로 틀린 것은?

① 공랭식보다 소음이 크다.
② 공랭식보다 보수 및 취급이 복잡하다.
③ 실린더 주위를 균일하게 냉각시켜 공랭식보다 냉각 효과가 좋다.
④ 실린더 주위를 저온으로 유지시키므로 공랭식보다 체적효율이 좋다.

> 공랭식에 비해 소음의 크기 변화는 거의 없다.

07
라디에이터의 구비조건이 아닌 것은?

① 가볍고 작으며, 강도가 클 것
② 냉각수 흐름저항이 적을 것
③ 공기 흐름저항이 클 것
④ 단위 면적당 방열량이 클 것

> **라디에이터의 구비조건**
> ① 단위 면적당 방열량이 클 것
> ② 가볍고 작으며, 강도가 클 것
> ③ 냉각수 흐름저항이 적을 것
> ④ 공기 흐름저항이 적을 것

08
라디에이터의 구비조건으로 틀린 것은?

① 단위 면적당 방열량이 작을 것
② 공기의 저항이 적을 것
③ 소형, 경량이고 견고할 것
④ 냉각수의 저항이 적을 것

> 라디에이터는 단위 면적당 방열량이 커야 한다.

09
코어 막힘률이 몇 % 이상이면 교환해야 하는가?

① 15%   ② 20%
③ 25%   ④ 30%

> 라디에이터 코어 막힘률은 20% 이상이면 교환한다.

정답 05 ④ 06 ① 07 ③ 08 ① 09 ②

10
신품 방열기의 용량이 4.0ℓ이고, 사용 중인 방열기의 용량을 측정하였더니 3.2ℓ였다면 코어 막힘률은?

① 55% ② 30%
③ 25% ④ 20%

> 코어 막힘률 = $\dfrac{\text{신품주수량} - \text{구품주수량}}{\text{신품주수량}} \times 100$
> $= \dfrac{4.0 - 3.2}{4.0} \times 100 = 20\%$

11
신품 방열기의 용량이 5L이고, 코어 막힘률이 25%였다면 실제로 방열기에 주입된 물의 양은?

① 3.0L ② 3.25L
③ 3.50L ④ 3.75L

> 실제 물 주입량 = 신품 방열기 용량 - (신품 방열기 용량 × 코어 막힘률) = 5 - (5 × 0.25) = 3.75(ℓ)

12
라디에이터 코어 튜브가 파열되었다면 그 원인으로 맞는 것은?

① 물 펌프에서 냉각수가 새어나온다.
② 팬벨트가 헐겁다.
③ 수온조절기가 제 기능을 발휘하지 못한다.
④ 오버플로 파이프가 막혔다.

> 라디에이터 오버플로 파이프가 막히면 라디에이터에 압력이 생겨 코어 튜브가 파손될 수 있다.

13
물 펌프의 효율을 높이기 위한 방법으로 틀린 것은?

① 냉각수를 가압하여 압력을 높인다.
② 펌프 임펠러는 와류형으로 된 것을 사용한다.
③ 라디에이터 캡은 압력식 캡을 사용한다.
④ 냉각수의 온도를 높여 주어야 한다.

> 물 펌프의 효율은 냉각수의 압력에 비례하고, 냉각수의 온도에 반비례한다.

14
승용차 팬벨트의 장력은 벨트 중심을 10kg의 힘을 가했을 때 몇 mm 정도 눌리도록 조정해야 하는가?

① 1~5mm
② 5~12mm
③ 13~20mm
④ 20~30mm

> 팬벨트의 장력은 벨트 중심부를 10kgf의 힘을 가했을 때 13~20mm 정도 눌리도록 조정하면 된다.

정답 10 ④ 11 ④ 12 ④ 13 ④ 14 ③

15
팬벨트의 장력이 적으면 일어나는 현상으로 맞는 것은?

① 엔진이 과냉된다.
② 엔진이 과열된다.
③ 배터리가 과충전된다.
④ 베어링이 마멸된다.

> 팬벨트의 장력이 적으면 엔진이 과열되고, 충전이 잘 안 된다.

16
구동 벨트인 V벨트의 접촉면의 각도는?

① 30도　　② 40도
③ 50도　　④ 60도

> V구동벨트의 접촉면의 각도는 40도가 가장 적당하다.

17
냉각장치의 냉각수 비등점을 올리기 위한 장치는?

① 압력식 캡　　② 코어
③ 라디에이터　　④ 물 재킷

> 압력식 캡은 라디에이터 내의 압력을 0.2~0.9kgf/cm² 높여 냉각수의 비등점을 112℃로 높인다.

18
자동차 냉각수의 비등점을 높이기 위해 사용되는 장치는?

① 라디에이터　　② 코어
③ 압력식 캡　　④ 슈라우드

> 비등점을 높이기 위한 방법은 라디에이터에 압력식 캡을 채택하는 것이다.

19
압력식 라디에이터에서 캡의 규정압력의 대략 게이지 압력은?

① 1~2kg/cm²
② 2~9kg/cm²
③ 0.01~0.02kg/cm²
④ 0.2~0.9kg/cm²

20
엔진의 온도조절기에 대한 설명 중 틀린 것은?

① 온도조절기의 종류에는 벨로스형, 펠릿형 등이 있다.
② 온도조절기는 냉각수의 온도를 일정하게 유지하도록 한다.
③ 온도조절기 내에는 에테르 또는 알코올 등을 넣어 봉입한 것도 있다.
④ 냉각수 온도가 95℃에서 열리기 시작하여 105℃에서 완전히 열린다.

정답　15 ②　16 ②　17 ①　18 ③　19 ④　20 ④

> 온도조절기 또는 정온기라 한다. 온도조절기는 끓는점 이전에 열려서 엔진의 급격하게 상승하는 온도를 라디에이터를 통과시켜 식히는 역할을 하게 된다. 수온조절기는 65℃에서 열리기 시작하여 85℃에서 완전히 열린다.

21
냉각수의 온도에 따라 냉각수 통로를 개폐하여 냉각수의 온도를 조절하는 장치는?

① 라디에이터
② 압력식 캡
③ 서모스탯
④ 물 펌프

> 서모스탯(수온조절기)은 엔진의 온도를 일정하게 유지시키기 위한 것이다.

22
수온조절기 종류에는 벨로스형과 왁스 펠릿형이 있는데, 각각의 종류에 들어있는 물질은?

① 알코올과 벤젠
② 벤젠과 왁스
③ 에테르와 왁스
④ 에테르와 알코올

> 벨로스형은 에테르가, 왁스 펠릿형에는 왁스가 들어 있다.

23
왁스실에 왁스를 넣어 온도가 상승함에 따라 팽창축을 올려 열리는 식의 온도조절기는?

① 바이패스 밸브형   ② 펠릿형
③ 바이메탈형   ④ 벨로즈형

24
수온조절기는 몇 ℃에서 열리기 시작하여 몇 ℃에서 완전히 열리는가?

① 55~75℃   ② 65~85℃
③ 75~95℃   ④ 95~105℃

> 수온조절기는 65℃에서 열리기 시작하여 85℃에서 완전히 열린다.

25
냉각수의 수온을 측정하는 곳은?

① 물 펌프 내부
② 실린더헤드 내의 물 재킷부
③ 라디에이터 윗 물통
④ 실린더블록의 물 재킷부

> 실린더헤드 물 통로 부근에 설치하여 냉각된 냉각수와 엔진에서 발생시키는 가열된 온도의 냉각수를 적절하게 통제하면서 작동할 수 있다.

정답 21 ③ 22 ③ 23 ② 24 ② 25 ②

26
엔진이 과열되는 원인이 아닌 것은?

① 온도조절기가 닫혔을 때
② 방열기의 용량이 클 때
③ 방열기 코어가 막혔을 때
④ 벨트 형식에서 팬벨트 장력이 느슨할 때

> 방열기의 용량이 크면 엔진은 과냉된다.

27
겨울철에 히터를 작동시켜도 온도가 올라가지 않는 원인으로 맞는 것은?

① 워터 펌프가 고장이다.
② 수온조절기가 고장이다.
③ 라디에이터 코어가 막혔다.
④ 냉각수가 규정보다 너무 많다.

> 겨울철에 히터를 작동시켜도 온도가 올라가지 않는다면 수온조절기가 열린 채 고장이다.

정답 26 ② 27 ②

04. 냉각수와 부동액

1 냉각수(cooling water)

엔진에서 사용하는 냉각수는 물을 사용하며 냉각수는 연수인 증류수, 수돗물, 빗물 등을 사용한다.

2 부동액(antifreeze)

냉각수가 동결되는 것을 방지하기 위하여 냉각수와 혼합하여 사용하는 액체이다. 그 종류에는 에틸렌글리콜, 메탄올, 글리세린 등이 있으며 현재는 에틸렌글리콜이 주로 사용된다. 에틸렌글리콜의 특징은 비점이 높고 불연성이며, 응고점이 낮은 장점이 있으나, 누출되면 교질 상태의 물질을 만들고, 금속을 부식시키며, 팽창계수가 큰 결점이 있다. 부동액의 비율이 너무 높으면 오히려 냉각 성능이 감소한다. 보통 그 지역의 최저온도보다 5~10℃ 정도 낮은 온도를 기준하여 사용한다.

[1] 부동액의 구비조건
① 냉각수와 잘 혼합될 것
② 냉각장치에서 순환성이 좋을 것
③ 워터재킷, 라디에이터 등 냉각계통을 부식시키지 않을 것
④ 온도변화에 따른 부식을 일으키지 않을 것
⑤ 비점이 물보다 높고, 빙점(응고점)은 물보다 낮을 것
⑥ 증발(휘발성)이 없을 것

[2] 부동액 사용 시 주의점
① 부동액은 장시간 사용하지 않는다.

② 냉각액이 100℃를 넘는 것을 예상할 수 있을 때에는 퍼머넌트링을 사용한다.
③ 세미 퍼머넌트형은 인화성이 있으므로 화기에 주의한다.
④ 원액은 흡습성이 있으므로 용기의 뚜껑은 완전히 닫도록 한다.
⑤ 오염도를 점검하여 교환 주기에 따라 교체해 주어야 한다.

05 엔진의 과열 및 과냉 원인

1 과열원인

① 수온조절기가 닫힌 채로 고장 또는 열림 온도가 너무 높다.
② 라디에이터의 코어 막힘이 과도하거나 오손 및 파손되었다.
③ 구동벨트의 장력이 약하거나 구동벨트가 이완 및 절손되었다.
④ 물재킷 내의 스케일(물때)이 과다하다.
⑤ 물 펌프의 작동이 불량하다.
⑥ 라디에이터 호스가 파손되었다.

2 과냉원인

① 수온조절기가 열린 채로 고장이 났다.
② 수온조절기의 열림 온도가 너무 낮다.

3.4-5 냉각수와 부동액/엔진의 과열 및 과냉 원인 출제예상문제

01
냉각수로 사용하기에 부적합한 것은?

① 증류수
② 수돗물
③ 빗물
④ 경수

> 냉각수로 사용되는 것은 연수로 증류수, 수돗물, 빗물 등이다.

02
부동액의 종류가 아닌 것은?

① 에틸렌글리콜
② 메틸알코올
③ 메탄올
④ 글리세린

> 부동액의 종류에는 에틸렌글리콜, 메탄올, 글리세린 등이 있다.

03
부동액으로 사용하지 않는 것은?

① 메탄올
② 글리세린
③ 톨루엔
④ 에틸렌글리콜

> 톨루엔은 가솔린에 첨가되는 화학물질이다.

04
부동액 사용 시 주의점으로 틀린 것은?

① 부동액은 장시간 사용하지 않는다.
② 냉각액이 100℃를 넘는 것을 예상할 수 있을 때에는 퍼머넌트링을 사용한다.
③ 세미 퍼머넌트형은 인화성이 있으므로 화기에 주의한다.
④ 원액은 흡습성이 있으므로 용기의 뚜껑은 완전히 열리도록 한다.

> 흡습성은 공기 중의 수분을 말하며 용기의 뚜껑을 열어 놓을 경우 이물질 및 수분 유입으로 부동액의 역할을 할 수 없다.

정답 01 ④ 02 ② 03 ③ 04 ④

05

자동차용 부동액으로 사용되고 있는 에틸렌글리콜의 특징으로 틀린 것은?

① 비점이 높다.
② 불연성이다.
③ 응고점이 높다.
④ 금속을 부식한다.

> 에틸렌글리콜의 경우 응고점이 낮다.

06

냉각장치 세정작업 시 세정액의 특징으로 맞는 것은?

① 인화성 물질이어야 한다.
② 발화점이 낮은 물질이어야 한다.
③ 인화점이 높은 물질이어야 한다.
④ 인화점이 낮은 물질이어야 한다.

> 인화점이 높아 화재의 위험이 없어야 한다.

07

라디에이터를 세척할 때 가장 좋은 방법은?

① 냉각수를 제거하고 압축공기로 불어 세척한다.
② 상부에서 하부로 물을 순환시킨다.
③ 하부에서 상부로 물을 순환시킨다.
④ 수온조절기를 제거하고서 한다.

> 라디에이터 내의 오물을 제거할 때는 하부에서 상부로 물을 순환시킨다.

08

주행 중 냉각수가 부족하여 엔진이 과열되었다. 냉각수를 보충하는 방법으로 맞는 것은?

① 시동이 켜진 상태에서 냉각수를 보충한다.
② 시동을 끄고 엔진이 식기 전에 냉각수를 보충한다.
③ 시동을 끄고 잠시 기다린 후 냉각수를 보충한다.
④ 시동을 끄고 엔진이 완전히 냉각된 후에 냉각수를 보충한다.

> 냉각수를 보충할 경우 시동을 끄더라도 냉각수 라인에 압력이 있는 상태이기 때문에 일정 시간 기다린 후 냉각 여부를 확인하고 보충한다.

09

실린더 과냉에서 오는 현상으로 틀린 것은?

① 열효율이 저하된다.
② 실린더 마모가 촉진된다.
③ 연소가 불안전하게 된다.
④ 재킷 내의 전해 부식이 촉진된다.

> 실린더 과냉과 부식은 전혀 관계가 없다.

정답 05 ③ 06 ③ 07 ③ 08 ③ 09 ④

10
엔진이 작동 중 과열되는 원인으로 틀린 것은?

① 냉각수의 부족
② 라디에이터 코어의 막힘
③ 전동 팬 모터 릴레이의 고장
④ 수온조절기가 열린 상태로 고장

> 수온조절기가 열린 상태로 고장이 발생하면 엔진 냉각수가 계속적으로 방열기를 순환하기 때문에 엔진의 웜업 시간이 길어지게 된다.

11
엔진이 과열되는 원인이 아닌 것은?

① 온도조절기가 닫혔을 때
② 방열기의 용량이 클 때
③ 방열기 코어가 막혔을 때
④ 팬벨트의 장력이 느슨할 때

> 방열기는 라디에이터를 말하며, 방열기의 용량이 크면 엔진은 과냉된다.

12
엔진 과열의 원인이 아닌 것은?

① 팬벨트의 늘어짐
② 오일압력의 과대
③ 냉각장치 내부의 물때
④ 방열기 코어의 막힘

> 엔진 과열은 오일압력과는 관계가 없으며 오일압력이 높다는 것은 윤활장치의 막힘이나 오일이 과다할 경우 나타나는 현상이다.

13
엔진이 과열하는 원인으로 틀린 것은?

① 냉각 팬의 파손
② 냉각수 흐름저항 감소
③ 엔진의 과부하
④ 냉각수 이물질 혼입

> 냉각수 흐름 저항 감소의 원인으로 엔진 과열 온도까지 상승하기는 어렵다.

14
엔진이 지나치게 냉각되었을 때 엔진에 미치는 영향으로 맞는 것은?

① 출력저하로 연료소비율 증대
② 연료 및 공기흡입 과잉
③ 점화불량과 압축과대
④ 엔진오일의 열화

정답 10 ④ 11 ② 12 ② 13 ② 14 ①

15

자동차엔진의 냉각장치에 대한 설명 중 적절하지 않은 것은?

① 강제 순환식이 많이 사용된다.
② 냉각장치 내부에 물때가 많으면 과열의 원인이 된다.
③ 서모스탯에 의해 냉각수 흐름이 제어된다.
④ 엔진 과열 시에는 즉시 라디에이터 캡을 열고 냉각수를 보급하여야 한다.

> 과열 시 캡을 바로 열 경우 폭발의 우려가 있어서 주의하여야 한다.

정답 15 ④

Chapter 4 윤활장치

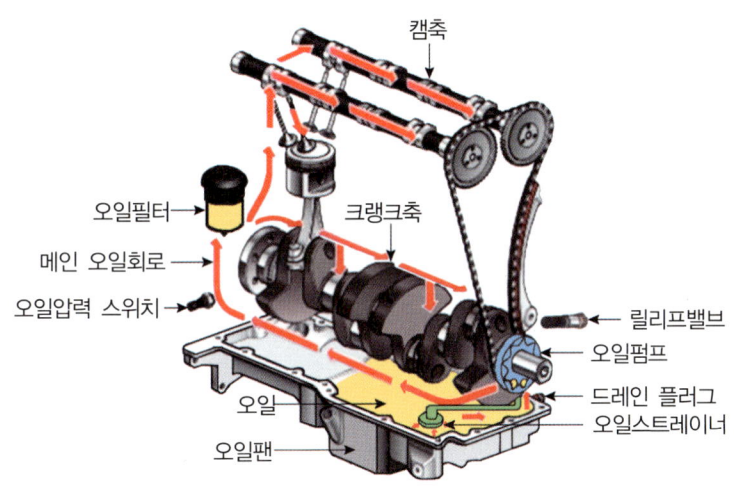

그림 1-25 윤활장치 구성품 및 오일 순환도

01 윤활장치 일반

엔진의 움직이는 면에 유막(oil film)을 형성하게 하여 마찰이 작은 유체 마찰로 바꾸어 주는 것을 윤활이라 한다. 이때 사용되는 오일을 윤활유(lubricant)라 하고, 유막을 형성하는 데 필요한 오일 공급장치를 윤활장치라 한다.

02 윤활유 공급방법

① 비산식 : 커넥팅로드의 큰 쪽 하단에 장착된 주걱으로 오일 팬에 있는 오일을 쳐서 뿌려주는 방식

② 압송식 : 오일 팬에 있는 오일을 오일펌프에 의해 강제적으로 각 윤활부에 압송하는 방식

③ 비산 압송식 : 비산식으로는 윤활효과가 부족하므로 비산식과 압송식을 복합한 방식

03 윤활유의 작용

① 감마 작용
② 밀봉 작용
③ 냉각 작용
④ 세척 작용
⑤ 방청 작용
⑥ 응력 분산 작용

04 오일의 작용 및 구비조건

1 작용

① 마찰감소 및 마멸방지 작용
② 밀봉(기밀유지) 작용

③ 열전도(냉각) 작용
④ 세척(청정) 작용
⑤ 응력분산(충격 완화) 작용
⑥ 부식방지(방청) 작용

2 구비조건

① 점도지수가 커 온도와 점도와의 관계가 적당할 것
② 인화점 및 자연 발화점이 높을 것
③ 강인한 유막을 형성할 것(유성이 좋을 것)
④ 응고점이 낮을 것
⑤ 비중과 점도가 적당할 것
⑥ 기포발생 및 카본 생성에 대한 저항력이 클 것

> **참고** 점도(Viscosity)
>
> 유체의 끈적거림의 정도, 끈끈한 정도를 물리적 단위로 표현한 것으로, 유체의 흐름에서 어려움의 크기를 나타내는 양을 의미한다.

> **참고** 점도 지수(Viscosity Index)
>
> 오일의 점도는 온도가 높으면 점도가 낮아지고 온도가 낮으면 점도가 높아진다. 이러한 온도에 따른 오일점도 변화를 나타낸 것으로, 점도지수가 높을수록 온도에 따른 점도 변화가 작다.

> **참고** 윤활의 종류
>
> 건식윤활, 경계윤활, 혼합윤활, 유체윤활

05 엔진오일의 분류

① SAE 분류 : SAE 번호로 그 점도를 표시하며, 번호가 클수록 점도가 높은 오일이다.
② API 분류 : 가솔린엔진용(ML, MM, MS)과 디젤엔진용(DG, DM, DS)으로 사용조건이 구분되어 있다.
③ SAE 신분류 : SAE가 ASTM, API 등과 협력하여 새로 제정한 사용용도 엔진오일이며, 가솔린엔진용은 S(service), 디젤엔진용은 C(commercial)로 하여 다시 A, B, C, D …알파벳순으로 그 등급을 정하고 있다.

06 엔진오일 공급장치

1 오일 순환 경로

오일 순환 경로는 오일 스트레이너→오일펌프→오일여과기→실린더블록 오일통로→압력조절기→피스톤 및 크랭크축(실린더헤드→로커암 축→로커암→캠 및 밸브→캠축 저널)→오일 팬

2 오일 공급장치

[1] 오일 팬(oil pan)

오일 팬(아래 크랭크케이스)은 엔진오일이 담겨지는 용기이며, 오일의 냉각 작용도 한다.

[2] 오일 스트레이너(oil strainer)

오일 스트레이너는 오일 팬 펌프 내의 오일을 펌프로 유도해주는 것이며, 오일 속에 포함된 비교적 큰 불순물을 여과하는 스크린이 있다.

[3] 오일펌프(oil pump)

오일펌프는 오일 스트레이너를 거쳐 흡입한 후 압력을 가하여 각 윤활부분으로 압송하는 기구이며, 종류에는 기어펌프, 로터리펌프, 플런저펌프, 베인펌프 등이 있다.

[4] 오일여과기(oil filter)

(1) 오일여과기의 기능

오일여과기는 엔진이 작동 중 윤활유 속의 먼지, 카본 및 엔진 마찰에 의하여 생기는 금속 분말의 작은 입자 등의 불순물을 여과·청정하는 장치로서, 엔진 외부에서 점검이 용이한 위치에 설치된다.

(2) 여과방식

① 전류식(full-flow filter) : 오일펌프에서 나온 오일의 모두를 여과기를 거쳐서 여과된 후 윤활 부분으로 가는 방식이다.
② 분류식(by-pass filter) : 오일펌프에 나온 오일의 일부만 여과하여 오일 팬으로 보내고, 나머지는 그대로 윤활 부분으로 보내는 방식이다.
③ 샨트식(shunt flow filter) : 오일펌프에서 나온 오일의 일부만 여과하게 한 방식이다. 그러나 이 방식은 여과된 오일이 오일 팬으로 되돌아오지 않고, 나머지 여과되지 않은 오일도 윤활 부분에서 합쳐져 공급된다.

[5] 유압조절밸브(oil pressure relief valve)

윤활 회로 내를 순환하는 유압이 과도하게 상승하는 것을 방지하여 유압이 일정하게 유지되도록 하는 작용을 한다.

07 윤활장치의 고장 원인

1 유압이 높아지는 원인

① 엔진의 온도가 낮아 오일의 점도가 높다.
② 윤활 회로의 일부가 막혔다.
③ 유압조절밸브 스프링의 장력이 과다하다.

2 유압이 낮아지는 원인

① 크랭크축 베어링의 과다 마멸로 오일간극이 커졌다.
② 오일펌프의 마멸 또는 윤활 회로에서 오일이 누출된다.
③ 오일 팬의 오일 양이 부족하다.
④ 유압조절밸브 스프링 장력이 약하거나 파손되었다.
⑤ 엔진오일이 연료 등으로 현저하게 희석되었다.
⑥ 엔진오일의 점도가 낮다.

Chapter 4 윤활장치 출제예상문제

01
윤활유는 각부의 마찰 및 마멸을 방지하는데, 마찰면 사이에 충분한 유체막을 형성하는 이상적인 윤활 상태는?

① 경계 윤활
② 극압 윤활
③ 마찰 윤활
④ 유체 윤활

> 마찰면 사이에 충분한 유체막을 형성하는 상태의 이상적인 윤활상태를 유체 윤활이라고 한다.

02
윤활유의 가장 중요한 성질은?

① 점도
② 온도
③ 습도
④ 비중

> 점도란 액체를 유동시켰을 때 나타내는 액체의 내부저항 또는 마찰로 윤활유의 가장 중요한 성질이며, 일반적으로 끈적끈적한 정도를 말한다.

03
온도 변화에 따른 오일 점도의 변화 정도를 표시한 것은?

① 점도 유성
② 점도 지수
③ 한계 점도
④ 점도 계수

> 점도 지수는 온도 변화에 따른 오일 점도의 변화 정도를 표시한 것으로 점도 지수가 높은 오일일수록 점도의 변화가 적다.

04
엔진의 윤활유 점도 지수 또는 점도에 대한 설명으로 틀린 것은?

① 온도 변화에 의한 점도 변화가 적을 경우 점도 지수가 높다.
② 추운 지방에서는 점도가 큰 것일수록 좋다.
③ 점도 지수는 온도 변화에 대한 점화의 변화 정도를 표시한 것이다.
④ 점도란 윤활유의 끈적끈적한 정도를 나타내는 척도이다.

정답 01 ④ 02 ① 03 ② 04 ②

> 한대 지방에서 점도가 클 경우 윤활유의 역할을 수행하기 어렵다.

05
점도 지수에 대한 설명으로 틀린 것은?

① 온도 변화에 따른 오일 점도의 변화 정도를 표시한 것이다.
② 점도 지수가 높은 오일은 점도의 변화가 많은 것이다.
③ 일반적으로 엔진오일의 점도 지수는 120~140이다.
④ 점도 지수가 큰 것일수록 좋은 오일이다.

> 점도 지수가 높은 오일은 점도의 변화가 적은 것을 의미한다.

06
윤활유의 사용 목적이 아닌 것은?

① 금속 표면의 방청 작용
② 작동 부분의 응력 분산 작용
③ 섭동부의 열저장 작용
④ 혼합기 및 가스 누출 방지의 기밀 작용

> 섭동부의 열을 냉각하거나 분산하는 작용을 한다.

07
윤활장치의 오일 작용이 아닌 것은?

① 응력 집중   ② 밀봉 작용
③ 세척 작용   ④ 부식 방지

> 윤활 목적은 응력 분산, 밀봉, 세척, 부식 방지를 한다.

08
자동차의 윤활유가 갖추어야 할 구비조건이 아닌 것은?

① 점도 지수가 높을 것
② 응고점이 낮을 것
③ 발화점이 낮을 것
④ 카본 생성에 대한 저항력이 클 것

> 윤활유는 발화점이 높아 화재에 강해야 한다.

09
윤활유의 성질로 요구되는 사항 중 설명이 틀린 것은?

① 윤활유는 열과 산에 대하여 안정성이 있어야 한다.
② 인화점, 발화점이 낮고 응고점이 낮아야 한다.
③ 강인한 유막의 형성을 이루어야 한다.
④ 비중이 적당하고 카본 생성이 적어야 한다.

정답 05 ② 06 ③ 07 ① 08 ③ 09 ②

> 인화점, 발화점이 높아 화재 발생이 적어야 하고, 응고(굳는)점은 높아야 한다.

10
윤활유의 사용 용도에 따라 분류한 것은?

① SAE 분류　　② API 분류
③ SAE 신분류　④ API 신분류

> SAE 분류 – 점도에 의한 분류, API 분류 – 사용조건(사용온도)에 의한 분류, SAE 신분류 – 사용용도에 의한 분류.

11
윤활유의 SAE 신분류 방식은?

① SA, SB, SC　　② ML, MM, MS
③ DG, DM, DS　　④ 5W, 10W, 20W

12
SAE 신분류에서 가장 운전조건이 좋을 때 사용되는 오일은?

① SA　　② SB
③ SC　　④ SD

> 운전조건에서 알파벳이 앞부분부터 좋은 조건의 오일로 분류한다.

13
디젤자동차가 고온, 고부하에서 장시간 사용하는 가혹한 조건에 사용한다면 이 자동차에 사용하는 가장 적당한 윤활유는?

① DD　　② DG
③ DM　　④ DS

> 가혹한 조건에서 사용하는 디젤 윤활유는 DS이다.

14
가솔린엔진의 윤활 방식이 아닌 것은?

① 비산식　　② 압송식
③ 자연식　　④ 비산 압송식

> 윤활 방식은 펌프를 이용하여 압송하거나 뿌리는 방식이 있으며, 자연 윤활은 없다.

15
엔진의 윤활 방식에 많이 사용되는 형식은?

① 압력과 중력식
② 펌프식과 진공식
③ 압력식과 비산식
④ 진공식과 배력식

> 펌프를 이용한 압력식과 회전에 의해 뿌려지는 비산식이 가장 많이 쓰인다.

정답　10 ③　11 ①　12 ①　13 ④　14 ③　15 ③

16

윤활유의 설명으로 틀린 것은?

① SAE 번호는 점도를 나타낸다.
② 응고점은 낮은 것이 좋다.
③ 인화점은 높은 것이 좋다.
④ 점도 지수가 크면 온도에 의한 점도 변화가 크다.

> 점도 지수는 오일이 온도 변화에 따라 점도가 변화하는 정도를 표시하는 것으로 점도 지수가 높을수록 온도에 의한 점도 변화가 적다.

17

윤활유의 윤활 작용에서 얻는 여러 가지 이점이다. 틀린 것은?

① 동력 손실을 적게 한다.
② 노킹 현상을 방지한다.
③ 기계적 손실을 적게 하며, 냉각 작용도 한다.
④ 부식 및 침식을 예방한다.

> 노킹 현상은 연료가 점화 플러그에 의해 폭발하지 않고 같은 시점에 다른 곳에서도 폭발하는 현상이다.

18

엔진오일이 공급되는 순서로 맞는 것은?

① 오일팬 → 오일스트레이너 → 오일펌프
② 오일스트레이너 → 오일팬 → 오일펌프
③ 오일펌프 → 오일스트레이너 → 오일팬
④ 오일스트레이너 → 오일펌프 → 오일팬

19

엔진에 윤활유를 공급하는 목적과 관계없는 것은?

① 연소촉진 작용
② 동력손실 감소
③ 마멸 방지
④ 냉각 작용

> 윤활유의 공급은 연소와는 관계가 없다.

20

오일펌프의 종류가 아닌 것은?

① 기어펌프
② 모터펌프
③ 로터리펌프
④ 베인펌프

> 오일펌프의 종류는 기어, 로터리, 베인펌프 등이 있다.

21

오일 필터의 설명으로 틀린 것은?

① 윤활유를 재생한다.
② 윤활유 속 먼지를 걸러낸다.
③ 금속 분말을 걸러낸다.
④ 엔진 작동 중에만 역할을 한다.

> 오일여과기는 엔진이 작동 중 윤활유 속의 먼지, 카본 및 엔진 마찰에 의하여 생기는 금속 분말의 작은 입자 등의 불순물을 여과·청정하는 장치이며, 윤활유를 재생하지는 않는다.

정답 16 ④ 17 ② 18 ① 19 ① 20 ② 21 ①

22
엔진의 오일 여과방식이 아닌 것은?

① 전류식 ② 분류식
③ 전압식 ④ 샨트식

> 여과 방식에는 전류식, 분류식, 샨트식이 있다.

23
윤활유의 여과 방식 중에서 가장 깨끗한 오일을 여과하는 방식은?

① 분류식 ② 전류식
③ 샨트식 ④ 병용식

> 전류식은 전체의 오일을 여과하는 방식이다.

24
윤활 회로 내의 유압이 과도하게 상승되는 것을 방지하고 일정하게 유지하는 것은?

① 오일펌프
② 오일 스트레이너
③ 유압 조절밸브
④ 오일 여과기

> 유압 조절밸브는 회로 내 과도한 유압 상승을 방지하고, 일정하게 유지하는 역할을 한다.

25
윤활장치 내의 압력이 지나치게 올라가는 것을 방지하여 회로 내의 유압을 일정하게 유지하는 기능을 하는 장치는?

① 오일펌프 ② 유압조절기
③ 오일여과기 ④ 오일냉각기

26
엔진의 윤활유 유압이 높을 때의 원인과 관계없는 것은?

① 베어링과 축의 간격이 클 때
② 유압조정밸브 스프링의 장력이 강할 때
③ 오일 파이프의 일부가 막혔을 때
④ 윤활유의 점도가 높을 때

> 유압이 높아지는 원인
> ① 유압조정밸브(릴리프밸브) 스프링의 장력이 강할 때
> ② 윤활 계통의 일부가 막혔을 때
> ③ 윤활유의 점도가 높을 때

27
윤활장치 유압이 높아지는 원인이 아닌 것은?

① 엔진의 온도가 낮아 오일의 점도가 높다.
② 오일 팬의 오일 양이 부족하다.
③ 윤활 회로의 일부가 막혔다.
④ 유압조절밸브 스프링의 장력이 과다하다.

정답 22 ③ 23 ② 24 ③ 25 ② 26 ① 27 ②

> 🔍 오일 양이 부족할 경우 유압이 낮아지는 원인이 된다.

28
유압이 높을 때의 원인은?

① 유압 조정 밸브스프링 장력이 약할 때
② 윤활유 점도가 낮을 때
③ 윤활유 점도가 높을 때
④ 베어링과 축과의 틈새가 클 때

> 🔍 윤활유의 점도가 높은 것은 액체가 걸쭉해진다는 의미로 유압상승의 원인이 된다.

29
엔진의 유압이 높아지는 원인이 아닌 것은?

① 엔진오일의 점도가 높을 때
② 윤활 회로 내의 어느 부분이 막혔을 때
③ 유압 조절밸브의 스프링 장력이 과대할 때
④ 엔진 베어링의 마모가 심해 오일간극이 커졌을 때

> 🔍 엔진 베어링의 오일간극이 커지면 유압이 낮아지는 원인이 된다.

30
엔진의 유압이 낮아지는 원인이 아닌 것은?

① 엔진오일의 점도가 낮을 때
② 윤활유가 심하게 희석되었을 때
③ 유압 조절밸브의 스프링 장력이 과대할 때
④ 윤활 회로 내의 어느 부분이 파손되었을 때

> 🔍 유압 조절밸브의 스프링 장력이 과대하면 유압이 상승한다.

31
엔진오일의 유압이 낮아지는 원인으로 틀린 것은?

① 베어링의 오일간극이 크다.
② 유압조절밸브의 스프링 장력이 크다.
③ 오일 팬 내의 윤활유 양이 작다.
④ 윤활유 공급라인에 공기가 유입되었다.

> 🔍 유압조절밸브 스프링 장력이 클 경우 유압이 커지는 원인이 된다.

32
크랭크축 베어링의 오일간극이 클 때 일어나는 현상으로 틀린 것은?

① 유압이 저하된다.
② 운전 중 이상음이 난다.
③ 오일의 유출량이 많다.
④ 베어링에 소결이 일어난다.

정답 28 ③ 29 ④ 30 ③ 31 ② 32 ④

> 소결현상은 오일간극이 작을 때 일어난다.

> 오일을 점검할 때는 엔진을 워밍업시킨 후 시동을 끄고 점검한다.

33
윤활유 소비 증대의 원인이 되는 것은?

① 비산과 누설 ② 비산과 압력
③ 희석과 혼합 ④ 연소와 누설

> 윤활유 소비증대의 원인은 연소와 누설이다.

34
윤활유가 연소되는 원인이 아닌 것은?

① 피스톤 간극이 과대할 때
② 밸브 가이드 실이 파손되었을 때
③ 밸브 가이드가 심하게 마모되었을 때
④ 오일 팬 내에 규정보다 윤활유의 양이 적을 때

> 윤활유가 연소되는 원인은 피스톤 간극이 크거나, 밸브 가이드 실이 파손 및 가이드가 심하게 마모되었을 때이다.

35
엔진오일 점검 방법으로 틀린 것은?

① 계절 및 엔진에 알맞은 오일을 사용한다.
② 평탄한 곳에서 자동차를 세우고 점검한다.
③ 오일량을 점검할 때는 시동이 걸린 상태에서 한다.
④ 오일은 정기적으로 점검, 교환한다.

36
엔진오일 점검 후 오일 색깔이 붉은색을 띠었을 경우 의심해 봐야 할 사항은?

① 엔진오일이 심하게 오염되었다.
② 개스킷이 파손되어 냉각수가 오일에 섞였다.
③ 피스톤 간극이 커져서 가솔린이 오일에 섞였다.
④ 엔진오일에 4에틸납이 유입되었다.

> 오일 색깔
> ① 검정색 : 심한 오염
> ② 붉은색 : 가솔린 유입 시
> ③ 회색 : 4에틸납 유입 시
> ④ 우유색 : 냉각수 혼입 시
> ⑤ 백색 : 연소실 유입되어 연소 시

37
윤활유가 연소실로 유입되어 연소되었을 때 배기가스의 색깔은?

① 검정색
② 백색
③ 무색
④ 붉은색

> 검정색은 불완전 연소, 무색은 완전 연소, 붉은색을 에틸납이 함유되었을 경우 나타난다.

정답 33 ④ 34 ④ 35 ③ 36 ③ 37 ②

38
엔진의 윤활장치를 점검하는 원인이 아닌 것은?

① 윤활유 소비가 많다.
② 유압이 높다.
③ 유압이 낮다.
④ 냉각수의 양이 부족하다.

> 윤활유의 점검에서 윤활유 소비가 많거나 적정 유압 형성이 안 될 경우 점검하게 된다.

정답 38 ④

Chapter 5 흡·배기장치

01 흡·배기장치

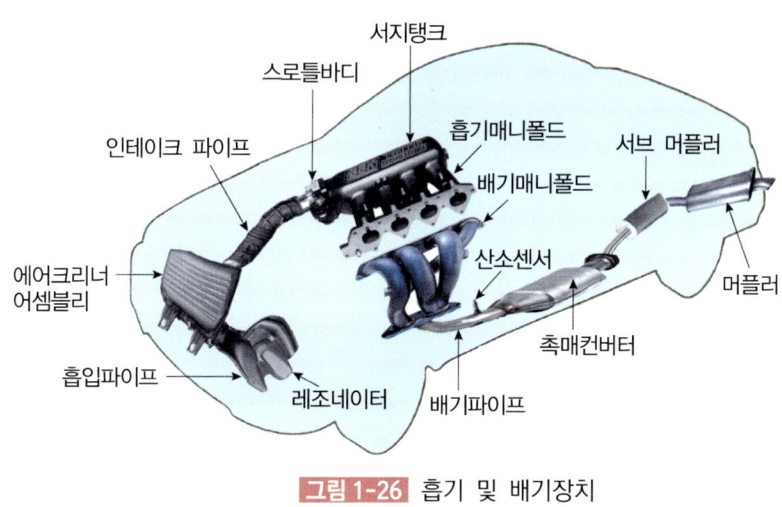

그림 1-26 흡기 및 배기장치

1 흡기장치 구성

흡기장치는 엔진을 작동시키기 위하여 실린더 안에 혼합 가스를 흡입하는 장치이다. 흡입하는 공기 속에 존재하는 먼지 및 이물질 등을 여과시키는 공기 청정기, 레조네이터, 스로틀밸브, 서지탱크, 흡기 매니폴드로 구성되어 있다.

[1] 공기청정기(air cleaner)

공기청정기는 실린더 내로 흡입되는 공기와 함께 들어오는 먼지 등은 실린더 벽·피스톤링·피스톤 및 흡·배기밸브 등에 마멸을 촉진시키며, 엔진오일에 유입되어 각 윤활 부분의 마멸을 촉진시킨다. 공기청정기는 흡입공기의 먼지 등을 여과하는 작용 이외에 흡기소음을 감소시킨다.

[2] 레조네이터(Resonator)

공명기(共鳴器)라고도 부른다. 공명의 원리를 이용해 소리를 줄이는 장치로, 귀에 거슬리는 특정한 주파수의 소리를 줄일 수 있는 크기와 형태로 설계된다. 일반적으로 에어클리너 주변에 설치하고, 에어클리너 케이스 또는 에어클리너 케이스와 스로틀 바디를 잇는 통로가 레조네이터 역할을 한다.

[3] 서지탱크(Surge tank)

스로틀 바디와 엔진 사이에는 서지탱크와 흡기 매니폴드가 설치되어 있다. 스로틀밸브를 지난 공기를 1차적으로 저장하는 공간으로 공기를 각 실린더로 안정되게 공급하는 역할을 한다.

[4] 흡기다기관(intake manifold)

흡기다기관은 공기를 실린더 내로 안내하는 통로이며, 실린더헤드 측면에 설치되어 있다. 흡기다기관은 각 실린더에 공기가 균일하게 분배되도록 하여야 하고, 공기 충돌을 방지하여 흡입효율이 떨어지지 않도록 굴곡이 있어서는 안 되며, 연소가 촉진되도록 공기에 와류를 일으키도록 해야 한다. 흡기매니폴드는 부압이 형성되며 스로틀밸브의 개도에 따라 변화한다.

2 배기장치 구성

[1] 배기다기관(exhaust manifold)

배기다기관은 배출된 연소가스를 모으며, 배기간섭을 최소화하고, 배압을 최소화한다. 고온·고압가스가 끊임없이 통과하므로 내열성이 큰 주철 등을 사용하며, 실린더에서 배출되는 배기가스를 소음기로 보낸다. 배압인 배기압력이 높을 경우 출력저하, 엔진과열의 원인이 된다.

[2] 소음기(muffler)

배기가스는 매우 고온(600~900℃)이고, 흐름 속도가 거의 음속(340m/sec)에 달하므로 이것을 그대로 대기 중에 방출시키면 급격히 팽창하여 격렬한 폭음을 낸다. 이 폭음을 막아주는 장치가 소음기이며, 음압과 음파를 억제시키는 구조로 되어 있다.

02 가변흡기장치(variable Induction control system)

가변흡기장치의 설치목적은 각 실린더마다 흡입포트를 1차와 2차 포트로 분할하고 제어밸브를 엔진의 회전속도에 따라서 개폐시키는 흡입제어 방식이다. 저속 영역에서는 가늘고 긴 1차 포트를 이용함으로써 흡입공기의 유속을 빠르게 하여 관성과급의 효과를 이용하고, 고속영역에서는 굵고 짧은 2차 포트를 이용함으로써 흡입저항을 작게 하여 흡입효율을 증가시켜 고출력을 얻는 장치이다.

03 과급기 및 인터쿨러

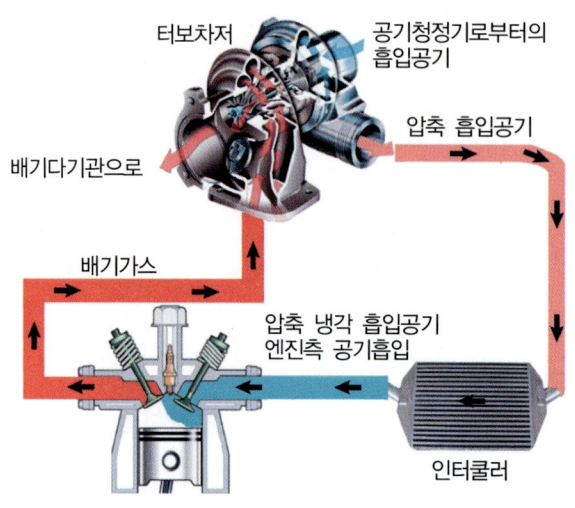

그림 1-27 과급기 작동도

1 과급기(Charger)

현재 엔진의 출력으로 보다 높은 출력을 얻고자 할 때 체적효율을 높이기 위해 많은 양의 공기를 연소실로 흡입할 필요성이 있다. 과급기를 설치함에 따라 회전속도를 그대로 두고 출력만 증대시킬 수 있다. 과급기를 설치하였을 때의 장점은 다음과 같다.

① 동일 배기량의 엔진에 비해 출력은 30~50% 향상되기 때문에 단위 출력당 엔진의 중량을 가볍게 할 수 있다.
② 체적효율이 향상되기 때문에 평균유효 압력과 엔진의 회전력이 증대된다.
③ 높은 지대에서도 엔진의 출력감소가 적다.
④ 압축온도의 상승으로 착화지연 기간이 짧다.
⑤ 연소상태가 양호하여 세탄가가 낮은 연료의 사용이 가능하다.
⑥ 냉각손실이 적고, 연료소비율이 3~5% 정도 향상된다.

⑦ 엔진의 무게는 10~15% 증가된다.

2 인터쿨러(Inter Cooler)

터보차저에서 공기를 압축하면 흡입공기의 온도가 상승하는데 일반적으로 100~150℃ 정도이다. 엔진에서 흡입공기의 온도가 상승하면 밀도 저하로 인하여 흡입 효율이 저하됨과 동시에 혼합기의 온도가 상승하여 노크가 발생한다. 따라서 흡입 공기를 냉각시켜 흡입효율 향상과 노크를 감소시킨다. 인터쿨러는 수냉식과 공랭식이 있다.

04 유해 배출가스 저감장치

1 자동차 배출가스 종류

가솔린을 완전 연소시켰을 때 발생되는 것은 이산화탄소와 물이지만 배출가스에는 일산화탄소 CO, 이산화탄소 CO_2, 탄화수소 HC, 질소산화물 NOx 등이 있으며, CO_2는 자동차에서 발생되는 배출가스 중 지구 온난화를 유발하는 주요 원인이다.

2 블로바이가스 제어장치

블로바이가스는 PCV(positive crank case ventilation)밸브의 열림 정도에 따라서 유량이 조절되어 흡기다기관을 통해 연소실에서 재연소가 되어 대기 중으로 방출될 탄화수소(HC)의 발생을 저감시킨다.

3 연료 증발가스 제어장치

연료 계통에서 발생한 증발가스를 차콜 캐니스터에 포집한 후 PCSV(purge control

solenoid valve)의 조절에 의하여 흡기다기관을 통하여 연소실로 보내어 연소시킴으로써 대기 중으로 방출된 증발가스(탄화수소)를 방지하는 장치이다.

4 배기가스 제어장치

[1] 배기가스 재순환장치(EGR : exhaust gas recirculation)

EGR장치는 연소과정 중에 발생하는 질소산화물(NOx)의 배출을 저감시키기 위하여 배기다기관에서 빼내어 흡기다기관의 진공 또는 솔레노이드밸브가 열려 배기가스를 연소실로 다시 유입시킴으로써 연소실 내 온도를 낮춰 연소과정 중에서 발생하는 질소산화물의 발생을 저감시키는 장치이다.

일부 가솔린엔진의 경우 5~15%의 EGR을 사용하고, 디젤엔진의 경우 30~50% 정도의 높은 EGR을 사용한다. EGR율은 다음과 같이 산출한다.

$$EGR율 = \frac{EGR가스량}{EGR가스량 + 흡입공기량} \times 100$$

[2] 촉매컨버터

촉매컨버터는 배기가스 중의 일산화탄소(CO)와 탄화수소(HC)를 이산화탄소(CO_2)와 물(H_2O)로 만드는 산화촉매, 질소산화물(NOx)을 환원하여 질소와 이산화탄소로 만드는 환원촉매 그리고 일산화탄소, 탄화수소, 질소산화물을 동시에 1개의 촉매로 처리하는 삼원촉매 등이 있다. 촉매컨버터가 부착된 차량의 주의사항은 다음과 같다.

① 반드시 무연가솔린을 사용할 것
② 엔진의 파워 밸런스(power balance)시험은 실린더당 10초 이내로 할 것
③ 자동차를 밀거나 끌어서 시동하지 말 것
④ 잔디, 낙엽, 카펫 등 가연물질 위에 주차시키지 말 것

> **참고** CCCC(closed coupled catalyst converter)
>
> 새로운 삼원촉매 변환기로 희박연소에 의한 연소온도 저하와 NOx 저감효과가 커서 GDI 엔진에서 사용한다.

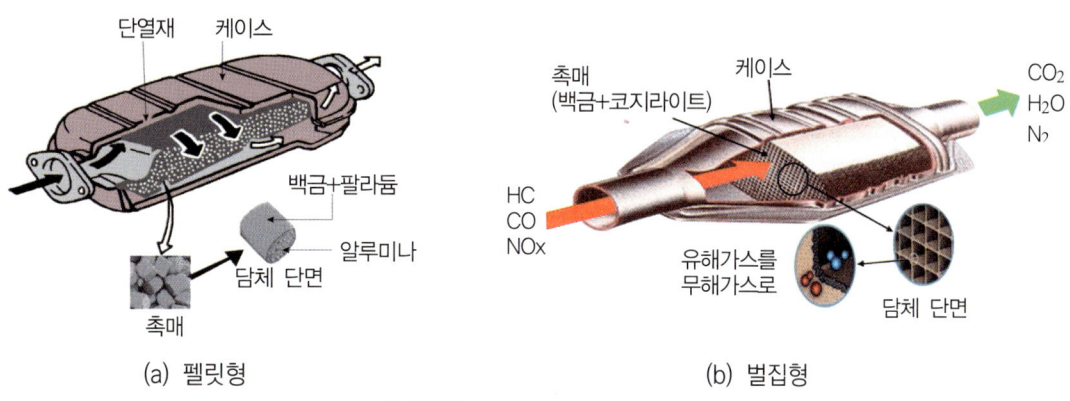

(a) 펠릿형   (b) 벌집형

그림 1-28 3원 촉매장치

Chapter 5 흡·배기장치 출제예상문제

01
엔진의 흡기장치 구성요소에 해당하지 않는 것은?

① 촉매장치
② 서지탱크
③ 공기청정기
④ 레조네이터(resonator)

> 촉매장치는 배기장치의 구성요소이며, 레조네이터는 흡기계의 공명음을 억제하기 위한 일종의 흡기 소음장치이다.

02
실린더 내로 흡입되는 공기를 여과하는 장치는?

① 에어클리너
② 흡기다기관
③ 소음기
④ 컨버터

> 공기청정기로 먼지, 이물질을 걸러내는 역할을 하며, 에어클리너 또는 에어엘리먼트로 부르기도 한다.

03
흡기매니폴드 내의 압력에 대한 설명으로 맞는 것은?

① 외부 펌프로부터 만들어진다.
② 압력은 항상 일정하다.
③ 압력 변화는 항상 대기압에 의해 변화한다.
④ 스로틀밸브의 개도에 따라 달라진다.

> 흡기매니폴드는 부압이 형성되며 스로틀밸브의 개도에 따라 변화한다.

04
가솔린엔진의 흡기다기관과 스로틀 바디 사이에 설치되어 있는 서지탱크의 역할 중 틀린 것은?

① 실린더 상호간에 흡입공기 간섭 방지
② 흡입공기 충진 효율을 증대
③ 연소실에 균일한 공기공급
④ 배기가스 흐름 제어

> 서지탱크의 역할은 실린더 상호간에 흡입공기 간섭방지, 흡입공기 충진 효율 증대, 연소실에 균일한 공기를 공급한다.

정답 01 ① 02 ① 03 ④ 04 ④

05

흡기시스템의 동적효과 특성을 설명한 것 중 ( ) 안에 알맞은 단어는?

> 흡입행정의 마지막에 흡입밸브를 닫으면 새로운 공기의 흐름이 갑자기 차단되어 (㉮)가 발생한다. 이 압력파는 음으로 흡기다기관의 입구를 향해서 진행하고, 입구에서 반사되므로 (㉯)가 되어 흡입밸브 쪽으로 음속으로 되돌아온다.

① ㉮ 간섭파, ㉯ 유도파
② ㉮ 서지파, ㉯ 정압파
③ ㉮ 정압파, ㉯ 부압파
④ ㉮ 부압파, ㉯ 서지파

> 🔍 흡입행정의 마지막에 흡입밸브를 닫으면 새로운 공기의 흐름이 갑자기 차단되어 정압파가 발생한다. 이 압력파는 음으로 흡기다기관의 입구를 향해서 진행하고, 입구에서 반사되므로 부압파가 되어 흡입밸브 쪽으로 음속으로 되돌아온다.

06

배기다기관의 기능으로 틀린 것은?

① 각 실린더에서 배출된 연소가스를 모은다.
② 배기간섭을 최소화한다.
③ 열용량을 최대화한다.
④ 배압을 최소화한다.

> 🔍 배기다기관의 기능은 배출된 연소가스를 모으며, 배기간섭을 최소화하고, 배압을 최소화한다.

07

배압이 엔진에 미치는 영향이 아닌 것은?

① 출력 저하
② 엔진 과열
③ 피스톤 운동 방해
④ 냉각수 온도 저하

> 🔍 배압인 배기압력이 높을 경우 출력저하, 엔진과열의 원인이 된다.

08

공기를 실린더 내로 안내하는 역할을 하는 장치는?

① 인테이크 매니폴드
② 익죠스트 매니폴드
③ 프레셔 매니폴드
④ 포지티브 매니폴드

> 🔍 인테이크(intake manifold)는 흡기다기관으로 실린더로 공기를 유입하는 통로이다.

09

배기장치(머플러) 교환 시 안전 및 유의사항으로 틀린 것은?

① 분해 전 촉매가 정상온도가 되도록 한다.
② 배기가스 누출이 되지 않도록 조립한다.
③ 조립할 때 개스킷은 신품으로 교환한다.
④ 조립 후 다른 부분과의 접촉 여부를 점검한다.

정답 05 ③ 06 ③ 07 ④ 08 ① 09 ①

> 배기장치(머플러) 교환 시 촉매 정상온도와는 무관하다.

10
가변흡기장치의 설치 목적은?

① 흡입 공기의 유속에 대한 소음을 저감하기 위해서
② 흡입 관성의 맴돌이 효과를 증대하기 위해서
③ 흡입 효율을 증가시켜 고출력을 얻기 위해서
④ 흡입 공기를 냉각시켜 체적 효율을 증대하기 위해서

> 가변흡기장치는 엔진의 속도에 따라 흡입공기의 양과 속도를 조절하여 최적의 연소를 유지하고, 저속과 고속에서 모두 흡입효율을 증대시킬 수 있다. 이는 연비 향상과 함께 엔진의 성능 향상에도 도움을 준다. 따라서 저속과 고속에서 흡입효율 증대가 가장 적당한 설치 목적이다.

11
가변흡기장치(variable Induction control system)의 설치 목적으로 가장 적당한 것은?

① 최고속 영역에서 최대출력의 감소로 엔진보호
② 공전속도 증대
③ 저속과 고속에서 흡입효율 증대
④ 엔진 회전수 증대

12
디젤엔진에 과급기를 설치했을 때의 장점이 아닌 것은?

① 동일 배기량에서 출력이 증가한다.
② 연료소비율이 향상된다.
③ 잔류 배기가스를 완전히 배출시킬 수 있다.
④ 연소상태가 좋아지므로 착화지연이 길어진다.

> 연소상태가 좋을 경우 착화지연 기간을 짧게 한다.

13
디젤엔진의 과급목적으로 틀린 것은?

① 출력은 35~40% 증대된다.
② 체적 효율이 증대된다.
③ 회전력이 증가하고, 평균 유효압력이 향상된다.
④ 연료소비율이 3~5% 증대된다.

> 체적효율을 높여 출력을 증대시키는 것이 과급의 목적이므로 연료소비율을 낮출 수 있다.

14
과급기 케이스 내부에 설치되어 공기의 속도 에너지를 압력 에너지로 바꾸는 장치는?

① 루트 과급기   ② 디퓨저
③ 터빈   ④ 송풍기

정답 10 ③ 11 ③ 12 ④ 13 ④ 14 ②

> 디퓨저는 공기의 속도 에너지를 압력 에너지로 바꾼다.

15
디젤엔진의 인터쿨러 터보(intercooler turbo)장치는 어떤 효과를 이용한 것인가?

① 압축된 공기의 밀도를 증가시키는 효과
② 압축된 공기의 온도를 증가시키는 효과
③ 압축된 공기의 수분을 증가시키는 효과
④ 압축된 공기의 압력을 증가시키는 효과

> 과급기의 임펠러에 의해 과급된 공기는 온도 상승과 밀도증대 비율이 감소되므로 이를 보완하고자 설치된 장치가 인터쿨러 터보이다.

16
광투과식 매연측정기의 시료 채취관을 배기관에 삽입 시 가장 알맞은 깊이는?

① 20cm
② 40cm
③ 50cm
④ 60cm

> 광투과식 매연측정기의 시료 채취관은 배기관에 20cm 정도 삽입한다.

17
가솔린을 완전 연소시켰을 때 발생되는 것은?

① 이산화탄소, 물
② 아황산가스, 질소
③ 수소, 일산화탄소
④ 이산화탄소, 납

18
가솔린엔진에서 완전연소 시 배출되는 연소가스 중 체적 비율로 가장 많은 가스는?

① 산소
② 이산화탄소
③ 탄화수소
④ 질소

19
자동차에서 발생되는 배출가스 중 지구 온난화를 유발하는 주요 원인은?

① CO
② CO_2
③ HC
④ O_2

20
엔진에서 발생되는 유해가스 중 블로바이가스의 성분은?

① CO
② HC
③ NO
④ SOx

정답 15 ① 16 ① 17 ① 18 ④ 19 ② 20 ②

> 블로바이가스는 미연소 탄화수소이다.

21
가솔린엔진의 작동온도가 낮을 때와 혼합비가 희박하여 실화되는 경우에 증가하는 배출가스는?

① 산소(O_2)
② 탄화수소(HC)
③ 질소산화물(NOx)
④ 이산화탄소(CO_2)

> 연소가 완전하지 않아서 미연소되면 탄화수소의 배출이 증가한다.

22
자동차 배출가스의 구분에 속하지 않는 것은?

① 블로바이가스
② 연료증발가스
③ 배기가스
④ 탄산가스

> 자동차 배출가스의 구분에는 블로바이가스, 연료증발가스, 배기가스이다.

23
흡기다기관을 통해 연소실에서 재연소가 되어 대기 중으로 방출되는 탄화수소 발생을 저감하는 장치는?

① 익죠스트 가스 리서큘레이션
② 퍼지 컨트롤 솔레노이드밸브
③ 포지티브 크랭크 케이브 벤틸에이션
④ 차콜 캐니스터

> 블로바이가스는 PCV(positive crank case ventilation)밸브의 열림 정도에 따라서 유량이 조절되어 흡기다기관을 통해 연소실에서 재연소가 되어 대기 중으로 방출될 탄화수소(HC)의 발생을 저감시킨다.

24
가솔린엔진의 유해 배출물 저감에 사용되는 차콜 캐니스터(charcoal canister)의 기능은?

① 연료 증발가스의 흡착과 저장
② 질소산화물의 정화
③ 탄화수소의 정화
④ PM(입자상 물질)의 정화

> 연료 증발가스 제어장치는 연료 계통에서 발생한 증발가스를 차콜 캐니스터에 포집한 후 PCSV(purge control solenoid valve)의 조절에 의하여 흡기다기관을 통하여 연소실로 보내어 연소시킴으로써 대기 중으로 방출된 증발가스(탄화수소)를 방지하는 장치이다.

정답 21 ② 22 ④ 23 ③ 24 ①

25
다음 ( )에 들어갈 말로 맞는 것은?

> NOx는 (㉮)의 화합물이며, 일반적으로 (㉯)에서 쉽게 반응한다.

① ㉮ 일산화질소와 산소, ㉯ 저온
② ㉮ 일산화질소와 산소, ㉯ 고온
③ ㉮ 질소와 산소, ㉯ 저온
④ ㉮ 질소와 산소, ㉯ 고온

26
가솔린차량의 배출가스 중 NOx의 배출을 감소시키기 위한 방법으로 적당한 것은?

① 캐니스터 설치
② EGR장치 채택
③ DPF시스템 채택
④ 간접연료 분사방식 채택

🔍 질소산화물의 감소는 배기가스 재순환장치(EGR)를 사용한다.

27
배기가스 중의 일부를 흡기다기관으로 재순환시킴으로써 연소온도를 낮춰 NOx의 배출량을 감소시키는 것은?

① EGR장치   ② 캐니스터
③ 촉매컨버터   ④ 과급기

28
배기가스 재순환장치(EGR)의 설명으로 틀린 것은?

① 가속성능을 향상시키기 위해 급가속 시에는 차단된다.
② 연소온도가 낮아지게 된다.
③ 질소산화물(NOx)이 증가한다.
④ 탄화수소와 일산화탄소량은 저감되지 않는다.

🔍 질소산화물을 감소시키는 역할을 하는 장치이다.

29
질소산화물의 배출을 저감시키기 위해 설치하는 장치는?

① 배기가스 재순환장치
② 질소산화물 산화장치
③ 블로바이가스 제어장치
④ 연료증발가스 제어장치

🔍 EGR밸브로 배기가스를 일부 재순환하여 연소실 온도를 낮춰 질소산화물의 배출을 저감하는 역할을 한다.

30
EGR(Exhaust Gas Recirculation)밸브에 대한 설명 중 틀린 것은?

① 배기가스 재순환장치이다.
② 연소실 온도를 낮추기 위한 장치이다.
③ 증발가스를 포집하였다가 연소시키는 장치이다.
④ 질소산화물(NOx) 배출을 감소하기 위한 장치이다

정답 25 ④ 26 ② 27 ① 28 ③ 29 ① 30 ③

> EGR밸브는 배기가스 재순환장치이며, 연소실 온도를 낮춰 질소산화물(NOx) 배출을 감소하기 위한 장치이다.

31

배출가스 중 삼원촉매장치에서 저감되는 요소가 아닌 것은?

① 질소(N_2)
② 일산화탄소(CO)
③ 탄화수소(HC)
④ 질소산화물(NOx)

> 일반적으로 질소는 공기 중에 78%을 차지하는 가스이다.

32

자동차 배출가스 저감장치로 삼원촉매장치의 구성 물질은?

① Pt, Rh
② Fe, Sn
③ As, Sn
④ Al, Sn

> 삼원촉매장치는 백금(Pt)과 로듐(Rh)으로 구성되어 있다.

33

배기가스가 삼원촉매 컨버터를 통과할 때 산화·환원되는 물질로 맞는 것은?

① N_2, CO
② N_2, H
③ N_2, O
④ N_2, CO_2, H_2O

> 질소(N_2), 이산화탄소(CO_2), 물(H_2O)로 산화환원된다.

34

배출가스 저감장치 중 삼원촉매장치를 사용하여 저감시킬 수 있는 유해가스의 종류는?

① CO, HC, 흑연
② CO, NOx, 흑연
③ NOx. HC, SO
④ CO, HC, NOx

> 삼원촉매는 일산화탄소(CO), 탄화수소(HC), 질소산화물(NOx)을 동시에 1개의 촉매로 처리한다.

정답 31 ① 32 ① 33 ④ 34 ④

35
촉매컨버터 부착 자동차의 주의사항이 아닌 것은?

① 무연가솔린 사용
② 엔진 파워 밸런스 시험 금지
③ 밀거나 끌어서 시동 금지
④ 가연물질 위에 주차 금지

> 🔍 10초 이내의 엔진파워 밸런스의 시험은 삼원촉매 장치에 악영향을 주지 않는다. 삼원촉매장치를 가진 자동차가 장시간 공회전을 할 경우 온도 상승으로 인한 화재에 주의해야 한다.

36
가솔린엔진에서 배기가스에 산소량이 많이 존재하고 있다면 연소실 내의 혼합기는 어떤 상태인가?

① 농후하다.
② 희박하다.
③ 농후하기도 하고 희박하기도 하다.
④ 이론공연비 상태이다.

> 🔍 배기가스에 산소량이 많이 존재하고 있다면 연소실 내의 혼합기는 희박하다.

37
전자제어기관에서 배기가스가 재순환되는 EGR 장치의 EGR율(%)을 바르게 나타낸 것은?

① $EGR율 = \dfrac{EGR가스량}{배기공기량 + EGR가스량} \times 100$

② $EGR율 = \dfrac{EGR가스량}{EGR가스량 + 흡입공기량} \times 100$

③ $EGR율 = \dfrac{흡입공기량}{흡입공기량 + EGR가스량} \times 100$

④ $EGR율 = \dfrac{배기공기량}{EGR공기량 + 흡입공기량} \times 100$

정답 35 ② 36 ② 37 ②

Chapter 6 연료장치

01 가솔린 연료장치

1 가솔린엔진 연료

[1] 가솔린 연료의 개요

가솔린은 탄소(C)와 수소(H)의 유기화합물의 혼합체이며, 연료와 산소가 혼합하여 완전 연소할 때 발생하는 열량을 발열량이라 한다.

[2] 가솔린의 구비조건

① 체적 및 무게가 적고 발열량이 클 것
② 연소 후 유해 화합물을 남기지 말 것
③ 옥탄가가 높을 것
④ 온도에 관계없이 유동성이 좋을 것
⑤ 연소속도가 빠를 것

[3] 옥탄가

옥탄가란 가솔린의 노크방지 성능(내폭성 : anti knocking property)을 표시하는 수치이며, 이소옥탄(iso-octane)을 옥탄가 100으로 하고, 노멀헵탄(정헵탄 : normal heptane)

을 옥탄가 0으로 하여 이소옥탄의 함량 비율에 따라 정해진다.

엔진에 사용되는 연료는 옥탄가가 높은 것일수록 노크가 일어나기 어렵고, 낮은 것일수록 노크가 일어나기 쉽다. 엔진의 열효율을 높여서 출력과 성능을 향상시키기 위해서는 압축비를 높이고 노크를 발생시키지 않는 가솔린을 사용하여야 한다.

$$옥탄가 = \frac{이소옥탄}{이소옥탄 + 노멀헵탄} \times 100$$

2 가솔린엔진의 연소

[1] 가솔린엔진의 연소과정

실린더 내에서 연료의 연소는 매우 짧은 시간에 이루어지나 그 과정은 점화 → 화염전파 → 후연소의 3단계로 나누어진다.

[2] 정상연소와 이상연소

① 정상연소 : 과도한 압력상승에 의해 엔진의 운전 장애가 발생하지 않는 범위 내에서 엔진의 성능이 최대로 될 때의 연소를 말한다.

② 이상연소 : 급격한 압력파장에 의해 충격적으로 연소가 이루어져 운전 장애와 출력 저하를 발생하는 연소를 말한다. 열효율 측면에서는 연소속도가 빠를수록 유리하나 노크 때문에 제한을 받는다.

[3] 가솔린엔진의 노크

가솔린엔진의 노크는 화염면이 정상에 도달하기 이전에 말단가스(end gas)가 부분적으로 자기착화에 의하여 급격히 연소가 진행되는 경우, 비정상적인 연소에 의해 발생하는 급격한 압력상승으로 실린더 내의 가스가 진동하여 충격적인 타격소음이 발생하는데, 이를 노크(knock) 또는 노킹(knocking)이라 한다. 휘발유의 옥탄가를 향상시켜 줌으로써 노킹현상을 방지해주는 역할을 하며, 주로 4에틸납(TEL)이나 4메틸납(TML), 2염화 에틸렌, 2브롬 에틸렌 등이 있다.

[4] 노크가 엔진에 미치는 영향

① 엔진의 회전속도가 낮아진다.
② 엔진의 출력이 저하한다.
③ 연소실 온도가 상승하므로 엔진이 과열된다.
④ 흡입효율이 저하한다.
⑤ 엔진에 손상이 발생할 수 있다.

[5] 가솔린엔진의 노크 방지방법

① 혼합가스를 진하게 하거나 화염전파거리를 짧게 한다.
② 옥탄가가 높은 연료를 사용한다.
③ 압축행정 중 와류를 발생시키고, 압축비, 혼합가스 및 냉각수 온도를 낮춘다.
④ 연료의 착화지연을 길게 한다.
⑤ 점화시기를 알맞게 조정한다.
⑥ 미 연소가스의 온도와 압력을 저하시킨다.

3 베이퍼록(vapor lock) 현상

베이퍼록 현상은 액체가 가열되어 생긴 거품으로 인해, 액체의 유동이나 압력의 전달이 저해되는 현상이다. 대표적인 예로, 자동차의 풋브레이크의 액압 계통 내부의 브레이크 오일이 과열로 인해 기화함으로써, 브레이크를 밟아도 기포가 압력을 흡수해 제동력이 현저하게 떨어지는 현상이 있으며, 연료 파이프 내에 연료가 비등하여 연료펌프의 기능을 저해하든가 운동을 방해하는 현상이다.

4 연료이론 혼합비(Theoretical air-fuel ratio)

이론 공연비는 휘발유(옥탄)와 산소가 산화 반응을 일으켜 완전 연소를 하기 위한 중량 비율을 화학식으로 의해 이론적으로 구한 값을 말하고, 이론 완전 연소 혼합비(공기 : 연료)는 14.7:1이다.

Chapter 6.1 가솔린 연료장치 출제예상문제

01
가솔린 연료의 조성으로 맞는 것은?

① 산소, 수소
② 산소, 탄소
③ 탄소, 수소
④ 탄소, 질소

> 가솔린은 석유계 원유로 탄소(83~87%)와 수소(11~14%)의 유기화합물(C_nH_n)이다.

02
가솔린의 구비조건이 아닌 것은?

① 연소 후 유해 화합물을 남기지 말 것
② 옥탄가가 높을 것
③ 온도에 따라 유동성이 클 것
④ 연소속도가 빠를 것

> 가솔린은 온도에 따른 유동성이 작아야 한다.

03
가솔린 연료의 구비조건으로 틀린 것은?

① 휘발성이 낮아야 한다.
② 발열량이 커야 한다.
③ 카본 퇴적이 적어야 한다.
④ 옥탄가가 높아야 한다.

> 가솔린은 휘발성이 크고 옥탄가가 높아야 한다.

04
자동차용 엔진의 연료가 갖추어야 할 특성이 아닌 것은?

① 단위중량 또는 단위체적당의 발열량이 클 것
② 상온에서 기화가 용이할 것
③ 점도가 클 것
④ 저장 및 취급이 용이할 것

> 점도가 클 경우 유동성이 저하되어 분사가 나빠진다.

정답 01 ③ 02 ③ 03 ① 04 ③

05
연료탱크는 배기통로 끝으로부터 몇 cm 이상 떨어져서 설치하여야 하는가?

① 10cm ② 20cm
③ 30cm ④ 40cm

> 연료탱크의 주입구 및 가스배출구는 노출된 전기 단자로부터 20cm, 배기관의 끝으로부터 30cm 이상 떨어져 있어야 한다.

06
연료 파이프 내에 연료가 비등하여 연료펌프의 기능을 저해하든가 운동을 방해하는 현상은?

① 페이드 현상
② 엔진록 현상
③ 노킹 현상
④ 베이퍼록 현상

> 베이퍼록 현상은 파이프 내에 연료가 비등하여 연료펌프의 기능을 저해, 방해하는 현상이다.

07
이론 완전 연소 혼합비(공기 : 연료)는?

① 1 : 1
② 8~20 : 1
③ 14.7 : 1
④ 15 : 3

08
엔진에서 공기 과잉률이란?

① 이론 공연비
② 실제 공연비
③ 공기 흡입량 ÷ 연료소비량
④ 실제 공연비 ÷ 이론 공연비

09
가솔린 기관에서 기관의 시동 시에 공급하는 혼합비의 값은?

① 이론 공연비보다도 농후하다.
② 이론 공연비보다 희박하다.
③ 혼합비의 값에는 관계없다.
④ 정확한 이론 공연비의 값으로 공급한다.

> 엔진 시동 시에는 공기가 적게 들어오기 때문에 연료가 농후하다.

10
가솔린엔진에서 고속회전 시 토크가 낮아지는 원인은?

① 체적효율이 낮아지기 때문이다.
② 화염전파 속도가 상승하기 때문이다.
③ 공연비가 이론 공연비에 근접하기 때문이다.
④ 점화시기가 빨라지기 때문이다

> 고속회전 시 연소실 내의 체적효율이 낮아지기 때문에 토크가 낮아진다.

정답 05 ③ 06 ④ 07 ③ 08 ④ 09 ① 10 ①

11
가솔린엔진에서 가장 경제적인 혼합비는?

① 8~11 : 1　　② 8~20 : 1
③ 12~13 : 1　　④ 16~17 : 1

12
연소란 연료의 산화반응을 말하는데 연소에 영향을 주는 요소 중 가장 거리가 먼 것은?

① 배기유동과 난류
② 공연비
③ 연소온도와 압력
④ 연소실 형상

> 배기가스의 배출 유동은 연소에 직접적인 영향은 없으며, 배기압력 상승으로 인한 출력 저하 등의 영향은 있을 수 있다.

13
가솔린 200cc를 연소시키기 위해서는 몇 kgf의 공기가 필요한가?(단, 가솔린의 비중은 0.76, 혼합비는 15 : 1이다)

① 1.25kg　　② 2.06kg
③ 2.28kg　　④ 3.34kg

> 공기의 양 = 비중 × 가솔린의 양 × 혼합비
>   = 0.76 × 0.2 × 15 = 2.28kgf

14
가솔린 40cc를 완전 연소시키는데, 450g의 공기가 필요하였다. 이 경우의 혼합비는 얼마인가?(단, 가솔린의 비중은 0.75이다)

① 14 : 1　　② 15 : 1
③ 16 : 1　　④ 17 : 1

> ① 가솔린의 양 = 0.04 × 0.75 = 0.03kgf(30g)
> ② 혼합비는 공기 : 연료 = 450 : 300이므로 15 : 1이다.

15
가솔린의 안티 노킹성을 표시하는 것은?

① 세탄가
② 헵탄가
③ 옥탄가
④ 프로판가

16
다음 공식의 ( ) 안에 들어갈 말은?

$$옥탄가 = \frac{이소옥탄}{이소옥탄 + ()} \times 100$$

① 세탄
② 에틸렌
③ 노멀헵탄
④ α-메틸나프탈린

정답 11 ④　12 ①　13 ③　14 ②　15 ③　16 ③

17
어느 가솔린 연료의 이소옥탄이 80, 노말헵탄이 20일 때 이 연료의 옥탄가는?

① 60
② 70
③ 80
④ 90

> 옥탄가 = $\dfrac{이소옥탄}{이소옥탄+노말헵탄(정헵탄)} \times 100$
> = $\dfrac{80}{80+20} \times 100 = 80$

18
압축비를 임의로 변화시켜 옥탄가를 측정할 수 있는 단기통 엔진은?

① 로터리 엔진
② 터보 엔진
③ CFR 엔진
④ 터빈 엔진

> CFR 엔진은 4행정 1기통 엔진으로 압축비를 임의로 변화시킬 수 있는 엔진으로 옥탄가 및 세탄가 측정용 엔진이다.

19
가솔린의 안티노킹성을 표시하는 것은?

① 세탄가
② 헵탄가
③ 옥탄가
④ 프로판가

> 가솔린은 옥탄가, 디젤은 세탄가로 구분한다.

20
가솔린엔진의 노킹을 방지하기 위해 사용하는 연료 첨가제가 아닌 것은?

① 4에틸납
② 2염화 에틸렌
③ 2브롬 에틸렌
④ 아초산아밀

> 아초산아밀은 디젤엔진에서 연료의 착화성을 좋게 하는 착화 촉진제이다.

21
가솔린 연료에서 노크를 일으키기 어려운 성질을 나타내는 수치는?

① 옥탄가
② 점도
③ 세탄가
④ 베이퍼록

> 가솔린의 노크억제 수치는 옥탄가로 표시한다.

22
노킹 발생의 원인으로 틀린 것은?

① 엔진에 과부하가 걸렸다.
② 엔진이 과열되었다.
③ 조기점화가 되었다.
④ 고옥탄가를 사용하였다.

> **노킹 발생 원인**
> ① 엔진에 과부하가 걸릴 때
> ② 엔진 과열 시

정답 17 ③ 18 ③ 19 ③ 20 ④ 21 ① 22 ④

③ 점화시기 틀릴 시(조기점화 시)
④ 혼합비 희박 시
⑤ 저옥탄가의 가솔린 사용 시이다.

23
노킹으로 인한 영향으로 틀린 것은?

① 배기밸브 및 피스톤이 소손된다.
② 엔진의 출력이 증대된다.
③ 피스톤과 실린더의 소결이 발생한다.
④ 기계 각부의 응력이 증대된다.

> 노킹은 점화순서가 맞지 않아서 발생하는 이상 소음으로 출력이 급격하게 떨어진다.

24
노크가 엔진에 미치는 영향이 아닌 것은?

① 엔진의 출력이 저하한다.
② 엔진의 회전속도가 낮아진다.
③ 흡입효율이 상승한다.
④ 엔진이 과열된다.

> 노킹은 엔진점화가 적절하지 않은 시점에서 일어나는 현상으로 연료의 연소가 제대로 제어되지 않는 현상을 말한다.

25
가솔린엔진의 노킹(knocking)을 방지하기 위한 방법이 아닌 것은?

① 화염전파속도를 빠르게 한다.
② 냉각수 온도를 낮춘다.
③ 옥탄가가 높은 연료를 사용한다.
④ 혼합가스의 와류를 방지한다.

> **가솔린엔진의 노크 방지방법**
> ① 혼합가스를 진하게 하거나 화염전파거리를 짧게 하여 화염전파속도를 빠르게 한다.
> ② 옥탄가가 높은 연료를 사용한다.
> ③ 압축행정 중 와류를 발생시키고, 압축비, 혼합가스 및 냉각수 온도를 낮춘다.
> ④ 연료의 착화지연을 길게 한다.
> ⑤ 점화시기를 알맞게 조정한다. 노킹 발생 시에는 점화시기를 지연시킨다.
> ⑥ 미연소가스의 온도와 압력을 저하시킨다.

26
가솔린엔진의 노킹 방지책으로 틀린 것은?

① 점화시기를 지연시킨다.
② 혼합비를 농후하게 한다.
③ 압축비, 혼합가스의 온도를 저하시킨다.
④ 화염전파거리를 길게 한다.

> 화염전파거리를 가급적 짧게 한다.

정답 23 ② 24 ③ 25 ④ 26 ④

02 디젤엔진의 연료

1 연소과정에 영향을 주는 요소

연소과정에 영향을 주는 요소는 연료분사 시기, 연료 분사량, 분사지속 시간과 분사율, 분사방향 등이 있다.

2 경유의 구비조건

① 자연발화점이 낮을 것. 즉, 착화성이 좋을 것
② 황(S)의 함유량이 적을 것
③ 세탄가가 높고, 발열량이 크며, 연소속도가 빠를 것
④ 적당한 점도를 지니며, 온도변화에 따른 점도변화가 적을 것
⑤ 고형미립물이나 유해성분을 함유하지 않을 것

3 세탄가

디젤엔진 연료의 착화성은 세탄가로 표시하며, 착화성이 우수한 세탄($C_{16}H_{34}$)과 착화성이 불량한 α-메틸나프탈렌(α-methyl naphthalene, $C_{10}H_7$-α-CH_3)을 적당한 비율로 혼합하여 임의의 착화성을 가지는 참고용의 표준연료(reference fuel)로 하고, 이것과 시험연료와의 착화성을 비교한 것으로 세탄의 함량 비율로 표시한다.

$$세탄가 = \frac{세탄}{세탄 + \alpha메틸나프탈린} \times 100$$

4 디젤엔진의 연소

디젤엔진의 연소과정은 착화지연 기간 → 화염전파 기간 → 직접연소 기간 → 후연소 기간의

4단계로 연소한다.

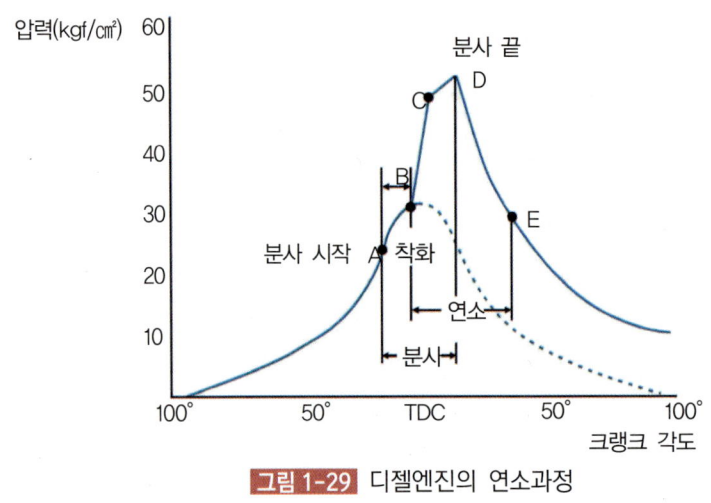

그림 1-29 디젤엔진의 연소과정

[1] 디젤엔진의 노크

착화지연 기간 중에 분사된 많은 양의 연료가 화염전파 기간 중에 일시적으로 연소되어 실린더 내의 압력이 급격히 상승하므로 실린더 벽에 피스톤이 충격을 가하여 소음이 발생하는 현상이다.

디젤엔진의 노크는 주로 연소 초기에 발생하나 가솔린엔진의 노크는 연소 후기에 발생한다. 노크가 발생하면 실린더 내의 압력이 급상승하여 소음과 이상 진동을 동반하며, 노크가 심하면 엔진과열, 피스톤 및 실린더 벽의 손상, 엔진의 출력이 저하된다.

[2] 디젤엔진 노크 방지방법

① 착화지연 기간 중에 연료 분사량을 적게 한다. 즉, 분사 초기에 연료 분사량을 감소시킨다.
② 압축비, 실린더 벽의 온도, 흡기온도 및 압력을 높게 한다.
③ 착화지연 기간이 짧은 연료를 사용한다. 즉, 세탄가가 높은 연료를 사용한다.
④ 연료의 분사시기를 알맞게 조절한다.

6.2 디젤엔진의 연료 출제예상문제

01
연료는 온도가 높아지면 외부로부터 불꽃을 가까이 하지 않아도 발화하여 연소된다. 이때의 최저온도를 무엇이라 하는가?

① 인화점   ② 착화점
③ 연소점   ④ 응고점

> 착화점이란 연료가 그 온도가 높아지면 외부로부터 불꽃을 가까이하지 않아도 발화하여 연소된다. 이때의 최저온도이다.

02
디젤 경유의 구비조건으로 틀린 것은?

① 착화성이 좋을 것
② 온도 변화에 따라 점도 변화가 적을 것
③ 세탄가가 낮을 것
④ 유해성분 및 고형물질을 함유하지 말 것

> 경유의 구비조건은 점도가 높고, 세탄가가 높으며, 유황분이 적어야 한다.

03
디젤엔진에 사용되는 경유의 구비조건은?

① 점도가 낮을 것
② 세탄가가 낮을 것
③ 유황분이 많을 것
④ 착화성이 좋을 것

04
디젤엔진의 착화성을 표시하는 것은?

① 옥탄가
② 노멀헵탄
③ 세탄가
④ 메틸나프틸렌

> 옥탄가는 가솔린 특성을 나타낸 수치이고, 노멀헵탄은 탄화수소를 나타내며, 메틸나프틸렌은 무색의 액체로 세탄값을 측정하는 표준연료이다.

정답 01 ② 02 ③ 03 ④ 04 ③

05
세탄가가 너무 높을 때 발생되는 현상으로 맞는 것은?

① 고온 착화성이 좋다.
② 조기점화가 발생된다.
③ 탄소 침전물의 찌꺼기가 발생된다.
④ 엔진 시동이 잘 안되고, 하얀 연기가 배출된다.

> 세탄가가 높으면 저온 착화성은 좋아지나 너무 높으면 조기점화가 발생된다.

06
디젤엔진의 연소과정이 아닌 것은?

① 착화 지연기간
② 폭발 연소기간
③ 제어 연소기간
④ 폭발 완료기간

07
다음에서 설명하는 디젤엔진의 연소과정은?

> 분사노즐에서 연료가 분사되어 연소를 일으킬 때까지의 기간이며, 이 기간이 길어지면 노크가 발생한다.

① 착화 지연기간
② 화염 전파기간
③ 직접 연소시간
④ 후기 연소기간

> 착화 지연기간은 연료가 연소실에 분사된 후 착화될 때까지의 기간으로 약 1/1,000~4/1,000초 정도 소요되며, 이 기간이 길어지면 노크가 발생한다.

08
디젤엔진의 연소과정 중에서 연소압력이 가장 높은 구간은?

① 착화 지연구간
② 폭발 연소구간
③ 제어 연소구간
④ 후 연소구간

> 제어 연소구간에서는 연료분사와 거의 동시에 연소되므로 연소압력이 가장 높다.

09
디젤엔진의 노크발생 원인으로 맞는 것은?

① 착화 지연시간이 길다.
② 착화성이 좋은 연료를 사용한다.
③ 압축비가 크다.
④ 흡기 온도가 높다.

> 디젤노크의 발생원인
> ① 엔진 회전수, 엔진의 온도, 세탄가가 너무 낮을 때,
> ② 착화 지연시간이 너무 길 때 일어난다.

정답 05 ② 06 ④ 07 ① 08 ③ 09 ①

10

노크가 엔진에 미치는 영향이 아닌 것은?

① 엔진의 출력이 저하된다.
② 엔진의 회전속도가 낮아진다.
③ 흡입효율이 상승한다.
④ 엔진이 과열한다.

11

디젤엔진의 노크방지 대책 설명으로 틀린 것은?

① 세탄가가 높은 연료를 사용한다.
② 엔진의 회전속도를 빠르게 한다.
③ 흡입 공기의 온도를 낮게 유지한다.
④ 압축비를 높게 한다.

> 노크를 방지하기 위해서 흡입 공기의 온도를 높여주어야 한다.

12

디젤 노크를 일으키는 원인과 직접적인 관계가 없는 것은?

① 압축비
② 회전속도
③ 옥탄가
④ 엔진의 부하

> 옥탄가는 가솔린의 노킹억제 지표로 사용된다.

정답 10 ③ 11 ③ 12 ③

03 전자 가솔린엔진 연료장치

1 전자제어 연료분사장치의 특징

① 공기흐름에 따른 관성 질량이 작아 응답성이 향상된다.
② 엔진 출력이 증대되고, 연료소비율이 감소한다.
③ 유해 배출가스 감소로 인한 유해물질 감소 효과가 크다.
④ 각 실린더에 동일한 양의 연료공급이 가능하다.
⑤ 전자부품의 사용으로 구조가 복잡하고 값이 비싸다.
⑥ 흡입계통의 공기누설이 엔진에 큰 영향을 준다.

2 전자제어 연료분사장치의 분류

[1] 제어 방식에 따른 분류

제어 방식에 따른 분류에는 K-제트로닉(기계제어 방식), D-제트로닉(흡기압력 검출 방식), L-제트로닉(흡입공기량 검출 방식) 등이 있다.

[2] 분사 방식에 따른 분류

(1) 연속적으로 분사하는 방식

기계-유압 방식으로 작동되는 연료분사장치이며, 엔진이 가동되는 동안 계속하여 연속적으로 연료를 분사하는 방식이다. K-Jetronic이 여기에 속한다.

(2) SPI(single point injection) 방식

TBI(throttle body injection)라고도 부르며, 스로틀밸브 위의 한 중심점에 위치한 인젝터(1~2개를 설치)를 통하여 간헐적으로 연료를 분사하므로 흡기다기관을 통하여 실린더로 유입된다.

(3) MPI(multi point injection) 방식

실린더의 흡입포트에 인젝터를 각각 1개씩 설치하여 연료를 분사하는 방식이다. 연료는 흡입밸브 바로 앞에서 분사되므로 흡기다기관에서의 연료 응축(wall wetting)의 문제가 없으며, 엔진의 가동온도에 관계없이 최적의 성능이 보장된다.

(4) GDI(gasoline direct injection) 방식

실린더 내에 가솔린을 직접 분사하는 것으로 약 35~40:1의 초희박 공연비로도 연소가 가능하다. 연료 공급압력은 일반 전자제어 연료분사 방식의 경우 약 3~6kgf/cm^{2}인데 비해, 약 50~100kgf/cm^{2}로 매우 높으며, 실린더 내의 유동을 제어하는 직립형 흡입포트, 연소를 제어하는 바울형 피스톤, 고압연료펌프, 스월 인젝터(swirl injector) 등이 사용된다.

[3] 흡입공기량 계측 방식에 의한 분류

(1) 매스플로 방식(mass flow type)

공기유량 센서가 직접 흡입공기량을 계측하고 이것을 전기적 신호로 변화시켜 컴퓨터로 보내 연료 분사량을 결정하는 방식이다.

(2) 스피드 덴시티 방식(speed density type)

흡기다기관 내의 절대압력(대기압력+진공압력), 스로틀밸브의 열림 정도, 엔진의 회전속도로부터 흡입공기량을 간접 계측하는 것이며, D-Jetronic이 여기에 속한다.

형식	제어 방식	분사방법	연료조절 방식
K-Jetronic	기계식	연속분사	mass flow(흡입공기량 측정)
D-Jetronic	전자식	정기(간헐)분사	speed density(속도-밀도 방식)
L-Jetronic			mass flow(흡입공기량 측정)

3 전자제어 연료장치의 구조와 그 기능

[1] 연료펌프(fuel pump)

연료펌프는 전자력으로 구동되는 전동 방식이며, 연료탱크 내에 들어 있다. 연료펌프에는 연료 계통의 압력이 일정 압력 이상 되지 않도록 하는 릴리프밸브(relief valve)와 엔진의 작동이 정지되었을 때 곧바로 닫혀 연료계통 내의 잔압을 유지시켜 고온에서 베이퍼 록(vapor lock)을 방지하고, 재시동 성능을 높이기 위해 체크밸브를 두고 있다. 연료펌프는 점화스위치가 ON에 있더라도 엔진의 작동이 정지된 상태(흡입공기량이 감지되지 않는 상태)에서는 작동되지 않는다.

[2] 연료 압력조절기(fuel pressure regulator)

연료 압력조절기는 흡기다기관 부압을 이용하여 연료압력을 일정하게 조절한다. 즉, 연료압력 흡기다기관과의 압력 차이가 대략 $2.5kgf/cm^2$ 정도가 되도록 조정한다. 그리고 복귀되는 연료 압력감소 정도는 연료 압력조절기 스프링장력-고압파이프 내 연료압력이다. 연료 압력 조절기 고장 시는 재시동성이 불량해지며, 엔진 연소에 영향을 준다. 또한 장시간 정차 후에 시동이 잘 안 되며 연료소비율이 증가한다.

[3] 인젝터(injector)

인젝터는 흡기다기관에 연료를 분사하는 부품이며, 연료 분사량은 인젝터 솔레노이드 코일의 통전시간에 의해 결정된다. 즉, ECU의 펄스신호에 의해 연료를 분사한다.

① 인젝터의 총 분사시간(ti) = tp(기본 분사시간) + tm(보정 분사시간) + ts(전원전압 보정 분사시간)로 나타낸다.

② 인젝터의 연료분사 시간이 ECU 트랜지스터의 작동시간과 일치하지 않는 것을 무효분사시간이라 한다.

③ 인젝터에 저항을 붙여 응답성 향상과 코일의 발열을 방지하는 방식을 전압제어 방식이라 한다.

④ 인젝터를 제어하는 ECU의 트랜지스터는 일반적으로 (-)제어 방식을 사용한다.

⑤ 인젝터 회로를 점검할 때에는 전류파형, 서지파형 및 축전지에서 ECU까지의 총 저항을 측정한다.

⑥ 인젝터 전류파형을 측정하면 인젝터 회로와 인젝터 코일 자체 저항의 불량 여부까지 한꺼번에 점검할 수 있다.

⑦ 인젝터의 분사방법은 그룹, 동시, 독립분사가 있다.

4 GDI(gasoline direct injection) 방식

GDI엔진은 연료를 연소실 내에 직접 분사하는 방식으로 공연비를 정확히 제어할 수 있고 응답성이 좋으며, 연료분사 시기를 정밀 제어할 수 있다. 혼합기의 확산을 제어하여 적은 연료로서 고효율의 연소가 가능하며, 과도 운전 시 응답성이 뛰어나며 냉간 시동성이 향상되었고, 일부 배기가스 저감에 효과가 큰 장점이 있다.

그러나 고부하 시 과다 질소산화물(NOx)의 배출과 저부하 시 연소 불안정으로 인한 탄화수소의 발생하며, 연료분무 특성 및 혼합기의 층상화, 점화계의 제어, 실린더 마모 증대 등의 단점도 있다.

GDI엔진은 초희박 공연비를 실현하기 위하여 스월 인젝터, 고압 연료펌프, 고압 레귤레이터 및 연료 압력 센서 등을 장착하여 압축된 실린더에 고압 연료를 분사하는 방식이다.

[1] 직립 흡기포트

흡기행정 중 흡기가 실린더 라이너를 따라 강한 하강류로 발전되면서 종래의 전자제어엔진과는 반대로 향하는 실린더 내에서 역방향의 선회류(텀블)를 발생시킨다.

[2] 피스톤

압축행정 분사 때 인젝터로부터 분사되는 연료는 피스톤 헤드면에 만들어진 소형의 캐비티를 향하여 분사된다. 분사된 연료가 연소실 전체에 확산이 되지 않도록 소형 캐비티는 분사종료로부터 점화까지의 사이에 주변의 공기를 모아들이면서 기화된 연료가 확산되지 않도록 점화플러그 근방으로 가져오고, 이로써 초희박 연소를 실현시키는 중요한 역할을 한다.

[3] 고압 연료펌프(high pressure pump)

고압 연료펌프는 엔진 실린더헤드에 설치되어 캠축에 의해 구동되고 고압의 연료를 연료레일에 공급한다.

[4] 고압 연료펌프 레귤레이터(high pressure pump regulator)

GDI엔진에 설치된 고압펌프는 캠축에 설치되어 엔진 회전 시 함께 작동된다. 그러므로 엔진 회전수가 증가할 경우 고압 연료펌프의 작동 또한 빨라지게 되어 압력이 상승하게 된다. 이러한 현상을 방지하기 위하여 고압 연료펌프 레귤레이터가 설치된다.

고압 연료펌프 레귤레이터 내부에는 체크밸브가 설치되어 있어 엔진 정지 시 연료압력이 떨어지는 것을 방지하게 되어있으나, 일정 시간 이상 정지 시 압력이 떨어지게 되어 엔진 시동 후 연료압력이 정상적으로 상승하기까지는 일정 시간이 소모된다.

[5] 연료 압력센서(pressure sensor)

연료 압력센서는 연료 레일 내의 압력변화를 감지하는 장치로서 연료레일 상에 설치되어 있다. 연료 압력센서로부터 입력된 신호를 근거로 ECU는 연료압력 제어밸브를 이용하여 클로즈 컨트롤(close control)이 제어를 실시한다.

[6] 압력 제어밸브(pressure control valve)

엔진 회전수에 의해 작동되는 고압펌프의 연료압력이 엔진 회전수에 상관없이 일정한 압력을 유지할 수 있도록 연료 라인 내의 압력을 조절하는 장치이다.

[7] 스월 인젝터(swirl injector, high pressure injection valve)

GDI엔진에서 연료분사는 점화시기와 동일하게 분사되며 엔진의 부하에 따라 흡입 또는 압축행정 시 분사된다. 엔진 부분 부하 시 연료는 압축행정 후기에 분사가 된다.

 압축행정 분사 시에는 실린더 내의 공기밀도가 높기 때문에 공기저항에 의하여 분무의 관통력이 억제되어 컴팩트한 분무구조로 되어야 한다. 엔진 고부하 시에는 흡입행정 시 연료가 분사된다.

[8] 연료 레일(fuel rail)

연료 레일은 실린더헤드 부위에 설치되어 연료펌프로부터 공급된 연료를 각 인젝터로 배분하는 역할을 한다. 연료 레일은 높은 압력과 온도의 변화 그리고 기계적 부하에 견디어야 하며, 연료 어큐뮬레이터가 설치되어 연료 라인 내 발생하는 맥동을 줄인다. 연료 레일에는 연료압력 제어밸브와 연료압력 센서가 설치되어 있다.

Chapter 6.3 전자 가솔린엔진 연료장치 출제예상문제

01
전자제어 연료분사장치의 특징이 아닌 것은?

① 혼합비 제어가 정밀하여 배출가스 규제에 적합하다.
② 체적 효율이 증가하여 엔진의 출력이 향상된다.
③ 연료를 직접 분사하므로 기화기를 사용하는 엔진에 비해 연료소비율이 약간 높다.
④ 기화기를 사용하는 엔진에 비해 구조가 복잡하다.

> 전자제어 연료분사장치는 정확하게 연료를 제어하므로 연료 소비율은 낮다.

02
전자제어 연료분사장치의 특징이 아닌 것은?

① 공기흐름에 따른 관성 질량이 커서 응답성이 향상된다.
② 엔진 출력이 증대되고, 연료소비율이 감소한다.
③ 각 실린더에 동일한 양의 연료공급이 가능하다.
④ 흡입계통의 공기누설이 엔진에 큰 영향을 준다.

03
전자제어 연료분사장치의 기본 목적으로 틀린 것은?

① 유해 배출가스 감소
② 연비 증가
③ 촉매 컨버터 효율 향상
④ 엔진 토크 증대

> 전자제어의 궁극적 목적은 엔진출력 향상과 유해 가스 저감에 있다.

04
실린더의 흡입 포트에 인젝터를 각각 1개씩 설치하여 연료를 분사하는 방식은?

① K-Jetronic
② SPI
③ TBI
④ MPI

정답 01 ③ 02 ① 03 ③ 04 ④

05
전자제어 연료분사의 종류 중 동시분사에서 사용되지 않는 센서는?

① AFS
② BPS
③ CAS
④ WTS

> 🔍 동시 분사는 실린더에 설치되어 있는 모든 인젝터에 연료 분사 신호를 동시에 공급하여 연료를 분사시키는 방식으로 냉각 수온센서, 흡기 온도센서, 스로틀 위치센서 등 각종 센서의 출력이 ECU에 입력되면 ECU는 이 신호를 기초로 하여 모든 인젝터에 제어 신호를 공급하여 동시에 연료가 분사된다. 1번 TDC 센서와 CAS의 신호가 동기하였을 때 각 실린더에 연료를 분사하는 방식이다.

06
엔진의 기본 연료 분사시간을 결정하는 센서는?

① AFS
② ATS
③ BPS
④ TPS

> 🔍 AFS(공기유량센서)는 흡입 공기량을 측정하여 기본연료 분사시간을 결정한다.

07
연료 압력조절기는 무엇에 대응하여 연료압력을 조절하는가?

① 냉각수온도
② 흡기다기관 내의 부압
③ 엔진 회전수
④ 연료 분사량

08
흡입되는 공기량을 체적 및 질량 유량으로 검출하는 직접 계량 방식을 L-제트로닉 방식이라 하는데, 이 방식이 아닌 것은?

① 메저링 플레이트식
② MAP 방식
③ 핫 와이어식
④ 카르만 와류식

> 🔍 MAP센서는 흡입공기의 밀도 검출 방식으로 D-제트로닉 방식이다.

09
흡기다기관의 절대압력의 변화로부터 공기량을 간접으로 계량하는 방식은?

① K-제트로닉
② KE-제트로닉
③ D-제트로닉
④ L-제트로닉

> 🔍 D-제트로닉은 MAP 센서를 사용하여 흡입공기량을 검출하는 방식이다.

10
전자제어 연료장치의 구성품이 아닌 것은?

① 연료펌프
② 연료압력조절기
③ 인젝터
④ 연료히터

11
전자제어 연료분사장치의 연료 흐름 계통으로 맞는 것은?

① 연료탱크 → 연료 여과기 → 연료펌프 → 분배 파이프 → 인젝터
② 연료탱크 → 연료펌프 → 연료 여과기 → 분배 파이프 → 인젝터
③ 연료탱크 → 연료펌프 → 분배 파이프 → 연료 여과기 → 인젝터
④ 연료탱크 → 연료펌프 → 연료 여과기 → 인젝터 → 분배 파이프

12
전자제어 연료분사장치에서 엔진 정지 시 연료 라인 내의 잔압이 점차 낮아질 경우 고장 원인은?

① 연료 조절기 불량
② 체크밸브 불량
③ 연료탱크 불량
④ 인젝터 누출

> 체크밸브는 연료펌프의 소음억제 및 베이퍼록 현상을 방지하고 연료의 압송정지 시 연료 계통의 잔압을 유지한다.

13
전자제어 연료장치에서 연료펌프가 연속적으로 작동될 수 있는 조건이 아닌 것은?

① 크랭킹할 때
② 공회전 상태일 때
③ 급가속할 때
④ 키 스위치가 IG에 위치할 때

> **연료펌프가 연속적으로 작동되는 조건**
> ① 크랭킹할 때(15rpm 이상)
> ② 공회전할 때(600rpm 이상)
> ③ 급가속할 때

14
전기식 연료펌프에서 과잉압력으로 인한 연료의 누출 및 파손을 방지하는 밸브는?

① 딜리버리밸브
② 체크밸브
③ 니들밸브
④ 릴리프밸브

> 압력에 의한 파손을 방지하기 위해 릴리프밸브를 설치한다.

정답 10 ④ 11 ② 12 ② 13 ④ 14 ④

15
전자제어 연료분사식 엔진의 연료펌프에서 릴리프 밸브의 작용압력은 약 몇 kgf/cm²인가?

① 0.3~0.5
② 1.0~2.0
③ 3.5~5.0
④ 10.0~11.5

🔍 전자제어 연료분사식 엔진의 연료펌프에서 릴리프 밸브의 작용압력은 3.5~5.0kgf/cm²이다.

16
컨트롤 릴레이가 전원을 공급하지 않는 것은?

① ECU
② AFS
③ 연료펌프
④ 압력 조절기

🔍 컨트롤 릴레이는 ECU, AFS, 연료펌프, 인젝터 등에 전원을 공급한다.

17
MPI엔진의 연료압력조절기가 고장일 때 발생되는 현상이 아닌 것은?

① 재시동성이 불량해진다.
② 엔진 연소에 영향을 준다.
③ 장시간 정차 후에 시동이 잘 안 된다.
④ 연료소비율이 감소한다.

🔍 연료압력조절기 고장 발생 시 연료소비율은 증가하게 된다.

18
인젝터의 분사방법 중 다른 하나는?

① 동시분사
② 독립분사
③ 동기분사
④ 순차분사

🔍 독립, 동기, 순차분사는 같은 의미로 각 실린더의 점화순서에 따라 최적 시기에 분사하는 방법이다.

19
콜드스타트 인젝터의 설명으로 틀린 것은?

① 저온 시동 시 작동된다.
② 고속 주행 시에 작동된다.
③ ECU에 의해 제어되지 않는다.
④ 서모 타임스위치에 의해 제어된다.

🔍 콜드스타트(냉간시동) 인젝터는 저온 기동 시에 추가적으로 연료를 분사시키는 것으로 ECU가 아닌 서모 타임스위치에 의해 제어된다.

20
인젝터의 분사방법이 아닌 것은?

① 그룹분사
② 동시분사
③ 독립분사
④ 자동분사

🔍 인젝터의 분사방법은 그룹, 동시, 독립분사가 있다.

정답 15 ③ 16 ④ 17 ④ 18 ① 19 ② 20 ④

21
인젝터의 점검사항으로 틀린 것은?

① 인젝터의 작동음
② 인젝터의 작동시간
③ 인젝터의 분사압력
④ 연료 분사량

> 전자제어 엔진의 인젝터의 분사압력은 별도로 측정하지 않고, 규정된 홀의 크기와 연료압력에 의해 솔레노이드밸브의 작동으로 분사된다.

22
인젝터의 분사량을 결정하는 것은?

① 솔레노이드 코일 통전시간
② 인젝터 분구의 면적
③ 연료 분사압력
④ 인젝터에 흐르는 전압

> 솔레노이드 코일 통전시간을 ECU가 제어하여 인젝터의 분사량이 결정된다.

23
인젝터 분사시간에 대한 설명으로 틀린 것은?

① 급가속 시에는 순간적으로 분사시간이 길어진다.
② 축전지 전압이 낮으면 무효 분사시간이 길어진다.
③ 급감속 시에는 경우에 따라 연료공급이 차단된다.
④ 산소센서의 전압이 높으면 분사시간이 길어진다.

> 산소센서의 전압이 높다는 것은 공연비가 농후하다는 것으로 분사시간이 짧아진다.

24
MPI(multi point injection)에서 인젝터의 설치 위치는?

① 에어클리너 바로 뒤
② 스로틀 바디 바로 뒤
③ 각 실린더 흡기밸브 바로 전
④ 각 실린더의 연소실 안

> 멀티포인트 인젝션으로 각 실린더 흡기밸브 앞에 실린더 개 수만큼 1:1로 설치된다.

25
연료를 연소실 내에 직접 분사하는 방식은?

① GDI   ② SPI
③ Lean-Burn   ④ MPI

26
GDI엔진의 특징이 아닌 것은?

① 약 20:1의 희박 공연비를 갖는다.
② 대량의 EGR 연소와 NOx의 저감이 가능하다.
③ 공회전 속도를 낮게 설정하여 연비를 향상시킨다.
④ 체적 효율의 향상에 의한 고출력 실현과 노킹이 방지된다.

정답 21 ③ 22 ① 23 ④ 24 ③ 25 ① 26 ①

🔍 GDI 엔진의 공연비는 약 40:1이다. 20:1은 린번 엔진의 공연비이다.

27
초저공해 엔진의 실현을 위해 초희박 혼합기의 공급, 연소가 가능한 엔진은?

① CFR 엔진
② LPG 엔진
③ 린번 엔진
④ GDI 엔진

🔍 GDI(gasoline direct injection) 엔진은 고압축비로 압축된 연소실 안의 공기에 높은 분사압력의 연료를 직접 분사함으로써 초희박 혼합기의 공급 및 연소가 가능하게 한 엔진이다.

28
GDI엔진 연료 레일에서 연료 라인 내의 맥동을 줄이는 역할을 하는 것은?

① 어큐뮬레이터
② 압력조절기
③ 감압밸브
④ 리듀스밸브

🔍 어큐뮬레이터는 유체라인 내에 고압의 연료를 저장하는 장치로 맥동을 저감하는 역할을 한다.

29
GDI엔진의 구성품이 아닌 것은?

① 연료 압력센서
② 고압 연료펌프
③ 압력제어밸브
④ 연료 온도센서

🔍 연료 온도센서는 전자제어 디젤엔진(CRDI)에 사용한다.

30
린번 엔진의 특징이 아닌 것은?

① 연비가 10~20% 향상된다.
② 희박연소에 의한 연소온도가 저하된다.
③ 희박연소로 토크는 저하된다.
④ 새로운 삼원촉매기인 CCC(closed-coupled catalyst converter)가 사용된다.

🔍 희박연소 엔진이나 토크 저하 및 변동을 방지한다.

31
린번엔진의 클로즈 커플 캐탈리스틱 컨버터로 저감되는 배기가스는?

① CO
② CO_2
③ NO_x
④ HC

🔍 CCC 삼원촉매기를 사용하면 약 70%의 NO_x이 저감된다.

정답 27 ④ 28 ① 29 ④ 30 ③ 31 ③

32

연료 레일 내의 압력변화를 감지하는 장치로서 연료 레일 상에 설치되어 있는 장치는?

① 레일압력센서 ② 리듀싱센서
③ 연료압력 조절기 ④ 고압펌프

33

전자제어 가솔린 차량을 급감속 시 CO의 배출량을 감소시키고 시동 꺼짐을 방지하는 기능은?

① 퓨얼컷(fuel cut)
② 대시포트(dash pot)
③ 패스트 아이들(fast idle) 제어
④ 킥다운(kick down)

> 퓨얼컷은 엔진의 연료분사를 제어하고, 패스트 아이들은 빠른 웜업을 시키기 위한 제어이고, 킥다운은 자동변속기 시스템에서 기어단을 하향으로 내리는 제어 시스템이다.

34

ISC 서보의 공전속도 제어기능이 아닌 것은?

① 공전 제어 ② 피드백 제어
③ 대시포트 제어 ④ 패스트 아이들 제어

> 피드백 제어는 산소센서가 기준 신호를 제공한다.

35

부특성 서미스터(thermistor)에 해당되는 것으로 나열된 것은?

① 냉각수온센서, 흡기온도센서
② 냉각수온센서, 산소센서
③ 산소센서, 스로틀 포지션센서
④ 스로틀 포지션센서, 크랭크 앵글센서

> 대표적 부특성 서미스터는 냉각수온센서와 흡기온도센서이다.

36

엔진정비 시 안전 취급주의 사항에 대한 내용으로 틀린 것은?

① TPS, ISC Servo 등은 솔벤트로 세척하지 않는다.
② 공기압축기를 사용하여 부품을 세척 시 눈에 이물질이 튀지 않도록 한다.
③ 캐니스터 점검 시 흔들어서 연료증발가스를 활성화시킨 후 점검한다.
④ 배기가스 시험 시 환기가 잘되는 곳에서 측정한다.

> 캐니스터는 증발가스를 포집하는 장치이므로 활성화시키지 않는다.

정답 32 ① 33 ② 34 ② 35 ① 36 ③

37
전자제어 자동차에서 ON, OFF의 1사이클 중 ON되는 시간(T2/T1)의 백분율로 표시한 것은?

① 피드백
② 자기진단
③ 듀티
④ 페일 세이프

> 신호의 한 주기(period)에서 신호가 켜져 있는 시간의 비율을 백분율로 나타낸 수치이다. (duty=ON/(ON+OFF)×100)

38
연료압력이 높아지는 원인이 아닌 것은?

① 인젝터가 막혔을 때
② 연료의 체크밸브가 불량할 때
③ 연료의 리턴 파이프가 막혔을 때
④ 연료펌프의 릴리프밸브가 고착되었을 때

> 체크밸브는 잔압을 유지하므로 불량하면 연료압력이 낮아진다.

39
자동차의 시동이 걸리지 않는 원인으로 틀린 것은?

① 연료펌프가 고장났다.
② 파워 트랜지스터가 고장났다.
③ 점화코일의 1차 코일이 끊어졌다.
④ 스피드미터가 고장나서 차속센서가 출력되지 않는다.

> 시동과 자동차의 속도와는 관계가 없다.

40
연료펌프를 차상 점검하는 방법으로 틀린 것은?

① 연료펌프를 분해하여 점검한다.
② 연료압력을 점검한다.
③ 연료펌프 모터의 작동음을 듣는다.
④ 연료라인의 맥동을 점검하여 연료의 송출을 확인한다.

> 연료펌프의 차상 점검이기 때문에 압력, 작동음, 맥동 등을 점검한다.

41
기계식 연료분사장치에 비해 전자식 연료분사장치의 특징이 아닌 것은?

① 관성질량이 커서 응답성이 향상된다.
② 연료소비율이 감소한다.
③ 배기가스 유해 물질 배출이 감소된다.
④ 구조가 복잡하고, 값이 비싸다.

> 관성질량이 작기 때문에 응답성이 향상된다.

정답 37 ③ 38 ② 39 ④ 40 ① 41 ①

04 LPG엔진의 연료장치

1 LPG의 특징

화학적으로 순수한 탄화수소로 이뤄진 LPG는 완전 연소된다는 특징을 가지고 있는데, 질소산화물과 미세먼지 배출량이 낮고, 일산화탄소를 배출하지 않아 친환경 에너지로 손꼽히고 있다. 또한 작은 압력으로 쉽게 액화하기 때문에 수송과 운반이 편리하고 기체가 액체로 되면 그 부피가 약 1/250으로 줄어들어 저장과 운송이 간편해진다. LPG 액화석유가스의 특징은 다음과 같다.

① 액화가 용이하다. 액화압력 프로판은 상온(20℃)에서 $7kg/cm^2$, 부탄은 약 $2kg/cm^2$ 이상으로 압력을 가하면 액화된다. 액화온도는 프로판은 상압(1기압)에서 약 -42℃, 부탄은 약 -0.5℃ 이하로 온도를 낮추면 액화된다.

② 연소 시 다량의 공기(산소)가 필요하다. 프로판은 연소 시 약 25배 용량의 공기를 필요로 한다. 부탄은 연소 시 약 32배 용량의 공기를 필요로 한다.

③ 발열량이 크다. 프로판은 12,050kcal/kg, 부탄은 11,850kcal/kg이며 무색, 무취 및 무독하여, 판매 시 누출을 쉽게 감지하기 위하여 일정량의 냄새나는 물질을 혼합한다.

④ 액화되면 부피가 작아진다. 기체 상태에서 액체 상태가 되면 프로판은 1/250, 부탄은 1/230로 부피가 각각 작아진다.

⑤ 액체 상태의 비중은 물보다 가볍다. 물(1) > 프로판(0.51), 부탄(0.58)

⑥ 기체 상태의 비중은 공기보다 무겁다. 공기(1) < 프로판(1.5), 부탄(2)

⑦ 옥탄가는 90~120이다.

2 LPG엔진의 특징

① LPG는 기화하기 쉬워 연소가 균일하다.
② 베이퍼록(vapor lock)이나 퍼컬레이션(percolation)이 잘 일어나지 않는다.

③ 배기가스에 의한 배기관, 소음기 부식이 적다.
④ 탱크(bombe)는 밀폐 방식을 사용한다.
⑤ 배기량이 같은 경우 가솔린엔진에 비해 출력이 낮다.
⑥ 일반적으로 NOx는 가솔린엔진에 비해 많이 배출된다.
⑦ 겨울철 시동이 어렵다.

3 LPG엔진의 연료 계통

[1] LPG 봄베(bombe, 가스탱크)

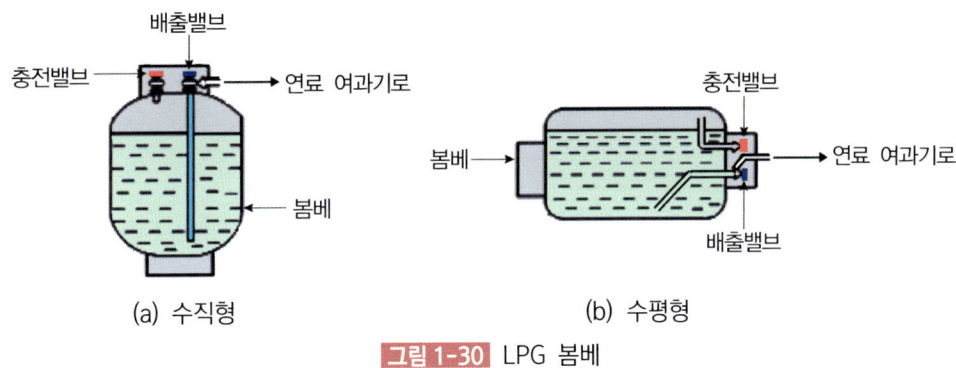

그림 1-30 LPG 봄베

① 봄베는 LPG를 충전하기 위한 고압용기이며, 기상밸브, 액상밸브, 충전밸브 등 3가지 기본 밸브와 체적 표시계, 액면 표시계, 용적 표시계 등의 지시장치가 부착되어 있다.
② 안전밸브는 봄베 바깥쪽에 충전밸브와 일체로 조립되어 있으며 스프링 장력에 의하여 닫혀 있으나, 봄베 내의 압력이 규정값 이상 상승하면 밸브가 열려 LPG가 봄베에 연결된 호스를 거쳐 대기 중으로 배출된다.
③ 과류방지밸브는 봄베 안쪽에 배출밸브와 일체로 설치되어 있으며, 파이프의 연결부(피팅) 등이 파손되어 LPG가 비정상적으로 배출되면 체크판이 시트 부분에 밀착되어 LPG 배출을 차단한다.
④ 컨테이너 케이스의 종류에는 봄베 전체를 컨테이너로 밀봉시키고 공기배출 호스를

대기 중으로 개방시킨 풀 컨테이너 형식과 액상·기상밸브, 충전밸브 보스 및 게이지 보스 부분을 부분적으로 밀봉시키고, 공기배출 호스를 대기 중으로 개방시킨 세미 컨테이너 형식이 있다. 국내의 경우 대부분 세미 컨테이너 형식을 사용한다.

[2] 솔레노이드밸브(solenoid valve, 전자밸브)

운전석에서 조작할 수 있는 LPG 공급차단밸브이며, 엔진을 시동할 때에는 기체 LPG를 공급하고, 시동 후에는 양호한 주행성능을 얻기 위해 액체 LPG를 공급해 준다.

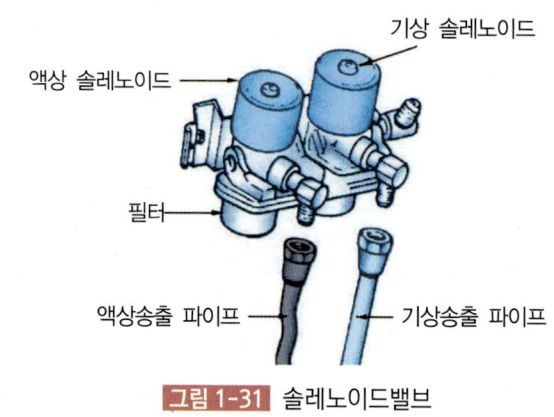

그림 1-31 솔레노이드밸브

[3] 베이퍼라이저(vaporizer, 감압 기화장치, 증발기)

봄베로부터 여과기와 솔레노이드밸브를 거쳐 공급된 액체 LPG를 기화시켜 줌과 동시에 적당한 압력으로 낮추어 준다.

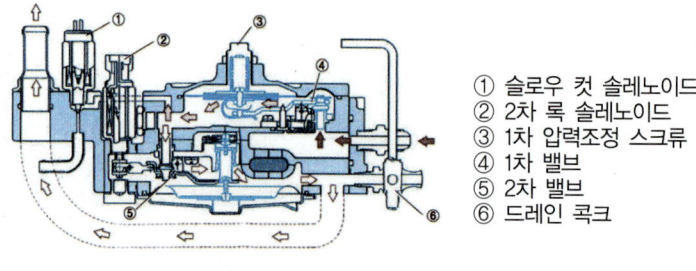

그림 1-32 베이퍼라이저 구조

[4] LPG 믹서(LPG mixer)

베이퍼라이저에서 기화된 LPG를 공기와 혼합하여 연소에 가장 적합한 혼합기를 연소실에 공급하는 일을 하며, 2배럴 1벤투리 하향 방식이 사용된다.

4 LPI(liquid petroleum injection)엔진

LPI시스템은 연료탱크 내에 펌프를 설치하여 연료펌프에 의해 고압으로 송출되는 액상연료를 인젝터를 통해 분사하는 구조로, 가솔린엔진과는 연료장치만 다를 뿐 대부분의 장치는 유사하다. LPI 시스템은 겨울철 시동성 향상, 배기가스 저감, 액압으로 액상 시스템으로 타르 및 역화 문제 개선과 동력성능 향상 등의 장점을 지니고 있다.

[1] 흡기다기관 모듈

흡기다기관 모듈에는 LPG 전용 인젝터와 아이싱 팁으로 구성되어 고압 연료라인을 통해 연료를 분배 액상상태로 연료를 분사하는 기능을 한다.

[2] 레귤레이터 유닛

레귤레이터 유닛은 연료의 입·출입 통로로 사용되고 연료탱크에서 공급되는 연료를 연료탱크의 압력보다 항상 5bar 높은 정도로 유지하는 기능을 한다. 또한 연료량 제어에 사용하는 연료온도센서와 연료압력을 측정하는 압력센서 그리고 연료공급을 차단하는 솔레노이드밸브 등으로 구성된다.

[3] 연료펌프 모듈

연료펌프는 연료탱크 내에 장착되어 있으며 연료탱크 내의 액상 LPG연료를 인젝터로 압송하는 역할을 한다. 연료펌프는 모터 및 펌프로 구성된 연료펌프 유닛과 연료차단 솔레노이드밸브, 수동밸브, 릴리프밸브 및 과류방지밸브로 구성된 멀티밸브 유닛으로 구성된다. 멀티밸브 유닛의 구성품의 연료차단 솔레노이드밸브는 연료 출구에 설치되어 있고,

연료펌프에서 엔진 내로 공급되는 연료를 솔레노이드에 의해 개폐된다.

매뉴얼밸브는 적색으로 장시간 차량 정지 시 수동으로 연료 토출을 차단하는 수동밸브이고 개폐방법은 일반 밸브와 동일하다.

릴리프밸브는 연료 공급라인의 압력이 일정 압력 이상 상승 시 연료를 탱크로 리턴하는 기능을 하며, 열간 재시동 시 시동 성능을 개선하는 기계식 밸브이다. 과류방지밸브는 사고에 의해 엔진으로 공급되는 연료 라인이 파손되었을 경우 연료탱크 내의 연료가 급격히 방출되는 것을 방지하는 밸브이며, 연료리턴라인에 설치되어 있는 리턴밸브는 리턴되는 연료를 제어하는 기계식 밸브이다.

5 CNG엔진 연료장치

[1] CNG엔진의 분류

연료를 저장하는 방법에 따라 압축천연가스(CNG) 자동차, 액화천연가스(LNG) 자동차, 흡착천연가스(ANG) 자동차 등으로 분류된다. CNG는 공기보다 가벼워(0.6배) 외부유출 시 신속히 확산, 폭발 우려가 없고 연소 하한계가 다른 연료에 비해 높고 자연발화 온도도 높기 때문에 안전하다.

[2] CNG 엔진의 장점

① 디젤엔진과 비교하였을 때 매연이 100% 감소된다.
② 가솔린엔진과 비교하였을 때 이산화탄소 20~30%, 일산화탄소가 30~50% 감소한다.
③ 저온에서의 시동성능이 좋으며, 옥탄가가 130으로 가솔린의 100보다 높다.
④ 질소산화물 등 오존영향 물질을 70% 이상 감소시킬 수 있다.
⑤ 엔진의 작동소음을 낮출 수 있다.

[3] CNG 엔진 연료장치의 주요 부품

① 연료 미터링밸브(fuel metering valve) : 연료 미터링밸브는 8개의 작은 인젝터로 구성되어 있으며, ECU로부터 구동신호를 받아 엔진에서 요구하는 연료량을 정확하게 흡기다기관에 분사한다.

② 가스 압력센서(gas pressure sensor) : 가스 압력센서는 압력 변환기구이며, 연료 미터링밸브에 설치되어 있어 분사 직전의 조정된 가스압력을 검출한다.

③ 가스 온도센서(gas temperature sensor) : 가스 온도센서는 부특성 서미스터를 사용하며, 연료 미터링밸브 내에 위치한다. 천연가스 온도를 측정하여 가스 온도센서의 압력을 함께 사용하여 인젝터의 연료 농도를 계산한다.

④ 고압차단밸브 : 고압차단밸브는 CNG탱크와 압력조절 기구 사이에 설치되어 있으며, 엔진의 가동을 정지시켰을 때 고압 연료라인을 차단한다.

⑤ CNG탱크 압력센서 : CNG탱크 압력센서는 조정 전의 가스압력을 측정하는 압력조절기구에 설치된 압력변환기구이다. 이 센서는 CNG탱크에 있는 연료밀도를 산출하기 위해 CNG탱크 온도센서와 함께 사용된다.

⑥ CNG탱크 온도센서 : CNG탱크 온도센서는 탱크 속의 연료온도를 측정하기 위해 사용하는 부특성 서미스터이며, 탱크 위에 설치되어 있다.

⑦ 열교환기구 : 열교환기구는 압력 조절기구와 연료 미터링밸브 사이에 설치되며, 감압할 때 냉각된 가스를 엔진의 냉각수로 난기시킨다.

⑧ 연료온도 조절기구 : 연료온도 조절기구는 열교환기구와 연료 미터링밸브 사이에 설치되며, 가스의 난기온도를 조절하기 위해 냉각수 흐름을 ON, OFF시킨다.

⑨ 압력 조절기구 : 압력 조절기구는 고압차단밸브와 열교환기구 사이에 설치되며, CNG 탱크 내의 200bar의 높은 압력의 천연가스를 엔진에 필요한 8bar로 감압 조절한다.

Chapter 6.4 LPG 엔진의 연료장치 출제예상문제

01
LPG 연료에 대한 설명으로 틀린 것은?

① 기체상태는 공기보다 무겁다.
② 저장은 가스 상태로만 한다.
③ 연료 충진은 탱크 용량의 약 85% 정도로 한다.
④ 주변 온도 변화에 따라 봄베의 압력 변화가 나타난다.

> 저장은 액체상태로 저장한다.

02
LPG연료의 특성으로 틀린 것은?

① 무색, 무취, 무미이다.
② 기체일 때의 비중은 1.5~2이다.
③ 옥탄가는 90~120이다.
④ LPG 연료는 프로판가스 100%로 구성되어 있다.

> LPG 연료 구성은 프로판(C_3H_8)과 부탄(C_4H_{10})으로 구성되어 있다.

03
LPG엔진의 특징이 아닌 것은?

① 탱크(bombe)는 밀폐 방식을 사용한다.
② LPG는 기화하기 쉬워 연소가 균일하다.
③ 배기량이 같은 경우 가솔린엔진에 비해 출력이 높다.
④ 배기가스에 의한 배기관, 소음기 부식이 적다.

04
예혼합(믹서) 방식 LPG엔진의 장점으로 틀린 것은?

① 점화플러그의 수명이 연장된다.
② 연료펌프가 불필요하다.
③ 베이퍼록 현상이 없다.
④ 가솔린에 비해 냉시동성이 좋다.

> LPG 엔진의 단점은 냉시동성이 나쁘다.

정답 01 ② 02 ④ 03 ③ 04 ④

05
LPG엔진의 장점이 아닌 것은?

① 혼합기가 가스 상태로 CO(일산화탄소)의 배출량이 적다.
② 블로바이에 의한 오일 희석이 적다.
③ 옥탄가가 높고 연소속도가 가솔린보다 느려 노킹발생이 적다.
④ 용적 효율이 증대되고 출력이 가솔린차보다 높다.

06
LPG엔진의 단점이 아닌 것은?

① 한랭 시 시동성이 나쁘다.
② 고압용기의 위험성이 있다.
③ 연료탱크가 고압용기로 자동차 중량이 증가한다.
④ 계절에 관계없이 부탄 100%인 것을 사용해야 한다.

> LPG는 겨울철에는 시동성 향상을 위해 프로판 30%, 부탄 70%를, 여름철에는 부탄 100%인 것을 사용한다.

07
LPG엔진에서 연료공급 경로로 맞는 것은?

① 봄베 → 솔레노이드밸브 → 베이퍼라이저 → 믹서
② 봄베 → 베이퍼라이저 → 솔레노이드밸브 → 믹서
③ 봄베 → 베이퍼라이저 → 믹서 → 솔레노이드밸브
④ 봄베 → 믹서 → 솔레노이드밸브 → 베이퍼라이저

08
LPG자동차에서 LPG를 충전하기 위한 고압용기는?

① 슬로 컷 솔레노이드
② 베이퍼라이저
③ 봄베
④ 연료 유니온

> 충전고압 용기는 봄베 탱크라고 한다.

09
일반적으로 LPG연료를 봄베에 충전할 때 봄베 용기의 몇 % 정도 충전하는가?

① 65%   ② 75%
③ 85%   ④ 95%

> LPG 연료는 외부 온도에 따라 압력과 체적이 달라지므로 봄베 용기의 85%까지만 충전한다.

10
LPG자동차에서 연료탱크의 최고 충전은 85%만 채우도록 되어 있는데 그 이유는?

① 충돌 시 봄베 출구밸브의 안전을 고려하여
② 봄베 출구에서의 LPG 압력을 조정하기 위하여
③ 온도 상승에 따른 팽창을 고려하여
④ 베이퍼라이저에 과다한 압력이 걸리지 않도록 하기 위하여

정답 05 ④ 06 ④ 07 ① 08 ③ 09 ③ 10 ③

> 안전상의 이유 때문에 법에서 규정되는 충전량은 85%로 제한한다.

11

LPG엔진에서 액체를 기체로 변화시켜 주는 장치는?

① 솔레노이드 스위치 ② 베이퍼라이저
③ 봄베 ④ 프리히터

> 베이퍼라이저는 감압기로 봄베탱크의 액체상태인 연료를 기체상태로 전환하는 장치이다. 일명 액상-기상 변환장치로 부르기도 한다.

12

LPG엔진에서 베이퍼라이저의 설명으로 틀린 것은?

① 가솔린엔진의 기화기에 해당한다.
② LPG를 감압 기화시켜 일정한 압력으로 유지시킨다.
③ LPG를 가열하여 LPG 일부 또는 전부를 기화시킨다.
④ 엔진의 부하 증감에 따라 기화량을 조절한다.

> LPG를 가열하여 LPG 일부 또는 전부를 기화시키는 것은 프리히터의 기능이다.

13

LPG엔진에서 냉각수 온도 스위치의 신호에 의하여 기체 또는 액체 연료를 차단하거나 공급하는 역할을 하는 것은?

① 과류방지밸브
② 유동밸브
③ 안전밸브
④ 액·기상 솔레노이드밸브

> 연료 공급의 차단은 액·기상 솔레노이드밸브를 이용한다.

14

LPG엔진의 운전석에서 조작할 수 있는 것으로 연료를 차단할 수 있는 것은?

① 안전밸브
② 과류방지밸브
③ 솔레노이드밸브
④ 가스 혼합밸브

> LPG엔진의 운전석에서 솔레노이드밸브를 조작하여 연료를 차단할 수 있다.

정답 11 ② 12 ③ 13 ④ 14 ③

15
LPG엔진을 시동하여 냉각수 온도가 낮을 때 무부하 고속 운전을 하였을 때의 고장 원인이 아닌 것은?

① 증발기(vaporizer)의 동결 현상이 생긴다.
② 가스의 유동 정지 현상이 생긴다.
③ 혼합 가스가 과농 상태가 된다.
④ 증발기의 파열을 일으킬 수 있다.

> 🔍 냉각수가 과냉일 경우 베이퍼라이저의 동결, 가스 정지, 증발기 파열 등의 고장 원인이 발생할 수 있기 때문에 충분한 웜업이 필요하다.

16
LPG는 연료의 특성상 기화기의 성능을 저하시키는 타르가 발생되는데, 타르를 제거하는 방법으로 맞는 것은?

① 타르 제거 시에는 반드시 시동을 켜놓아야 한다.
② 베이퍼라이저를 분해하여 제거한다.
③ 밸브를 열어놓은 상태에서 주행하면서 제거한다.
④ 워밍업 후 밸브를 열고 제거한 후 다시 밸브를 잠근다.

> 🔍 워밍업 후 베이퍼라이저의 타르 제거밸브를 통해 타르를 제거할 수 있다.

17
LPG를 연료로 사용하는 자동차의 고압부분의 도관은 가스용기 충전압력의 몇 배의 압력에 견디는가?

① 1 ② 1.5
③ 1.8 ④ 2

> 🔍 **자동차 고압부분의 도관의 안전기준**
> ① 강관, 동관 또는 내유성고무관
> ② 최소한 1미터마다 차체에 고정(내유성 고무관 제외)
> ③ 고압부분의 도관-가스용기 충전압력의 1.5배의 압력에 견딜 수 있는 구조

18
LPI엔진의 특징이 아닌 것은?

① 출력 및 가속성능 향상
② 연비 향상
③ 유해가스 배출 대폭 감소
④ 냉간 시동을 위해 예열장치 필요

> 🔍 인젝터를 통해 실린더별로 연료를 분사하는 방식으로 냉간 시동성이 향상되었다.

19
LPI 엔진의 구성품이 아닌 것은?

① 베이퍼라이저 ② 연료펌프 모듈
③ 레귤레이터 유닛 ④ 흡기다기관 모듈

정답 15 ③ 16 ④ 17 ② 18 ④ 19 ①

> 고압 액상으로 LPG를 실린더에 직접 분사하기 때문에 베이퍼라이저는 감압기로 봄베탱크의 액체상태인 연료를 기체상태로 전환하는 장치이기 때문에 필요 없다.

20
CNG엔진의 특징이 아닌 것은?

① 디젤엔진과 비교하였을 때 매연이 50% 감소된다.
② 저온에서의 시동성능이 좋다.
③ 옥탄가가 130으로 가솔린의 100보다 높다.
④ 엔진의 작동 소음을 낮출 수 있다.

21
CNG연료장치의 구성품이 아닌 것은?

① 연료 미터링밸브   ② 가스 압력센서
③ 가스 온도센서   ④ 연료 인렛밸브

> 연료 인렛밸브는 커먼레일 연료장치의 구성부품이다.

22
CNG엔진에서 고압 차단밸브와 열교환기구 사이에 설치되어 감압을 조절하는 장치는?

① 압력조절 기구   ② CNG탱크 압력센서
③ CNG탱크 온도센서 ④ 연료온도 조절 기구

> 압력을 떨어뜨리는 감압은 압력조절 기구에 의해 조정된다.

23
석유를 사용하는 자동차의 대체에너지에 해당되지 않는 것은?

① 알코올
② 전기
③ 중유
④ 수소

> 중유도 원유에서 가솔린, 석유, 경유 등을 증류하고 나서 얻어지는 기름이다.

정답 20 ② 21 ④ 22 ① 23 ③

05. 디젤엔진 연료장치

디젤엔진은 고압으로 압축된 고온고압의 공기에 연료를 분사하여 동력을 얻는 엔진이므로 압축 착화엔진(compression ignition engine)이라고도 한다. 디젤엔진은 공기만을 실린더 내에 흡입하여 높은 압축비로 압축하면, 공기는 고온고압으로 압축된다.

이와 같이 고온고압으로 압축된 공기에 연료를 실린더로 분사시켜 자연 착화하여 연소된 공기의 열팽창으로 동력을 얻는 엔진이다. 압축된 고온고압의 공기에 의하여 분사된 연료의 자연 착화를 위해서는 가솔린엔진보다 높은 압축비가 필요하다. 따라서 연료 소비율이 적어진다. 엔진 본체는 가솔린과 거의 같으나 높은 압력에 견디기 위하여 견고하다.

1 디젤엔진의 특징

① 부분부하 영역에서 연료소비율이 낮다.
② 넓은 회전속도 범위에 걸쳐 회전력이 크고 균일하다.
③ 실린더 지름 크기에 제한이 적다.
④ 열효율이 높다.
⑤ 일산화탄소와 탄화수소 배출물이 작다.

2 디젤엔진의 시동 보조기구

① 감압장치(de-compression device) : 실린더 내의 압축압력을 낮추기 위해 흡입 또는 배기밸브에 작용하여 감압시켜, 겨울철 엔진오일의 점도가 높을 때 시동에서 이용한다. 또 엔진 점검·조정에도 이용한다.
② 예열장치 : 예열장치에는 흡기다기관으로 유입되는 공기를 가열하는 히트레인지와 연소실 내의 공기를 예열하는 예열플러그가 있다.

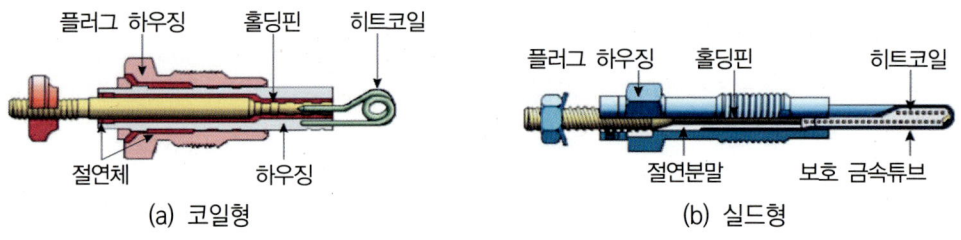

그림 1-33 예열플러그의 종류

3 디젤엔진의 연소실

디젤엔진 연소실의 종류에는 단실식인 직접 분사실식과 복실식인 예연소실식, 와류실식, 공기실식 등으로 나누어진다.

[1] 직접 분사실식 연소실의 장점

① 실린더헤드의 구조가 간단해 열효율이 높고, 연료소비율이 적다.
② 연소실 체적에 대한 표면적 비율이 적어 냉각손실이 적다.
③ 엔진 시동이 쉽다.

[2] 예연소실식 연소실의 장점

① 공기과잉률이 낮아 평균 유효압력이 높다.
② 운전상태가 조용하고 노크가 잘 일어나지 않는다.
③ 공기와 연료의 혼합이 잘되고 엔진에 유연성이 있다.
④ 주 연소실 내의 압력이 비교적 낮아 작동이 정숙하다.
⑤ 연료 분사압력이 낮아 연료장치의 고장이 적다.
⑥ 분사시기 변화에 대해 민감하게 반응하지 않는다.
⑦ 연료의 변화에 둔감하므로 사용연료의 선택범위가 넓다.

[3] 와류실식 연소실의 장점

① 압축행정에서 발생하는 강한 와류를 이용하므로 회전속도 및 평균유효압력이 높다.
② 분사압력이 낮아도 된다.
③ 엔진 회전속도 범위가 넓고, 운전이 원활하다.
④ 연료소비율이 예연소실식에 비해 낮다.
⑤ 핀틀 노즐을 사용하므로 고장빈도가 낮다.
⑥ 고속에서의 특성이 우수하다.

4 디젤엔진의 연료장치(기계 방식의 분사펌프 사용)

디젤엔진의 연료 계통은 연료탱크, 연료 공급펌프, 연료필터, 연료 분사펌프, 송유관, 분사노즐, 조속기 등으로 구성된다.

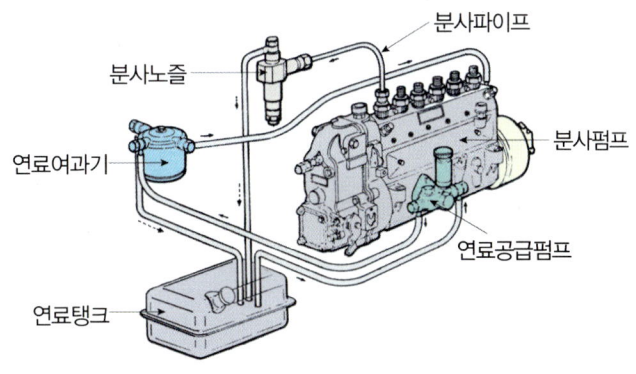

그림 1-34 디젤엔진의 연료장치

[1] 공급펌프(feed pump)

연료탱크 내의 연료를 일정한 입력(2~3kgf/cm²)으로 가압하여 분사펌프로 공급하는 장치이며, 분사펌프 옆에 설치되어 분사펌프 캠축에 의하여 구동된다.

[2] 연료여과기(fuel filter)

연료여과기는 연료 속에 포함된 불순물이나 수분을 제거하는 부품이며, 여과기에 설치된 오버플로밸브는 다음과 같은 작용을 한다.

① 연료여과기 내의 압력이 규정값 이상으로 상승되는 것을 방지한다.
② 연료의 송출압력이 규정 이상으로 상승하면 압송이 중지되어 소음이 발생되는 것을 방지한다.
③ 연료탱크 내에서 발생된 기포를 자동적으로 배출시키는 작용을 한다.

[3] 연료 분사펌프(injection pump)

연료 분사펌프는 연료 공급펌프와 여과기로부터 일정 압력으로 여과된 연료를 다시 고압의 압력을 가해 분사순서에 따라 배관된 고압 파이프를 통해서 각 연소실에 설치된 분사노즐로 압송하는 일을 한다. 연료 분사펌프에는 분사량이나 분사시기를 조정하기 위한 조속기와 분사시기 조정기가 조립되어 있다.

(1) 캠축(cam shaft)

분사펌프 캠축은 크랭크축 기어로 구동되며 4행정 사이클 엔진은 크랭크축의 1/2로 회전하고, 2행정 사이클 엔진은 크랭크축 회전수와 같다. 캠축에는 태핏을 통해 플런저를 작용시키는 캠과 공급펌프 구동용 편심륜이 마련되어 있다.

(2) 태핏(tappet)

태핏은 펌프 하우징 태핏 구멍에 설치되어 캠에 의해 상하운동을 하여 플런저를 작동시킨다.

(3) 플런저 배럴과 플런저

플런저 배럴은 실린더 역할을 하며, 플런저는 배럴 속을 상하 왕복운동을 하여 고압의 연료를 형성하는 일을 하는 부품이다.

① 플런저 유효행정(plunger available stroke) : 플런저가 연료를 압송하는 기간이며,

연료의 분사량(토출량 또는 송출량)은 플런저의 유효행정으로 결정된다. 따라서 유효행정을 크게 하면 분사량이 증가한다.

② 리드 방식과 분사시기와의 관계
- ㉮ 정 리드형 : 분사개시 때의 분사시기가 일정하다.
- ㉯ 역 리드형 : 분사개시 때의 분사시기가 변화한다.
- ㉰ 양 리드형 : 분사개시와 말기의 분사시기가 모두 변화한다.

(4) 딜리버리밸브(delivery valve : 송출밸브)

연료의 역류(분사노즐에서 펌프로의 흐름)를 방지, 분사노즐의 후적 방지, 분사파이프 내에 잔압을 유지한다.

(5) 조속기(governor)

엔진의 회전속도나 부하의 변동에 따라서 자동적으로 제어래크를 움직여 연료 분사량을 가감하는 장치이다. 그리고 조속기 내에 설치된 앵글라이히장치(angleichen device)는 엔진의 모든 속도 범위에서 공기와 연료의 비율이 알맞게 유지되도록 하는 기구이다.

(6) 타이머(timer)

연료가 연소실에 분사되어 착화 연소하고 피스톤에 유효한 일을 시킬 때까지는 어느 정도의 시간이 필요하다. 이에 따라 엔진 회전속도 및 부하에 따라 분사시기를 변화시켜야 하는데 이 작용을 하는 장치가 타이머이다.

[4] 분사노즐(injection nozzle)

디젤엔진은 연소실 내에 압축된 고온고압의 공기 중에 연료를 분사하여 착화 연소시키므로 분사된 연료가 빠른 속도로 착화하여 연소하지 않으면 고속회전이 어렵고 노크가 발생한다.

(1) 분사노즐의 구비조건

① 연료의 입자를 미세한 안개 모양으로 하여 쉽게 착화되도록 할 것

② 연소실 전체에 분무가 균일하게 분포되도록 분사할 것

③ 가혹한 조건에서도 장기간 사용할 수 있도록 내구성일 것

④ 분사 끝에서 연료를 완전히 차단하여 후적이 발생되지 않을 것

(2) 분사노즐의 종류

분사노즐의 종류에는 개방형과 밀폐형(또는 폐지형) 노즐이 있으며, 밀폐형에는 구멍형, 핀틀형 및 스로틀형 노즐이 있다. 구멍형 노즐의 특징은 연료 소비율이 적고, 연료의 무화가 좋아 엔진의 시동이 쉬우며, 연료 분사개시 압력이 비교적 높다.

(3) 연료분무의 3대 요건

① 무화가 좋을 것

② 관통력이 클 것

③ 분포(분산)가 골고루 이루어질 것

5 전자제어 디젤엔진 연료장치

[1] 전자제어 디젤엔진 연료장치의 장점

① 유해배출 가스를 감소시킬 수 있다.

② 연료소비율을 향상시킬 수 있다.

③ 엔진의 성능을 향상시킬 수 있다.

④ 운전성능을 향상시킬 수 있다.

⑤ 밀집된(compact) 설계 및 경량화를 이룰 수 있다.

⑥ 모듈(module)화 장치가 가능하다.

[2] 전자제어 디젤엔진의 연료장치

① 저압연료펌프 : 연료펌프 릴레이로부터 전원을 공급받아 고압연료펌프로 연료를 압송한다.

② 연료여과기 : 연료 속의 수분 및 이물질을 여과하는 역할을 하며, 연료 가열장치가 설치되어 있어 겨울철에 냉각된 엔진을 시동할 때 연료를 가열한다.

③ 오버플로밸브(over flow valve) : 저압연료펌프에서 압송된 연료압력을 2.8~10.2bar를 유지하도록 제어하며, 과잉압력의 연료는 연료탱크로 복귀시킨다.

④ 연료온도센서 : 고압연료펌프로 공급되는 연료온도를 검출하며, 연료온도가 상승되는 것을 방지한다.

⑤ 고압연료펌프 : 저압연료펌프에서 공급된 연료를 약 1,350bar의 높은 압력으로 압축하여 커먼레일로 공급한다.

⑥ 커먼레일(common rail) : 고압연료펌프에서 공급된 연료를 각 실린더의 인젝터로 분배해주며, 연료압력센서와 연료압력 제어밸브가 설치되어 있다.

⑦ 연료압력 조절밸브 : 고압연료펌프에서 커먼레일에 압송된 연료의 복귀량을 제어하여 엔진 작동상태에 알맞은 연료압력으로 제어한다.

⑧ 고압 파이프 : 커먼레일에 공급된 높은 압력의 연료를 각 인젝터로 공급한다.

⑨ 인젝터 : 높은 압력의 연료를 ECU의 전류제어를 통하여 연소실에 미립형태로 분사한다.

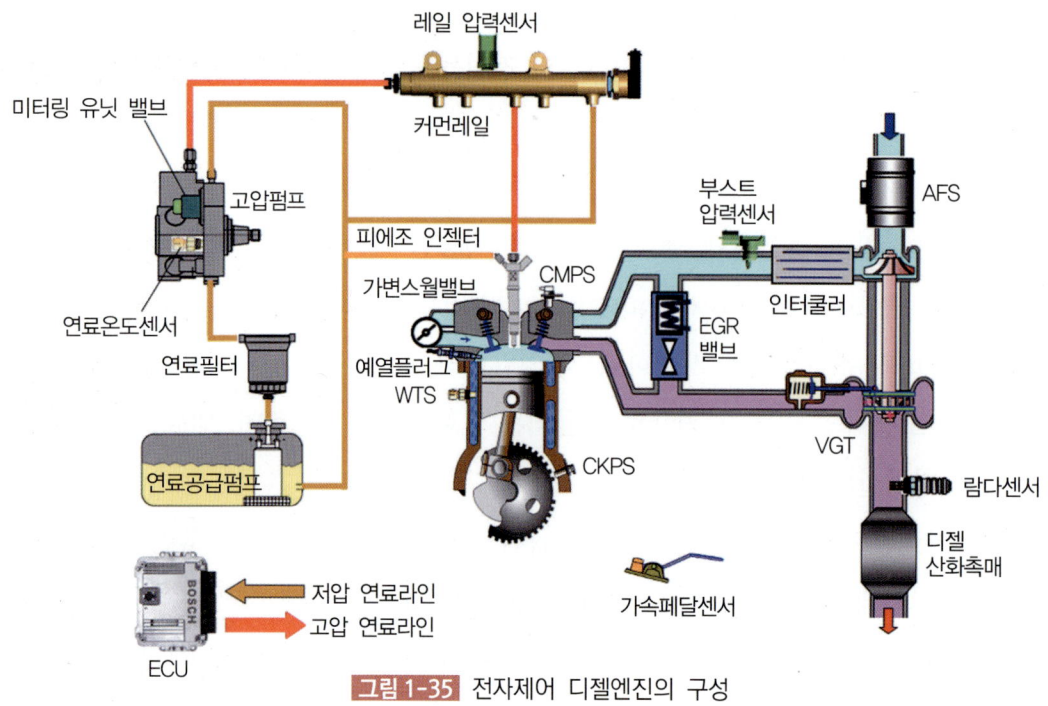

그림 1-35 전자제어 디젤엔진의 구성

[3] 전자제어 디젤엔진의 연소과정

① 파일럿 분사(pilot injection, 착화분사) : 주 분사가 이루어지기 전에 연료를 분사하여 연소가 원활히 되도록 하기 위한 것이며, 파일럿 분사실시 여부에 따라 엔진의 소음과 진동을 줄일 수 있다.

② 주 분사(main injection) : 파일럿 분사가 실행되었는지 여부를 고려하여 연료 분사량을 계산한다. 주 분사의 기본값으로 사용되는 것은 엔진 회전력의 양(가속페달 센서 값), 회전속도, 냉각수 온도, 흡입공기 온도, 대기압력 등이다.

③ 사후 분사(post Injection) : 사후 분사는 유해배출 가스 감소를 위해 사용하는 것이므로 배출가스에 영향을 미칠 경우에는 사후 분사를 하지 않으며, ECU에서 판단하여 필요할 때마다 실행시킨다. 그리고 공기유량센서 및 배기가스 재순환(EGR)장치 관계 계통에 고장이 있으면 사후 분사는 중단된다.

디젤엔진 연료장치 출제예상문제

01
디젤엔진의 장점에 대한 설명으로 틀린 것은?

① 연료소비율이 적고, 열효율이 높다.
② 연료의 인화점이 낮아 화재의 위험성이 적다.
③ 전기 점화장치가 없어 고장률이 낮다.
④ 경부하 때의 효율은 그다지 나쁘지 않다.

> 연료의 인화점이 높아 화재의 위험성이 적다.

02
가솔린엔진과 비교할 때 디젤엔진의 장점이 아닌 것은?

① 부분부하 영역에서 연료소비율이 낮다.
② 넓은 회전속도 범위에 걸쳐 회전토크가 크다.
③ 질소산화물과 일산화탄소가 조금 배출된다.
④ 열효율이 높다.

> 질소산화물의 배출이 많기 때문에 별도로 배기가스 재순환장치를 둔다.

03
디젤엔진의 시동을 쉽게 해주는 장치가 아닌 것은?

① 감압장치   ② 과급장치
③ 예열플러그   ④ 히트 레인지

> 디젤엔진의 시동을 용이하게 하기 위한 보조장치에는 감압장치, 예열플러그, 히트 레인지가 있다.

04
디젤엔진의 정지방법에서 인테이크 셔터(intake shutter)의 역할에 대한 설명으로 맞는 것은?

① 연료를 차단
② 흡입공기를 차단
③ 배기가스를 차단
④ 압축압력 차단

> 디젤엔진의 정지 방법에서 인테이크 셔터는 흡입공기를 차단하여 연료공급을 차단하는 역할을 한다.

정답 01 ② 02 ③ 03 ② 04 ②

05
디젤엔진 예열플러그의 발열부 온도로 맞는 것은?

① 약 300~450℃   ② 약 500~750℃
③ 약 750~950℃   ④ 약 950~1,050℃

> 디젤엔진의 예열플러그의 발열부는 약 950~1,050℃이다.

06
글로우(예열)플러그가 단선이 되는 원인이 아닌 것은?

① 예열 시간이 길다.
② 과대전류가 흐른다.
③ 정격이 다른 예열플러그를 사용한다.
④ 축전지 전압이 규정보다 높은 것을 사용한다.

> 축전지 전압이 규정보다 높을 경우 해당 퓨즈가 먼저 단선된다. 따라서 글로우 플러그의 단선과는 직접적인 연관성이 없다.

07
예열플러그에 흐르는 전류가 커서 기동전동기 스위치의 손상을 방지하기 위해 설치하는 것은?

① 히트 레인지
② 히트 릴레이
③ 예열플러그 조절기
④ 예열플러그 저항기

> 히트 릴레이는 예열플러그에 흐르는 전류가 커서 기동전동기 스위치의 손상을 방지하기 위해 설치한다.

08
디젤엔진의 직접 분사실식의 장점이 아닌 것은?

① 실린더헤드가 간단하고, 열효율이 높다.
② 시동이 용이하고, 예열플러그가 불필요하다.
③ 디젤엔진의 연소실 종류 중 압축압력이 가장 작다.
④ 연소실 용적에 대한 표면적의 비율이 작아서 냉각 손실이 적다.

> **직접 분사실식의 장점**
> ① 실린더헤드의 구조가 간단하므로 열효율이 높고 연료소비율이 작다.
> ② 연소실 체적에 대한 표면적 비율이 작아 냉각손실이 작으며, 예열플러그가 불필요하다.
> ③ 기관시동이 쉽다.

09
디젤엔진의 연소실 중 연료분사압력이 가장 높은 것은?

① 공기실식   ② 와류실식
③ 예연소실식   ④ 직접 분사실식

> **연소실 종류에 따른 분사압력**
> ① 직접 분사실식 : 150~300kgf/cm²
> ② 예연소실식 : 100~120kgf/cm²
> ③ 공기실식, 와류실식 : 100~140kgf/cm²

정답 05 ④ 06 ④ 07 ② 08 ③ 09 ④

10
디젤엔진의 연소실 종류 중 압축압력이 가장 낮은 것은?

① 공기실식
② 와류실식
③ 예 연소실식
④ 직접 분사실식

11
디젤엔진에서 와류실식의 장점이 아닌 것은?

① 연료소비율이 좋다.
② 비교적 고속 회전에 적합하다.
③ 연료분사압력이 낮아도 된다.
④ 압축공기의 와류를 이용하므로 공기와 연료의 혼합이 양호하다.

> 와류실식은 연료소비율이 나쁘다.

12
디젤엔진 와류실식의 단점이 아닌 것은?

① 실린더헤드의 구조가 복잡하다.
② 직접분사식에 비해 연료소비율이 높다.
③ 저속 시 디젤노크가 일어나기 쉽다.
④ 직접 분사식에 비해 연료의 착화성에 민감하다.

> **와류실식 단점**
> ① 와류실이 있어 실린더헤드의 구조가 복잡하다.
> ② 열효율, 연료소비율이 나쁘다.
> ③ 시동 시 예열플러그가 필요하다.
> ④ 저속 시 디젤 노크 발생이 쉽다.

13
딜리버리밸브의 역할이 아닌 것은?

① 연료의 역류를 방지한다.
② 노즐의 후적을 방지한다.
③ 가압된 연료를 분사노즐로 압송한다.
④ 노즐의 분사압력을 조절한다.

> 노즐의 분사압력은 조정나사로 조정한다.

14
디젤 연료 분사펌프의 구성품이 아닌 것은?

① 인젝터
② 플런저
③ 거버너
④ 타이머

15
디젤엔진에서 연료공급펌프 중 프라이밍펌프의 기능은?

① 엔진이 작동하고 있을 때 펌프에 연료를 공급한다.
② 엔진이 정지되고 있을 때 수동으로 연료를 공급한다.
③ 엔진이 고속운전을 하고 있을 때 분사펌프의 기능을 돕는다.
④ 엔진이 가동하고 있을 때 분사펌프에 있는 연료를 빼내는데 사용한다.

정답 10 ③ 11 ① 12 ④ 13 ④ 14 ① 15 ②

16
직렬형 연료분사펌프의 분사량 조절 방법으로 맞는 것은?

① 플런저의 행정에 의해서
② 플런저의 유효리드의 종류에 의해서
③ 플런저의 유효행정에 의해서
④ 플런저의 홈의 길이에 의해서

> 🔍 분사량은 플런저의 유효행정(래크와 피니언의 변화)에 의해서 정해진다.

17
디젤엔진에서 기계식 독립형 연료분사펌프의 분사시기 조정방법으로 맞는 것은?

① 거버너의 스프링을 조정
② 랙과 피니언으로 조정
③ 피니언과 슬리브로 조정
④ 펌프와 타이밍 기어의 커플링으로 조정

> 🔍 독립형 분사펌프의 분사시기 조정은 펌프와 타이밍기어의 커플링으로 한다.

18
각 실린더의 분사량을 측정하였더니 최대 분사량이 66cc, 최소 분사량이 58cc, 평균 분사량이 60cc이었다면 분사량의 "+불균형률"은 얼마인가?

① 5% ② 10%
③ 15% ④ 20%

> 🔍 (+) 불균형률
> $$= \frac{\text{최대분사량} - \text{평균분사량}}{\text{평균분사량}} \times 100$$
> $$= \frac{66 - 60}{60} \times 100 = 10\%$$

19
디젤엔진의 분사노즐에 관한 설명으로 맞는 것은?

① 분사개시압력이 낮으면 연소실 내에 카본 퇴적이 생기기 쉽다.
② 직접분사실식의 분사개시압력은 일반적으로 100~120kgf/cm²이다.
③ 연료공급펌프의 송유압력이 저하하면 연료분사압력이 저하한다.
④ 분사개시압력이 높으면 노즐의 후적이 생기기 쉽다.

> 🔍 직접분사실식 분사개시 압력은 160~180kgf/cm²이고, 송유압력과 분사압력의 관계는 정의되기 어렵고, 분사개시압력이 높을수록 후적 발생이 적어진다.

20
디젤 분사노즐의 구비조건이 아닌 것은?

① 무화상태로 쉽게 착화되도록 할 것
② 분무가 균일하게 분포되도록 분사할 것
③ 후적이 발생되지 않을 것
④ 압력 조정이 가능한 구조일 것

정답 16 ③ 17 ④ 18 ② 19 ① 20 ④

21
구멍형 노즐의 특징이 아닌 것은?

① 연료 소비율이 적다.
② 연료의 무화가 좋다.
③ 엔진의 시동이 좋다.
④ 연료 분사개시 압력이 비교적 낮다.

> 구멍형 노즐은 직접 분사실식에 사용하므로 연료 분사 개시압력이 높다.

22
분사노즐 중에서 가장 연료분사 개시 압력이 높은 형식은?

① 구멍형 노즐
② 핀틀형 노즐
③ 스로틀형 노즐
④ 플런저형 노즐

23
분사노즐에 묻은 카본을 제거하는 도구는?

① 줄
② 브러시
③ 샌드페이퍼
④ 나무조각

> 분사노즐 끝단의 카본은 나무 조각으로 긁거나 두들겨 제거한다. 금속 브러시, 줄, 샌드페이퍼 등을 사용 시 노즐 끝단의 손상을 야기할 수 있다.

24
디젤엔진에서 분사압력 발생과 분사과정이 별개로 이루어져 1,350~1,600bar의 고압으로 분사하는 방식은?

① GDI 방식
② MTV 방식
③ CRDI 방식
④ CVT 방식

> CRDI(common rail direct injection, 커먼레일 분사 방식)

25
커먼레일 분사 방식의 장점이 아닌 것은?

① 기존 디젤엔진보다 50%의 토크가 증가된다.
② 기존 디젤엔진보다 20~30%의 출력이 증가된다.
③ 미세한 연료분사로 소음, 진동, 공해가 감소된다.
④ 엔진 회전속도가 낮을 때에는 고압분사가 불가능하다.

> 엔진 운전조건에 따라 연료압력과 분사시기를 조정할 수 있기 때문에 엔진의 회전속도가 낮을 때에도 고압분사가 가능해진다.

26
커먼레일의 기능에 대한 설명으로 맞는 것은?

① 고압의 연료를 저장하는 기능이다.
② 연료의 분사량을 결정하는 기능이다.
③ 연료의 분사시기를 결정하는 기능이다.
④ 연료의 분사율을 결정하는 기능이다.

정답 21 ④ 22 ① 23 ④ 24 ③ 25 ④ 26 ①

> 커먼레일(고압 어큐뮬레이터)은 고압펌프에서 공급된 연료를 축압・저장하는 장치이다.

27

커먼레일 분사 방식의 디젤엔진에서 분사량 및 분사시기를 결정하는 것은?

① ECU
② 조속기
③ 타이머
④ 분사펌프

> CRDI(커먼레일 분사 방식) 디젤엔진에서 분사량, 분사율, 분사시기는 ECU의 펄스신호에 따라 결정된다.

28

직접고압 분사 방식(CRDI) 디젤엔진에서 예비 분사를 실시하지 않는 경우로 틀린 것은?

① 엔진 회전수가 고속인 경우
② 분사량이 보정제어 중인 경우
③ 연료압력이 너무 낮은 경우
④ 예비 분사가 주분사를 너무 앞지르는 경우

> **예비 분사를 실시하지 않는 경우**
> ① 엔진 회전수가 고속인 경우 : 엔진 회전수가 고속인 경우, 예비 분사를 하면 흡입행정 중에 예비 분사가 이루어져 연료가 흡입밸브를 통해 배출될 수 있다.
> ② 연료 압력이 너무 낮은 경우 : 연료 압력이 너무 낮은 경우, 예비 분사를 하면 충분한 연료가 분사되지 않을 수 있다.
> ③ 예비 분사가 주분사를 너무 앞지르는 경우 : 예비 분사가 주분사를 너무 앞지르는 경우, 예비 분사된 연료가 주분사된 연료와 혼합되어 연소가 불안정해질 수 있다.

29

전자제어 디젤엔진의 연소 과정 순서로 맞는 것은?

① 파일럿 분사 → 사후 분사 → 주 분사
② 파일럿 분사 → 주 분사 → 사후 분사
③ 주 분사 → 파일럿 분사 → 사후 분사
④ 사후 분사 → 파일럿 분사 → 주 분사

30

디젤 분사펌프 시험기에 의하여 시험할 수 없는 사항은?

① 조속기의 작동시험과 조정
② 연료의 분사시기 측정 및 조정
③ 연료공급펌프의 공급량 시험
④ 연료 분사량 측정과 분사시기 점검

> **디젤 분사펌프 시험기의 시험 항목**
> ① 조속기의 작동시험과 조정
> ② 연료의 분사시기 측정 및 조정
> ③ 연료 분사량 측정과 분사시기 점검

정답 27 ① 28 ② 29 ② 30 ③

31
디젤 분사펌프 시험기로 시험할 수 없는 것은?

① 연료분사량 시험
② 조속기 작동시험
③ 분사시기의 조정시험
④ 디젤엔진의 출력시험

> 디젤엔진의 출력시험은 엔진 다이나모에서 측정할 수 있다.

32
디젤엔진에서 연료 분사시기가 과도하게 빠를 경우 발생할 수 있는 현상으로 틀린 것은?

① 노크를 일으킨다.
② 배기가스가 흑색이다.
③ 엔진의 출력이 저하된다.
④ 분사압력이 증가한다.

> 노킹과 배출가스가 과다, 엔진출력 감소, 분사압력이 감소한다.

33
디젤엔진에서 분사시기가 빠를 때 나타나는 현상으로 틀린 것은?

① 배기가스의 색이 흑색이다.
② 노크 현상이 일어난다.
③ 배기가스의 색이 백색이 된다.
④ 저속회전이 잘 안 된다.

> 배기가스의 색이 백색이 되는 경우는 오일이 연소될 때 나타나는 현상이다.

34
디젤엔진의 연료 분사시기가 빠를 때 일어나는 현상이 아닌 것은?

① 노크를 일으키고, 노크음이 강하다.
② 배기가스가 흑색을 띈다.
③ 엔진의 출력이 저하된다.
④ 분사압력이 증가한다.

35
디젤엔진에서 분사량 부족의 원인으로 틀린 것은?

① 엔진의 회전속도가 낮다.
② 토출밸브의 시트가 손상되었다.
③ 토출밸브의 스프링이 약화되었다.
④ 분사펌프의 플런저가 마모되었다.

> 디젤엔진에서 분사량 부족의 원인
> ① 토출밸브의 시트 손상
> ② 토출밸브의 스프링 약화
> ③ 분사펌프의 플런저 마모

정답 31 ④ 32 ④ 33 ③ 34 ④ 35 ①

36

디젤엔진의 진동 원인으로 틀린 것은?

① 연료공급 계통에 공기가 침입되었다.
② 크랭크축의 무게가 평형하다.
③ 분사량 분사시기 및 분사압력이 틀려 있다.
④ 다기통 엔진에서 어느 한 개의 분사노즐이 막혔다.

> 크랭크축 평형은 회전 시(폭발운동) 관성력의 평형을 유지한다.

정답 36 ②

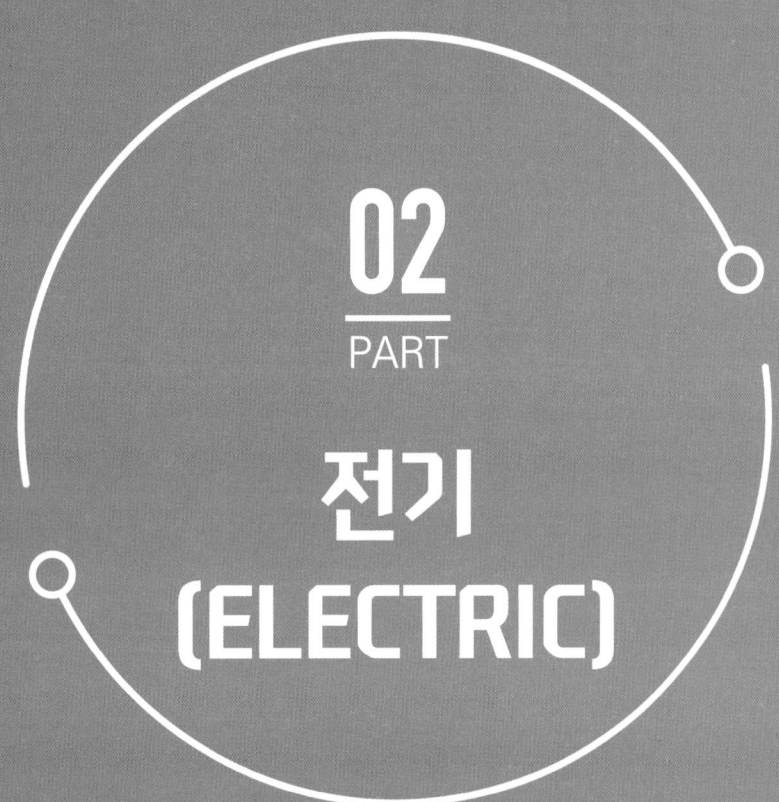

Chapter 1 전기 기초

01 전기와 물질

일반적으로 자유전자가 흐를 때 "전기가 흐른다"라고 하며, 물질 내부에서 자유전자가 자유롭게 이동하는(전기가 잘 통하는) 물질을 도체, 자유전자가 잘 흐르지 못하는(전기가 통하지 않는) 물질을 부도체, 도체와 부도체의 중간 특성을 가진 물질을 반도체라고 한다.

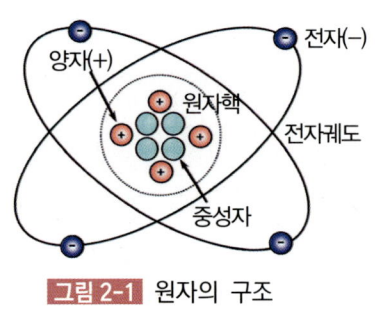

그림 2-1 원자의 구조

02 정전기(축전기 : 커패시터)

전기를 발생시키기 위해서는 일정한 형태의 에너지를 사용하여 전자의 작용을 일으키게 한다. 정전기란 전기가 물질에 정지한 상태에 있는 경우이다. 이 정전기는 방전할 때 순간

전류가 되므로 에너지원으로 사용하지 못한다. 특징은 다음과 같다.
① 정전 유도작용을 이용하여 많은 전하량을 저장하는 소자
② 정전용량은 상대하는 금속판의 면적에 비례한다.
③ 정전용량은 가해지는 전압에 비례한다.
④ 정전용량은 금속판 사이의 거리에 반비례한다.
⑤ 정전용량 기호는 C(쿨롱)로 표시하고, 단위는 F(패럿)를 사용한다.

$$C = \frac{Q}{E}, \quad C : 정전용량, \quad Q : 전하량, \quad E : 전압$$

03 전류

임의의 한 점을 통과하는 전하의 양으로 단위는 A(암페어 : ampere)를 사용하며, 1A는 도체의 단면에서 임의의 한 점을 매초 1C(쿨롱)의 전하가 이동할 때의 양을 나타낸다. 그리고 전류의 3대 작용은 다음과 같다.

① 발열 작용 : 도체에 전류가 흐를 때 도체의 저항으로 인해 발열되는 작용, 즉 전기에너지가 열에너지로 변환된다(예 : 시거라이터, 전구, 전열기).
② 화학 작용 : 전류가 물질 속을 흐를 때 화학 작용(화학반응, 전기분해반응)에 의해 기전력이 발생하는 작용, 즉 화학에너지가 전기에너지로 상호 변환된다(예 : 축전지, 전기도금).
③ 자기 작용 : 도체에 전류가 흐르면 자계가 형성되는 작용, 즉 전기적 에너지를 기계적 에너지로 바꾸는 것을 말한다(예 : 전동기, 솔레노이드, 릴레이, 발전기).

04 저항

저항이란 전자가 도체 내에서 이동할 때 전자의 흐름을 방해하는 성질을 말한다. 저항의 기호는 R, 단위는 Ω(옴)을 사용한다. 전기저항은 자유전자가 도체 내를 이동 시에 원자들과 충돌하여 방해를 받으며, 전자가 저항을 지날 때 전압손실이 생긴다.

$$R = \rho \times \frac{\ell}{A}, \quad R : 물체의\ 저항(\Omega), \quad \rho : 고유저항, \quad \ell : 길이, \quad A : 단면적$$

05 전압

전류를 흐르게 하는 전기적인 압력을 전압이라 하며, 두 점(위치)의 전하량(전위)의 차이로 나타낸다. 전압의 기호는 E(또는 V), 단위는 V(볼트)이며, 전압계(Voltmeter)를 사용하여 회로 내 병렬로 연결하여 측정한다. 1Ω의 도체에 1A의 전류를 흐르게 할 수 있는 전기의 압력을 1V라고 한다.

06 옴의 법칙(Ohm's law)

도체에 흐르는 전류는 도체에 가해진 전압에 정비례하고, 그 도체의 저항에는 반비례한다.

$$I = \frac{E}{R}, \quad R = \frac{E}{I}, \quad E = IR, \quad I : 전류(A), \quad R : 저항(\Omega), \quad E : 전압(V)$$

07 저항의 접속방법과 특징

1 직렬접속

$$R = R_1 + R_2 + R_3 \cdots$$

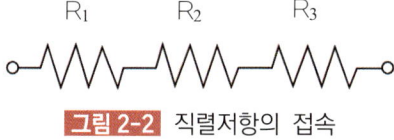

그림 2-2 직렬저항의 접속

① 합성저항은 각 저항의 합과 동일하다.
② 각 저항에 흐르는 전류는 일정하다.
③ 각 저항에 가해지는 전압의 합은 전원의 합과 동일하다.
④ 동일 전압을 연결하면 전압은 개수의 배가 되고, 용량은 1개 때와 동일하다.
⑤ 다른 전압을 연결하면 전압은 각 전압의 합과 같고 용량은 평균값이 된다.
⑥ 큰 저항과 아주 작은 저항을 연결하면 아주 작은 저항은 무시된다.

2 병렬접속

$$\frac{1}{R} = \frac{1}{R_1} + \frac{1}{R_2} \cdots$$

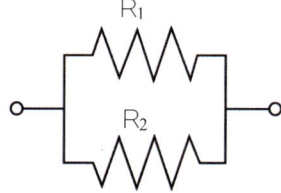

그림 2-3 직렬저항의 접속

① 합성저항은 각 저항의 역수의 합의 역수와 같다.
② 각 회로에 흐르는 전류는 상승된다.
③ 각 회로의 전압은 일정하다.
④ 동일 전압을 연결하면 전압은 1개 때와 동일하고 용량은 개수의 배가 된다.
⑤ 아주 큰 저항과 적은 저항을 연결하면 아주 큰 저항은 무시된다.

3 합성(직병렬)접속

$$R = R_1 + \frac{R_2 \times R_3}{R_2 + R_3}$$

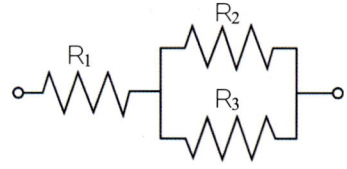

그림 2-4 직병렬저항의 접속

① 합성저항은 직렬과 병렬저항이 합해진 값
② 전압과 전류 모두 상승

08 키르히호프의 법칙

1 제1법칙(전류법칙)

회로 내의 한 점으로 들어온 전류의 총합은 나간 전류의 총합과 같다.

$$(I_1 + I_3 + I_4) - (I_2 + I_5) = 0 \quad \therefore \; \Sigma I = 0$$

2 제2법칙(전압법칙)

임의의 한 폐회로에서 소비된 전압강하의 총합은 기전력의 총합과 같다.

$$V_T - (V_1 + V_2 + V_3) = 0, \quad \therefore \; \Sigma V = 0$$

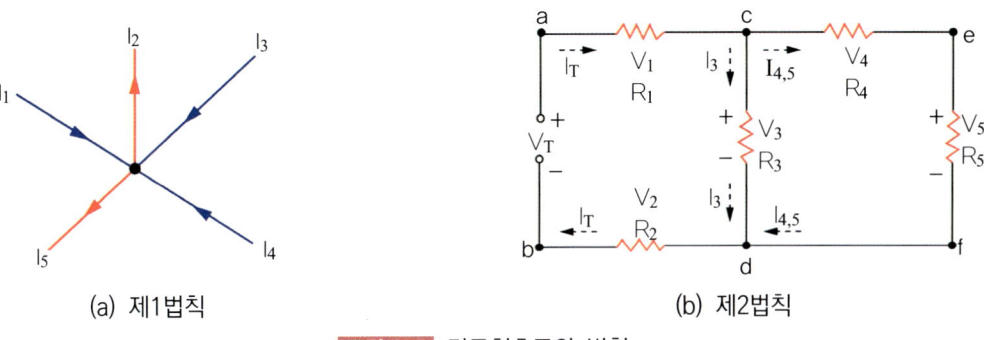

(a) 제1법칙   (b) 제2법칙

그림 2-5 키르히호프의 법칙

09 전력(W : watt)과 전력량

1 전력

전력이란 전기가 단위시간 동안에 한 일의 양이며, 전등, 전동기 등에 전압을 가하여 전류를 흐르게 하면 기계적 에너지를 발생시켜 여러 가지 일을 할 수 있도록 하는 것을 말한다. 전력(P)은 전압(E)과 전류(I)를 곱한 것에 비례하고 전력의 측정단위는 와트(W)나 킬로와트(kW)를 사용한다.

$$P = E \times I = I^2 \times R = \frac{E^2}{R}, \quad (E = I \times R,\ I = \frac{E}{R})$$

2 전력량

전력량이란 전류가 어떤 시간 동안에 한 일의 총량을 말한다.

$$W = P \times t = I^2 \times R \times t$$

3 주울(joule) 열

전류가 저항 속을 흘러 발생하는 열

$$H(cal) = 0.24 \times I^2 \times R \times t$$

10 전자력과 전자유도 작용

1 전자력

자계 내의 도체에 전류를 흐르게 하였을 때 도체에 작용하는 힘의 방향을 가리키는 플레밍의 왼손 법칙으로 표현할 수 있으며, 시동전동기, 전류계, 전압계 등에 사용한다.

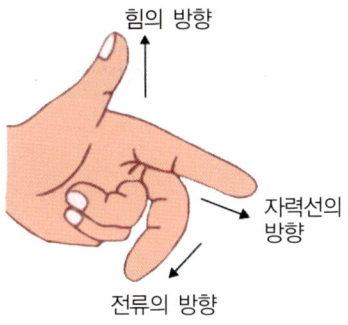

그림 2-6 플레밍의 왼손 법칙

2 전자유도 작용

자계 내에서 도체를 자력선과 직각 방향으로 움직이거나 도체를 고정시키고 자계를 직각 방향으로 움직이는 경우 도체에 기전력이 발생되는 현상의 법칙을 플레밍의 오른손 법칙과 렌츠의 법칙으로 표현할 수 있다. 교류발전기, 점화 코일, 휠 속도센서 등에 사용된다.

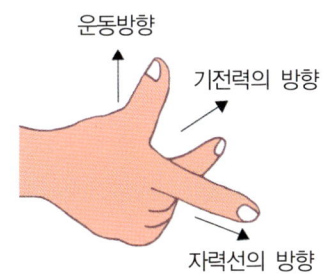

그림 2-7 플레밍의 오른손 법칙

11 자기 유도 작용과 상호 유도 작용

1 자기 유도 작용

하나의 코일에 흐르는 전류를 변화시키면 코일과 교차하는 자력선도 변화되기 때문에 코일에는 그 변화를 방해하는 방향으로 기전력이 발생되는 작용이다.

2 상호 유도 작용

직류 전기회로에 자력선의 변화가 생겼을 때 그 변화를 방해하려고 다른 전기 회로에 기전력이 발생되는 현상이다.

Chapter 1 전기 기초 출제예상문제

01
전류에 대한 설명으로 틀린 것은?

① 전기의 흐름이다.
② 단위는 A를 사용한다.
③ 직류와 교류가 있다.
④ 저항과 항상 비례한다.

> 전류는 전압에 비례하고 저항에 반비례한다.

02
임의의 한 점을 통과하는 전하의 양을 나타내는 단위는?

① 전류
② 전압
③ 전자
④ 저항

> 전류(electric current)는 전하의 흐름으로, 단위 시간동안 어떤 단면적을 통과한 전하의 양을 나타내는 개념이다. 단위는 A(암페어, ampere)이다.

03
전류는 도체에 가해진 전압에 정비례하고, 저항에 반비례하는 법칙을 나타낸 것은?

① 옴의 법칙
② 렌츠의 법칙
③ 달링톤 법칙
④ 패러데이 법칙

> 옴의 법칙은 전류는 도체에 가해진 전압에 정비례하고, 저항에 반비례하는 법칙이다.

04
전류의 3대 작용이 아닌 것은?

① 발열 작용
② 화학 작용
③ 자기 작용
④ 전기 작용

> 전류의 3대 작용은 발열 작용, 화학 작용, 자기 작용이다.

정답 01 ④ 02 ① 03 ① 04 ④

05

다음 중 축전기에 대한 설명으로 틀린 것은?

① 정전 용량은 금속판 사이의 절연체의 절연도에 비례한다.
② 정전 용량은 가해지는 전압에 반비례한다.
③ 정전 용량은 상대하는 금속판의 면적에 비례한다.
④ 정전 용량은 금속판 사이의 거리에 반비례한다.

> 정전용량은 가해지는 전압에 비례한다.

06

축전기(condenser)와 관련된 식 표현으로 틀린 것은?(Q=전하량, E=전압, C=정전용량)

① Q=CE
② $C=\dfrac{Q}{E}$
③ $E=\dfrac{Q}{C}$
④ C=QE

> $C=\dfrac{Q}{E}$
> C: 정전용량, Q: 전하량, E: 전압

07

다음의 축전기 중 걸리는 전압이 같을 때 전기적 에너지가 가장 큰 것은?

① 5μF
② 25μF
③ 32μF
④ 100μF

> 1F이란 1V의 전압을 가하였을 때 1쿨롱의 전기가 저장되는 축전기의 용량으로 패럿의 단위는 F, μF, pF이 있으나, F은 실용상 너무 크기 때문에 μF을 많이 사용하며, 용량이 큰 것이 전기적 에너지가 가장 크다.

08

어느 콘덴서가 전기적 에너지를 가장 많이 저장하고 있는가?

① 0.100μF
② 0.32μF
③ 0.25μF
④ 0.5μF

09

교류전기에 대한 설명으로 틀린 것은?

① 시간의 경과에 대해 전압이 변화한다.
② 시간의 경과에 대해 전류가 변화한다.
③ 시간의 경과에 대해 전류의 방향이 변화한다.
④ 시간의 경과와 상관없이 전류의 방향은 일정하다.

> 교류전기는 시간의 경과에 대해 전압 및 전류가 계속 변화하고 흐름방향이 정방향과 역방향으로 차례로 반복된다.

정답 05 ② 06 ④ 07 ④ 08 ④ 09 ④

10
도체에 전기가 흐른다는 것은 전자의 움직임을 뜻한다. 전자의 움직임을 방해하는 요소는 무엇인가?

① 전류　　　② 전압
③ 저항　　　④ 용량

🔍 전자의 움직임을 방해하는 요소를 저항이라 한다.

11
금속은 열을 받으면 그 저항값이 어떻게 되는가?

① 작아진다.
② 일정하다.
③ 커진다.
④ 커졌다가 나중에는 작아진다.

🔍 일반적 금속은 온도가 상승하면 저항도 증가한다.

12
옴의 법칙은 다음 중 어느 것인가?

① I=RE
② E=IR
③ I=R/E
④ E=R/I

13
다음 중 옴의 법칙을 바르게 표현한 것은?(단, 전압은 V, 전류는 I, 저항은 R이다)

① $R = \dfrac{I}{V}$
② $V = I \times R$
③ $R = I \times V$
④ $I = R \times V$

🔍 옴의 법칙을 표현하면 $V = I \times R$, $R = \dfrac{V}{I}$, $I = \dfrac{V}{R}$ 이다.

14
전류가 저항 속을 흘러 발생하는 주울 열의 공식으로 맞는 것은?

① $H_{(cal)} = 0.24 \cdot I^2 \cdot R \cdot t$
② $H_{(cal)} = 0.42 \cdot I^2 \cdot R \cdot t$
③ $H_{(cal)} = 0.24 \cdot I \cdot R^2 \cdot t$
④ $H_{(cal)} = 0.42 \cdot I \cdot R^2 \cdot t$

🔍 주울 열은 전류의 제곱에 비례하고, 저항에 비례하고, 시간에 비례한다.

정답　10 ③　11 ③　12 ②　13 ②　14 ①

15
자동차에 흐르는 전압과 전류 그리고 저항에 관한 사항 중 틀린 것은?

① 반도체의 경우 온도가 높아지면 저항이 높아진다.
② 저항이 크고 전압이 낮을수록 전류는 적게 흐른다.
③ 저항이 낮은 경우 도체의 단면적이 크다.
④ 도체의 경우 온도가 높아지면 저항은 높아진다.

> 반도체의 경우 온도가 높아지면 저항은 낮아진다.

16
12V의 전압에 20Ω의 저항을 연결하였을 경우 몇 A의 전류가 흐르겠는가?

① 0.6A ② 1A
③ 5A   ④ 10A

> $I = \dfrac{E}{R} = \dfrac{12V}{20Ω} = 0.6A$

17
15Ω의 저항에 전압을 가했더니 전류계에 3A가 지시되었다. 이때 전압은?

① 5V   ② 15V
③ 30V ④ 45V

> $E = I \times R = 3A \times 15Ω = 45V$

18
다음 중 전기저항의 설명으로 틀린 것은?

① 전자가 이동 시 물질 내의 원자와 충돌하여 발생한다.
② 원자핵의 구조, 물질의 형상, 온도에 따라 변한다.
③ 크기를 나타내는 단위는 옴(Ohm)을 사용한다.
④ 도체의 저항은 그 길이에 반비례하고 단면적에 비례한다.

> 길이가 길면 저항이 비례해서 커지며, 단면적에 반비례하는 특징을 갖는다.

19
5Ω, 6Ω, 7Ω의 저항을 직렬로 연결하였을 때 합성저항은?

① 6Ω   ② 12Ω
③ 18Ω ④ 24Ω

> $R = R1 + R2 + R3 = 5 + 6 + 7 = 18Ω$

20
어떤 저항에 12V를 가했더니 전류계에 3A가 지시되었다. 이 저항의 값은?

① 2Ω   ② 4Ω
③ 60Ω ④ 8Ω

> $R = \dfrac{E}{I} = \dfrac{12V}{3A} = 4Ω$

정답 15① 16① 17④ 18④ 19③ 20②

21
2Ω의 저항과 4Ω의 저항을 병렬로 접속하였을 때 합성저항은 몇 Ω인가?

① 4/3Ω
② 3/4Ω
③ 1/6Ω
④ 6Ω

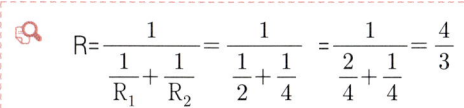

22
병렬회로에서 R1 = 1Ω, R2 = 3Ω, R3 = 5Ω이면 합성저항은 얼마인가?

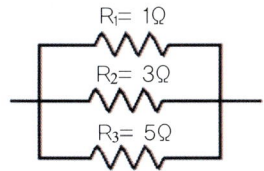

① $1\frac{8}{15}$ Ω
② $\frac{15}{23}$ Ω
③ $\frac{9}{8}$ Ω
④ $\frac{9}{15}$ Ω

병렬저항의 합성저항

$\frac{1}{R} = \frac{1}{R_1} + \frac{1}{R_2} + \frac{1}{R_3} + \cdots + \frac{1}{R_n} = \frac{1}{1} + \frac{1}{3} + \frac{1}{5} = \frac{15}{15} + \frac{5}{15} + \frac{3}{15} = \frac{23}{15}$ Ω

따라서 $R = \frac{15}{23}$ Ω이다.

23
다음 회로에서 저항(r)은 몇 Ω인가?

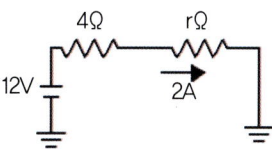

① 1Ω
② 2Ω
③ 3Ω
④ 6Ω

E=I×R, 따라서 $R = \frac{E}{I} = \frac{12}{2} = 6Ω$, 직렬저항이므로 r=6-4=2(Ω)이다.

24
다음 그림에서 전류계 Ⓐ에 흐르는 전류는 얼마인가?

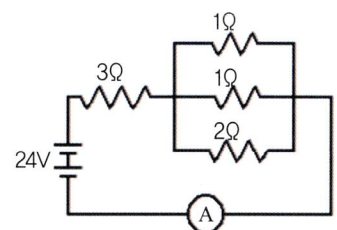

① 약 5A
② 약 6A
③ 약 7A
④ 약 8A

① 병렬저항은 $\frac{1}{R} = \frac{1}{1} + \frac{1}{1} + \frac{1}{2} = \frac{2}{2} + \frac{2}{2} + \frac{1}{2} = \frac{5}{2}$, $R = \frac{2}{5}$ Ω

② 직렬저항이 3Ω이므로 총 저항은 $3 + \frac{2}{5} = 3.4Ω$

③ 따라서 전류 $I = \dfrac{24}{3.4} = 7A$

25
다음 그림과 같이 측정했을 때 저항값은?

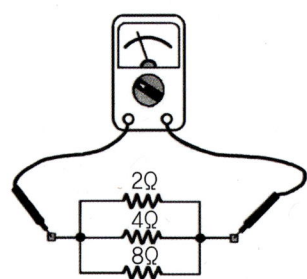

① 14Ω
② $\dfrac{1}{14}\Omega$
③ $\dfrac{8}{7}\Omega$
④ $\dfrac{7}{8}\Omega$

> **병렬 합성저항**
> $\dfrac{1}{R} = \dfrac{1}{R_1} + \dfrac{1}{R_2} + \dfrac{1}{R_3} + \cdots + \dfrac{1}{R_n}$
> $= \dfrac{1}{2} + \dfrac{1}{4} + \dfrac{1}{8} = \dfrac{4}{8} + \dfrac{2}{8} + \dfrac{1}{8} = \dfrac{7}{8}$
> 따라서 $R = \dfrac{8}{7}\Omega$

26
전압과 도선의 길이가 일정할 때 도선의 지름을 1/2로 하면 저항과 전류는 어떻게 되는가?

① 모두 1/4로 감소한다.
② 모두 4배로 증가한다.
③ 저항은 4배로 증가하고 전류는 1/4로 감소한다.
④ 전류는 4배로 증가하고 저항은 1/4로 감소한다.

> 도선의 지름이 1/2로 되면 저항은 4배로 증가하고, 전류는 1/4로 감소한다.

27
다음은 전력 P를 표시한 것 중 틀린 것은?(단, E = 전압, I = 전류, R = 저항)

① $P = R^2/E$
② $P = E^2/R$
③ $P = I^2R$
④ $P = IE$

> $P = E \times I = I^2 \times R = \dfrac{E^2}{R}$

28
6V 축전지에 60W의 전조등 2개를 켰을 때 흐르는 전류는 얼마인가?(단, 전조등은 병렬로 연결되어 있다)

① 5A
② 10A
③ 15A
④ 20A

정답 25 ③ 26 ③ 27 ① 28 ④

> 60W의 전조등이 병렬로 연결되었으므로 총 전력은 60×2=120W이다. 따라서 전조등을 켰을 때 흐르는 전류 $I=\dfrac{P}{E}=\dfrac{120}{6}=20A$이다.

> $P=E\times I=\dfrac{E^2}{R}$이므로, $R=\dfrac{E^2}{P}$이다. 따라서 24V용 12W가 저항이 가장 크다.

29
전압 12V, 출력 전류 16A인 헤드라이트 전구의 출력은 얼마인가?

① 48W
② 96W
③ 192W
④ 384W

> $P = I \times E = 16A \times 12V = 192W$

30
전압이 12V이고, 전류가 60A일 때 전력(W)은 얼마인가?

① 220
② 380
③ 720
④ 960

> $P = IE = 60 \times 12 = 720W$

31
다음 중 전기저항이 가장 큰 것은?

① 12V용 12W
② 12V용 24W
③ 24V용 12W
④ 24V용 24W

32
3kW의 발전기를 돌리려면 몇 마력의 엔진이 필요한가?

① 2PS
② 4PS
③ 7PS
④ 10PS

> 1kW는 1.36PS이므로, $3 \times 1.36 = 4.08PS$

33
키르히호프의 제 1법칙을 잘 설명한 것은?

① 회로 내의 한 점으로 유입된 전류의 총합은 유출된 전류의 총합보다 작다.
② 회로 내의 한 점으로 유입된 전류의 총합은 유출된 전류의 총합보다 크다.
③ 회로 내의 한 점으로 유입된 전류의 총합은 유출된 전류의 총합과 동일하다.
④ 회로 내의 한 점으로 유입되고 유출된 전류는 회로의 종류에 따라 각기 다르다.

> 키르히호프의 제 1법칙은 전기 회로의 임의의 절점에 대해서 절점으로 흘러들어오는 전류의 총합과 흘러나가는 전류의 총합은 같다.(모든 총합은 0이 된다.)

정답 29 ③ 30 ③ 31 ③ 32 ② 33 ③

34
"회로 내의 어떤 한 점에 유입한 전류의 총합과 유출한 전류의 총합은 같다"에 해당되는 법칙은?

① 뉴턴의 제 1법칙
② 옴의 법칙
③ 키르히호프의 제 1법칙
④ 줄의 법칙

🔍 키르히호프의 제1 법칙이란 "회로 내의 어떤 한 점에 유입한 전류의 총합과 유출한 전류의 총합은 같다"는 법칙이다.

35
"임의의 한 폐회로에서 소비된 전압 강하의 총합과 기전력의 총합과 같다."라는 법칙은?

① 키르히호프의 제 1법칙
② 키르히호프의 제 2법칙
③ 앙페르의 법칙
④ 렌츠의 왼손 법칙

36
그림에서 $I_1 = 5A$, $I_2 = 2A$, $I_3 = 3A$, $I_4 = 4A$라고 하면 I_5에 흐르는 전류(A)는?

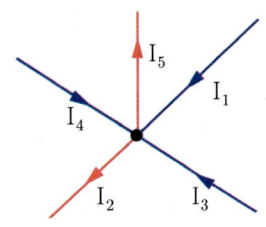

① 8
② 4
③ 2
④ 10

🔍 유입전류($I_1+I_3+I_4$) = 유출전류(I_2+I_5)에서
5A+3A+4A=2A+I_5, ∴ I_5 = 10A

37
플레밍의 왼손 법칙을 응용한 것이 아닌 것은?

① 전류계
② 전압계
③ 교류발전기
④ 시동전동기

🔍 교류발전기는 플레밍의 오른손 법칙을 이용한 것이다.

38
한 개의 코일에 흐르는 전류를 단속하면 코일에 유도전압이 발생하는 작용은?

① 자력선의 변화 작용
② 상호 유도 작용
③ 자기유도 작용
④ 배력 유도 작용

🔍 자기유도 작용이란 하나의 코일에 흐르는 전류를 변화시키면 코일과 교차하는 자력선도 변화되기 때문에 코일에는 그 변화를 방해하는 방향으로 기전력이 발생되는 작용이다.

정답 34 ③ 35 ② 36 ④ 37 ③ 38 ③

39
직류 전기회로에 자력선의 변화가 생겼을 때 그 변화를 방해하려고 다른 전기회로에 기전력이 발생되는 현상을 무엇이라 하는가?

① 상호유도 작용 ② 전자유도 작용
③ 자기유도 작용 ④ 자력유도 작용

> 상호유도 작용이란 직류 전기회로에 자력선의 변화가 생겼을 때 그 변화를 방해하려고 다른 전기회로에 기전력이 발생되는 현상을 말한다.

40
자동차 전기장치에서 "유도기전력은 코일 내의 자속의 변화를 방해하는 방향으로 생긴다"는 현상을 설명한 것은?

① 앙페르의 법칙 ② 키르히호프의 제 1법칙
③ 뉴톤의 제 1법칙 ④ 렌츠의 법칙

> 렌츠의 법칙이란 유도기전력은 코일 내의 자속의 변화를 방해하는 방향으로 생기는 현상을 말한다.

41
전자력의 크기가 가장 큰 경우는 어느 경우인가?

① 자계의 방향과 전류의 방향이 일치할 때
② 자계의 방향과 전류의 방향이 직각일 때
③ 자계의 방향과 전류의 방향이 반대 방향일 때
④ 자계의 방향과 전류의 방향이 45도로 교체될 때

> 자계의 방향과 전류의 방향이 직각일 때 전자력의 크기가 가장 크다.

42
쿨롱의 법칙에서 자극의 강도에 대한 내용으로 틀린 것은?

① 자석의 양끝을 자극이라 한다.
② 두 자극 세기의 곱에 비례한다.
③ 자극의 세기는 자기량의 크기에 따라 다르다.
④ 거리에 반비례한다.

> 쿨롱의 법칙은 거리의 제곱에 반비례한다.

43
주파수를 설명한 것 중 틀린 것은?

① 1초에 60회 파형이 반복되는 것을 60Hz라고 한다.
② 교류의 파형이 반복되는 비율을 주파수라고 한다.
③ $\frac{1}{주기}$ 은 주파수와 같다.
④ 주파수는 직류의 파형이 반복되는 비율이다.

> 주파수는 교류의 파형이 반복되는 비율이다.

정답 39 ① 40 ④ 41 ② 42 ④ 43 ④

44

퓨즈에 관한 설명으로 맞는 것은?

① 퓨즈는 정격전류가 흐르면 회로를 차단하는 역할을 한다.
② 퓨즈는 과대전류가 흐르면 회로를 차단하는 역할을 한다.
③ 퓨즈는 용량이 클수록 전류가 정격전류가 낮아진다.
④ 용량이 적은 퓨즈는 용량을 조정하여 사용한다.

> 퓨즈는 단락 및 누전에 의해 과대전류가 흐르면 차단되어 전류의 흐름을 방지하는 부품으로 전기회로에 직렬로 설치된다. 재질은 납과 주석의 합금이다.

45

퓨즈의 접촉이 불량할 때 일어나는 현상 중 옳은 것은?

① 과대전류가 흘러 끊어진다.
② 전류의 흐름이 나빠지고 끊어진다.
③ 전압이 과대하게 흐르게 된다.
④ 전류의 흐름이 완전히 차단된다.

46

각종 자동차에 전자석 릴레이를 사용하는 이유 중 맞는 것은?

① 적은 전류로 큰 전류를 제어하기 위하여 사용한다.
② 전기 기구의 성능 향상을 위하여 사용한다.
③ 자동차의 전체 가격을 줄이기 위하여 사용한다.
④ 모터 등의 열적 부하 방지를 위하여 사용한다.

47

다음은 단순부하 회로시험 시 주의사항이다. 옳게 설명된 것은?

① 전류계는 부하에 병렬로 접속하여야 한다.
② 전압계는 부하에 직렬로 접속하여야 한다.
③ 전선의 접촉은 접촉저항이 크도록 한다.
④ 계기의 극성을 바르게 맞추어 접촉한다.

> 전류계는 부하에 직렬로 접속하고, 전압계는 부하에 병렬로 접속해야 하며, 전선의 접촉은 접촉저항이 작아야 한다.

48

회로시험기로 전기회로의 측정 점검 시 주의사항으로 틀린 것은?

① 테스트 리드의 적색은 [+]단자에, 흑색은 [-]단자에 연결한다.
② 전류 측정 시는 테스터를 병렬로 연결하여야 한다.
③ 각 측정범위의 변경은 큰 쪽부터 작은 쪽으로 한다.
④ 저항 측정 시엔 회로전원을 끄고 단품은 탈거한 후 측정한다.

> 전류측정 시는 테스터를 직렬로 연결해야 한다.

정답 44 ② 45 ② 46 ① 47 ④ 48 ②

49
멀티회로시험기를 사용할 때의 주의사항 중 틀린 것은?

① 고온, 다습, 직사광선을 피한다.
② 영점 조정 후에 측정한다.
③ 직류전압의 측정 시 선택 스위치는 AC.(V)에 놓는다.
④ 지침은 정면에서 읽는다.

> 직류전압의 측정 시 선택 스위치는 DC.(V)에 놓고 측정한다.

50
차량 시험기기의 취급 주의사항에 대한 설명으로 틀린 것은?

① 시험기기 전원 및 용량을 확인한 후 전원플러그를 연결한다.
② 시험기기 보관은 깨끗한 곳이면 아무 곳이나 좋다.
③ 눈금의 정확도는 수시로 점검해서 0점을 조정해 준다.
④ 시험기기의 누전 여부를 확인한다.

> 시험기기의 보관은 직사광선을 피하고, 건조한 곳에 보관한다.

51
전기장치의 배선 연결부 점검 작업으로 적합한 것을 모두 고른 것은?

a. 연결부의 풀림이나 부식을 점검한다.
b. 배선 피복의 절연, 균열상태를 점검한다.
c. 배선이 고열 부위로 지나가는지 점검한다.
d. 배선이 날카로운 부위로 지나가는지 점검한다.

① a - b
② a - b - d
③ a - b - c
④ a - b - c - d

52
전동공구 사용 시 전원이 차단되었을 경우 안전한 조치방법은?

① 전기가 다시 들어오는지 확인하기 위해 전동공구를 ON 상태로 둔다.
② 전기가 다시 들어올 때까지 전동공구의 ON-OFF를 계속 반복한다.
③ 전동공구 스위치는 OFF 상태로 전환한다.
④ 전동공구는 플러그를 연결하고 스위치는 ON 상태로 하여 대피한다.

53
작업장 내에서 안전을 위한 통행방법으로 옳지 않은 것은?

① 자재 위에 앉지 않도록 한다.
② 좌우측의 통행규칙을 지킨다.
③ 짐을 든 사람과 마주치면 길을 비켜준다.
④ 바쁜 경우 기계 사이의 지름길을 이용한다.

> 어떠한 경우라도 기계 사이의 지름길을 이용하면 위험하다.

정답 49 ③ 50 ② 51 ③ 52 ③ 53 ④

Chapter 2 전자 기초

01 반도체

게르마늄(Ge)이나 실리콘(Si) 등은 도체와 절연체의 중간인 고유저항을 지닌 것이다. 반도체의 성질은 불순물의 유입에 의해 저항을 바꿀 수 있고, 빛을 받으면 고유저항이 변화하는 광전효과가 있으며, 자력을 받으면 도전도가 변하는 홀(hall)효과가 있다. 또 온도가 높아지면 저항값이 감소하는 부(負) 온도계수의 물질이다.

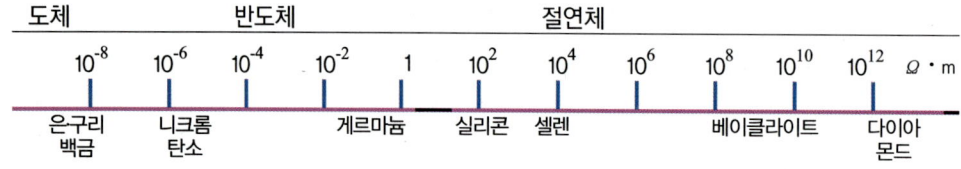

그림 2-8 각 물질의 고유저항

1 N형 반도체

① 실리콘이나 게르마늄에 5가인 비소(As)나 인(P)을 혼합하여 실리콘의 4가 안에 5가의 원자가 공유 결합할 때 1개의 자유전자가 발생한다.
② 이 자유전자가 자유롭게 결정 속을 움직이면서 전기를 나르는 반도체

2 P형 반도체

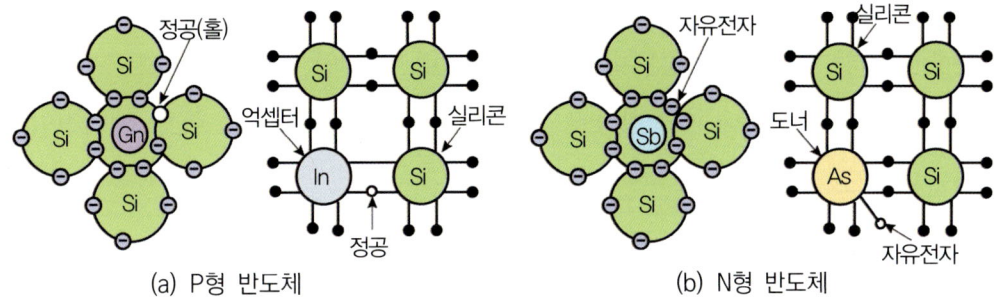

(a) P형 반도체　　　(b) N형 반도체

그림 2-9 P형 반도체와 N형 반도체

① 실리콘이나 게르마늄에 3가인 인듐(In)을 혼합하여 실리콘의 4가 안에 3가의 원자가 공유 결합할 때 정공(hole)이 발생한다.
② 정공이 전기를 운반하는 불순물 반도체
③ 정공(hole)은 (-)쪽으로 이동하고, 전자는 (+)쪽으로 이동하여 전기를 운반하는 반도체

02 다이오드

P형 반도체와 N형 반도체를 마주대고 접합한 것으로 PN정션(junction)이라고도 하며, 순방향으로는 전류가 흐르고 역방향으로는 전류가 흐르지 않는 특성으로 교류발전기의 정류회로 등에 활용된다.

1 실리콘 다이오드

① 순방향 접속에서는 전류가 흐르고 역방향 접속에서는 전류가 흐르지 않는 특성
② 교류 전기를 직류 전기로 변환시키는 정류 작용
③ 정류회로 : 단상 반파정류, 단상 전파정류, 3상 전파정류

2 제너 다이오드

순방향 특성은 정류 다이오드와 같으나, 역방향 특성에서 일정 이상의 전압이 가해지면 역방향으로 전류가 통할 수 있도록 제작된 것으로, 정전압 다이오드라고도 하며, 발전기의 전압 조정기에서 사용된다. 역방향으로 전류가 흐르는 현상을 제너 현상, 제너전압(브레이크 다운전압)이라고 한다.

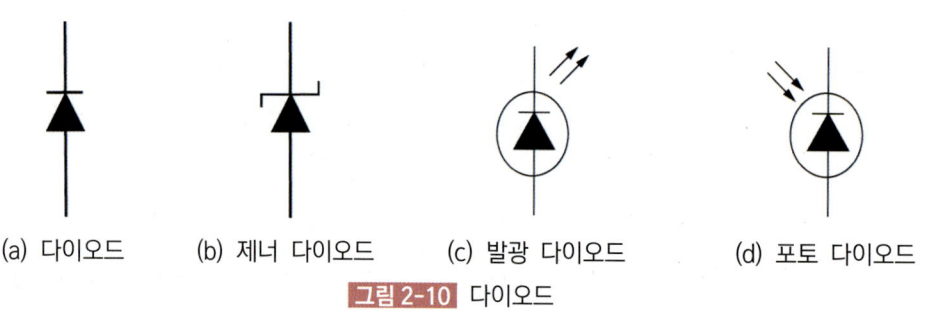

(a) 다이오드　(b) 제너 다이오드　(c) 발광 다이오드　(d) 포토 다이오드

그림 2-10 다이오드

3 발광 다이오드

PN 접합면에 순방향 전압을 걸어 전류를 공급하면 캐리어가 가지고 있는 에너지의 일부가 빛으로 되어 외부에 방사하는 다이오드이다. 자동차에서 발광 다이오드를 사용하는 부품에는 배전기식 크랭크 앵글센서, 조향 휠 각속도센서, 차고센서 등이 있다.

4 포토 다이오드

포토 다이오드는 입사광선을 접합부에 쪼이면 빛에 의해 전자가 궤도를 이탈하여 자유전자가 되어 역방향으로 전류가 흐르며, 용도는 배전기 내의 크랭크 각센서, TDC센서, 레인센서 등에서 사용한다.

03 서미스터

① 온도 변화에 대해 저항값이 크게 변화하는 반도체의 성질을 이용하는 소자
② 일반적으로 온도가 상승하면 저항값이 감소되어 부의 특성으로 되는 NTC 서미스터를 사용
③ 정전압 회로, 온도 보상장치, 수온센서, 연료 잔량센서 등에 사용

04 트랜지스터

불순물 반도체 3개를 접합한 것으로 PNP형과 NPN형이 있다. 3개의 단자 중 중앙 부분을 베이스(B : base, 제어부분), 양쪽의 P형 또는 N형을 각각 이미터(E : emitter) 및 컬렉터(C : collector)라 하며, 스위칭 작용, 증폭 작용 및 발진 작용이 있다.

1 트랜지스터의 장·단점

[1] 장점

① 소형, 경량이다.
② 내부에서의 전력손실과 전압강하가 적다.
③ 기계적으로 강하고, 수명이 길다.
④ 예열 없이 작동된다.

[2] 단점

① 과대전류 및 전압에 파손되기 쉽다.
② 온도가 상승하면 파손되므로 온도 특성이 나쁘다.

2 PNP형 트랜지스터

N형 반도체를 중심으로 양쪽에 P형 반도체를 결합한 것으로 이미터에서 베이스로 전류가 흐르면 이미터에서 컬렉터로 전류가 흐른다.

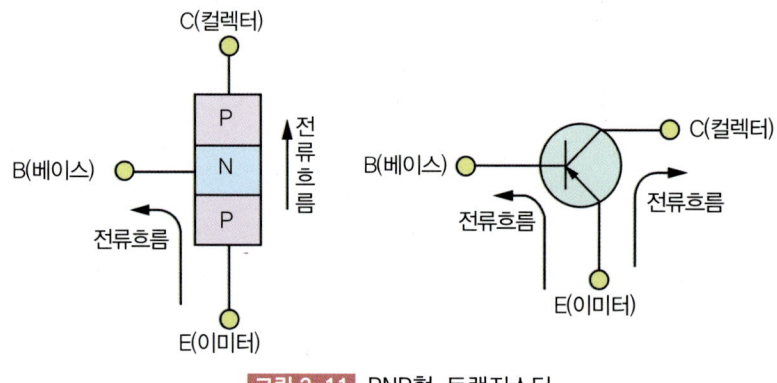

그림 2-11 PNP형 트랜지스터

3 NPN형 트랜지스터

P형 반도체를 중심으로 양쪽에 N형 반도체를 결합한 것으로 베이스에서 이미터로 전류가 흐르면 컬렉터에서 이미터로 전류가 흐른다.

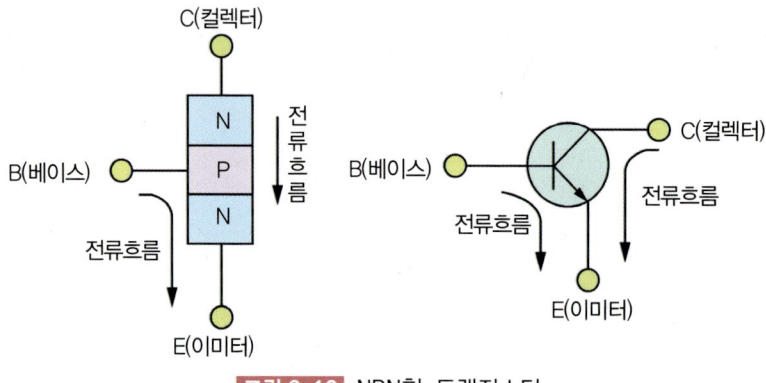

그림 2-12 NPN형 트랜지스터

4 포토 트랜지스터

포토 트랜지스터는 PN 접합부분에 빛을 가하면 빛의 에너지에 의해 발생된 정공과 전자가 외부 회로에 흐르게 되며, 입사광선에 의해 정공과 전자가 발생하면 역방향전류가 증가하여 입사광선에 대응하는 출력전류가 얻어지는데 이를 광전류라 한다.

이 트랜지스터는 베이스 전극은 끌어냈으나 빛이 베이스 전류의 대용이므로 전극이 없으며, 소형이고 취급이 용이하며, 광량 측정, 광스위치 소자로 사용되며, 조향휠 각속도센서, 차고 센서 등에 이용한다.

5 사이리스터(SCR)

① PNPN형 또는 NPNP형의 4층 구조로 된 실리콘 정류 스위치소자의 제어 정류기
② (+)쪽을 애노드, (-)쪽을 캐소드, 제어단자를 게이트라 한다.
③ 게이트 단자에 (+)극의 전압을 가했다가 없애도 사이리스터는 계속 전류가 흐른다.
④ 발전기의 여자장치, 조광장치, 통신용 전원 등의 각종 정류장치에 사용

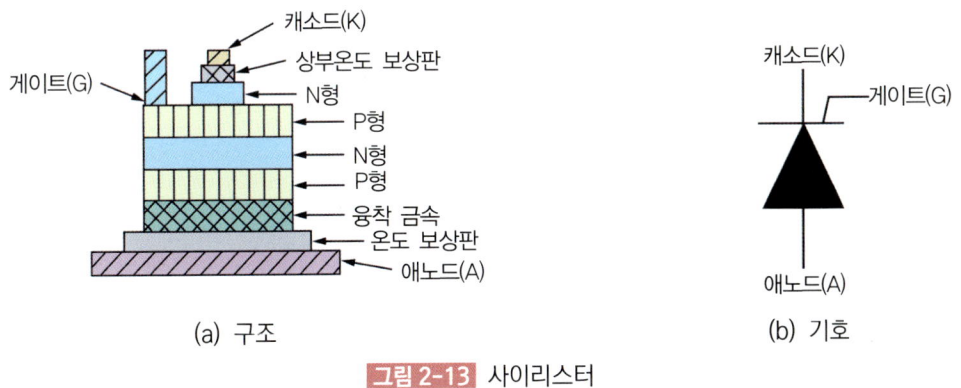

(a) 구조 (b) 기호

그림 2-13 사이리스터

6 다링톤 트랜지스터

다링톤 트랜지스터는 컬렉터에 많은 전류를 흐르게 하기 위해 2개의 트랜지스터를 1개의 반도체 결정에 집적하고, 이를 1개의 하우징에 밀봉한 것이다. 1개의 트랜지스터로 2개 분량의 증폭 효과를 발휘할 수 있다.

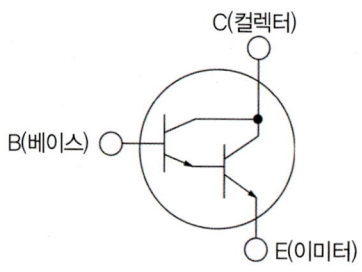

그림 2-14 다링톤 트랜지스터

Chapter 2 전자기초 출제예상문제

01
반도체를 바르게 설명한 것은?

① 역 내압이 높다.
② 내열성이 좋다(200℃ 이상).
③ 예열 시간을 요한다.
④ 내부 전력 손실이 적다.

> **반도체의 장점**
> 극히 소형이고 가볍다, 내부 전력손실이 적다, 예열을 요하지 않는다, 기계적으로 강하고 수명이 길다.

02
반도체를 설명한 내용으로 틀린 것은?

① 온도가 상승하면 저항값이 감소되는 부(-) 온도 계수이다.
② 전원에 접속하면 빛이 발생된다.
③ 미소량의 다른 원자가 혼합되어도 전기저항은 변화가 없다.
④ 빛을 가하면 전기저항이 변화된다.

> 미소량의 다른 원자가 혼합되면 전기저항이 크게 변화된다.

03
반도체에 대한 특징으로 틀린 것은?

① 극히 소형이며 가볍다.
② 예열시간이 불필요하다.
③ 내부 전력 손실이 크다.
④ 정격값 이상이 되면 파괴된다.

> 반도체는 내부 전력 손실이 적다는 특징을 가진다.

04
게르마늄(Ge) 또는 실리콘(Si)에 어떤 불순물을 섞어야 P형 반도체가 되는가?

① 인   ② 비소
③ 인듐   ④ 안티몬

정답 01 ④ 02 ③ 03 ③ 04 ③

🔍 P형 반도체는 게르마늄(Ge) 또는 실리콘(Si)에 인듐이나 알루미늄을 섞으면 되고, N형 반도체는 게르마늄(Ge) 또는 실리콘(Si)에 비소, 인, 안티몬 등을 섞으면 된다.

05
다음은 N형 반도체를 설명한 것이다. 옳은 것은?

① 중성자가 더 많다.
② 전자가 더 많다.
③ 양성자가 더 많다.
④ 홀이 더 많다.

🔍 N형 반도체는 전자가 많고, P형 반도체는 홀이 더 많다.

06
다음 중 전류의 캐리어가 전자인 경우의 반도체는?

① P형 반도체
② PN형 반도체
③ 진성 반도체
④ N형 반도체

🔍 N형 반도체는 전자가 많고, P형 반도체는 홀이 더 많다.

07
반도체의 접합이 이중 접합인 것은?

① 광도전 셀
② 서미스터
③ 제너 다이오드
④ 발광 다이오드

🔍 발광 다이오드는 이중 접합으로 하여 만들어진다.

08
다음 중 P형 반도체와 N형 반도체를 마주대고 결합한 것은?

① 캐리어
② 홀
③ 다이오드
④ 트랜지스터

🔍 다이오드는 P형 반도체와 N형 반도체를 마주대고 결합한 것이다.

09
순방향으로만 전류가 흐르고, 역방향으로는 전류가 흐르지 않는 반도체 소자는?

① 다이오드
② 서모스터
③ 트랜지스터
④ 사이리스터

10
전압이 어떤 값에 도달하면 역방향으로 전류가 흐르는 다이오드는?

① 발광 다이오드
② 제너 다이오드
③ 실리콘 다이오드
④ 포토 다이오드

정답 05 ② 06 ④ 07 ④ 08 ③ 09 ① 10 ②

> 🔍 **제너 다이오드의 특징**
> ① 전압이 어떤 값에 도달하면 역방향으로 전류가 흐르는 다이오드
> ② 브레이크다운 전압: 역방향으로 전류가 흐를 때의 전압
> ③ 전압조정기의 전압검출, 정전압회로, 트랜지스터식 점화장치 등에서 트랜지스터 보호용으로 사용

11
제너 다이오드를 사용하는 회로는?

① 고주파 회로   ② 저압 정류회로
③ 브리지 정류회로   ④ 전압 안정회로

> 🔍 전압조정기는 트랜지스터, 제너다이오드 등이 사용된다.

12
전류가 급격히 흐르기 시작하는 전압을 무슨 전압이라 하는가?

① 텅가 벌브전압
② 브레이크 다운전류
③ 브레이크 다운전압
④ 컷인전압

> 🔍 제너 다이오드는 역방향 전압이 설정전압 이상이 되면 전류가 급격히 흐르기 시작하는데 이때의 전압을 브레이크 다운전압(제너전압, 항복전압)이라 한다.

13
다음 그림으로 나타낸 기호는 전기장치의 어떠한 것을 표시한 것인가?

① 실리콘 다이오드   ② 발광 다이오드
③ 트랜지스터   ④ 제너 다이오드

14
다음 중 순 방향으로 전류를 흐르게 하였을 때 빛이 발생되는 다이오드는?

① 제너 다이오드   ② 포토 다이오드
③ PN접선 다이오드   ④ 발광 다이오드

> 🔍 발광 다이오드는 순방향으로 전류를 흐르게 하였을 때 캐리어가 가지고 있는 에너지의 일부가 빛으로 되어 외부에 방사하는 다이오드이다.

15
발광 다이오드의 특징을 설명한 것이 아닌 것은?

① 배전기의 크랭크 각센서 등에서 사용된다.
② 발광할 때는 10mA 정도의 전류가 필요하다.
③ 가시광선으로부터 적외선까지 다양한 빛을 발생한다.
④ 역방향으로 전류를 흐르게 하면 빛이 발생된다.

정답 11 ④   12 ③   13 ④   14 ④   15 ④

> 🔍 발광 다이오드는 정방향으로 전류를 흐르게 하면 빛이 발생된다.

16
자동차에서 발광 다이오드를 사용하지 않는 부품은?

① 배전기식 크랭크 앵글센서
② 조향 휠 각속도센서
③ 전압조정기
④ 차고센서

> 🔍 전압조정기는 트랜지스터, 제너 다이오드 등이 사용된다.

17
다음 그림에 나타낸 회로도의 명칭으로 알맞은 것은?

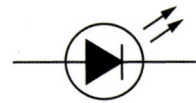

① 포토 다이오드
② 발광 다이오드
③ 제너 다이오드
④ 실리콘 다이오드

18
다음 중 발광 다이오드를 설명한 것으로 틀린 것은?

① 순방향으로 전류가 흐를 때 빛이 발생된다.
② 가시광선, 적외선 및 레이저까지 여러 파장의 빛이 발생된다.
③ LED라고 하며, 10mA 정도에서 발광이 가능하다.
④ 빛을 받으면 역방향으로 전압이 발생된다.

> 🔍 포토 다이오드는 빛을 받으면 순방향으로 전류를 흐르게 한다.

19
빛을 받으면 전기를 흐를 수 있게 하며, 일반적으로 스위칭 회로에 쓰이는 다이오드는?

① 발광 다이오드　② 제너 다이오드
③ 포토 다이오드　④ 서미스터

20
다음 그림은 전자제어장치에서 많이 사용되는 반도체의 표시기호이다. 맞는 것은?

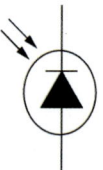

① 제너 다이오드　② 포토 다이오드
③ 발광 다이오드　④ 사이리스터

정답　16 ③　17 ②　18 ④　19 ③　20 ②

21
트랜지스터(TR)의 설명으로 틀린 것은?

① 증폭 작용을 한다.
② 스위칭 작용을 한다.
③ 아날로그신호를 디지털신호로 변환하여 ECU로 보낸다.
④ 이미터, 베이스, 컬렉터의 리드로 구성되어 있다.

> A/D 변환기가 아날로그신호를 디지털신호로 변환한다.

22
트랜지스터의 3대 구성품은?

① 베이스, 플레이트, 컬렉터
② 이미터, 플레이트, 베이스
③ 이미터, 컬렉터, 베이스
④ 컬렉터, 베이스, 애노드

> 트랜지스터는 이미터(E), 베이스(B), 켈렉터(C)로 구성된다.

23
트랜지스터의 특징이 아닌 것은?

① 예열 후 작동된다.
② 기계적 강도가 크다.
③ 내부 전력손실과 전압강하가 적다.
④ 소형 경량이다.

> 트랜지스터의 특징
> ① 소형, 경량이다.
> ② 내부에서의 전력손실과 전압강하가 적다.
> ③ 기계적으로 강하고, 수명이 길다.
> ④ 예열 없이 작동된다.
> ⑤ 과대전류 및 전압에 파손되기 쉽다.
> ⑥ 온도가 상승하면 파손되므로 온도 특성이 나쁘다.

24
트랜지스터의 장점을 설명한 것으로 틀린 것은?

① 소형이고, 경량이다.
② 내열성이 매우 좋다.
③ 전력 손실과 전압 강하가 적다.
④ 기계적으로 강하고, 수명이 길다.

> 반도체 소자의 단점 중 하나로 열에 약하다(Si 반도체는 약 150℃ 이상이면 파괴된다).

25
트랜지스터의 기본회로에 속하지 않는 것은?

① 발광회로   ② 발진회로
③ 증폭회로   ④ 스위칭회로

> 트랜지스터의 기본 회로는 발진, 증폭, 스위칭회로이다.

정답 21 ③ 22 ③ 23 ① 24 ② 25 ①

26
PNP형 트랜지스터의 순방향 전류는 어떤 방향으로 흐르는가?

① 컬렉터에서 베이스로
② 이미터에서 베이스로
③ 베이스에서 이미터로
④ 베이스에서 컬렉터로

27
트랜지스터의 대표적 기능으로 릴레이와 같은 작용을 하는 것을 무엇이라 하는가?

① 스위칭 작용
② 채터링 작용
③ 정류 작용
④ 상호 유도 작용

> 스위칭 작용은 베이스의 전류를 단속하여 이미터와 컬렉터 사이의 전류를 단속하는 것으로 릴레이와 같은 역할을 한다.

28
트랜지스터 1개로 2개 분의 트랜지스터 증폭 효과를 나타내는 것은?

① 포토 트랜지스터
② 사이리스터
③ 다링톤 트랜지스터
④ 집적 IC

> 다링톤 트랜지스터는 트랜지스터 내부에 2개의 트랜지스터로 구성하여 1개로 2개 분의 트랜지스터 증폭 효과를 가진다.

29
트랜지스터(TR)의 일종으로 베이스가 없이 빛을 받아서 콜렉터 전류가 제어되고 광량 측정, 광스위치, 각종 센서에 사용되는 반도체는?

① 사이리스터
② 서미스터
③ 다링톤 TR
④ 포토 TR

> 포토 TR은 트랜지스터(TR)의 일종으로 베이스가 없이 빛을 받아서 콜렉터 전류가 제어되고, 광량측정, 광스위치, 각종 센서에 사용되는 반도체이다.

30
빛이 베이스 전류로 작용하고, 광스위치 소자로 사용되는 트랜지스터는?

① 사이리스터
② 다링톤
③ 델타
④ 포토

> **포토 트랜지스터의 특징**
> ① 빛이 베이스 전류로 작용하므로 베이스의 단자가 없다.
> ② 소형이고 취급이 용이하며, 광출력 전류가 크고 내구성 및 신호성이 풍부한 특징
> ③ 광량 측정, 광스위치 소자로 사용되며, 조향휠 각속도센서, 차고센서 등에 이용

정답 26 ② 27 ① 28 ③ 29 ④ 30 ④

31
빛에 의해 콜렉터 전류가 제어되며, 광량 측정, 광스위치 소자로 사용되는 반도체는?

① 포토 트랜지스터 ② 포토 다이오드
③ 포토 더머스터 ④ 포토 소자

> 포토 트랜지스터는 빛에 의해 콜렉터 전류가 제어되며, 광량 측정, 광스위치 소자로 사용된다.

32
다음 전기기호 중에서 트랜지스터의 기호는?

① ─▷|─ ② (트랜지스터 기호)
③ ─/\/\/─ ④ ─⊗─

33
단방향 3단자 사이리스터(SCR)에 대한 설명 중 틀린 것은?

① 애노드(A), 캐소드(K), 게이트(G)로 이루어진다.
② 캐소드에서 게이트로 흐르는 전류가 순방향이다.
③ 게이트에 (+), 캐소드에 (-) 전류를 흘려보내면 애노드와 캐소드 사이가 순간적으로 도통된다.
④ 애노드와 캐소드 사이가 도통된 것은 게이트 전류를 제거해도 계속 도통이 유지되며, 애노드 전위를 0으로 만들어야 해제된다.

> 애노드에서 캐소드로 흐르는 전류가 순방향이다.

34
SCR의 제어 단자를 무엇이라 하는가?

① 애노드 ② 캐소드
③ 게이트 ④ 베이스

> 사이리스터의 제어단자를 게이트(G)라 한다..

35
사이리스터 단자에 해당되지 않는 것은?

① 애노드 ② 베이스
③ 캐소드 ④ 게이트

> 사이리스터는 애노드(A), 캐소드(K), 게이트(G)로 이루어진다.

36
온도에 따라 저항값이 크게 변하는 반도체는?

① 서미스터 ② 사이리스터
③ 다이 캐스터 ④ 드라이 아크

> 온도에 따라 저항값이 크게 변하는 반도체를 서미스터라 한다.

정답 31 ① 32 ② 33 ② 34 ③ 35 ② 36 ①

37

다음 중 부특성 가변저항기(NTC)를 이용한 센서는?

① 산소센서
② 수온센서
③ 에어 플로센서
④ TDC센서

> 부특성(NTC) 가변저항은 온도가 올라가면 저항은 감소하는 것으로 부특성을 이용한 센서는 수온센서, 흡기온도센서 등이 있다.

38

반도체의 단결정이 압력을 받으면 단결정 자체의 고유저항이 압력에 대응하여 변화되는 성질로 MAP센서나 터보차저의 과기압센서 등에 이용되는 압력센서는?

① 반도체 피에조 저항형 센서
② 용량형 압력센서
③ 차동 트랜스식 센서
④ 피에조 소자 압력센서

> 반도체의 단결정이 압력을 받으면 단결정 자체의 고유저항이 압력에 대응하여 변화되는 성질로 MAP센서나 터보차저의 과기압센서 등에 이용되는 압력센서는 반도체 피에조 저항형 센서이다.

39

다음 중 자동차에서 발생하는 역기전력 등을 제거하는데 사용할 수 없는 것은?

① 트랜지스터   ② 다이오드
③ 콘덴서   ④ 저항

> 저항이란 전기의 흐름을 방해하는 부품이다. 저항은 전기회로 안에서 전기의 흐름을 제한하여 회로 안에서의 전류(또는 전압)의 크기를 바꾼다.

40

아날로그신호가 출력되는 센서로 틀린 것은?

① 옵티컬 방식의 크랭크 각센서
② 스로틀 포지션센서
③ 흡기온도센서
④ 수온센서

> 옵티컬 방식의 크랭크 각센서는 디지털신호가 출력된다.

41

다음 중 저항을 사용하는 목적으로 바르지 못한 것은?

① 부품에 알맞은 전압으로 강하시킬 때
② 부품에 흐르는 전류를 감소시킬 때
③ 트랜지스터에 온도를 높여 높은 전류를 얻고자 할 때
④ 변동되는 전압이나 전류를 얻고자 할 때

정답 37 ② 38 ① 39 ④ 40 ① 41 ③

> 다이오드나 트랜지스터 등은 온도가 상승하면 저항값이 감소되어 전류가 많이 흐르기 때문에 파손되기 쉽다.

42
전기 전자장치에 대한 안전수칙 중 틀린 것은?

① 다이오드에 열이 많이 가해지면 파손된다.
② 트랜지스터가 쇼트되면 파괴된다.
③ 서미스터는 온도에 따라 저항이 달라진다.
④ 파워 TR 점검 시 베이스 단자에 강력한 (+)전기를 흐르게 한다.

> 파워 TR 점검 시 베이스 단자에 강력한(+) 전기를 흐르게 하면 트랜지스터는 파괴된다.

43
모터나 릴레이 작동 시 라디오에 유기되는 일반적인 고주파 잡음을 억제하는 부품으로 맞는 것은?

① 트랜지스터
② 볼륨
③ 콘덴서
④ 동소기

> 모터나 릴레이 작동 시 라디오에 유기되는 일반적인 고주파 잡음을 억제하는 부품으로 콘덴서를 사용한다.

정답 42 ④ 43 ③

Chapter 3 충전장치

일반적으로 자동차 충전장치는 엔진의 구동력을 전기를 만들어 필요한 곳에 공급하고, 남는 전기로 축전지(배터리)를 충전하는 구조로 되어 있다. 구성 요소로는 축전지, 발전기가 있으며, 발전기를 중심으로 자동차에 필요한 전력을 공급하는 장치이다.

01 축전지

그림 2-15 내연기관 축전지

1 축전지의 개요

[1] 역할

① 시동전동기의 전원을 공급
② 발전기 고장 시 대체 전원으로 작동

③ 발전기 출력과 부하의 언밸런스를 조정

[2] 축전지의 구비조건

① 소형·경량이고 수명이 길어야 한다.

② 심한 진동에 견딜 수 있어야 하며, 다루기가 쉬워야 한다.

③ 전기 부하의 증가에 따라 용량이 크고, 가격이 저렴하여야 한다.

④ 고온 내구성이 있어야 한다.

[3] 축전지의 종류

① 납산 축전지

② 알칼리 축전지

③ MF 축전지

㉮ 전해액을 보충 및 정비가 필요 없다.

㉯ 자기 방전율이 매우 작다.

㉰ 장시간 보관이 가능하다.

④ AGM 배터리(absorbent glass mat battery)

㉮ 유리섬유로 만들어진 분리판 사용

㉯ 내부저항이 낮고 에너지 전달률이 높다.

㉰ 가격은 비싸지만 수명이 길고, 저온 시동성이 높다.

2 납산 축전지의 구조

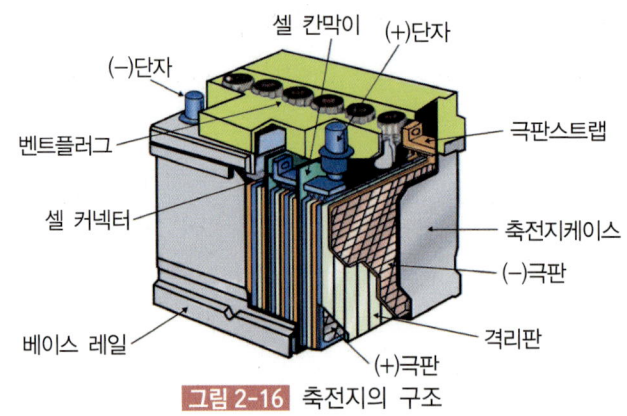

그림 2-16 축전지의 구조

[1] 극판

극판에는 양극판과 음극판이 있으며 격자(grid)에 납 분말이나 산화납을 묽은 황산으로 반죽하여 양극판은 과산화납(PbO_2)으로 음극판은 해면상납(Pb)으로 한 것이다.

격자는 과산화납이나 해면상납의 탈락을 방지하고 외부와 작용물질과의 전기전도 작용을 하며, 재질은 납과 안티몬의 합금을 사용한다. 음극판이 1장 더 많은 이유는 양극판이 음극판보다 더 활성적이기 때문에 화학적 평형을 유지하기 위해서이다.

[2] 격리판

양극판과 음극판 사이에 설치되어 접촉을 차단하여 극판 단락을 방지한다. 격리판의 구비조건은 다음과 같다.

① 전기적 절연이 완전한 비전도성일 것
② 전해액의 확산이 잘될 것
③ 다공성일 것
④ 전해액 누출방지가 확실하고, 전해액에 부식되지 않을 것

⑤ 소형 경량이면서 기계적 강도가 있을 것
⑥ 극판에 좋지 않은 물질을 내뿜지 않을 것

격리판은 홈이 있는 면이 양극판 쪽으로 끼워져 있다. 그 이유는 다음과 같다.
① 양극판에 전해액을 풍부히 통하도록 하기 위해서
② 전해액의 확산을 좋게 하기 위해서
③ 양극판의 산화에 의하여 격리판이 부식되는 것을 방지하기 위하여

[3] 납산 축전지의 단자

단자는 납 합금이며, 외부 회로와 확실하게 접속되도록 하기 위해 테이퍼(taper)되어 있다. 양극단자는 양극판이 과산화납이므로 쉽게 산화가 발생되어 부식되기 쉽다. 만약 부식되었을 경우에는 깨끗이 세척한 후 그리스(greese)를 얇게 발라 준다. 그리고 양극과 음극단자에는 문자, 색깔 및 크기 등으로 표시하여 잘못 접속되는 것을 방지하고 있다.

[4] 전해액

순도가 높은 무색, 무취의 황산과 증류수로 희석시킨 묽은 황산(H_2SO_4)을 주로 사용한다.
① 전해액 비중 : 표준비중 1.260~1.280(20℃)
② 전해액 비중과 온도와의 관계 : 온도가 높아지면 비중은 작아지고, 온도가 낮아지면 비중은 커진다.

$$S_{20} = St + 0.0007(t-20)$$

S_{20} : 표준 온도(20℃)로 환산한 비중, St : t℃에서의 전해액 비중
t : 전해액의 온도(℃), 0.0007 : 1℃ 변화에 대한 계수

(1) 전해액 비중과 충전량

　① 전해액의 비중이 1.260 이상은 완전 충전된 상태이며, 비중이 1.200일 경우는 즉시 보충전을 실시한다.
　② 완전 방전이 되면 극판이 영구 황산납(설페이션 : sulfation)으로 변한다.
　③ 설페이션(축전지의 방전상태가 오랫동안 진행되어 극판이 결정화되는 현상)의 원인
　　㉮ 과방전되었을 때
　　㉯ 극판 단락되었을 때
　　㉰ 전해액의 비중이 너무 높거나 낮을 때
　　㉱ 전해액의 부족으로 극판이 노출되었을 때
　　㉲ 전해액에 불순물이 혼입되었을 때
　　㉳ 불충분한 충전을 반복하였을 때
　④ 1.280(20℃)의 묽은 황산 1L에 약 35%의 황산과 65%의 물(증류수)이 포함되어 있다.

(2) 축전지의 화학 작용

$$[양극] \quad [전해액] \quad [음극판] \quad \xrightleftharpoons[방전]{충전} \quad [양극판] \quad [전해액] \quad [음극판]$$
$$PbSO_4 + 2H_2O + PbSO_4 \rightleftharpoons PbO_2 + 2H_2SO_4 + Pb$$
$$[황산납] \quad [물] \quad [황산납] \qquad\qquad [과산화납] \quad [묽은 황산] \quad [해면상납]$$

3 축전지의 특징

　① 축전지 셀당 기전력은 약 2.1V
　② 방전종지전압은 약 1.75V

[1] 축전지 용량

축전지 용량이란 완전 충전된 축전지를 일정한 전류로 연속 방전하여 방전 중의 단자 전압이 규정의 방전종지전압이 될 때까지 방전시킬 수 있는 용량이다. 축전지 용량의 단위는 암페어시 용량(Ah : ampere hour rate)으로 표시한다.

$$Ah(축전지\ 용량) = A(방전\ 전류) \times h(연속\ 방전시간)$$

[2] 축전지 용량을 결정하는 요소

① 극판의 크기(면적)
② 극판의 수
③ 전해액의 양
④ 전해액의 온도
⑤ 전해액의 비중

[3] 방전율(축전지 용량 표시법)

① 20시간율 : 일정 전류로 방전종지전압이 될 때까지 20시간 사용할 수 있는 용량
② 25A율 : 80°F에서 25A의 전류로 방전하여 셀당 전압이 방전종지전압에 이를 때까지 방전할 수 있는 총 전류
③ 냉간율 : 0°F에서 300A의 전류로 방전하여 셀당 전압이 1V가 될 때까지 소요된 시간
④ 5시간율 : 방전종지전압에 도달할 때까지 5시간이 소요되는 방전전류의 크기

[4] 자기방전

전기적인 부하 없이 시간의 경과와 함께 자연 방전이 일어나는 현상으로 자기 방전량은 전해액의 온도가 높고, 비중 및 용량이 클수록 크다. 자기방전의 원인은 다음과 같다.

① 구조상 부득이한 경우
② 단락에 의한 경우
③ 불순물 혼입에 의한 경우
④ 누전에 의한 경우

[5] 축전지 용량(부하)시험 시 안전 및 유의사항
① 축전지 용액이 옷에 묻지 않도록 할 것
② 부하시험은 15초 이내로 할 것
③ 부하전류는 용량의 3배 이내로 할 것
④ 기름 묻은 손으로 시험기를 조작하지 말 것

[6] 축전지 단자 구별 및 탈·부착방법
① 양극단자는 (+), 음극단자는 (-)로 구분하며, 양극단자 직경이 음극단자보다 크다.
② 양극단자는 포지티브(Positive), 음극단자는 네거티브(Negative)로 구분한다.
③ 단자에서 케이블을 분리 시 음극(-)의 케이블을 먼저 분리한다.
④ 설치 시에는 양극 (+)의 케이블을 먼저 설치한다.

4 축전지 충전 종류

[1] 급속 충전
급속 충전기를 이용하여 축전지 용량의 50%를 충전전류로 충전
① 차에 설치한 상태로 충전할 때 터미널 단자를 떼어내고 충전할 것
② 환기가 잘되는 곳에서 충전할 것
③ 전해액의 온도가 45℃를 넘지 않도록 할 것
④ 충전 시 축전지 근처에서 불꽃 등을 일으키지 말 것

⑤ 충전시간은 되도록 짧게 할 것

[2] 단별 전류충전

최초 큰 전류에서 점차 단계적으로 전류를 감소시켜 충전

[3] 정전류 충전

충전 시 처음부터 일정한 전류로 충전

① 최소 : 축전지 용량의 5%
② 표준 : 축전지 용량의 10%
③ 최대 : 축전지 용량의 20%

[4] 정전압 충전

일정한 전압으로 충전

5 축전지 용량(부하)시험 시 안전 및 유의사항

① 축전지 용액이 옷에 묻지 않도록 할 것
② 부하시험은 15초 이내로 할 것
③ 부하전류는 용량의 3배 이내로 할 것
④ 기름 묻은 손으로 시험기를 조작하지 말 것

6 축전지 레이블 판독방법

축전지에 표시된 레이블은 배터리의 모델명, 축전지의 용량, 보유용량, 저온 시동 전류 등을 표기한다.

① 모델명은 특정 회사 브랜드명인 로케트

② 축전지 용량은 80Ah이며, (+)단자의 위치는 Right(오른쪽)를 나타낸다.
③ 보유용량은 135MIN : 발전기 고장 시 차량 운행에 필요한 최소 전류를 방전하였을 때 약 10.5V까지 하강하는데 소요된 시간이 135분이라는 의미이다.
④ 저온 시동 전류 CCA660 : CCA(Cold Cranking Amperage)로 완충된 축전지가 영하 18도에서 순간적으로 출력을 나타낼 수 있는 성능이다.

그림 2-17 배터리 레이블

3.1 축전지 출제예상문제

01
축전지의 역할이 아닌 것은?

① 시동전동기의 전원을 공급한다.
② 발전기 고장 시 대체 전원으로 작동한다.
③ 주행 중 자동차의 모든 전원을 공급한다.
④ 발전기 출력과 부하의 언밸런스를 조정한다.

> 주행 중 자동차의 전원 공급은 발전기가 공급한다.

02
자동차에서 배터리의 역할이 아닌 것은?

① 기동장치의 전기적 부하를 담당한다.
② 캐니스터를 작동시키는 전원을 공급한다.
③ 컴퓨터를 작동시킬 수 있는 전원을 공급한다.
④ 주행상태에 따른 발전기의 출력과 부하와의 불균형을 조정한다.

> 캐니스터는 연료증발가스 제어장치의 구성품으로 증발된 연료를 포집하는 역할을 한다.

03
축전지의 충·방전 작용은 전기의 어떤 작용을 이용한 것인가?

① 발열 작용
② 자기 작용
③ 화학 작용
④ 유도 작용

> 축전지의 충·방전 작용은 전류의 3대 작용 중 화학 작용을 이용한 것이다.

04
납산축전지의 양극판과 음극판의 수는?

① 모두 같다.
② 양극판이 1장 더 많다.
③ 음극판이 1장 더 많다.
④ 양극판이 2장 더 많다.

> 양극판이 음극판보다 더 활성적이기 때문에 화학적 평형을 유지하기 위해서 음극판이 1장 더 많다.

정답 01 ③ 02 ② 03 ③ 04 ③

05
축전지 셀당 기전력은 얼마인가?

① 1.50V ② 1.75V
③ 2.10V ④ 2.30V

> 축전지 셀당 기전력은 2.10V이다.

06
격리판의 구비조건이 아닌 것은?

① 전도성일 것
② 다공성일 것
③ 전해액의 확산이 잘될 것
④ 전해액에 부식되지 않을 것

> 격리판은 비전도성이어야 한다.

07
격리판은 홈이 있는 면이 양극판 쪽으로 끼워져 있다. 그 이유로서 적절하지 않은 것은?

① 양극판의 작용물질이 탈락되는 것을 방지하기 위해서
② 양극판에 전해액을 풍부히 통하도록 하기 위해서
③ 전해액의 확산을 좋게 하기 위해서
④ 양극판의 산화에 의하여 격리판이 부식되는 것을 방지하기 위하여

> 격리판은 홈이 있는 면이 양극판 쪽으로 끼워져 있는 이유
> ① 양극판에 전해액을 풍부히 통하도록 하기 위해서
> ② 전해액의 확산을 좋게 하기 위해서
> ③ 양극판의 산화에 의하여 격리판이 부식되는 것을 방지하기 위하여

08
축전지의 단자 기둥에 대한 설명으로 틀린 것은?

① 양극 단자기둥은 부식되기 쉽다.
② 단자기둥은 납합금으로 제작한다.
③ 음극 단자기둥보다 양극 단자기둥의 직경이 크다.
④ 음극 단자기둥이 양극 단자기둥의 직경보다 크다.

09
축전지 단자의 부식을 방지하기 위한 방법으로 옳은 것은?

① 경유를 바른다.
② 그리스를 바른다.
③ 엔진오일을 바른다.
④ 탄산나트륨을 바른다.

정답 05 ③ 06 ① 07 ① 08 ④ 09 ②

10
다음은 축전지의 충·방전 화학식을 나타낸 것이다. ( )안에 들어갈 알맞은 것은?

$$\underset{\text{양극판}}{PbSO_4} + \underset{\text{전해액}}{2H_2O} + \underset{\text{음극판}}{PbSO_4} \underset{\text{방전}}{\overset{\text{충전}}{\rightleftarrows}} \underset{\text{양극판}}{PbO_2} + \underset{\text{전해액}}{(\quad)} + \underset{\text{음극판}}{Pb}$$

① PbO
② H_2O_2
③ PbH_2
④ $2H_2SO_4$

🔍 축전지용 전해액은 묽은 황산($2H_2SO_4$)이다.

11
축전지용 전해액은 어느 것인가?

① $2H_2O$
② H_2O_2
③ $PbSO_4$
④ $2H_2SO_4$

🔍 축전지의 전해액은 묽은 황산($2H_2SO_4$)을 사용한다.

12
축전지의 화학 작용에서 방전상태에서의 양극판은 황산납이다. 충전이 되면 어떤 성분으로 되는가?

① Pb
② PbO_2
③ $PbSO_4$
④ $2H_2SO_4$

🔍 방전상태에서의 양극판은 황산납이지만, 충전이 되면 과산화납(PbO_2)이 된다.

13
납축전지의 전해액은 그 조성이 어떻게 분포되어 있는가?

① 황산 35%, 증류수 65%
② 황산 65%, 증류수 35%
③ 염산 35%, 증류수 65%
④ 염산 65%, 증류수 35%

14
완전 충전된 납산축전지에서 양극판의 성분(물질)으로 옳은 것은?

① 과산화납
② 납
③ 해면상납
④ 산화물

🔍 완전 충전된 납산축전지는 양극판은 과산화납(PbO_2), 음극판은 해면상납(Pb)이다.

15
자동차용 축전지의 비중이 30℃에서 1.276이었다. 기준온도 20℃에서의 비중은?

① 1.269
② 1.275
③ 1.283
④ 1.290

🔍 $S_{20} = St + 0.0007 \times (t - 20)$
$= 1.276 + 0.0007 \times (30 - 20) = 1.283$
S_{20} : 20℃에서의 전해액 비중, St : 실제 측정한 전해액 비중,
t : 측정할 때의 전해액 온도

정답 10 ④ 11 ④ 12 ② 13 ① 14 ① 15 ③

16
납산축전지(battery)의 방전 시 화학반응에 대한 설명으로 틀린 것은?

① 극판의 과산화납은 점점 황산납으로 변한다.
② 극판의 해면상납은 점점 황산납으로 변한다.
③ 전해액은 물만 남게 된다.
④ 전해액의 비중은 점점 높아진다.

> 납산축전지(battery)의 방전 시 전해액 비중은 점점 낮아진다.

17
자동차용 배터리의 충전·방전에 관한 화학반응으로 틀린 것은?

① 배터리 방전 시 (+)극판의 과산화납은 점점 황산납으로 변한다.
② 배터리 충전 시 (+)극판의 황산납은 점점 과산화납으로 변한다.
③ 배터리 충전 시 물은 묽은 황산으로 변한다.
④ 배터리 충전 시 (-)극판에는 산소가, (+)극판에는 수소를 발생시킨다.

> 충전시킬 때는 양극판에서는 산소가, 음극판에서는 수소가 발생한다.

18
온도가 내려가면 축전지에서 일어나는 것 중 틀린 것은?

① 전압이 내려간다.
② 용량이 내려간다.
③ 전해액의 비중이 내려간다.
④ 동결하기 쉽다.

> 납산축전지의 전해액의 온도가 낮아지면 비중은 올라간다.

19
비중이 1.280(20℃)의 묽은황산 1ℓ 속에 35%(중량)의 황산이 포함되어 있다면 물은 몇 g 포함되어 있는가?

① 932   ② 832
③ 719   ④ 819

> 묽은황산 1ℓ 속에 35%(중량)의 황산이 포함되어 있으면 물이 65% 들어 있으므로 1,280g × 0.65 = 832g

20
충전되어 보관된 축전지의 자기 방전율은 온도가 높아지면 어떻게 되는가?

① 낮아진다.
② 높아진다.
③ 변함없다.
④ 온도에 관계없고, 습도에 관계된다.

정답 16 ④ 17 ④ 18 ③ 19 ② 20 ②

> 자기 방전율은 전해액의 비중 및 전해액의 온도가 높을수록 많아진다.

21
축전지 전해액을 만들 때의 방법이다. 다음 중 가장 안전한 방법은?

① 황산을 저으면서 증류수를 조금씩 섞는다.
② 증류수를 저으면서 황산을 조금씩 섞는다.
③ 황산을 냉각시킨 다음 증류수를 붓는다.
④ 증류수를 저으면서 염산을 조금씩 섞는다.

> 증류수보다 황산의 비중이 커 뜨는 것(폭발 위험)을 방지하기 위해 증류수에 황산을 부어 제조한다.

22
전해액을 만들 때 황산에 물을 혼합하면 안 되는 이유는?

① 유독가스가 발생하기 때문에
② 혼합이 잘 안 되기 때문에
③ 폭발의 위험이 있기 때문에
④ 비중 조정이 쉽기 때문에

23
축전지의 방전종지전압은 얼마인가?

① 1.50V　　② 1.75V
③ 2.10V　　④ 2.30V

> 방전종지전압은 약 1.75V이다.

24
표준 온도(20℃)에서 양호한 상태인 200Ah의 축전지는 20A의 전기를 얼마동안 발생시킬 수 있는가?

① 5시간　　② 10시간
③ 15시간　　④ 20시간

> $\frac{200Ah}{20A}$ = 10H

25
3A의 전류로 연속 방전하여 방전종지전압에 이를 때까지 60시간이 걸렸다면, 이 축전지의 용량은 얼마인가?

① 12Ah　　② 20Ah
③ 120Ah　　④ 180Ah

> 축전지의 용량 = 3A × 60H = 180Ah

26
극판의 크기, 판의 수 및 황산 양에 의해서 결정되는 것은?

① 축전지의 용량　　② 축전지의 전압
③ 축전지의 전류　　④ 축전지의 전력

정답 21 ②　22 ③　23 ②　24 ②　25 ④　26 ①

> 🔍 극판의 크기, 판의 수 및 황산 양에 의해 축전지의 용량이 결정된다.

27
축전지 셀에 극판의 면적을 크게 하면 다음 중 옳은 것은?

① 전압이 높게 된다.
② 이용전류가 증가한다.
③ 저항이 크게 된다.
④ 전해액의 비중이 높게 된다.

> 🔍 극판의 크기가 크면 이용전류가 증가한다.

28
축전지의 기전력에 가장 영향을 미치는 것은?

① 극판의 수
② 극판의 크기
③ 전해액의 온도
④ 전해액의 양

> 🔍 축전지의 기전력은 전해액의 온도 저하에 따라 낮아진다.

29
다음 중 축전지 용량 표시방법이 틀린 것은?

① 20시간율
② 25A율
③ 냉간율
④ 50시간율

> 🔍 축전지 용량 표시방법에는 20시간율, 25A율, 냉간율, 5시간율 등이 있다.

30
일정한 전류로 방전종지전압이 될 때까지 20시간 사용할 수 있는 축전지 용량을 무엇이라 하는가?

① 20시간율
② 25A율
③ 냉간율
④ 50시간율

> 🔍 **축전지 용량표시방법**
> ① 20시간율 : 일정 방전 전류를 연속 방전하여 셀당 방전종지전압이 1.75V될 때까지 20시간 방전시킬 수 있는 전류
> ② 25A율 : 26.6℃(80°F)에서 일정 방전 전류(25A)로 방전하여 셀당 전압이 1.75V에 이를 때까지 방전하는 것을 측정하는 것
> ③ 냉간율 : -17.7℃에서 300A로 방전하여 셀당 전압이 1V 강하하기까지 몇 분(分) 정도 소요되는가를 표시한다.
> ④ 5시간율 : 방전종지전압에 도달할 때까지 5시간이 소요되는 방전전류의 크기

31
축전지 용량(부하) 시험 시 안전 및 유의사항을 설명한 것으로 틀린 것은?

① 축전지 용액이 옷에 묻지 않도록 할 것
② 부하시험은 15초 이내로 할 것
③ 부하전류는 용량의 5배 이내로 할 것
④ 기름 묻은 손으로 시험기를 조작하지 말 것

정답 27 ② 28 ③ 29 ④ 30 ① 31 ③

> 부하전류는 용량의 3배 이내로 해야 한다.

32
축전지의 자기방전 원인으로 적절치 못한 것은?

① 구조상 부득이한 경우
② 단락에 의한 경우
③ 불순물 혼입에 의한 경우
④ 불충분한 충전을 반복한 경우

> **축전지의 자기방전 원인**
> ① 구조상 부득이한 경우
> ② 단락에 의한 경우
> ③ 불순물 혼입에 의한 경우
> ④ 누전에 의한 경우

33
축전지 충전의 종류가 아닌 것은?

① 급속 충전
② 연속 충전
③ 정전류 충전
④ 정전압 충전

> 축전지 충전의 종류에는 급속 충전, 단별전류 충전, 정전류 충전, 정전압 충전이 있다.

34
정전류 충전방법에서 표준으로 충전하고자 할 때 축전지 용량의 몇 % 전류로 충전하여야 하는가?

① 5%   ② 10%
③ 15%   ④ 20%

> **정전류 충전방법**
> ① 표준 충전 전류 : 축전지 용량의 10%
> ② 최대 충전 전류 : 축전지 용량의 20%
> ③ 최소 충전 전류 : 축전지 용량의 5%

35
80Ah의 축전지를 정전류 충전법으로 충전하고자 한다. 표준 충전전류는 얼마로 하여야 하는가?

① 4A   ② 8A
③ 12A   ④ 16A

> 표준 충전전류는 축전지 용량의 10%이므로 8A이다.

36
급속충전은 축전지 용량의 몇 %로 충전시켜야 하는가?

① 10%   ② 30%
③ 50%   ④ 70%

> 급속충전은 축전지 용량의 50%로 충전시킨다.

정답 32 ④ 33 ② 34 ② 35 ② 36 ③

37

축전지 충전 시 전해액의 온도가 몇 ℃ 이상으로 올라가지 않도록 해야 하는가?

① 25℃ ② 35℃
③ 45℃ ④ 55℃

> 축전지 충전 시 전해액의 온도가 45℃ 이상으로 올라가지 않도록 주의해야 한다.

38

급속충전 시의 주의점 중에서 틀린 것은?

① 차에 있는 축전지의 (+), (−)케이블을 떼어놓을 것
② 충전전류는 용량값의 1/10 정도의 전류로 할 것
③ 될 수 있는 대로 짧은 시간에 실시할 것
④ 충전 중 전해액 온도가 45℃ 이상 되지 않도록 할 것

> 급속 충전 시 충전전류는 배터리 용량의 50% (1/2)로 충전한다.

39

축전지를 차에 설치한 채로 급속 충전을 할 때 주의해야 할 사항으로 틀린 것은?

① 축전지 각 셀의 플러그를 열어놓고 충전한다.
② 전해액의 온도가 45℃ 이상 되지 않도록 주의한다.
③ 축전지 가까이에서 불꽃이 튀지 않도록 주의한다.
④ 축전지의 (+), (−)케이블을 단단히 고정하고 충전한다.

> 차에 설치한 채로 축전지를 급속 충전할 때에는 (+), (−) 케이블을 분리하고 충전한다.

40

축전지 충전 시 음극판에서 발생되는 가스는 폭발의 위험성이 있는데, 이 가스는 무엇인가?

① 수소 ② 산소
③ 일산화탄소 ④ 이산화탄소

> 축전지 충전 시 음극판에서 수소가스가 발생되며, 이 가스는 폭발의 위험성이 있다.

41

축전지를 충전할 때 양극판에서 발생되는 가스는?

① 산소 ② 수소
③ 황산 ④ 이산화탄소

> 축전지를 충전할 때 양극판에서는 산소가스가, 음극판에서는 수소가스가 발생된다.

42

축전지 용량이 다른 축전지를 동시에 충전하는 경우에 충전전류는 얼마로 하는가?

① 축전지 용량이 가장 큰 축전지를 기준으로 한다.
② 축전지 용량이 가장 작은 축전지를 기준으로 한다.
③ 축전지 용량의 평균값을 기준으로 한다.
④ 축전지에 표시된 충전 전류라면 어느 것이라도 상관없다.

정답 37 ③ 38 ② 39 ④ 40 ① 41 ① 42 ②

> 축전지 용량이 가장 작은 축전지를 기준으로 조절하여 충전한다.

43
자동차용 배터리에 과충전을 반복하면 배터리에 미치는 영향은?

① 극판이 황산화된다.
② 용량이 크게 된다.
③ 양극판 격자가 산화된다.
④ 단자가 산화된다.

> 과충전을 반복하면 배터리 양극판 격자가 산화된다.

44
자동차용 MF축전지의 특성 중 틀린 것은?

① 인디케이터로 충전상태를 확인할 수 있다.
② 저온시동 능력이 좋다.
③ 충전회복이 빠르고 과충전 시 수명이 길다.
④ 전기저항이 낮은 격리판을 사용한다.

> MF 축전지 특성
> ① 인디케이터로 충전상태를 확인할 수 있다.
> ② 저온시동 능력이 좋다.
> ③ 전기저항이 낮은 격리판을 사용한다.
> ④ 전해액을 보충 및 정비가 필요 없다.
> ⑤ 자기 방전율이 매우 작다.
> ⑥ 장시간 보관이 가능하다.

45
AGM(Absorbent Glass Mat) 축전지의 설명으로 틀린 것은?

① 유리섬유로 만들어진 분리판에 사용한다.
② 내부저항이 낮고 에너지 전달률이 높다.
③ 가격이 저렴하고 수명이 길다.
④ 저온 시동성이 높다.

> AGM(Absorbent Glass Mat) 축전지는 가격이 다소 높고 수명이 긴 특징을 가진다.

46
축전지 레이블 판독에서 완충된 축전지가 영하 18도에서 순간적으로 출력을 낼 수 있는 성능을 나타내는 것은?

① Ah　　　　② 135MIN
③ 80R　　　　④ CCA

> 저온 시동 전류 CCA 660 : CCA(Cold Cranking Amperage)으로 완충된 축전지가 영하 18도에서 순간적으로 출력을 나타낼 수 있는 성능이다.

47
축전지 레이블에서 CCA가 나타내는 것은?

① 저온 시동전류　　② 보유 용량
③ 단자 위치　　　　④ 축전지 용량

정답　43 ③　44 ③　45 ③　46 ④　47 ①

48

축전지의 온도, 전압, 전류를 내부소자와 맵핑값으로 검출하는 센서는?

① 내부저항센서
② 전압센서
③ 전류센서
④ 배터리센서

> 🔍 배터리의 마이너스(-) 단자에 장착되어 있는 배터리센서(IBS)는 차량용 배터리의 전류, 전압, 온도를 실시간으로 측정한 데이터를 기반으로 배터리 상태를 진단한다.

49

용량과 전압이 같은 축전지 2개를 직렬로 연결할 때의 설명으로 옳은 것은?

① 용량은 축전지 2배와 같다.
② 전압이 2배로 증가한다.
③ 용량과 전압 모두 2배로 증가한다.
④ 용량은 2배로 증가하지만 전압은 같다.

> 🔍 직렬 연결 시 전압은 2배로 증가하고 용량은 1개 때와 같으며, 병렬 연결 시 전압은 1개 때와 같고 용량은 2배로 증가한다.

50

2개 이상의 배터리를 연결하는 방식에 따라 용량과 전압 관계의 설명으로 맞는 것은?

① 직렬연결 시 1개 배터리 전압과 같으며 용량은 배터리 수만큼 증가한다.
② 병렬연결 시 용량은 배터리 수만큼 증가하지만 전압은 1개 배터리 전압과 같다.
③ 병렬연결이란 전압과 용량이 동일한 배터리 2개 이상을 (+)단자와 연결대상 배터리 (-)단자에, (-)단자는 (+)단자로 연결하는 방식이다.
④ 직렬연결이란 전압과 용량이 동일한 배터리 2개 이상을 (+)단자와 연결대상 배터리의 (+)단자에 서로 연결하는 방식이다.

> 🔍 직렬연결 시 전압은 개수 배가 되고 용량은 1개 때와 같으며, 병렬연결 시 전압은 1개 때와 같고 용량은 개수 배가 된다.

51

12V 100Ah의 축전지 2개를 직렬연결하였다. 다음 설명 중 맞는 것은?

① 전압은 12V, 용량은 100Ah로 변함없다.
② 전압은 12V, 용량은 200Ah이다.
③ 전압은 24V, 용량은 100Ah이다.
④ 전압은 24V, 용량은 200Ah이다.

> 🔍 축전지를 직렬연결하면 전압은 개수배가 되고, 용량은 동일하다.

52
150Ah의 축전지 2개를 병렬로 연결한 상태에서 15A의 전류로 방전시킨 경우 몇 시간 사용할 수 있는가?

① 5
② 10
③ 15
④ 20

> 150Ah 축전지 2개를 병렬로 연결하면 300Ah가 된다. Ah=A×H 에서 $H = \dfrac{Ah}{A} = \dfrac{300}{15} = 20H$

53
자동차용 납산축전지에 관한 설명으로 맞는 것은?

① 일반적으로 축전지의 음극단자는 양극단자보다 크다.
② 정전류 충전이란 일정한 충전전압으로 충전하는 것을 말한다.
③ 일반적으로 충전시킬 때 [+]단자는 수소가, [-]단자는 산소가 발생한다.
④ 전해액의 황산비율이 증가하면 비중은 높아진다.

> ① 납산축전지는 양극단자는 음극단자보다 크다.
> ② 정전류 충전이란 일정한 충전전류로 충전하는 것을 말한다.
> ③ 일반적으로 충전시킬 때는 양극판에서는 산소가, 음극판에서는 수소가 발생한다.

54
납산축전지를 분해하였더니 브리지 현상을 일으키고 있다. 그 원인은?

① 과충전하였다.
② 사이클링 쇠약이다.
③ 극판이 황산화되었다.
④ 고율 방전하였다.

> **극판의 브리지 현상**
> 충·방전의 주기를 사이클링이라 하며, 충·방전을 반복하였을 때 극판의 작용물질이 탈락되어 엘리먼트 레이트에 쌓이게 되어 양극판과 음극판이 단락되어 있는 상태

55
자동차용 배터리(Battery)에서 방전상태로 장기간 방치하거나 극판이 공기 중에 노출되어 양(+), 음(-)의 극판이 단락되었을 때 나타나는 현상을 무엇이라 하는가?

① 열화 현상
② 다운서징 현상
③ 설페이션 현상
④ 물때 현상

> 연축전지를 방전상태로 오래 방치 시에 극판상에 황산염의 미립자가 응집하여 비교적 큰 결정의 백색 피복물, 즉 백색 황산염이 발생하는 현상을 설페이션 현상이라고 한다.

56
축전지를 과방전 상태로 오래 두면 못쓰게 되는 이유는?

① 극판에 수소가 형성되기 때문이다.
② 극판에 산화납이 형성되기 때문이다.
③ 극판이 영구 황산납이 되기 때문이다.
④ 황산이 증류수로 되기 때문이다.

> 황산납(두 극판)으로 완전히 바뀌어버린(완전 방전) 상태로 배터리를 그냥 둔다면(충전을 하지 않으면), 이 황산납(두 극판)이 영구 황산납이 되어 버린다.

57
축전지가 영구 황산납이 되는 원인이 아닌 것은?

① 과충전되었을 때
② 불충분한 충전을 반복하였을 때
③ 전해액의 비중이 너무 높거나 낮을 때
④ 전해액의 부족으로 극판이 노출되었을 때

> **영구 황산납이 되는 원인**
> ① 과방전되었을 때
> ② 극판 단락 시
> ③ 전해액의 비중이 너무 높거나 낮을 때
> ④ 전해액의 부족으로 극판이 노출되었을 때
> ⑤ 전해액에 불순물이 혼입되었을 때
> ⑥ 불충분한 충전을 반복하였을 때

58
축전지 극판이 영구 황산납으로 변하는 원인으로 틀린 것은?

① 전해액이 모두 증발되었다.
② 방전된 상태로 장기간 방치하였다.
③ 극판이 전해액에 담겨있다.
④ 전해액의 비중이 너무 높은 상태로 관리하였다.

> 극판이 전해액의 감소로 공기 중에 노출되면 영구 황산납으로 변한다.

59
점화스위치를 OFF하고 키를 홀더에서 제거한 후에도 소모되는 기본적인 전류는?

① 순전류   ② 역전류
③ 암전류   ④ 소모전류

> 암전류는 시동키를 탈거한 상태에서 차량에 소비되는 기본 전류로 시계, 오디오, ECU, 백업 전원이 필요한 전자제어 유닛에 기본적인 전류 공급이 필요 차량에는 암전류가 필연적으로 존재한다.

정답 56 ③ 57 ① 58 ③ 59 ③

60
완전 충전된 축전지에 충전을 걸었더니 낮은 충전율로 충전이 된다. 어떠한 상태인가?

① 비중이 알맞지 않다.
② 전류 조정기를 다시 조정한다.
③ 정상적으로 작동하는 것이다.
④ 전압 조정기를 다시 조정한다.

61
축전지 케이스가 부풀었다. 이와 관계가 없는 것은?

① 과충전
② 불완전 충전
③ 축전지의 온도가 높다.
④ 축전지의 설치 클램프의 과도한 조임

> 불완전 충전은 기포가 발생하지 않아 케이스가 부풀지 않는다.

62
납산축전지 취급 시 주의사항으로 틀린 것은?

① 배터리 접속 시 (+)단자부터 접속한다.
② 전해액이 옷에 묻지 않도록 주의한다.
③ 전해액이 부족하면 시냇물로 보충한다.
④ 배터리 분리 시 (-)단자부터 분리한다.

> 납산축전지의 전해액이 부족하면 증류수를 보충한다.

63
자동차에서 축전지를 떼어낼 때 작업방법으로 옳은 것은?

① 접지 터미널을 먼저 푼다.
② 양극 터미널을 함께 푼다.
③ 벤트 플러그(vent plug)를 열고 작업한다.
④ 극성에 상관없이 작업성이 편리한 터미널부터 분리한다.

> 자동차에서 축전지를 떼어낼 때 접지 터미널을 먼저 탈거하고, 조립 시에는 접지 터미널을 나중에 조립한다.

64
배터리 취급 시 틀린 것은?

① 전해액량은 극판 위 10~13mm 정도 되도록 보충한다.
② 연속 대전류로 방전되는 것은 금지해야 한다.
③ 전해액을 만들어 사용 시는 고무 또는 납 그릇을 사용하되, 황산에 증류수를 조금씩 첨가하면서 혼합한다.
④ 배터리 단자부 및 케이스 면은 소다수로 세척한다.

> 전해액을 제조 시 고무 또는 유리그릇을 사용하되, 증류수에 황산을 조금씩 첨가하면서 혼합한다.

정답 60 ③ 61 ② 62 ③ 63 ① 64 ③

65

납산 배터리의 전해액이 흘렀을 때 중화용액으로 가장 알맞은 것은?

① 중탄산소다
② 황산
③ 증류수
④ 수돗물

🔍 전해액은 산성분으로 염기성인 소다나 중탄산소다로 중화시킨다.

정답 65 ①

02 발전기

1 직류발전기(DC발전기-자려자발전기)

[1] 구성

계자코일, 계자철심, 전기자 코일, 정류자, 브러시 등

[2] 직류발전기의 조정기

① 컷아웃 릴레이 : 축전지에서 발전기로 역류하는 것을 방지
② 전압 조정기 : 발전기의 발생전압을 일정하게 유지하기 위한 장치
③ 전류 조정기 : 발전기의 발생전류를 제어하여 발전기의 소손을 방지

2 교류발전기(AC발전기-타려자발전기)

그림 2-18 교류발전기

[1] 특징

① 저속에서도 충전이 가능하다.
② 고속회전에 잘 견딘다.
③ 회전부에 정류자가 없어 허용 회전속도 한계가 높다.

④ 반도체(실리콘 다이오드)로 정류하므로 전기적 용량이 높다.

⑤ 소형, 경량이며, 브러시의 수명이 길다.

⑥ 전압조정기만 필요하다.

[2] 구성

① 로터 : 자속을 형성하는 곳으로 직류발전기의 계자코일과 계자철심에 해당

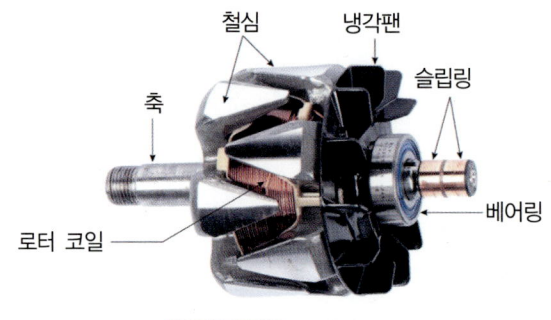

그림 2-19 로터의 구조

② 스테이터 : 유도 기전력이 유기되는 곳으로 직류발전기의 전기자에 해당

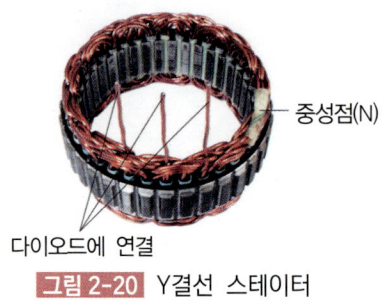

그림 2-20 Y결선 스테이터

③ 스테이터 결선법

㉮ Y결선(스타결선) : 각 코일의 한끝을 공통점 0(중성점)에 접속하고 다른 한끝 셋을 끌어낸 것

㉯ ⊿결선(델타결선) : 각 코일의 끝을 차례로 접속하여 둥글게 하고 각 코일의 접속점

에서 하나씩 끌어낸 것
- ㉰ Y결선은 선간전압이 각 상전압의 $\sqrt{3}$ 배이다.
- ㉱ ⊿결선은 선간전류가 각 상전류의 $\sqrt{3}$ 배이다.

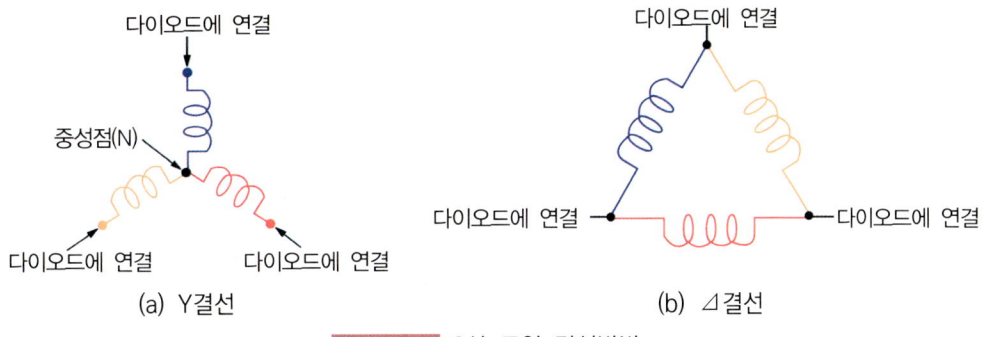

그림 2-21 3상 코일 결선방법

④ 브러시 : 전원을 받아 로터의 슬립링에 전원 공급
⑤ 정류기(다이오드)
   - ㉮ 실리콘 다이오드 사용
   - ㉯ 스테이터 코일에서 발생된 교류를 직류로 정류
   - ㉰ 역류방지
   - ㉱ (+), (-)다이오드 각각 3개

[3] 전압조정기

발전기의 회전속도와 관계없이 항상 일정한 전압으로 유지하는 역할로, 일반적으로 IC 전압조정기를 사용한다.

3 발전제어시스템

발전제어시스템은 자동차의 가감속 및 주행조건 등에 따른 부하를 판정하여 ECU(엔진 컨트롤 유닛)에서 발전기의 발전전압을 제어하는 시스템이다.

[1] 배터리센서

① 배터리센서는 (-)단자에 설치
② 축전지의 온도, 전압, 전류를 내부 소자와 맵핑값을 이용하여 검출 신호를 ECU로 전송

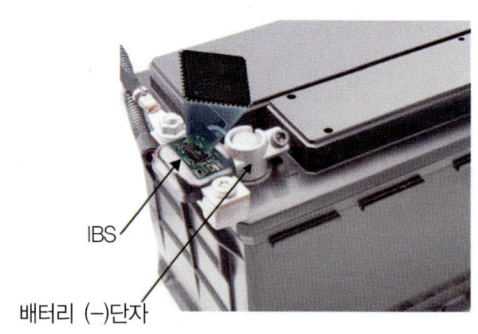

그림 2-22 배터리센서

[2] ECU

축전지센서로부터 받은 정보를 SOC(State Of Charge)를 연산하여 발전기에 필요한 충전량을 C단자를 통하여 PWM(Pulse Width Module)신호로 전송하고 다시 결과에 대하여 피드백하게 된다.

[3] 암전류

암전류는 점화스위치를 OFF하고, 키를 홀더에서 탈거한 후에도 소모되는 기본적인 전류를 말한다. 암전류는 자동차가 경계 모드에 있을 경우 도어 잠김, 열림, 충격 등에 의한 모니터링을 하기 때문에 일반적으로 암전류는 자동차에 배터리를 분리하지 않는 이상은 항상 존재하게 된다. 하지만 그 값이 일정 범위보다 크게 될 경우 방전율이 높아지고, 시동 불능의 현상까지 초래할 수 있다.

[4] 오버러닝 디커플러 풀리(Overrunning Decoupler Pulley)

엔진 소음을 감소하기 위하여 하나의 벨트로 발전기, 파워스티어링펌프, 에어컨 컴프레셔 등을 구동하는 원(one) 벨트 시스템을 많이 채용하고 있다.

Chapter 3.2 발전기 출제예상문제

01
다음 중 교류발전기의 특징이 아닌 것은?

① 가볍고 소음이 적다.
② 전압 조정기만 있으면 된다.
③ 공회전 시에도 충전이 된다.
④ 발전기 자체에 극성을 주어야 한다.

> 교류발전기는 발전기 자체에 극성을 주지 않는다.

02
교류발전기의 발전원리에 응용되는 법칙은?

① 플레밍의 왼손 법칙
② 플레밍의 오른손 법칙
③ 옴의 법칙
④ 자기포화의 법칙

> 발전기는 플레밍의 오른손 법칙, 기동전동기는 플레밍의 왼손 법칙을 응용한다.

03
발전기 종류에는 타려자식과 자려자식이 있는데, 설명으로 틀린 것은?

① 타려자식 발전기는 AC발전기에 사용한다.
② 자려자식 발전기는 DC발전기에 사용한다.
③ 타려자식 발전기는 저속에서 충전이 잘 안 된다.
④ 자려자식 발전기는 계자철심에 남아 있는 잔류 자기에 초기에 발전한다.

> 타려자식 발전기는 저속에서도 충전이 잘 된다.

04
직류발전기보다 교류발전기를 많이 사용하는 이유가 아닌 것은?

① 크기가 작고 가볍다.
② 내구성이 있고 공회전이나 저속에도 충전이 가능하다.
③ 출력전류의 제어작용을 하고 조정기의 구조가 간단하다.
④ 정류자에서 불꽃 발생이 크다.

정답 01 ④ 02 ② 03 ③ 04 ④

> **교류발전기의 특징**
> ① 3상 발전기로 저속에서 충전 성능이 우수하다.
> ② 정류자가 없기 때문에 브러시의 수명이 길다.
> ③ 정류자를 두지 않아 풀리비를 크게 할 수 있다.
> ④ 실리콘 다이오드를 사용하기 때문에 정류 특성이 우수하다.
> ⑤ 발전기 조정기는 전압 조정기 뿐이다.
> ⑥ 경량이고 소형이며, 출력이 크다.
> ⑦ 다른 전원으로부터 전류를 공급받아 발전을 시작하는 타려자 방식이다.

05
교류발전기의 설명으로 틀린 것은?

① 저속에서도 충전이 가능하다.
② 전압, 전류 조정기 모두 필요하다.
③ 반도체(실리콘 다이오드)로 정류한다.
④ 소형, 경량이며, 브러시의 수명이 길다.

> 교류발전기는 전압 조정기만 필요하다.

06
자동차의 교류발전기에 대한 설명으로 틀린 것은?

① 엔진이 공전상태에서도 발전기는 약 60% 정도의 출력이 발생해야 정상이다.
② 엔진이 회전되면서 충전할 때 배터리 단자를 분리 또는 연결하면 레귤레이터의 손상을 가져올 수 있다.
③ 배터리가 완전 충전된 상태에서도 발전기의 B단자에서 부하로 전류는 흐른다.
④ 레귤레이터는 엔진의 회전속도가 증가하면 필드전류를 감소시켜 출력전압을 일정하게 한다.

> 발전기는 정격전류의 70% 이상이어야 한다.

07
직류발전기의 구성이 아닌 것은?

① 로터　　　　② 계자코일
③ 계자철심　　④ 전기자 코일

> 로터는 교류발전기의 구성으로 자속을 형성하는 곳이다.

08
12V용 직류발전기의 컷인전압으로 알맞은 것은?

① 9~10V　　　② 11~12V
③ 13~14V　　 ④ 15~16V

> 컷인전압은 발전기로부터 축전지로 충전이 시작되는 전압으로 약 13.8V이다.

09
일반적으로 발전기를 구동하는 축은?

① 캠축　　　　② 크랭크축
③ 앞차축　　　④ 컨트롤 로드

> 발전기는 크랭크축의 풀리에 설치된 벨트에 의해 구동한다.

정답 05 ②　06 ①　07 ①　08 ③　09 ②

10
AC발전기에 대한 설명 중 틀린 것은?

① AC발전기의 다이오드가 하는 일은 역류 방지와 전압을 조정하는 일이다.
② AC발전기의 부하시험에서 전류값이 기준 전류 이하이면 다이오드의 단락, 스테이터 코일의 단선 또는 단락에 원인이 있다.
③ 축전지의 극성을 역으로 설치하면 발전기의 다이오드가 손상된다.
④ AC발전기의 구성 부품은 스테이터, 회전자, 프레임 등으로 되어 있다.

> AC발전기의 다이오드는 3상 교류를 정류하는 것이다.

11
자동차용 교류발전기에 대한 특성 중 거리가 먼 것은?

① 브러시 수명이 일반적으로 직류발전기보다 길다.
② 중량에 따른 출력이 직류발전기보다 1.5배 정도 높다.
③ 슬립링 손질이 불필요하다.
④ 자여자 방식이다.

> 교류발전기는 타여자 방식을, 직류발전기는 자여자 방식을 사용한다.

12
발전기의 기전력 발생에 관한 설명으로 틀린 것은?

① 로터의 회전이 빠르면 기전력은 커진다.
② 로터코일을 통해 흐르는 여자전류가 크면 기전력은 커진다.
③ 코일의 권수와 도선의 길이가 길면 기전력은 커진다.
④ 자극의 수가 많아지면 여자되는 시간이 짧아져 기전력이 작아진다.

> 자극의 수가 많아지면 여자되는 시간이 짧아져 기전력이 커진다.

13
발전기의 구성품이 아닌 것은?

① 컷아웃 릴레이   ② 솔레노이드
③ 다이오드   ④ 전압 조정기

> 솔레노이드(전자석)는 발전기의 로터가 자화되어 N, S극이 되는 것으로 발전기의 구성품은 아니다.

14
자동차에서 사용되는 교류발전기가 처음 회전할 때에는 무엇에 의해 작동되는가?

① 계자 전류   ② 축전지 전류
③ 잔류 자기   ④ 전기자 전류

> 자동차에서 사용되는 교류발전기는 축전지 전류로 여자된다.

정답 10 ① 11 ④ 12 ④ 13 ② 14 ②

15
직류발전기가 처음 회전할 때는 무엇에 의해서 발전되는가?

① 아마추어 전류 ② 계자 전류
③ 축전지 전류 ④ 잔류 자기

🔍 계자철심에 남아있는 잔류 자기로 초기에 발전한다.

16
교류발전기에서 도체를 고정하고 무엇을 회전시켜 전류를 발생시키는가?

① 로터 ② 바이트
③ 부도체 ④ 반도체

🔍 로터는 교류발전기의 회전자이며, 엔진의 크랭크축에 의해 구동된다.

17
AC 발전기의 출력 변화 조정은 무엇에 의해 이루어지는가?

① 엔진의 회전수 ② 배터리의 전압
③ 로터의 전류 ④ 다이오드 전류

🔍 AC 발전기의 출력 변화 조정은 로터전류에 의해 이루어진다.

18
다음에서 AC발전기와 가장 밀접한 관계가 있는 것은?

① 코뮤테이터 ② 정류자
③ 슬립링 ④ 오버러닝 클러치

🔍 교류(AC)발전기의 슬립링은 브러시와 마찰되는 부분이다.

19
AC발전기에서 전류가 발생하는 곳은?

① 전기자 ② 스테이터
③ 로터 ④ 브러시

🔍 전류 발생은 DC발전기에서는 계자코일, AC발전기에서는 스테이터 코일에서 발생된다.

20
교류발전기의 스테이터 결선법 중 ⊿결선의 선간전류는 얼마인가?

① 각 상전류의 $\sqrt{3}$ 배이다.
② 각 상전류의 $\sqrt{4}$ 배이다.
③ 각 상전류의 $\sqrt{5}$ 배이다.
④ 각 상전류의 $\sqrt{6}$ 배이다.

🔍 ⊿결선은 선간전류가 각 상전류의 $\sqrt{3}$ 배이다.

정답 15 ④ 16 ① 17 ③ 18 ③ 19 ② 20 ①

21
교류발전기의 스테이터 결선법이 아닌 것은?

① Y결선 ② ⊿결선
③ Z결선 ④ 스타결선

> 스테이터 결선법에는 Y결선(스타결선), ⊿결선(델타결선)이 있다.

22
발전기의 스테이터 결선방법의 설명으로 틀린 것은?

① Y결선(스타결선)을 사용한다.
② ⊿결선(델타결선)을 사용한다.
③ Y결선은 선간전압이 각 상전압의 $\sqrt{3}$ 배이다.
④ ⊿결선은 선간전압이 각 상전류의 $\sqrt{3}$ 배이다.

> ⊿결선은 선간전류는 각 상전류의 $\sqrt{3}$ 배이다.

23
교류발전기에서 스테이터 코일에서 발생한 교류는?

① 실리콘 다이오드에 의해 교류로 정류시킨 뒤에 내부로 들어간다.
② 실리콘에 의해 교류로 정류되어 내부로 나온다.
③ 실리콘에 의해 교류로 정류되어 외부로 나온다.
④ 실리콘 다이오드에 의해 직류로 정류시킨 뒤에 외부로 끌어낸다.

24
발전기의 3상 교류에 대한 설명으로 틀린 것은?

① 3조의 코일에서 생기는 교류 파형이다.
② Y결선을 스타결선, △결선을 델타결선이라 한다.
③ 각 코일에 발생하는 전압을 선간전압이라 하며, 스테이터 발생전류는 직류전류가 발생된다.
④ △결선은 코일의 각 끝과 시작점을 서로 묶어서 각각의 접속점을 외부 단자로 한 결선 방식이다.

> 각 코일에 발생하는 전압을 선간전압이라 하며, 스테이터 발생전류는 교류전류가 발생된다.

25
다음에서 자동차에 사용하는 교류발전기의 스테이터 코일에서 발생하는 전기는 어느 것인가?

① 단상 유도전류 ② 삼상 교류전류
③ 단상 교류전류 ④ 삼상 직류전류

26
자동차의 교류발전기에서 발생된 교류를 직류로 정류하는 부품은 무엇인가?

① 전기자 ② 조정기
③ 실리콘 다이오드 ④ 릴레이

> 실리콘 다이오드는 교류를 직류로 정류하고, 역류를 방지하는 기능을 한다.

정답 21 ③ 22 ④ 23 ④ 24 ③ 25 ② 26 ③

27
교류발전기의 조정기는 다음 중 어느 것에 해당하는가?

① 전압 조정만 조정하면 된다.
② 전류 조정만 조정하면 된다.
③ 컷아웃 릴레이만 조정하여 준다.
④ 다이오드만 조정하여 주면 된다.

> 교류발전기는 전압 조정기만 필요하다.

28
발전기 정류기인 다이오드의 특징이 아닌 것은?

① 실리콘 다이오드를 사용한다.
② (+)다이오드 2개와 (-)다이오드 4개를 사용한다.
③ 역류를 방지한다.
④ 스테이터 코일에서 발생된 교류를 직류로 정류한다.

> (+) 다이오드 3개와 (-) 다이오드 3개를 사용한다.

29
다음 중 축전지에서 발전기로 역류하는 것을 방지하는 것은?

① 컷인 릴레이   ② 컷아웃 릴레이
③ 전압 조정기   ④ 전류 조정기

> 컷아웃 릴레이는 축전지에서 발전기로 역류하는 것을 방지한다.

30
교류발전기에서 직류발전기의 컷아웃 릴레이와 같은 일을 하는 것은?

① 로터   ② 전압조정기
③ 전류조정기   ④ 실리콘 다이오드

> 교류발전기에서 직류발전기의 컷아웃 릴레이와 같은 일을 하는 것은 실리콘 다이오드로 스테이터에서 발생한 삼상 교류전류를 정류함과 동시에 축전지에서 발전기로 역류하는 것을 방지한다.

31
교류발전기에서 직류발전기의 컷아웃 릴레이와 같은 역할을 하는 것은?

① 로터   ② 스테이터
③ 정류기   ④ 전압 조정기

> 컷아웃 릴레이는 축전지로부터 발전기로의 역류 방지의 역할을 하므로 교류발전기의 정류기(다이오드)가 같은 역할을 한다.

32
자동차 AC발전기의 정류작용은 어디에서 하는가?

① 아마추어   ② 계자코일
③ 다이오드   ④ 배터리

> 자동차 AC발전기의 정류작용은 다이오드에서 한다.

정답 27 ① 28 ② 29 ② 30 ④ 31 ③ 32 ③

33

충전장치 중 IC전압조정기에서 전압을 일정하게 유지하도록 하는 제어 반도체 소자는?

① 스테이터
② 정류자
③ 브러시
④ 제너 다이오드

> 제너다이오드는 일정 전압 이상시 반대로 전류가 흘러 전압 조정용 다이오드로 사용된다.

34

다음 중 교류발전기의 IC 전압조정기의 구성 부품이 아닌 것은?

① 제너 다이오드
② 트랜지스터
③ 다이오드
④ 사이리스터

> 사이리스터(Thyristor)는 트랜지스터와 비슷한 기능을 하는 스위칭 소자이다.

35

IC 방식의 전압조정기가 내장된 자동차용 교류발전기의 특징으로 틀린 것은?

① 스테이터코일 여자전류에 의한 출력이 향상된다.
② 접점이 없기 때문에 조정전압의 변동이 적다.
③ 접점 방식에 비해 내진성, 내구성이 크다.
④ 접점 불꽃에 의한 노이즈가 없다.

36

히트 싱크(heat sink)는 어디에 설치되어 있는가?

① 엔드 프레임
② 스테이터
③ 로터
④ 슬립링

> 히트 싱크는 발전기의 다이오드 온도상승으로 파괴되는 것을 방지하기 위해 발전기의 엔드 프레임에 설치된다.

37

교류발전기 로터(rotor)코일의 저항값을 측정하였더니 200Ω이었다. 이 경우의 설명으로 옳은 것은?

① 로터회로가 접지되었다.
② 정상이다.
③ 저항과대로 불량 코일이다.
④ 전기자회로의 접지불량이다.

> 로터코일의 저항은 약 1~3Ω 정도이다.

38

자동차 발전기 B단자에서 발생되는 전기는?

① 3상 전파 정류된 직류전압
② 3상 반파 정류된 교류전압
③ 단상 전파 정류된 직류전압
④ 단상 반파 정류된 교류전압

> (+), (−)다이오드 각각 3개가 전파 정류하여 교류를 직류로 바꾼다.

정답 33 ④ 34 ④ 35 ① 36 ① 37 ③ 38 ①

39
교류발전기 계자코일에 과대한 전류가 흐르는 원인은?

① 계자코일의 단락
② 슬립링의 불량
③ 계자코일의 높은 저항
④ 계자코일의 단선

> 계자코일이 단락되었을 때 많은 전류가 흐르며, 단선 시에는 전류가 흐르지 않는다.

40
시동 중인 자동차의 라디오에 회전음이 나는 것은 교류발전기의 어느 곳이 고장난 것인가?

① 로터
② 브러시
③ 정류기
④ 스테이터

> 정류기(다이오드) 고장 시 라디오에 회전음이 발생한다.

41
발전기 및 레귤레이터 취급 시 주의사항이다. 틀린 것은?

① 발전기 부근의 타 작업 시 배터리 (-)케이블을 탈거 할 것.
② 배터리를 단락시키지 말 것.
③ 발전기 작동 중 배터리 배선을 분리해도 무관하다.
④ 회로를 단락시키거나 극성을 바꾸어 연결하지 말 것.

> 발전기 작동 중 배터리 케이블을 분리하면 안 된다.

42
다음 중 발전기 출력 결정요소가 아닌 것은?

① 전기자 코일의 권수
② 로터의 계자의 세기
③ 브러시의 수
④ 로터의 회전수

> 발전기의 출력은 전기자 코일의 권수, 로터 자화의 세기, 로터의 회전수에 비례한다.

43
발전기 스테이터코일의 시험 중 그림은 어떤 시험인가?

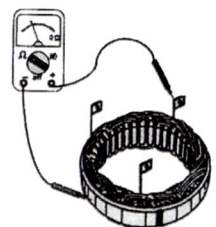

① 코일과 철심의 절연시험
② 코일의 단선시험
③ 코일과 브러시의 단락시험
④ 코일과 철심의 전압시험

정답 39 ① 40 ③ 41 ③ 42 ③ 43 ①

44
다음 중 자동차 축전지 충전이 잘 되지 않는 원인으로 틀린 것은?

① 전압 조정기회로가 불량하다.
② 구동벨트의 장력이 과다하다.
③ 브러시와 슬립링의 접촉이 불량하다.
④ 스테이터 코일이 단선되었다.

> 구동벨트의 장력이 과다하면 과충전된다.

45
다음 중 발전기에서 소음이 발생되는 원인으로 틀린 것은?

① 발전기 베어링의 불량
② 구동벨트의 장력 부족
③ 스테이터 코일의 단선
④ 전압조정기의 접지 불량

> 전압조정기의 접지가 불량하면 과충전되는 원인이 된다.

46
자동차 충전장치에 대한 설명으로 틀린 것은?

① 다이오드는 교류를 직류로 변환시키는 역할을 한다.
② 배터리의 극성을 역으로 접속하면 다이오드가 손상되고 발전기 고장의 원인이 된다.
③ 발전기에서 발생하는 3상 교류를 전파정류하면 교류에 가까운 전류를 얻을 수 있다.
④ 출력전류를 제어하는 것은 제너다이오드이다.

> 발전기에서 발생하는 3상 교류를 전파정류하면 직류에 가까운 전류를 얻을 수 있다.

47
발전기의 출력전류는 정격전류의 몇 % 이상이면 정상인가?

① 50% ② 60%
③ 70% ④ 80%

> 발전기의 출력전류는 정격전류의 70% 이상이면 정상이다.

48
발전기 조정기의 온도 보상장치가 하는 역할로 알맞은 것은?

① 전류 조정값을 알맞게 조정하기 위해서
② 전압 조정값을 알맞게 조정하기 위해서
③ 발전기의 온도 상승을 방지하기 위해서
④ 발전기의 온도 저하를 방지하기 위해서

> 온도 보상장치는 온도 변화에 따른 전압 변동값을 보상하기 위한 것이다.

정답 44 ② 45 ④ 46 ③ 47 ③ 48 ②

49

엔진 정지 상태에서 기동스위치를 "ON"시켰을 때 축전지에서 발전기로 전류가 흘렀다면 그 원인은?

① [+]다이오드가 단락되었다.
② [+]다이오드 절연되었다.
③ [-]다이오드가 단락되었다.
④ [-]다이오드 절연되었다.

> [+] 다이오드가 단락되면 기동스위치를 "ON"시켰을 때 축전지에서 발전기로 전류가 흐른다.

50

엔진 소음을 감소하고 벨트 슬립을 줄여 벨트의 수명을 연장하는 풀리는?

① 원웨이 풀리
② 언노이즈 풀리
③ 슬립 풀리
④ 텐자일 풀리

> 원웨이 풀리는 엔진 소음을 감소하고 벨트 슬립을 줄여 벨트의 수명을 연장하는 풀리이다.

정답 49 ① 50 ①

Chapter 4 시동장치

01 시동장치의 개요

내연기관은 자기 기동(self-starting)을 하지 못하므로 기관을 시동하기 위해 크랭크축을 회전시키는데 사용되는 장치이다.

$$\text{기동 전동기의 필요 회전력} = \frac{\text{피니언의 잇수} \times \text{회전 저항}}{\text{링 기어의 잇수}}$$

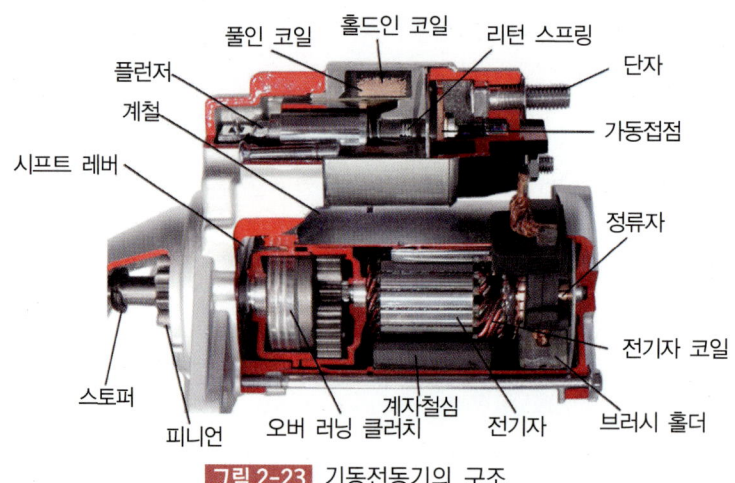

그림 2-23 기동전동기의 구조

1 구비조건

① 기계적인 충격에 강할 것
② 전원 소요 용량이 적을 것
③ 소형 경량이고 출력이 클 것
④ 회전력이 클 것
⑤ 먼지나 물이 들어가지 않는 구조일 것

2 시동장치의 종류

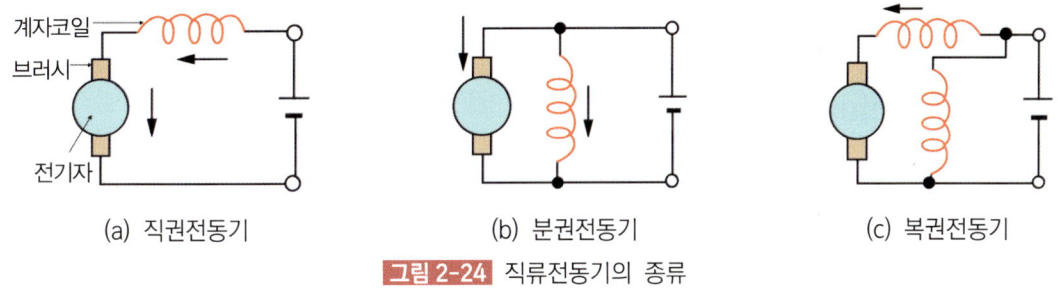

그림 2-24 직류전동기의 종류

[1] 직권식 전동기

① 전기자 코일과 계자 코일이 직렬로 접속
② 시동 회전력이 크고, 부하를 크게 하면 회전속도가 낮아지고, 흐르는 전류가 커지는 장점이 있다.
③ 회전속도 변화가 큰 것이 단점이다.
④ 현재 자동차의 시동전동기로 사용

[2] 분권식 전동기

① 전기자 코일과 계자 코일이 병렬로 접속
② 회전속도가 일정한 장점이 있으나, 회전력이 작은 단점이 있다.

[3] 복권식 전동기
① 전기자 코일과 계자 코일을 직·병렬로 접속
② 시동 시 회전력이 크고, 시동 후 회전속도가 일정한 장점이 있다.
③ 구조가 복잡한 단점이 있다.
④ 윈드 실드 와이퍼모터에 사용된다.

02 시동장치의 구성 및 구조

1 회전력을 발생하는 부분(전동기)

[1] 전기자(armature)
① 전기자축 : 특수강으로 되어 큰 회전력을 받는다.
② 전기자 철심 : 자력선을 잘 통과시키고 맴돌이 전류를 감소시키며, 바깥 둘레의 홈은 전기자 코일을 지지하거나 냉각작용을 한다.
③ 전기자 코일 : 전기자를 회전시키는 역할
④ 정류자 : 브러시에서 공급되는 전류를 일정한 방향으로 흐르도록 하는 역할

[2] 계철과 계자철심
① 계철(요크) : 원통형의 전동기 틀로 자력선의 통로 역할
② 계자철심 : 계자 코일을 지지함과 동시에 자계를 형성하는 역할

[3] 계자 코일
계자철심에 전류가 흐르면 계자철심을 자화시키는 역할

[4] 브러시와 브러시 홀더

① 브러시 : 정류자와 접촉되어 전기자 코일에 전류를 유·출입시키는 역할

② 브러시 홀더 : 브러시를 지지하며 브러시 스프링은 정류자에 브러시를 압착시키는 역할

③ 브러시 길이 : 표준 길이의 1/3 이상 마모 시 교환

2 동력전달기구

① 벤딕스식 : 원심력에 의해 피니언 기어를 링 기어에 접촉

② 피니언 섭동식 : 전자석 스위치를 이용하여 피니언 기어를 링 기어에 접촉

③ 전기자 섭동식 : 전기자를 옵셋하여 접촉

④ 오버러닝 클러치 : 기관 시동 후 시동 스위치를 끄지 않으면 링 기어가 반대로 피니언 기어를 기관 회전수의 약 10~15배로 회전시켜 전기자 및 베어링을 파손시키는데, 이를 방지하는 클러치로 벤딕스식은 사용하지 않는다.

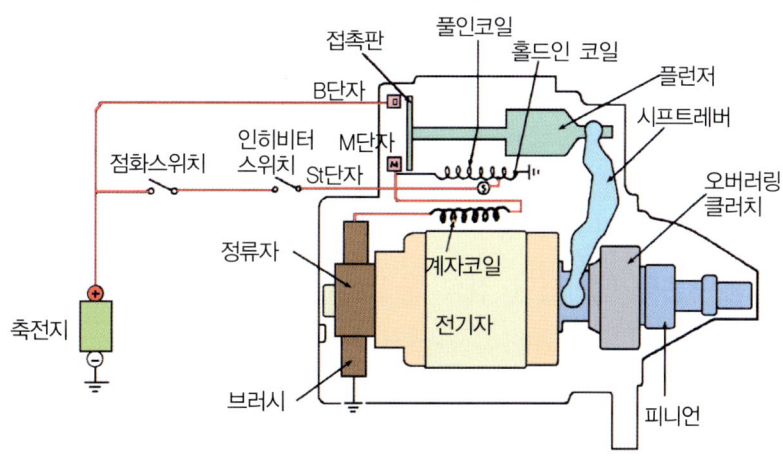

그림 2-25 피니언 섭동식의 구조

3 솔레노이드 스위치

전자석을 이용하여 전동기에 전원을 공급하는 역할

① 풀인 코일 : 풀인 코일은 직렬로 연결되어 있으며, 플런저와 접촉판을 닫힘 위치로 당기는 전자력을 형성하여 기동전동기 솔레노이드 B단자와 M단자에 접촉이 이루어진다.

② 홀드인 코일 : 홀드인 코일은 병렬로 연결되어 있으며, 솔레노이드 St단자를 통하여 에너지를 받아 기동전동기로 흐르고, 시스템 전압이 떨어질 때 접촉판을 맞물린 채로 있도록 추가 전자력을 공급한다.

03 기동전동기 고장원인

1 기동전동기가 회전하지 않는 이유

① 브러시와 정류자의 접촉 불량
② St스위치의 단선
③ 축전지의 과방전
④ 전자석 스위치 접촉판 접촉 불량
⑤ 축전지 접속 케이블의 단선이나 접속 불량

2 기동전동기의 회전이 느린 원인

① 전기자 코일의 단락 또는 접지되었을 때
② 계자 코일이 단락 또는 접지되었을 때
③ 브러시와 정류자의 접촉이 불량할 때
④ 브러시 스프링의 장력이 약할 때

⑤ 축전지 케이블의 접속이 불량할 때
⑥ 축전지 전압이 낮을 때

04 기동전동기의 시험

1 그로울러 테스터
전기자의 단선, 단락, 접지시험을 점검

2 시동전동기의 계측시험
① 무부하시험 : 무부하상태에서 시동전동기의 전류와 회전속도를 측정하는 것으로 무부하 시험 시 전압계, 전류계, 회전계가 필요하다.
② 회전력시험 : 부하상태에서 시동전동기의 전류와 회전력을 측정
③ 저항시험 : 시동전동기를 고정시킨 상태에서 전류를 측정

Chapter 4 시동장치 출제예상문제

01
시동전동기의 작동원리는?

① 플레밍의 오른손 법칙
② 렌츠의 법칙
③ 플레밍의 왼손 법칙
④ 앙페르의 법칙

> 시동전동기는 플레밍의 왼손 법칙으로 계자철심 내에 설치된 전기자에 전류를 공급하면 전기자는 플레밍의 왼손 법칙에 따르는 방향의 힘을 받는다.

02
시동 회전력이 커서 현재 자동차에 사용되는 시동전동기는?

① 직권식 전동기 ② 분권식 전동기
③ 복권식 전동기 ④ 교류 전동기

> 직권식 시동전동기는 시동 회전력이 크고, 부하를 크게 하면 회전속도가 낮아지고 흐르는 전류가 커서 현재 자동차에 사용되고 있다.

03
시동전동기의 결선 방법이 아닌 것은?

① 분권식
② 복권식
③ 직권식
④ 단권식

> 시동전동기는 계자코일과 전기자코일의 연결방법에 따라 직권식, 분권식, 복권식이 있다.

04
직권식 시동전동기의 전기자 코일과 계자 코일은 어떻게 연결되었는가?

① 직렬로 연결되어 있다.
② 병렬로 연결되어 있다.
③ 직, 병렬로 연결되어 있다.
④ 각각의 단자에 연결되어 있다.

> 직권식 시동전동기의 전기자 코일과 계자 코일은 직렬로 연결되어 있다.

정답 01 ③ 02 ① 03 ④ 04 ①

05
시동장치가 갖추어야 할 구비조건으로 틀린 것은?

① 기계적인 충격에 강할 것
② 회전력은 되도록 작을 것
③ 전원 소요 용량이 적을 것
④ 소형 경량이고 출력이 클 것

🔍 시동전동기는 회전력이 커야 한다.

06
시동전동기가 갖추어야 할 조건이 아닌 것은?

① 기동회전력이 커야 된다.
② 전압조정기가 있어야 된다.
③ 마력당 중량이 작아야 한다.
④ 기계적인 충격에 견딜만한 충분한 내구성이 있어야 한다.

🔍 전압조정기는 발전기 구성품이다.

07
시동장치의 구성품이 아닌 것은?

① 스테이터
② 전기자
③ 계철
④ 솔레노이드 스위치

🔍 스테이터는 발전기 구성품으로 전류를 발생한다.

08
디젤 승용자동차의 시동장치회로 구성요소로 틀린 것은?

① 축전지
② 기동전동기
③ 점화 코일
④ 예열·시동스위치

🔍 디젤 승용자동차는 압축 착화방식으로 점화 코일이 없으며, 가솔린기관 및 LPG기관에 사용된다.

09
시동전동기의 구조에 해당되지 않는 것은?

① 계철   ② 로터
③ 정류자   ④ 전기자

🔍 로터는 교류발전기의 구성품이다.

10
시동전동기의 계철의 역할은 무엇인가?

① 전압을 발생시킨다.
② 전기자를 회전시킨다.
③ 전류를 일정한 방향으로 흐르도록 한다.
④ 자력선의 통로로 자력손실을 방지한다.

🔍 계철은 자력선의 통로로 자력 손실을 방지한다.

정답 05 ② 06 ② 07 ① 08 ③ 09 ② 10 ④

11
자력선을 잘 통과시키고 맴돌이 전류를 감소시키는 것은?

① 전기자축
② 전기자 철심
③ 전기자 코일
④ 정류자

> 전기자 철심은 자력선을 잘 통과시키고 맴돌이 전류를 감소시킨다.

12
시동전동기에서 정류자가 하는 역할은?

① 교류를 직류로 정류한다.
② 전류를 양방향으로 흐르도록 한다.
③ 전류를 역방향으로 흐르도록 한다.
④ 전류를 일정한 방향으로 흐르도록 한다.

> 정류자는 브러시에서 공급되는 전류를 일정한 방향으로 흐르도록 하는 역할을 한다.

13
시동전동기의 전기자 코일에 항상 일정한 방향으로 전류가 흐르도록 하기 위해 설치한 것은?

① 슬립링
② 정류자
③ 다이오드
④ 로터

> 정류자는 시동전동기의 전기자 코일에 항상 일정한 방향으로 전류가 흐르도록 하기 위해 설치한다.

14
시동전동기에서 자계를 형성하는 역할을 하는 것은?

① 요크
② 전기자
③ 브러시
④ 계자철심

> 시동전동기의 계자코일에 전류가 흐르면 계자철심이 자계를 형성한다.

15
시동전동기의 브러시는 얼마 이상 마모 시 교환하는가?

① 1/2
② 1/3
③ 1/4
④ 3/4

> 시동전동기의 브러시는 1/3 이상 마모되면 교환을 해야 한다.

16
시동전동기 중 오버러닝 클러치를 사용하지 않는 방식은?

① 벤딕스식
② 전기자 섭동식
③ 풀인 방식
④ 전기자 섭동식

> 벤딕스식은 피니언의 회전관성을 이용하므로 오버러닝 클러치를 사용하지 않는다.

정답 11 ② 12 ④ 13 ② 14 ④ 15 ② 16 ①

17

오버러닝 클러치 형식의 시동전동기는 시동이 걸린 후 계속해서 스위치를 넣으면 어떻게 되는가?

① 시동전동기의 전기자가 탄다.
② 시동전동기가 바로 정지된다.
③ 시동전동기의 회전이 크랭크축 회전보다 빨라진다.
④ 시동전동기의 전기자는 무부하 상태로 공회전하고, 피니언은 고속 회전한다.

> 오버러닝 클러치 형식의 시동전동기에서 시동이 걸린 후 계속해서 스위치를 넣으면 전기자는 무부하 상태로 공회전하고, 피니언은 고속 회전한다.

18

시동전동기의 솔레노이드 스위치에 대한 설명으로 틀린 것은?

① 전자석을 이용하여 전동기에 전원을 공급한다.
② 풀인 코일은 플런저를 잡아당긴다.
③ 홀드인 코일은 당겨진 플런저를 유지한다.
④ 풀인 코일은 병렬로, 홀드인 코일은 직렬로 연결된다.

> 솔레노이드의 풀인 코일은 직렬로, 홀드인 코일은 병렬로 연결된다.

19

시동전동기의 솔레노이드 스위치에서 홀딩 코일의 접속 방법은?

① 직렬접속　　② 병렬접속
③ 직·병렬접속　④ 크랭킹 시에만 직렬접속

> 솔레노이드 스위치의 풀인 코일은 직렬접속이고, 홀딩 코일은 병렬로 접속되어 있다.

20

시동전동기 동력 전달기구의 종류가 아닌 것은?

① 벤딕스식　　② 피니언 섭동식
③ 풀인 방식　　④ 전기자 섭동식

> 시동전동기 동력 전달기구의 종류는 벤딕스식, 피니언 섭동식, 전기자 섭동식 등이 있다.

21

다음 중 시동전동기의 피니언과 링기어의 물림 방식에 속하지 않는 것은 어느 것인가?

① 피니언 섭동식
② 벤딕스식
③ 전기자 섭동식
④ 유니버설식

> 시동전동기 피니언과 링 기어의 물림 방식에는 벤딕스식, 전기자 섭동식, 피니언 섭동식이 있다.

정답 17 ④ 18 ④ 19 ② 20 ③ 21 ④

22
자동차 시동회로와 축전지의 본선과 연결되는 곳은?

① B단자 ② M단자
③ F단자 ④ ST단자

> 시동전동기의 B단자와 축전지의 본선은 직렬로 연결된다.

23
자동차 시동회로에 대한 설명으로 틀린 것은?

① B단자까지의 배선은 굵은 것을 사용해야 한다.
② B단자와 ST단자를 연결해 주는 것은 점화스위치이다.
③ 시동전동기의 B단자와 M단자를 연결해 주는 것은 마그네틱 스위치이다.
④ 축전지 접지가 좋지 않더라도 (+)선의 접촉이 좋으면 시동전동기의 작동에는 지장이 없다.

> 축전지의 접지선(-)과 절연선(+)의 접촉이 나쁘면 접촉 저항의 증가로 시동전동기 작동에 지장을 준다.

24
시동작업 시 시동전동기의 회전력이 약할 경우 그 원인 중 잘못된 것은?

① 축전지의 방전
② 시동전동기 단자의 접촉 불량
③ 시동전동기의 고장
④ 팬벨트의 미끄러짐

> 시동전동기의 회전력이 약한 원인
> ① 축전지의 방전
> ② 시동전동기 단자의 접촉 불량
> ③ 시동전동기의 고장

25
다음 중 시동전동기에 과다한 전류가 흐르는 원인은?

① 내부 접지   ② 높은 저항
③ 계자 코일의 단선 ④ 전기자 코일의 단선

> 시동전동기에 과다한 전류가 흐르는 원인은 내부의 접지 때문이다.

26
시동전동기 취급 시 유의사항으로 틀린 것은?

① 10초 이상 연속하여 사용하지 않는다.
② 시동되지 않으면 연속하여 시동전동기를 작동한다.
③ 규정 속도 이하로 시동전동기가 회전되지 않도록 주의한다.
④ 시동 시 순간 전류가 많이 흐르므로 짧게 간격을 두고 작동시킨다.

> 시동전동기를 연속하여 작동하면 과전류가 흘러 시동전동기 손상을 초래한다.

정답 22 ① 23 ④ 24 ④ 25 ① 26 ②

27
12V용 자동차 축전지인 경우 크랭킹 시 전압은 얼마인가?

① 5~7V
② 9~11V
③ 12~13V
④ 15~17V

> 12V용 축전지의 크랭킹 시 전압은 9~11V이다.

28
시동전동기의 허용 연속 사용시간으로 가장 적당한 것은?

① 2분 이내
② 1분 이내
③ 50초 이내
④ 15초 이내

> 기동전동기 연속 사용시간은 10~15초 정도로 하고, 기관이 시동되지 않으면 다른 부분을 점검한 후 다시 시동하도록 한다.

29
시동전동기에 전류가 흐르지 않는 원인은 다음 중 어느 것인가?

① 내부 접지
② 전기자 코일의 단락
③ 전기자 코일의 개회로
④ 로터 코일의 단락

> 전기자 코일의 개회로(단선)가 되면 시동전동기에 전류가 흐르지 않는다.

30
전자제어 엔진에서 시동 거는 순간 라디오가 작용되지 않는다. 그 이유는?

① 시동 모터를 작동시키기 위하여
② 발전기를 작동시키기 위하여
③ 에어컨을 작동시키기 위하여
④ 와이퍼 모터를 작동시키기 위하여

> 스타팅 시 충분한 전류를 시동전동기에 공급하기 위하여 ACC, IG2에 전원 공급을 일시 차단한다.

31
기동전동기의 필요 회전력에 대한 수식은?

① 크랭크축 회전력 $\times \dfrac{\text{링기어 잇수}}{\text{피니언의 잇수}}$

② 캠축 회전력 $\times \dfrac{\text{피니언 잇수}}{\text{링기어의 잇수}}$

③ 크랭크축 회전력 $\times \dfrac{\text{피니언 잇수}}{\text{링기어의 잇수}}$

④ 캠축 회전력 $\times \dfrac{\text{링기어 잇수}}{\text{피니언의 잇수}}$

정답 27 ② 28 ④ 29 ③ 30 ① 31 ③

32

링기어 이의 수가 115, 피니언 이의 수가 10이고 1,500cc급 엔진의 회전저항이 7m-kgf일 때 시동전동기의 필요한 최소 회전력은 몇 m-kgf인가?

① 약 4.8
② 약 0.61
③ 약 0.58
④ 약 6.1

> 회전력(T) = $\dfrac{\text{회전저항}(R) \times \text{피니언 잇수}}{\text{링기어 잇수}}$
> = $\dfrac{10 \times 7}{115}$ = 0.61m-kgf

33

시동회로에서 솔레노이드 스위치의 B단자까지 굵은 배선을 사용하는 이유로 가장 알맞은 것은?

① B단자와 ST단자가 연결되기 때문이다.
② 시동전동기에 연결되는 단자이기 때문이다.
③ B단자는 차체에 접지되어 있는 단자이기 때문이다.
④ B단자는 크랭킹 시 과도한 전류가 흐르기 때문이다.

> 크랭킹 시 B단자에는 배터리 (+)선과 연결되어 순간적으로 높은 전류가 흐르기 때문이다.

34

기관에 설치된 상태에서 시동 시(크랭킹 시) 기동전동기에 흐르는 전류와 회전수를 측정하는 시험은?

① 단선시험
② 단락시험
③ 접지시험
④ 부하시험

35

기동전동기 무부하시험을 할 때 필요 없는 것은?

① 전류계
② 저항시험기
③ 전압계
④ 회전계

> 기동전동기 무부하시험 시 전압계, 전류계, 회전계가 필요하다.

36

시동전동기의 시험항목에 속하지 않는 것은?

① 저항시험
② 고부하시험
③ 무부하시험
④ 토크시험

> 시동전동기의 시험에는 무부하시험, 부하시험, 회전력(토크)시험이 있다.

정답 32 ② 33 ④ 34 ④ 35 ② 36 ①

37
다음 그림은 기동전동기를 분해하여 전기자의 결함 부분을 점검하는 그림이다. 옳은 것은?

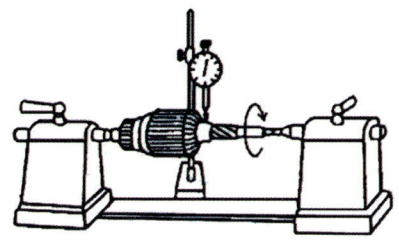

① 전기자축의 휨상태 점검
② 전기자축의 마멸 점검
③ 전기자 코일 단락 점검
④ 전기자 코일 단선 점검

> 전기자를 회전시키면서 다이얼 게이지로 전기자축의 휨 상태를 점검하는 것이다.

38
기동전동기 무부하시험을 하려고 한다. A와 B에 필요한 것은?

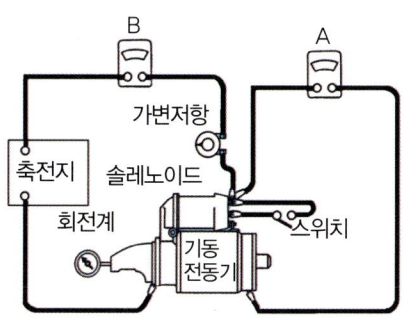

① A는 전류계, B는 전압계
② A는 전압계, B는 전류계
③ A는 전류계, B는 저항계
④ A는 저항계, B는 전압계

> 전류계는 회로에 직렬로 결선하고 전압계는 회로에 병렬로 결선한다.

39
시동전동기의 계측시험에서 회전력시험은 무엇을 시험하는가?

① 정지 회전력
② 무부하 회전력
③ 저속 회전력
④ 고속 회전력

> 시동전동기의 회전력시험은 정지 회전력을 측정한다.

40
기동전동기 정류자 점검 및 정비 시 유의사항으로 틀린 것은?

① 정류자는 깨끗해야 한다.
② 정류자 표면은 매끈해야 한다.
③ 정류자는 줄로 가공해야 한다.
④ 정류자는 진원이어야 한다.

> 정류자는 고운 샌드페이퍼로 가공해야 한다.

41

전동기나 조정기를 청소한 후 점검하여야 할 사항으로 틀린 것은?

① 연결의 견고성 여부
② 과열 여부
③ 아크 발생 여부
④ 단자부 주유상태 여부

> 전동기나 조정기의 단자부는 주유하지 않는다.

42

그로울러 시험기로 할 수 없는 시험 방법은?

① 전기자의 단선
② 전기자의 접지
③ 전기자의 단락
④ 전기자의 저항

> 그로울러 시험기로 전기자의 단선, 단락, 접지시험을 한다.

43

자동차의 기동전동기 탈부착 시 안전에 대한 유의사항으로 틀린 것은?

① 배터리 단자에서 터미널을 분리시킨 후 작업한다.
② 차량 아래에서 작업 시 보안경을 착용하고 작업한다.
③ 기동전동기를 고정시킨 후 배터리 단자를 접속한다.
④ 배터리 벤트플러그는 열려있는지 확인 후 작업한다.

> 배터리 충전 시 배터리 벤트플러그는 열려있는지 확인 후 작업한다.

정답 41 ④ 42 ④ 43 ④

Chapter 5 편의장치

01 에어백(air bag)장치

1 에어백 시스템의 구성

[1] 제어 모듈

① 충격센서, 스퀴브, 와이어링 하니스, 콘덴서, 축전지 전압 등을 검출, 결함 발생 시 에어백 경고등을 점등

② 축전지 전압이 차단된 경우 콘덴서로부터 스퀴브에 점화 에너지를 공급

③ 에어백 시스템에 결함 발생 시 운전자에게 경고

[2] 충격센서

① 차량 충돌 시 자동차의 감속도를 제어 모듈에 입력

② 앞 충격센서와 세이핑 충격센서로 구성

③ 중력센서(G센서)는 롤러, 롤스프링, 가동접점, 고정접점, 베이스, 금속 케이스로 구성

④ 앞 충격센서는 차량의 센터, 좌, 우 사이드 멤버 하단에, 세이핑 충격센서는 제어 모듈에 설치

⑤ 앞 충격센서는 병렬결선, 세이핑 충격센서는 직렬결선

[3] 에어백 모듈

① 인플레이터, 에어백, 패드 커버 등으로 구성

② 분해가 불가능하며, 작동 후에는 전체를 교환

③ 인플레이터에는 질소 가스가 충진, 작동 시 에어백으로 질소가스를 공급

[4] 클록 스프링

① 인플레이터 내의 스퀴브에 점화신호를 공급하는 장치

② 에어백 모듈과 조향 칼럼 사이에 설치

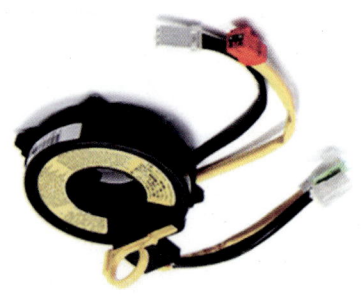

그림 2-26 클록 스프링장치

[5] 에어백 경고등

점화스위치 ON 시나 주행 중에 에어백 시스템을 점검, 진단하여 결함 발생 시 운전자에게 경고

2 에어백의 작동과정

① 자동차가 충돌할 때 에어백을 순간적으로 팽창시켜 승객의 부상을 줄여준다.

② 에어백의 컨트롤 모듈은 충격 에너지가 규정값 이상 되면 전기신호를 인플레이터 (inflater, 팽창기구)에 보낸다.

③ 인플레이터에서는 공급된 전기적 신호에 의해 가스 발생제가 연소되어 에어백을 팽창시

킨다.

④ 질소가스가 백을 부풀리고 벤트 홀로 배출된다.

02 편의장치

1 에탁스(ETACS : electronic time alarm control system)

[1] 에탁스의 기능

에탁스는 자동차 전기장치 중 시간에 의하여 작동되는 장치와 경보를 발생시켜 운전자에게 알려주는 장치 등을 종합한 장치라 할 수 있다. 제어되는 기능은 다음과 같다.

① 와셔연동 와이퍼 제어
② 간헐 와이퍼 및 차속감응 와이퍼 제어
③ 점화스위치 키 구멍 조명 제어
④ 파워윈도우 타이머 제어
⑤ 안전벨트 경고등 타이어 제어
⑥ 열선 타이머 제어(사이드 미러 열선 포함)
⑦ 점화스위치 회수 제어
⑧ 미등 자동소등 제어
⑨ 감광방식 실내등 제어
⑩ 도어 잠금 해제 경고 제어
⑪ 자동 도어 잠금 제어
⑫ 중앙 집중방식 도어 잠금장치 제어
⑬ 점화스위치를 탈거할 때 도어 잠금(lock)/잠금 해제(un lock) 제어
⑭ 도난경계 경보 제어
⑮ 충돌을 검출하였을 때 도어 잠금/잠금 해제 제어

⑯ 원격 관련 제어
    ㉮ 원격시동 제어
    ㉯ 키 리스(keyless) 엔트리 제어
    ㉰ 트렁크 열림 제어
    ㉱ 리모컨에 의한 파워원도우 및 폴딩 미러 제어

2 에탁스 입·출력신호

전장 제어 ECU 관련 기능의 작동불량 시 전장 제어 ECU 자체의 단품의 고장보다는 입·출력요소의 고장률이 훨씬 높다. 따라서 입력과 출력에 관여하는 스위치 및 액추에이터의 감지전압 및 작동전압 레벨, 액추에이터는 언제 구동되는지 등의 사전 지식을 가지고 있어야 한다. 회로도를 완벽하게 이해하며 회로도를 참고하여 고장을 추적하는 습관을 가져야 한다. 최근에는 전장 제어 ECU의 입력스위치를 감지하기 위하여 출력하는 5V 신호가 정전압 방식에서 스트로브 방식으로 바뀌었다.

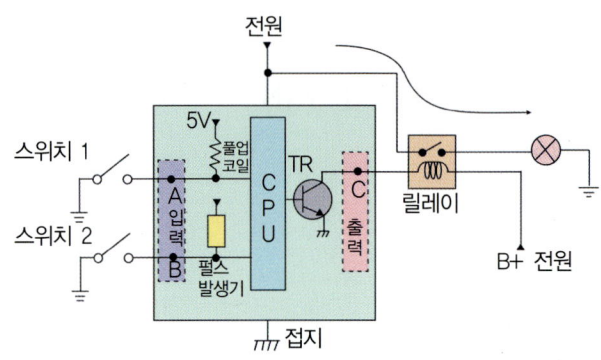

그림 2-27 ETACS 기본원리 예시

3 편의장치 종류 및 기능 제어 특성

[1] 점화 키홀 조명 제어
① 점화 키 OFF 상태에서 운전석 도어를 열었을 때 키홀 조명은 점등된다.
② 키홀 조명이 점등된 상태로 운전석 도어를 닫을 경우 키홀 조명은 10초간 ON상태로 유지 후 소등된다.
③ 키홀 조명 제어 중 점화키가 ON되면 키홀 조명을 즉각 OFF한다.

[2] 감광식 룸램프 제어
① 도어 열림 시 실내등을 점등한다.
② 도어 닫힘 시 즉시 75% 감광 후 서서히 5~6초 후에 완전히 소등한다.
③ 도어 스위치 ON 시간이 0.1초 이하인 경우에는 감광 동작을 하지 않는다.
④ 감광 동작 중 점화키 ON 시 즉시 감광 동작은 저지된다.

[3] 열선 제어
① 발전기 L단자에서 12V 출력 시 열선스위치를 누르면 열선 릴레이를 15분간 ON한다.
② 열선 작동 중 열선스위치를 누르면 열선 릴레이는 OFF된다.
③ 열선 작동 중 발전기 L단자의 출력이 없을 경우에도 열선 릴레이는 OFF된다.

[4] 파워윈도우 타이머 제어
① 점화스위치가 ON되면 파워윈도우 릴레이를 즉시 ON하여 시스템에 전원을 공급한다.
② 점화스위치가 OFF되면 일정 시간 동안(30s) 릴레이 출력을 유지하므로 점화 스위치 OFF 상태에서도 파워윈도우가 작동된다.
③ 타이머 제어 중 운전석 또는 조수석 도어가 열리면 출력은 즉시 OFF되나 차종에 따라 30초간 연장되는 차량도 있다(30초 연장 차량).

[5] 오토 도어록(Door Lock) 제어

① 차속이 40km/h 이상의 상태를 2~3초 이상 계속 유지하고 전 도어 중 하나라도 UNLOCK 상태일 경우 도어록 릴레이를 ON한다.

② 40km/h 이상에서 오토 도어록 제어 중 언록이 감지되면 2~3초 후 다시 도어록 릴레이를 ON한다.

③ 만약 계속해서 언록이 감지되면 0.5초 ON/OFF 주기로 3회 동안 도어록 릴레이를 ON하며, 3회 작동 중 록신호가 감지되면 즉시 출력을 멈춘다.

[6] 중앙집중식 잠금 제어

① 운전석 도어 모듈의 도어록/언록스위치에 의한 작동은 모든 차종이 동일하다.

② 운전석/조수석 도어 노브에 의한 록/언록은 도난방지 시스템 미적용 차량은 차종에 관계없이 모두 록/언록된다. 도난방지 적용 차량은 록은 작동되나 언록은 작동되지 않는다.

③ 운전석/조수석 도어키에 의한 록/언록은 차종에 관계없이 모두 록/언록된다. 아반떼 XD는 도어키 스위치가 없으나 도어록/언록신호에 의해 제어된다.

[7] 간헐와이퍼 제어

① 점화키 ON 시 인트스위치를 작동시키면 T1(0.3초) 후에 와이퍼 릴레이를 ON한다.

② 간헐와이퍼 작동 중 와이퍼가 재작동하는 주기는 인트볼륨 설정에 따라 T2(1.5±0.5초~1.1±1초) 시간만큼 차이가 발생한다.

[8] 레인센서

① 와이퍼 제어 시스템에서 다기능 스위치로부터 "AUTO" 신호가 입력되면 작동한다.

② 입력신호에 의해 와이퍼 모터를 구동 제어한다.

③ 유리 상단 내면부에 설치된 레인센서 유닛에서 강우량을 감지하여 와이퍼 모터의 작동

시간, 작동속도 등을 제어한다.

[9] 통합 시트메모리 유닛

① 시트메모리 유닛은 IMS(Integrated Memory System)라 부른다.
② 운전자가 설정한 운적석 시트와 핸들의 위치를 센서에 의해 틸트와 텔레스코프 모터를 이용하여 메모리에 저장된 설정에 맞도록 위치를 복귀시키는 시스템이다.
③ 이러한 제어 시스템을 재생 동작이라고 한다. 하지만 파워 시트 컨트롤 유닛과 파워 윈도우간에는 CAN통신을 행하여 주행 시에 재생 동작을 금지하는 기능도 가지고 있다.

[10] 버튼 엔진 시동 시스템

① 운전자에게 기존 기계식 키를 이용하는 대신 간단하게 시동 버튼(SSB : Start Stop Button)을 누름으로써 기계식 방식의 기능을 대신하는 시스템이다.
② 버튼 엔진 시동 시스템은 이모빌라이저(Immobilizer) 시스템인 스마트키 방식과 전자칩이 들어있는 트랜스폰더키 방식을 복합한 시스템으로 이모빌라이저 기능은 차량에 입력되어 있는 암호와 시동키에 입력된 암호가 일치해야 하는 시스템이다.
③ 시스템의 구성은 스마트키 유닛, 전원 공급 모듈(PDM : Power Distribution Module), FOB 키홀더, 외장 리시버, 스타터 릴레이, 시동정지 버튼과 전자식 스티어링 컬럼록(ESCL : Electronic Stering Column Lock), EMS(Engine Management System) 등으로 구성된다.
④ 스마트키 유닛의 기능
　㉮ 시동 정지 버튼 모니터링
　㉯ 이모빌라이저 통신
　㉰ 전자식 스티어링 컬럼록 제어
　㉱ 시스템 모니터링 및 진단

㉮ 경고 버저 및 표시 메시지 제어

⑤ PDM의 주요 기능

㉮ 단자 릴레이 제어

㉯ 센서 또는 ABS/VDC ECU로부터의 차속 모니터링

㉰ SB LED(조명, 클램프 상태) 및 FOB 홀더 조명 제어

㉱ ESCL 전원 라인 제어 및 ESCL 잠금 해제 상태 모니터링

㉲ 시리얼 인터페이스와 FOB 홀더를 통한 트랜스폰더 통신

㉳ 스마트키 유닛의 결함을 진단하기 위해 그리고 림프 홈 모드(LIMP HOME MODE) 관련 변환을 위해 시스템 지속 모니터링

㉴ 시동 정지 버튼(SB) 스위치 입력 모니터링 및 스타터 모터 전원 제어

⑥ FOB 홀더의 주요 기능

㉮ FOB 키 배터리 방전 혹은 통신 장애일 때, 홀더에 키를 삽입하면 정상 동작이 가능하다.

㉯ FOB 키홀더에 키를 삽입 후 버튼을 누르면 전원 이동 및 시동이 가능하다.

㉰ FOB 키는 전원 상태에 무관하게 탈거가 가능하다. 단, 탈거 시에도 전원 상태는 변하지 않는다.

㉱ FOB 키를 탈거할 때는 삽입된 FOB 키를 누르면 약 6~7mm 정도 튀어나온다. 이때 FOB 키를 빼내면 된다.

[11] 오토라이트 시스템 구성 및 작동

① 운전자에게 기존 기계식 키를 이용하는 대신 간단하게 시동 버튼(SSB : Start Stop Button)을 누름으로써 기계식 방식의 기능을 대신하는 시스템이다.

② 버튼 엔진 시동 시스템은 이모빌라이저(Immobilizer) 시스템인 스마트키 방식과 전자칩이 들어있는 트랜스폰더키 방식을 복합한 시스템으로, 이모빌라이저 기능은 차량에 입력되어 있는 암호와 시동키에 입력된 암호가 일치해야 하는 시스템이다.

③ 시스템의 구성은 스마트키 유닛, 전원 공급 모듈(PDM : Power Distribution Module), FOB 키홀더, 외장 리시버, 스타터 릴레이, 시동정지 버튼과 전자식 스티어링 컬럼록(ESCL : Electronic Stering Column Lock), EMS(Engine Management System) 등으로 구성된다.

03 계기(운전 정보)장치

계기장치는 운전 중 차량의 주행 상태를 나타내는 각종 정보를 운전자에게 알려, 자동차의 운전 상황을 쉽게 판단하여 교통의 안전을 도모하고, 쾌적한 운전을 할 수 있도록 유도하는 장치로, 속도계, 수온계, 연료계, 유압계 등이 있다. 계기장치에 의한 정보 표시방법은 아날로그 방식과 디지털 방식이 있다.

1 속도계

속도계에는 자동차의 주행속도를 1시간당의 주행거리(km/H)로 나타내는 속도 지시계와 전체 주행거리를 표시하는 적산계의 2부분으로 되어 있으며, 수시로 0으로 되돌릴 수 있는 구간거리계를 설치한 것도 있다. 그리고 속도계는 변속기 출력축에서 속도계 구동 케이블을 통하여 구동된다.

2 회전속도계(tachometer)

[1] 발전식 회전속도계

점화신호를 검출하기 어려운 디젤기관 차량에 사용되며, 기관의 구동축에 의하여 로터가 회전하게 되면 스테이터 코일에는 기관의 회전수에 비례하는 교류전압이 유도 → 출력된 교류전압을 전파 정류하여 가동코일형의 미터부에 보내면 기관의 회전수를 나타낼 수 있게 된다.

[2] 펄스식 회전속도계

점화신호를 펄스신호로 변환하여 기관의 회전수를 나타낸다. 구동케이블 등의 부속품을 필요로 하지 않아 전자제어 점화 방식이 사용되고 있는 가솔린기관용 회전속도계로서 널리 사용되고 있다.

3 유압계 및 유압경고등

유압계는 기관의 윤활회로 내의 유압을 측정하기 위한 계기이며, 유압경고등은 윤활회로에 이상이 있으면 경고등을 점등하는 방식이다. 유압계의 종류에는 부르돈튜브 방식, 평형코일 방식, 바이메탈 방식 등이 있다.

4 온도계(수온계)

온도계는 실린더헤드 물재킷 내의 냉각수 온도를 표시하는 것이다. 온도계의 종류에는 부르돈튜브 방식, 밸런싱코일 방식, 서모스탯 바이메탈 방식, 바이메탈 저항 방식 등이 있다.

5 연료계

연료계는 연료탱크 내의 연료 보유량을 표시하는 계기이며, 일반적으로 전기 방식을 사용한다. 연료계에는 계기 방식인 평형코일 방식, 서모스탯 바이메탈 방식, 바이메탈 저항 방식과 연료면 표시기 방식이 있다.

6 전류계와 충전경고등

전류계는 축전지의 충·방전상태와 크기를 알려주는 계기이며, 영구자석과 전자석으로 조립되어 있다. 충전경고등은 경고등의 점멸상태로 충·방전상태를 표시한다. 충전 계통이 정상이면 소등되고, 이상이 발생하면 점등된다.

7 경음기

경음기의 종류에는 전자석에 의해 진동판을 진동시키는 전기 방식과 압축 공기에 의하여 진동판을 진동시키는 공기 방식이 있다. 전기 방식 경음기는 다이어프램, 접점 및 조정 너트, 진동판 등으로 구성되어 있으며, 경음기의 음량이 부족한 원인은 다음과 같다.

① 회로에 전압 강하가 많다.
② 접지가 불량하다.
③ 경음기의 음량 조절이 불량하다.
④ 경음기 릴레이가 불량하다.

Chapter 5 편의장치 출제예상문제

01
에어백 시스템의 구성이 아닌 것은?

① 제어모듈
② 충격센서
③ 클록 스프링
④ 자동차 가속도 모듈

> 에어백 구성품은 제어 모듈, 충격센서, 안전벨트 버클, 스퀴브, 클록 스프링, 에어백 모듈 등이 있다.

02
에어백장치 구성품이 아닌 것은?

① 안전벨트 버클
② 클록 스프링
③ 위치센서
④ 스퀴브

03
중력센서의 구성이 아닌 것은?

① 롤러
② 롤 스프링
③ 베이스
④ 유리 케이스

> 중력센서(G센서)는 롤러, 롤스프링, 가동접점, 고정접점, 베이스, 금속 케이스로 구성되어 있다.

04
괄호 안에 알맞은 소자는?

> SRS(supplemental restraint system) 점검 시 반드시 배터리의 (-)터미널을 탈거 후 5분 정도 대기한 후 점검한다. 이는 ECU 내부에 있는 데이터를 유지하기 위한 내부 (   )에 충전되어 있는 전하량을 방전시키기 위함이다.

① 서미스터
② G센서
③ 사이리스터
④ 콘덴서

정답 01 ④ 02 ③ 03 ④ 04 ④

05
에탁스 원격 관련 제어가 아닌 것은?

① 원격시동 제어
② 트렁크 열림 제어
③ 파워윈도우 및 폴딩 미러 제어
④ 통합 시트 메모리 제어

06
중앙집중식 제어장치(ETACS 또는 ISU)의 입·출력요소의 역할에 대한 설명 중 틀린 것은?

① 열선스위치 : 열선 작동 여부 감지
② INT스위치 : 운전자의 의지인 볼륨의 위치 검출
③ 모든 도어스위치 : 각 도어 잠김 여부 감지
④ 핸들 록스위치 : 와셔 작동 여부 감지

> 핸들 록스위치는 핸들 잠김 여부를 감지한다.

07
편의장치 중 중앙집중식 제어장치(ETACS 또는 ISU) 입·출력요소의 역할에 대한 설명으로 틀린 것은?

① INT 볼륨 스위치 : INT 볼륨 위치 검출
② 모든 도어 스위치 : 각 도어 잠김 여부 검출
③ 키 리마인드 스위치 : 키 삽입 여부 검출
④ 와셔 스위치 : 열선 작동 여부 검출

> 열선 작동 여부를 검출하는 것은 열선 스위치이다.

08
파워윈도우 타이머 기능에 대한 설명으로 틀린 것은?

① 입력요소로는 파워윈도우 릴레이가 있다.
② 점화스위치 OFF 후 일정 시간 동안 파워윈도우를 UP/DOWN시킬 수 있는 기능을 의미한다.
③ 파워윈도우 타이머 제어의 목적은 운전자가 키를 제거했을 때 윈도우가 열려 있다면 다시 키를 꽂고 윈도우를 올려야 하는 불편함을 해소시키기 위한 기능이다.
④ 점화스위치 OFF 후에도 일정 시간 동안 파워윈도우 릴레이를 작동시킨다.

> 파워윈도우 입력요소는 파워윈도우 스위치가 있다.

09
사이드 미러(후사경) 열선 타이머 제어 시 입·출력요소가 아닌 것은?

① 전조등 스위치 신호
② IG 스위치 신호
③ 열선 스위치 신호
④ 열선 전류

10
이모빌라이저장치에서 키 실린더 주변에 장착되어 트랜스폰더로부터 고유 코드를 읽는 기능을 하는 부품은?

① 제어 모듈
② 토르젠 기어
③ 토로이달 코일
④ 점화 코일

정답 05 ④ 06 ④ 07 ④ 08 ① 09 ① 10 ③

🔍 토로이달 코일은 이모빌라이저장치에서 키 실린더 주변에 장착되어 트랜스폰더로부터 고유 코드를 읽는 기능을 한다.

11
감광식 룸램프 제어에 대한 설명으로 틀린 것은?

① 도어를 연 후 닫을 때 실내등이 즉시 소등되지 않고 서서히 소등될 수 있도록 한다.
② 시동 및 출발 준비를 할 수 있도록 편의를 제공하는 기능이다.
③ 입력요소는 모든 도어 스위치이다.
④ 모든 신호는 엔진 컴퓨터로 입력된다.

🔍 감광식 룸램프는 에탁스 또는 BCM(body control module)에 입력된다.

12
자동차 시스템에 따라 다를 수 있으나 도난 경보장치 구성부품으로 가장 거리가 먼 것은?

① 도어 열림 스위치
② 트렁크 열림 스위치
③ 후드 열림 스위치
④ 오일 압력 스위치

🔍 도난 경보기 입력 요소
① 모든 도어 스위치 : 4개의 도어 스위치를 병렬로 감지하여 어느 하나라도 열림이 있는 경우 경계 진입을 보류한다.
② 트렁크 스위치 : 트렁크가 열린 경우 경계 진입을 보류한다.
③ 후드 스위치 : 후드가 열린 경우 경계 진입을 보류한다.
④ 도어록 스위치 : 운전석과 동승석은 독립으로, 뒤 좌우는 병렬로 감지하며, 도어록 액추에이터 내의 록 스위치를 감지하여 실제로 도어록이 되었는지를 감지하여 경계 상태로 진입한다.

13
자동차 주위의 밝기에 따라 미등 및 전조등을 작동시키는 기능을 무엇이라 하는가?

① 레인센서 기능
② 자동 와이퍼 기능
③ 오토 라이트 기능
④ 램프 오토 컷 기능

🔍 오토 라이트 기능은 자동차 주위의 밝기에 따라 미등 및 전조등을 작동시키는 기능이다.

14
AUTO LAMP CUT 기능(미등 자동 소등)에 대한 설명으로 가장 올바른 것은?

① 주행을 도와주는 기능이다.
② 연료를 절약하기 위해서이다.
③ 미등이 빠르게 작동하기 위해서이다.
④ 배터리 방전을 방지하기 위해서이다.

🔍 배터리 방전을 방지하기 위해 AUTO LAMP CUT 기능(미등 자동 소등)을 제어한다.

정답 11 ④ 12 ④ 13 ③ 14 ④

15
자동차에 사용되는 라디오 글라스 안테나에 대한 내용 중 틀린 것은?

① 유리 중간층에 0.3mm 이하의 도선 안테나를 삽입하는 방식도 사용된다.
② 유리 안쪽 면에 도체선을 프린트한 것도 사용된다.
③ 디포거용 발열 도체선을 병용하여 AM 수신 감도를 향상시킨다.
④ 글라스 안테나는 풀형 안테나에 비해 작동 소음이 다소 크다.

> 글라스의 실내 쪽 상부에 디포거와 같이 프린트한 라디오 안테나로 풀형 안테나처럼 상하 조작이나 풍절음도 없는 것이 장점이다.

16
파워윈도우 타이머 제어에 관한 설명으로 틀린 것은?

① IG ON에서 파워윈도우 릴레이를 ON한다.
② IG OFF에서 파워윈도우 릴레이를 일정 시간 동안 ON한다.
③ 파워윈도우 타이머 제어의 목적은 운전자가 키를 빼고 나왔을 때 윈도우가 열려있다면 다시 키를 꽂고 윈도우를 올려야 하는 불편함을 해소시키기 위해 있는 기능이다.
④ 파워윈도우 타이머 제어 중 전조등을 작동시키면 출력을 즉시 OFF한다.

> 파워윈도우 타이머 제어 중 운전석 또는 동승석 도어를 열 경우 출력을 즉시 OFF시킨다.

17
이모빌라이저 시스템에 대한 설명으로 틀린 것은?

① 자동차의 도난을 방지할 목적으로 적용되는 시스템이다.
② 도난 상황에서 시동이 걸리지 않도록 제어한다.
③ 도난 상황에서 시동키가 회전되지 않도록 제어한다.
④ 엔진의 시동은 반드시 자동차에 등록된 키로만 시동이 가능하다.

18
스마트키 유닛의 기능이 아닌 것은?

① 시동 정지 버튼 모니터링
② 경고 버저 및 표시 메시지 제어
③ 이모빌라이저 통신
④ 외부 오토 시동 제어

> 스마트키 유닛은 시동 정지 버튼 모니터링, 경고 버저 및 표시 메시지 제어, 이모빌라이저 통신 등의 기능을 한다.

19
FOB 홀더의 주요 기능이 아닌 것은?

① 키가 방전될 때 홀더에 삽입 후 정상 작동
② 통신장애 발생 시 삽입 후 정상 작동
③ FOB키는 전원이 연결된 상태에서만 정상 작동
④ FOB키 홀더에 키를 삽입하면 시동이 가능

정답 15 ④ 16 ② 17 ③ 18 ④ 19 ③

> **FOB 홀더의 주요 기능**
> ① FOB 키 배터리 방전 혹은 통신 장애일 때, 홀더에 키를 삽입하면 정상 동작이 가능하다.
> ② FOB 키홀더에 키를 삽입 후, 버튼을 누르면 전원 이동 및 시동이 가능하다.
> ③ FOB 키는 전원 상태에 무관하게 탈거가 가능하다. 단, 탈거 시에도 전원 상태는 변하지 않는다.
> ④ FOB 키를 탈거할 때는 삽입된 FOB 키를 누르면 약 6~7mm 정도 튀어나온다. 이때 FOB 키를 빼내면 된다.

20

오토라이트 시스템의 구성이 아닌 것은?

① 스마트키 유닛
② 전원 공급 모듈
③ 기계식 스티어링 컬럼록
④ 외장 리시버

> 오토라이트 시스템의 구성은 스마트키 유닛, 전원 공급 모듈(PDM : Power Distribution Module), FOB 키홀더, 외장 리시버, 스타터 릴레이, 시동정지 버튼과 전자식 스티어링 컬럼록(ESCL: Electronic Steering Column Lock), EMS(Engine Management System) 등으로 구성된다.

21

도어록 제어(Door lock control)에 대한 설명으로 옳은 것은?

① 차속 40km/h 이상의 속도에서 운전석 도어가 록(lock)인 경우는 록 제어를 하지 않는다.
② 점화 스위치를 OFF로 하면 모든 도어 중 하나라도 록 상태일 경우 전 도어를 록(lock)시킨다.
③ 도어록 상태에서 주행 중 충돌 시 에어백 ECU로부터 에어백 전개신호를 입력받아 모든 도어를 해제(unlock)시킨다.
④ 도어 언록(unlock) 상태에서 주행 중 자동차 충돌 시 충돌센서로부터 충돌 정보를 입력받아 승객의 안전을 위해 모든 도어를 잠김(lock) 출력을 행한다.

> **오토 도어록(Door Lock) 제어**
> ① 차속이 40km/h 이상의 상태를 2~3초 이상 계속 유지하고 전 도어 중 하나라도 UNLOCK 상태일 경우 도어록 릴레이를 ON한다.
> ② 40km/h 이상에서 오토 도어록 제어 중 언록이 감지되면 2~3초 후 다시 도어록 릴레이를 ON한다.
> ③ 만약 계속해서 언록이 감지되면 0.5초 ON/OFF 주기로 3회 동안 도어록 릴레이를 ON하며 3회 작동 중 록 신호가 감지되면 즉시 출력을 멈춘다.
> ④ 도어록 상태에서 주행 중 충돌 시 에어백 ECU로부터 에어백 전개신호를 입력받아 모든 도어를 해제(unlock)시킨다.

정답 20 ③ 21 ③

22

버튼 엔진 시동 시스템의 전원 공급 모듈(PDM)의 주요 기능이 아닌 것은?

① 배터리 전압 모니터링
② FOB 홀더 조명 제어
③ 시동 정지 버튼 스위치 입력 모니터링
④ 전자식 스티어링 컬럼록 제어

> **PDM의 주요 기능**
> ① 단자 릴레이 제어
> ② 센서 또는 ABS/VDC ECU로부터의 차속 모니터링
> ③ SB LED(조명, 클램프 상태) 및 FOB 홀더 조명 제어
> ④ ESCL 전원 라인 제어 및 ESCL 잠금 해제 상태 모니터링
> ⑤ 시리얼 인터페이스와 FOB 홀더를 통한 트랜스폰더 통신
> ⑥ 스마트키 유닛의 결함을 진단하기 위해 그리고 림프 홈 모드(LIMP HOME MODE) 관련 변환을 위해 시스템 지속 모니터링
> ⑦ 시동 정지 버튼(SB) 스위치 입력 모니터링 및 스타터 모터 전원 제어

23

유리 상단 내면부에 장착된 것으로 강우량을 감지하는 센서는?

① 레인센서 ② 라이트센서
③ 오토센서 ④ 타임센서

> 레인센서는 유리 상단 내면부에 장착된 것으로 강우량을 감지하는 센서이다.

24

연료계 방식의 종류가 아닌 것은?

① 뜨게 방식
② 평형 코일 방식
③ 서모스탯 바이메탈 방식
④ 바이메탈 저항 방식

> 뜨게는 연료의 양을 검출하여 연료계와 연동하여 작동한다.

25

연료탱크의 연료량을 표시하는 연료계의 형식 중 계기식의 형식에 속하지 않는 것은?

① 밸런싱 코일식
② 연료면 표시기식
③ 서미스터식
④ 바이메탈 저항식

> 연료면 표시기식은 경고등 방식이다.

정답 22 ① 23 ① 24 ① 25 ②

26

경음기의 음량이 부족한 원인으로 틀린 것은?

① 회로에 전압 강하가 많다.
② 접지가 불량하다.
③ 전원전압이 너무 높다.
④ 경음기 릴레이가 불량하다.

> 경음기의 음량 조절이 불량해도 음량이 부족하며, 음량 조절은 에어간극으로 조절한다.

27

2개의 코일이 병렬로 접속되어 가변 저항값에 따라 작동되며 유압계, 수온계, 연료계에서 사용되는 계기류는?

① 밸런싱 코일식   ② 바이메탈식
③ 타코미터식   ④ 영구 자석식

> 밸런싱 코일식은 2개의 코일이 병렬로 접속되어 가변 저항값에 따라 작동한다.

28

계기판의 속도계가 작동하지 않을 때 고장부품으로 옳은 것은?

① 차속센서
② 크랭크 각센서
③ 흡기매니폴드 압력센서
④ 냉각수온센서

> 자동차는 차속센서의 신호를 받아 계기판의 속도계를 지시한다.

29

계기판의 엔진 회전계가 작동하지 않는 결함의 원인에 해당되는 것은?

① VSS(Vehicle Speed Sensor) 결함
② CPS(Crank shaft Position Sensor) 결함
③ MAP(Manifold Absolute Pressure) 결함
④ CTS(Coolant Temperature Sensor) 결함

> CPS(Crank shaft Position Sensor) 결함 시 계기판의 엔진 회전계가 작동되지 않는다.

30

계기판의 주차 브레이크 경고등이 점등되는 조건이 아닌 것은?

① 주차 브레이크가 당겨져 있을 때
② 브레이크액이 부족할 때
③ 브레이크 페이드 현상이 발생했을 때
④ EBD 시스템에 결함이 발생했을 때

> 브레이크 페이드 현상이란 잦은 풋브레이크 작용으로 열 축적에 의한 마찰계수가 저하되는 현상이다.

정답 26 ③ 27 ① 28 ① 29 ② 30 ③

31
엔진오일압력이 일정 이하로 떨어졌을 때 점등되는 경고등은?

① 연료잔량 경고등 ② 주차브레이크등
③ 엔진오일 경고등 ④ ABS 경고등

32
커먼레일 디젤엔진 차량의 계기판에서 경고등 및 지시등의 종류가 아닌 것은?

① 예열플러그 작동 지시등
② DPF 경고등
③ 연료수분 감지 경고등
④ 연료차단 지시등

33
계기 및 보안장치의 정비 시 안전사항으로 틀린 것은?

① 엔진이 정지상태이면 계기판은 점화스위치 ON 상태에서 분리한다.
② 충격이나 이물질이 들어가지 않도록 주의한다.
③ 회로 내에 규정치보다 높은 전류가 흐르지 않도록 한다.
④ 센서의 단품점검 시 배터리 전원을 직접 연결하지 않는다.

> 계기판 분리 시 점화 스위치는 항상 OFF 상태에서 분리한다.

34
현재의 연료소비율, 평균속도, 항속 가능거리 등의 정보를 표시하는 시스템으로 옳은 것은 ?

① 종합경보 시스템(ETACS 또는 ETWIS)
② 엔진·변속기 통합제어 시스템(ECM)
③ 자동주차 시스템(APS)
④ 트립(Trip)정보 시스템

> 트립정보는 주행 평균속도, 주행거리, 회기온도, 항속 가능 거리 등 주행과 관련된 정보를 LCD 표시창을 통해 운전자에게 알려주는 시스템이다.

정답 31 ③ 32 ④ 33 ① 34 ④

Chapter 6 등화장치

01 전기회로

1 전선의 피복 색깔 표시

전선을 구분하기 위한 전선의 색깔은 전선 피복의 바탕색, 보조 줄무늬 색깔의 순서로 표시한다.

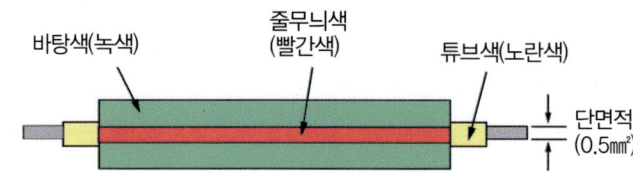

AVX : 내열 자동차용 배선 0.5 : 전선 단면적(0.5㎟)
G : 바탕색(녹색) R : 줄무늬 색(빨간색) Y : 튜브색(노란색)

그림 2-28 전선의 피복 색깔 표시

2 하니스

전선을 배선할 때 한 선씩 처리하는 경우도 있지만 대부분 같은 방향으로 설치될 전선을 다발로 묶어 처리하는 경우가 많다. 이런 전선 묶음을 전선 하니스(wiring harness) 또는 간단히 하니스라 한다.

3 전선의 배선 방식

배선방법에는 단선 방식과 복선 방식이 있다. 단선 방식은 부하의 한끝을 자동차 차체에 접지하는 것이며, 접지 쪽에서 접촉 불량이 생기거나 큰 전류가 흐르면 전압강하가 발생하므로, 작은 전류가 흐르는 부분에서 사용한다. 복선 방식은 접지 쪽에도 전선을 사용하는 것으로 주로 전조등과 같이 큰 전류가 흐르는 회로에서 사용된다.

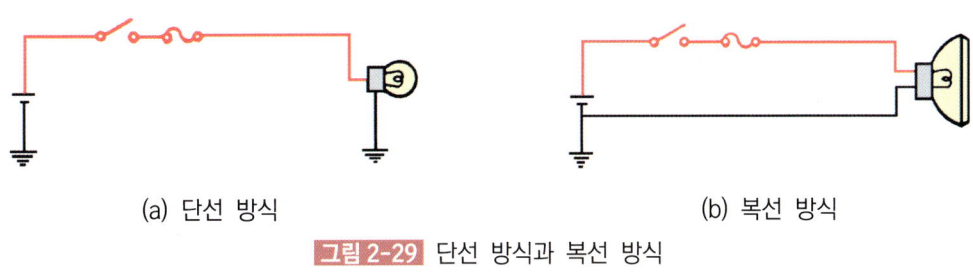

(a) 단선 방식   (b) 복선 방식

그림 2-29 단선 방식과 복선 방식

02 등화장치

1 조명의 용어

[1] 광원(luminous source)

광원이란 말 그대로 빛(light)의 근원이다(예 : 태양, 전등, 형광등, 자동차의 전조등).

[2] 광속(luminous flux)

광속이란 광원에서 공간으로 발산되는 빛의 다발을 의미하며, 기호로는 ϕ, 단위는 루멘(Lm)을 사용한다. 자석의 자속과 마찬가지로 광속을 많이 방사하는 광원이 더 밝다.

[3] 광도(luminous intensity)

광도는 일정 방향에 대한 광원이 갖는 빛의 세기를 의미하며, 기호로는 I, 단위는 칸델라(cd)를 사용한다. 점광원에서 어떤 방향으로 향하는 광속을 그 광원의 정점으로 하고, 그 방향에 대한 단위 면적당 광속으로 환산한 값을 광도로 정의한다. 따라서 1cd는 광원으로부터 1m 떨어진 $1m^2$의 면에 1Lm의 광속이 통과할 때의 빛의 세기를 의미한다.

[4] 조도

조도란 빛을 받는 면의 밝기를 말하며, 단위는 룩스(lux)이다. 빛을 받는 면의 조도는 광원의 광도에 비례하고, 광원의 거리의 2제곱에 반비례한다. 광원으로부터 r(m) 떨어진 빛의 방향에 수직한 빛을 받는 면의 조도를 E(Lux), 그 방향의 광원의 광도를 I(cd)라고 하면 다음과 같이 표시한다.

$$E = \frac{\phi}{A} = \frac{I}{r^2}$$

A : 피조면의 면적[mm^2], r : 광원과 피조면 사이의 수직거리[m]

따라서 1루멘(Lm)의 광속이 균일하게 $1m^2$의 면적을 비출 때 그 면의 조도는 1Lx이며, 1cd의 광원으로부터 1m 떨어진 수직한 피조면의 조도 역시 1Lx이다.

2 전조등(head light)

[1] 실드빔 방식

이 방식은 반사경, 렌즈 및 필라멘트가 일체로 제작된 것이다. 즉, 반사경에 필라멘트를 붙이고 여기에 렌즈를 녹여 붙인 후 내부에 불활성 가스를 넣어 그 자체가 1개의 전구가 되도록 한 것이다. 실드빔 방식의 특징은 다음과 같다.
① 대기의 조건에 따라 반사경이 흐려지지 않는다.

② 사용에 따르는 광도의 변화가 적다.
③ 필라멘트가 끊어지면 렌즈나 반사경에 이상이 없어도 전조등 전체를 교환하여야 한다.

[2] 세미 실드빔 방식

이 방식은 렌즈와 반사경은 녹여 붙였으나 전구는 별도로 설치한 것이다. 따라서 필라멘트가 끊어지면 전구만 교환하면 된다. 전구 설치 부분으로 공기 유통이 있어 반사경이 흐려지기 쉽다.

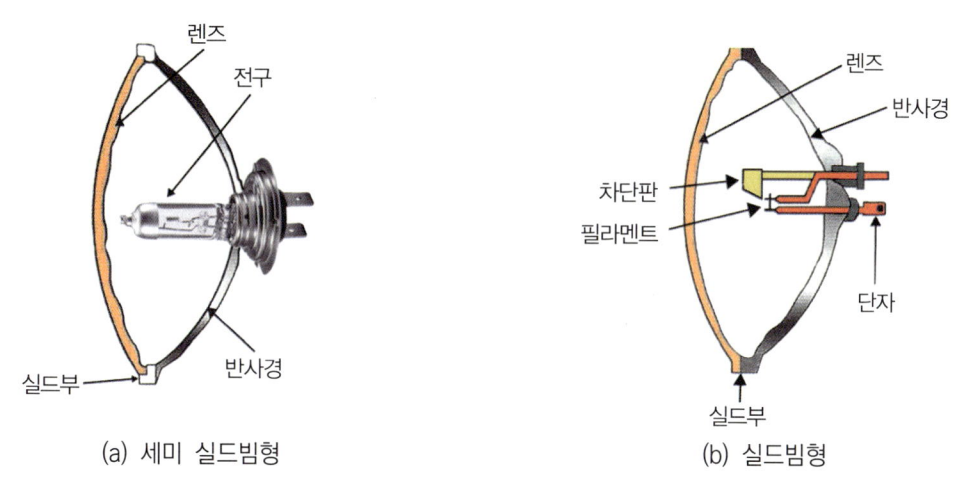

그림 2-30 세미 실드빔 방식, 실드빔 방식

[3] 전조등 전구(램프) 종류

(1) 할로겐 램프

텅스텐 필라멘트를 질소가스에 고정하고 할로겐을 미량 관 안에 주입해 빛을 내는 타입으로 일반적으로 가장 많이 사용되는 램프이다. 할로겐 램프 규격은 램프의 형상과 커넥터 단자의 크기, 커넥터 형상 등에 따라 다르게 변화하였다. 현재 자동차에서 가장 많이 사용되고 있는 형태이다.

(2) HID(고전압 방출, High Intensity Discharge)

HID는 전류를 흘려보내면서 빛을 낼 가스(제논) 입자를 활용한 방식으로, 기존 할로겐 전구와 비교했을 때 적은 소비전력으로 3배 이상 밝은 자연색에 가까운 백색광을 발생시킨다. 그렇기 때문에 눈에 부담을 덜어 장시간 운전에 유리한 장점이 있지만, 일반 전조등보다 넓은 범위로 빛을 반사하는 HID는 상대방 운전자의 시야를 방해하므로 자동으로 광축을 조절하는 컨트롤 유닛 장치를 함께 설치해야 하기 때문에 가격이 비싸다.

(3) LED(발광 다이오드, Light Emitting Diode)

전류가 흐르면 빛을 내는 반도체 발광 다이오드를 사용한다. LED 전조등은 일반 할로겐 램프나 HID 전조등에 비해 전력 효율이 높고 수명이 길고, 발광 시스템이 차지하는 부피가 적어 다양한 디자인 구현이 가능한 장점이 있다.

하지만 광원 한 개의 밝기 한계가 있어 여러 개를 엮어서 사용해야 하고, 그러다 보니 많은 열을 발생시켜 이를 식힐 장치가 필요하기 때문에 가격 경쟁력이 떨어지는 단점이 있다.

(4) 고성능 할로겐

더 밝은 전조등을 요구하는 운전자에 따라 HID와 LED는 램프의 사용은 가능하지만, 기존 할로겐 타입에서 위와 같은 램프로 구조 변경을 하기 위해서는 유닛장치, 쿨러 등 여러 가지 장치를 별도로 설치해야 한다. 또한 설치 후에는 반드시 구조변경 신고를 해야 하는 번거로움으로 인해 기존 할로겐 전구보다 더 밝고 선명한 전구를 선호하는 경향에 발맞춰서 업그레이드된 고성능 할로겐 램프가 등장하게 되었다. 고성능 할로겐은 기존 할로겐 램프의 원리와 같다.

그림 2-31 할로겐 램프, HID 램프, LED 램프

[4] 헤드램프 사용 시 주의할 점

① 자동차의 정격용량 와트(W)에 맞는 것을 사용한다.
② 헤드램프의 앞부분과 유리부분은 손으로 만지지 않도록 주의한다.
③ 상향등 사용 시 상대방 운전자의 시야에 방해되지 않도록 적절하게 사용한다.

[5] 전조등회로

전조등회로는 퓨즈, 라이트 스위치, 디머 스위치(dimmer switch) 등으로 구성되어 있으며, 양쪽의 전조등은 하이빔(high beam)과 로우빔(low beam)별로 병렬로 접속되어 있다. 전조등회로에서 점검 부분은 배터리부터 시작해서 접지부분의 회로를 전부 점검해야 하지만, 기본적으로는 벌브(전구)의 이상 여부를 1순위로 점검 후 회로 보호 차원을 고려할 때 퓨즈와 릴레이를 먼저 점검하는 것이 빠른 방법일 수 있다.

[6] 전조등 검사 기준값

2020년 1월 1일부터 전조등 검사의 기준값이 변경되었다. 변경 내용은 다음과 같다.
① 기존 주행빔(상향등) 광도 측정에서 변환빔(하향등) 광도 측정으로 변경되었다.
② 변환빔 광도 3천칸델라(cd) 이상일 것.
③ 좌우측 전조등(변환빔)의 컷오프선 및 꼭짓점의 위치를 전조등시험기로 측정하여 컷오프선의 적정 여부 확인할 것.

④ 변환빔의 진폭은 10미터 위치에서 다음 수치 이내일 것

설치높이	설치 높이
≤ 1.0m	> 1.0m
−0.5%~−2.5%	−1.0%~−3.0%

⑤ 컷오프선의 꺾임점(각)이 있는 경우 꺾임점의 연장선은 우측 상향일 것.

3 방향지시등

방향지시등은 자동차의 진행방향을 바꿀 때 사용하는 것이며, 플래셔 유닛(flasher unit)을 사용하여 전구에 흐르는 전류를 일정한 주기(자동차 안전 기준상 매 분당 60회 이상 120회 이하)로 단속하여 점멸시키거나 광도를 증감시킨다. 플래셔 유닛의 종류에는 전자 열선 방식, 축전기 방식, 수은 방식, 스냅 열선 방식, 바이메탈 방식, 열선 방식 등이 있다.

4 미등 및 번호판등

미등 및 번호판등은 라이트 스위치를 1단으로 켰을 때 작동한다. 미등은 좌우측 전조등과 리어 콤비네이션 램프에 설치되어 있으며, 자동차의 후미를 알려주는 역할과 자동차의 폭을 나타내는 역할을 한다. 그리고 번호판등은 야간에 자동차의 번호판을 조명하는 역할을 한다.

5 차폭등

야간 주행 시 안전운행을 위하여 미등 또는 전조등 점등 시 자동차의 차폭을 알 수 있도록 점등되는 장치이다.

6 후진등

자동차가 후진을 위해 변속레버를 후진으로 이동하면 자동차 후방을 비출 수 있는 등이 점등되어 후방을 밝힐 수 있도록 점등되는 장치이다.

7 제동등

차량이 제동하고 있음을 표시하는 등으로 적색의 등이 들어오며, 제동등이 다른 등화와 겸용하는 경우 제동조작 시 그 광도는 다른 등화에 비해 3배 이상 증가해야 한다.

Chapter 6 등화장치 출제예상문제

01
전선의 배선 방식에서 부하의 한끝을 자동차 차체에 접지시키는 방식은?

① 단선 방식
② 복합 방식
③ 복선 방식
④ 분할 방식

🔍 전선의 배선 방식에서 부하의 한끝을 자동차 차체에 접지시키는 방식을 단선식이라 한다.

02
배선 회로도에서 표시된 0.85RW의 W는 무엇을 나타내는가?

① 단면적
② 바탕색
③ 줄색
④ 커넥터 수

🔍 0.85는 배선 단면적을, R은 배선 바탕색을, W는 배선 줄색을 나타낸다.

03
등화장치에서 빛을 받는 면의 밝기를 나타내고, 단위는 lux를 쓰는 조명 용어는?

① 광원
② 광도
③ 조도
④ 광속

🔍 조도란 빛을 받는 면의 밝기를 말하며, 단위는 룩스(lux)이다. 빛을 받는 면의 조도는 광원의 광도에 비례하고, 광원의 거리의 2제곱에 반비례한다.

04
자동차용 전조등에 사용되는 조도에 관한 설명 중 맞는 것은?

① 조도는 전조등의 밝기를 나타내는 척도이다.
② 조도의 단위는 암페어이다.
③ 조도는 광도에 반비례하고 광원과 피조면 사이의 거리에 비례한다.
④ 조도(Lux) = $\frac{\text{피조면 단면적}(m^2)}{\text{피조면에 입사되는 광속}(1m)}$ 로 나타낸다.

🔍 조도란 빛을 받는 면의 밝기를 말하며, 단위는 룩스(lux)이다. 빛을 받는 면의 조도는 광원의 광도

정답 01 ① 02 ③ 03 ③ 04 ①

에 비례하고, 광원의 거리의 2제곱에 반비례한다.

$$조도(Lux) = \frac{광도(cd)}{거리^2(R^2)}$$

05
전조등의 광도가 광원에서 25,000cd의 밝기일 경우 전방 50m 지점에서의 조도는 얼마인가?

① 25Lx
② 12.5Lx
③ 10Lx
④ 2.5Lx

> 조도(Lux) = $\frac{Cd}{r^2}$ = $\frac{25,000}{50^2}$ = 10(Lx)

06
야간에 주행하는 차의 전조등에서 한쪽 필라멘트가 떨어졌는데도 다른 쪽 전조등이 점등하는 이유는?

① 직렬로 연결되었기 때문
② 병렬로 연결되었기 때문
③ 직·병렬로 연결되었기 때문
④ 어스가 되어 있기 때문

> 병렬연결 시 한쪽에 이상 시 다른 한쪽은 정상 작동된다.

07
전원측에 연결하는 커넥터는 암 커넥터를 사용한다. 그 이유를 바르게 설명한 것은?

① 커넥터를 분리했을 때 차체에 접촉되지 않게 하기 위하여
② 축전지 연결 시 (-)배선을 차체에 마지막에 연결하므로
③ 커넥터 연결 시 전압 강하가 없도록 하기 위하여
④ 커넥터의 파손을 방지하기 위하여

> 전원측에 연결하는 커넥터에 암 커넥터를 사용하는 이유는 커넥터를 분리했을 때 차체에 접촉되지 않게 하기 위해서이다.

08
다음 중 전조등의 3요소로 맞게 묶인 것은?

① 필라멘트, 반사판, 축전지
② 렌즈, 반사경, 축전지
③ 필라멘트, 반사판, 렌즈
④ 필라멘트, 반사경, 렌즈

> 전조등의 3요소는 필라멘트, 반사경, 렌즈이다.

정답 05 ③ 06 ② 07 ① 08 ④

09
전조등에서 세미 실드빔 형식의 설명으로 맞는 것은?

① 전조등 전체를 교환해야 한다.
② 전구는 별도로 설치된 형식이다.
③ 렌즈와 필라멘트가 일체로 되어 있다.
④ 현재 자동차에 많이 사용되고 있지 않다.

> 세미 실드빔 형식은 렌즈와 반사경은 일체로 되어 있고, 전구는 별도로 설치된 형식이다.

10
할로겐 전조등은 무슨 가스에 할로겐을 미량 혼합시킨 전조등인가?

① 산소　　② 질소
③ 붕소　　④ 나트륨

> 할로겐 전조등은 필라멘트가 텅스텐으로 되어 있고, 질소가스에 할로겐을 미량 혼합시킨 불활성가스가 봉입되어 있다.

11
전조등 종류 중 전류를 흘려보내면서 빛을 낼 가스 입자를 활용한 방식은?

① 할로겐램프　　② 고전압 방출램프
③ 발광 다이오드램프　　④ 고성능 할로겐램프

> 고전압 방출램프(HID)는 전류를 흘려보내면서 빛을 낼 가스 입자를 활용한 방식으로, 기존 할로겐 전구와 비교했을 때 적은 소비전력으로 3배 이상 밝은 자연색에 가까운 백색광을 발생시킨다.

12
자동차 전조등회로에 대한 설명으로 맞는 것은?

① 전조등 좌우는 직렬로 연결되어 있다.
② 전조등 좌우는 병렬로 연결되어 있다.
③ 전조등 좌우는 직·병렬로 연결되어 있다.
④ 전조등 작동 중에는 미등이 소등된다.

> 전조등은 안전을 고려하여 병렬로 연결되어 있다.

13
전조등 광도 기준값은?

① 변환빔 3천 칸델라 이상
② 주행빔 3천 칸델라 이상
③ 변환빔 1만 5천 칸델라 이상
④ 주행빔 1만 5천 칸델라 이상

> 전조등 광도는 변환빔(하향등)이 3천 칸델라 이상이어야 한다.

정답 09 ② 10 ② 11 ② 12 ② 13 ①

14
헤드라이트 조정 및 점검시험을 할 때의 유의사항으로 틀린 것은?

① 광도는 안전기준에 맞아야 한다.
② 타이어 공기압은 규정에 맞지 않아도 된다.
③ 퓨즈는 항상 정격용량의 것을 사용하여야 한다.
④ 광도를 측정할 때는 이물질을 제거하고 하여야 한다.

> 전조등 점검 시 타이어 공기압은 표준 공기압이어야 한다.

15
자동차의 방향지시등 회로의 점멸이 느릴 때의 이유로 틀린 것은?

① 전구의 접지가 불량하다.
② 플래셔 유닛이 불량하다.
③ 퓨즈 또는 배선이 불량하다.
④ 전구의 용량이 규정보다 크다.

> 전구의 용량이 규정보다 작을 때 점멸이 느려진다.

16
방향지시등의 점멸횟수가 다르거나 한쪽이 작동되지 않는 원인으로 틀린 것은?

① 규정 용량의 전구를 사용하지 않았다.
② 접지가 불량하다.
③ 전구 1개가 단선되었다.
④ 플래셔 스위치에서 지시등 사이에 단락이 되었다.

> 플래셔 스위치에서 지시등 사이에 단선이 되었을 때 점멸횟수가 다르거나 한쪽이 작동되지 않는다.

17
자동차의 안전기준에서 제동등이 다른 등화와 겸용하는 경우 제동조작 시 그 광도가 몇 배 이상 증가하여야 하는가?

① 2배
② 3배
③ 4배
④ 5배

> 제동등이 다른 등화와 겸용하는 경우 제동조작 시 그 광도는 다른 등화에 비해 3배 이상 증가해야 한다.

18
적외선 전구에 의한 화재 및 폭발할 위험성이 있는 경우와 거리가 먼 것은?

① 용제가 묻은 헝겊이나 마스킹 용지가 접촉한 경우
② 적외선 전구와 도장면이 필요 이상으로 가까운 경우
③ 상당한 고온으로 열량이 커진 경우
④ 상온의 온도가 유지되는 장소에서 사용하는 경우

> 적외선 전구는 상온에서 화재 및 폭발할 위험성이 낮다.

정답 14 ② 15 ④ 16 ④ 17 ② 18 ④

19
고휘도 방전 전구의 정비 시 유의사항으로 틀린 것은?

① 일반 전조등 전구로 호환이 된다.
② 전구 미장착 상태에서는 스위치 작동을 금지한다.
③ 전구 커넥터는 견고하게 체결한다.
④ 전원 스위치를 OFF하고 작업을 한다.

정답 19 ①

Chapter 7 점화장치

점화장치는 연소실에 설치된 점화플러그를 통하여 전기불꽃을 발생시켜서 혼합가스를 적정 시기에 연소시키는 장치이다.

01 점화장치의 구비조건

① 발생전압이 높아야 한다.
② 점화시기에 적절하게 불꽃을 발생시켜야 한다.
③ 불꽃의 에너지가 높아야 한다.
④ 절연성이 우수해서 전파 노이즈에 강해야 한다.

02 점화장치 구성

1 점화 코일

[1] 점화 코일 개요

① 종류 : 개자로 철심형과 폐자로 철심형
② 점화 코일의 원리 : 1차 코일에서는 자기유도 작용과 2차 코일에서는 상호유도 작용을

이용한다. 자기유도 작용은 역기전력을 이용한 것이며, 상호유도 작용은 하나의 전기회로에 자력선의 변화가 생길 때 그 변화를 방해하려고 다른 전기회로의 기전력이 발생되는 현상을 상호유도 작용이라고 한다.

③ HEI(폐자로)코일 장점
㉮ 자속의 외부 방출방지
㉯ 구조 간단
㉰ 내열성, 방열성이 우수하므로 성능 저하 방지

[2] 점화 코일의 구조

① 철심 : 얇은 규소 강판을 여러 장 겹쳐서 제작한다.
② 1차 코일 : 0.6~1.0mm의 에나멜 절연 구리선을 200~300회 감았고, 감기 시작은 (+)단자에, 감기 끝은 (-)단자에 접속, 발생되는 기전력은 약 200~250V 정도이다.
③ 2차 코일 : 0.06~0.1mm 정도의 가는 구리로 된 2차 코일을 각 층마다 절연지를 넣고 약 15,000~20,000회 정도 감았고, 발생되는 기전력은 약 15,000~30,000V 정도이다.
④ 1차 코일과 2차 코일의 권수비(권선비)는 60~100이다.
⑤ 1차 코일에 저항(밸러스트 저항)을 두는 이유는 단속기 접점의 소손 방지와 점화 코일의 온도 상승에 의한 성능 저하를 방지한다.
⑥ 기전력의 크기는 권수비에 비례한다.

$$E_2 = \frac{N_2}{N_1} \times E_1$$

E_1 : 1차 전압, E_2 : 2차 전압, N_1 : 1차 코일의 권수, N_2 : 2차 코일의 권수

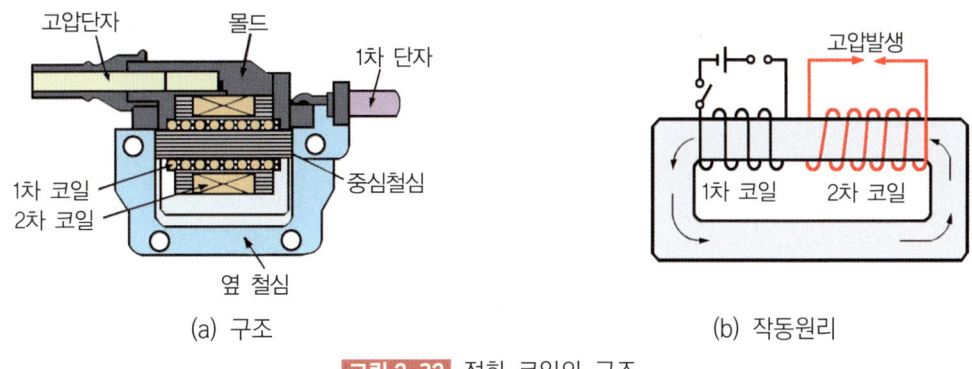

그림 2-32 점화 코일의 구조

2 점화플러그(spark plug)

실린더헤드에 부착되어 실린더 내부에 압축된 혼합기에 점화 코일에서 유도된 고전압을 불꽃 방전시켜 혼합기를 점화시키는 장치이다.

[1] 점화플러그 구조

① 하우징(housing)은 실린더헤드에 장착되는 부분이고, 중심 전극과 절연체, 나사산으로 구성되어 있으며, 니켈과 크롬 합금으로 되어있다.

② 절연체(insulator)는 고온에서 절연저항을 유지하면서 열전도성, 기계적 강도를 가져야 하는 구조로, 현재는 고순도의 알루미나 자기 세라믹을 사용한다.

③ 전극(electrode)의 중심에 전극과 접지극으로 구성되어 있으며, 이 사이 공간을 점화 플러그 간극이라고 한다. 대부분 0.7~1.0mm 정도이지만 각 제조회사마다 차이를 갖는다. 현재는 전극 중심의 재료를 기존 스틸에서 백금, 이리듐 등의 합금 재질을 많이 사용하고 있다.

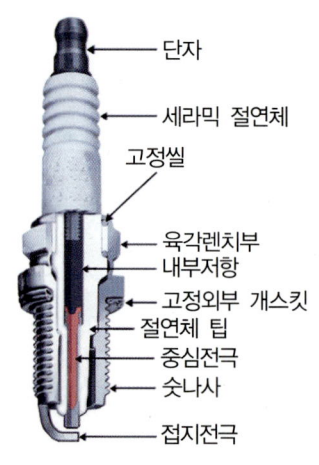

그림 2-33 점화플러그의 구조

[2] 구비조건

① 전기 절연성이 좋을 것
② 내열성이 클 것
③ 열전도율이 클 것
④ 기계적인 강도가 클 것
⑤ 기밀유지가 잘 될 것
⑥ 내구성이 좋을 것
⑦ 내오손성이 클 것
⑧ 불꽃 방전성이 좋을 것
⑨ 착화성이 좋을 것

[3] 자기 청정온도

엔진 상태에 따라 웜업이 되기 전이나, 농후한 혼합기의 연소가 반복적으로 이루어지게 되면 전극 앞부분에 카본이 누적되게 된다. 이러한 카본으로 인해 누전을 발생시켜 실화를 일으키는 원인이다. 이러한 카본은 450℃ 이상 되면 타서 없어지기 때문에 엔진 운전 중에 빠르게 전극 부분의 온도를 높여서 전극 부분 자체의 온도에 의해 카본 등을 청소하는 작용을 자기 청정 작용이라 하고, 이 온도를 자기 청정 온도라 한다. 대부분의 자기 청정 온도는 450~600℃이다.

① 자기 청정 온도 : 450~600℃
② 성능 저하 온도 : 400℃
③ 조기 점화 온도 : 800~1,000℃

[4] 열값

점화플러그의 열발산 정도를 수치로 나타내는 값

① 냉형 : 열발산이 잘되며, 고속, 고압축비 기관에서 사용(열 받는 면적이 작고, 방열 경로가 짧다)
② 열형 : 열발산이 잘 안되며, 저속, 저압축비 기관에서 사용(열 받는 면적이 많고, 방열 경로가 길다)
③ 중간형 : 냉형과 열형을 결합한 형태

[5] 점화플러그의 형식

B	P	5	E	S	-11
나사지름	구조/특징	열 가	나사길이	구조/특징	플러그 간극

[6] 저항 점화플러그(resistor spark plug)

고압 케이블의 재료로 실리콘을 사용하거나 저항을 넣은 저항 고압케이블을 사용하여 잡음 전파방지 등의 방지기로 사용되기도 하며, 점화플러그의 내부에 저항(10,000Ω)을 넣은 저항 점화플러그를 사용하기도 한다.

[7] 점화플러그 절연저항 점검
① 점화플러그 소켓을 사용하여 점화플러그를 탈거한다.
② 점화플러그의 손상 유무를 점검한다. 손상이 있을 경우 신품으로 교환한다.
③ 절연 저항 테스터기를 이용하여 점화플러그 터미널과 차체(점화플러그 하우징) 간의 절연저항을 점검하여 규정보다 적게 나오면 전극의 간극을 조정한다.

3 고압케이블

점화 코일과 점화플러그를 케이블로 연결하는 장치이며, 구비조건으로는 다음과 같다.
① 내구성이 강해야 한다.
② 전파 방해 방지를 위해 10kΩ의 저항을 가져야 한다.
③ 엔진 열에 견딜 수 있는 내열을 갖아야 한다.
④ 전파 방해 방지를 위한 TVRS(Television Radio Suppression)을 사용한다.

03 고에너지 점화장치(HEI : high energy ignition system)

점화 코일에 흐르는 1차 전류를 ECU의 제어신호에 의해 작동되는 파워 트랜지스터(TR)를 이용하여 단속(스위칭)하는 점화장치로 구성은 다음과 같다.
① 점화 코일 : 폐자로형 점화 코일을 사용
② 파워 트랜지스터 : ECU의 신호에 의해 점화 코일의 1차 회로에 흐르는 전류를 단속하여 2차 코일에 고전압이 발생되도록 하는 역할
③ 점화 신호용 센서 : 크랭크 각센서, 수온센서, 대기압센서, 1번 실린더 TDC센서

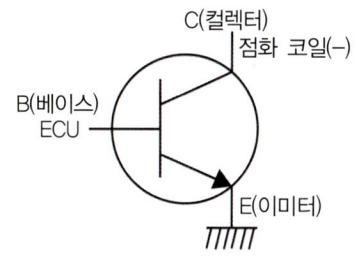

그림 2-34 파워 트랜지스터 회로

04 무배전 점화장치 DLI 또는 독립(직접) 점화장치 DIS

2개의 실린더를 1개 조로 하는 점화 코일이 설치되어 점화 시기에 맞는 실린더의 점화플러그에 2차 고전압을 분배시키는 전자 배전 점화장치를 DLI(distributor less ignition system) 방식이라 한다. 각 실린더마다 1개의 점화 코일과 1개의 점화 플러그가 다이렉트로 연결되어 직접 점화하는 방식을 DIS(direct ignition system) 방식이라 하며, 고압 케이블이 없기 때문에 에너지 손실이 거의 없다. 특징은 다음과 같다.

① 배전기가 없으므로 전파 장해가 없고 다른 전자제어장치에도 유리하다.
② 정전류 제어 방식으로 2차 전압이 안정된다.
③ 점화 시기가 정확하고 점화 성능이 우수하다.
④ 유효 에너지의 손실이 없어 실화가 적다.
⑤ 실린더별로 점화시기 제어가 가능하다.
⑥ 누전의 염려가 적고, 내구성이 크다.

05 크랭크 각센서와 캠 포지션센서

1 크랭크 각센서(crank angle sensor)

크랭크 포지션센서(CKPS : crank position sensor)라고도 하며, 연료분사 시기와 점화 시기를 결정하기 위하여 크랭크축의 회전 각도를 검출하여 입력시키면 ECU는 기관의 회전 수와 회전속도를 연산하여 점화 시기와 연료분사 시기, 공회전속도를 보정한다. No.1 TDC 및 크랭크 각센서는 감지하는 방식에 따라 광학 방식(optical type), 전자유도 방식 (induction type), 홀 방식(hall type) 등이 있다.

2 캠 포지션(위치)센서

1번 TDC센서라고도 하며, 1번 실린더의 압축행정 상사점과 기관의 회전수를 감지하여 각 실린더별로 연료분사 및 점화시기를 결정하는데 사용된다. 4실린더 기관에서는 1번 실린더의 상사점을 디지털신호로 바꾸어 엔진 컨트롤 유닛(ECU)에 입력시키고, 6실린더 기관에서는 1번, 3번, 5번 실린더의 상사점을 디지털신호로 바꾸어 ECU에 입력시키는 역할을 한다.

Chapter 7 점화장치 출제예상문제

01
점화장치의 구비조건이 아닌 것은?

① 발생 전류가 높아야 한다.
② 점화 시기에 적절하게 불꽃을 발생시켜야 한다.
③ 불꽃의 에너지가 높아야 한다.
④ 절연성이 우수해서 전파 노이즈에 강해야 한다.

> 점화장치는 발생전압이 높아야 한다.

02
점화 코일은 무슨 원리를 이용한 것인가?

① 렌츠의 법칙
② 자기유도 작용과 상호유도 작용
③ 플레밍의 왼손 법칙과 오른손 법칙
④ 키르히호프의 제 1법칙과 제 2법칙

> 1차 코일에서는 자기유도 작용과 2차 코일에서는 상호유도 작용을 이용한다.

03
자기유도 작용과 상호유도 작용 원리를 이용한 것은?

① 발전기
② 점화 코일
③ 기동모터
④ 축전지

> 점화 코일의 1차 코일에서 자기유도 작용과 2차 코일에서 상호유도 작용에 의해 고전압을 발생한다.

04
전자력에 대한 설명으로 틀린 것은?

① 전자력은 자계의 세기에 비례한다.
② 전자력은 자력에 의해 도체가 움직이는 힘이다.
③ 전자력은 도체의 길이, 전류의 크기에 비례한다.
④ 전자력은 자계방향과 전류의 방향이 평행일 때 가장 크다.

> **전자력**
> ① 전자력은 자력에 의해 도체가 움직이는 힘이다.
> ② 전자력은 자계의 세기와 자기장의 세기에 비례한다.

정답 01 ① 02 ② 03 ② 04 ④

③ 전자력은 도체의 길이, 전류의 크기에 비례한다.
④ 전자력은 자계방향과 전류의 방향이 직각(90°)일 때 최대이다.
⑤ 전자력은 자계방향과 전류의 방향이 평행(180°)일 때 최소이다.

05
점화 지연의 3가지 이유가 아닌 것은?

① 기계적 지연
② 착화적 지연
③ 연소적 지연
④ 전기적 지연

> 점화 지연의 3대 원인은 기계적 지연, 전기적 지연, 연소적 지연이 있다.

06
점화 1차 코일에 밸러스트 저항을 두는 이유로 맞는 것은?

① 높은 전압이 생기는 것을 방지하기 위해서
② 2차 코일로 가는 전압을 안정시키기 위해서
③ 점화 코일에 흐르는 1차 전류를 단속하기 위해서
④ 점화 코일의 온도상승에 의한 성능을 방지하기 위해서

> 밸러스트 저항을 두는 이유는 단속기 접점의 소손 방지와 점화 코일의 온도 상승에 의한 성능을 방지하기 위해 둔다.

07
기전력의 크기는 권선비와 어떤 관계가 있는가?

① 비례 관계가 있다.
② 반비례 관계가 있다.
③ 아무런 관계가 없다.
④ 권선비가 1:1일 때 가장 크다.

> 기전력의 크기는 권선비와 비례한다.

08
자화된 철편에서 외부 자력을 제거한 후에도 자기가 잔류하는 현상을 무엇이라 하는가?

① 자기포화 현상
② 자기 히스테리시스 현상
③ 자기유도 현상
④ 전자유도 현상

> 자기 히스테리시스 현상이란 자화된 철편에서 외부 자력을 제거한 후에도 자기가 잔류하는 현상을 말한다.

09
가솔린엔진의 점화 코일에 대한 설명으로 틀린 것은?

① 1차 코일의 저항보다 2차 코일의 저항이 크다.
② 1차 코일의 굵기보다 2차 코일의 굵기가 가늘다.
③ 1차 코일의 유도전압보다 2차 코일의 유도전압이 낮다.
④ 1차 코일의 권수보다 2차 코일의 권수가 많다.

정답 05 ② 06 ④ 07 ① 08 ② 09 ③

> 점화 코일에서 1차 코일의 유도전압보다 2차 코일의 유도전압이 크다.

10
점화장치에서 1차 전류를 차단하는 이유는?

① 상호유도 작용을 통한 2차 전압 발생을 위해
② 위험 요소를 제거하기 위해
③ 점화 코일의 과열방지를 위해
④ 안전한 저전압 발생을 위해

> 점화장치에서 1차 전류를 차단하는 이유는 상호유도 작용을 통한 2차 전압 발생을 위해서이다.

11
다음 중 점화 1차 코일에 유기되는 유도 기전력의 크기에 영향을 주지 않는 것은?

① 1차 코일의 권수
② 전류의 크기
③ 전류의 변화속도
④ 철심의 굵기

> 점화 1차 코일에 유기되는 유도 기전력의 크기는 1차 코일의 권수, 전류의 크기, 전류의 변화속도 등에 의해 영향을 받는다.

12
점화 코일의 2차 쪽에서 발생되는 불꽃전압의 크기에 영향을 미치는 요소 중 거리가 먼 것은?

① 점화플러그 전극의 형상
② 점화플러그 전극의 간극
③ 기관 윤활유 압력
④ 혼합기 압력

> 점화 코일의 2차 쪽에서 발생되는 불꽃전압의 크기에 영향을 미치는 요소는 점화플러그의 전극형상 및 간극, 혼합기 압력 등이 있다

13
다음 중 2차 고압전류가 흐르지 않는 것은?

① 로터　　　　② 단속기 접점
③ 고압 케이블　④ 점화플러그

> 단속기 접점에는 점화 코일에 흐르는 1차 전류를 단속하므로 2차 고압전류가 흐르지 않는다.

14
축전기의 시험하는 내용으로 틀린 것은?

① 용량시험　　② 누설시험
③ 전압시험　　④ 직렬 저항시험

> 축전기의 시험 내용은 용량시험, 누설시험, 직렬저항시험이 있다.

정답　10 ①　11 ④　12 ③　13 ②　14 ③

15
점화 코일에서 고전압을 얻도록 유도하는 공식을 바르게 기술한 공식은?

E_1 : 1차 코일에 유도된 전압
E_2 : 2차 코일에 유도된 전압
N_1 : 1차 코일의 유효 권수
N_2 : 2차 코일에 유효 권수

① $E_2 = \dfrac{N_2}{N_1} E_1$
② $E_2 = \dfrac{N_1}{N_2} E_1$
③ $E_2 = N_1 \times N_2 \times E_1$
④ $E_2 = N_2 + (N_1 \times E_1)$

16
축전지의 전압이 12V이고 권선비가 1 : 40인 경우 1차 유도전압이 350V이면, 2차 유도전압은 얼마인가?

① 11,000V
② 12,000V
③ 13,000V
④ 14,000V

🔍 $E_2 = \dfrac{N_2}{N_1} \times E_1 = \dfrac{40}{1} \times 350 = 14,000V$

E_1 : 1차 전압, E_2 : 2차 전압, N_1 : 1차 코일의 권수, N_2 : 2차 코일의 권수

17
1차와 2차의 권수비가 50:1의 변압기에서 2차 부하 전류가 100이면 1차 전류는 몇 암페어인가?

① $\dfrac{1}{50}$A
② $\dfrac{1}{5}$A
③ 2A
④ 5A

🔍 1차 전류 = $\dfrac{100A}{50}$ = 2A

18
3,300V를 110V로 전압을 강하시키는데 변압기의 권선비는 얼마로 하면 되는가?

① 10 : 1
② 11 : 1
③ 30 : 1
④ 33 : 1

🔍 권선비 = $\dfrac{3,300}{110}$ = 30

19
점화플러그의 구비조건이 아닌 것은?

① 내열성이 클 것
② 기밀유지 및 절연성이 좋을 것
③ 전극부는 자기 청정 온도보다 높을 것
④ 불꽃방전 성능이 우수할 것

🔍 점화플러그의 자기 청정 온도보다 높으면 조기점화에 의한 노크가 발생된다.

정답 15 ① 16 ④ 17 ③ 18 ③ 19 ③

20
점화플러그의 자기 청정 온도로 맞는 것은?

① 450~600℃
② 200~300℃
③ 300~400℃
④ 800~1,000℃

> 점화플러그의 온도
> ① 자기 청정 온도 : 450~600℃
> ② 성능 저하 온도 : 400℃
> ③ 조기 점화 온도 : 800~1,000℃

21
점화플러그의 열발산 정도를 수치로 나타내는 것은?

① 열값
② 절연값
③ 발산값
④ 냉열값

> 점화플러그의 열발산 정도를 수치로 나타내는 것을 열값 또는 열가라고 한다.

22
다음 중 점화플러그의 열가를 나타낸 것은?

① 실(seal)부터 접지전극까지
② 셀(cell)부터 중심전극까지
③ 절연체 아랫부분의 끝에서 아래 실(seal)까지
④ 아래 실(seal)부터 위 실(seal)까지

> 플러그의 열가는 절연체 아랫부분의 끝에서 아래 실(seal)까지 표현한다.

23
고속, 고압축비 엔진에서 사용하는 점화플러그는?

① 냉형
② 열형
③ 고속형
④ 중간형

> 고속, 고압축비 엔진에서 사용하는 점화플러그는 냉형 점화플러그이다.

24
점화플러그의 치수 표기가 "BP6E SR"일 때 열가를 나타내는 것은?

① B
② 6
③ S
④ R

> B(나사의 지름), P(자기 노출형), 6(열가), E(나사 길이), S(구조), R(저항플러그)

25
점화플러그가 자기 청정 온도 이상이 되면 어떠한 현상이 일어나는가?

① 역화
② 실화
③ 조기점화
④ 점화불능

정답 20 ① 21 ① 22 ③ 23 ① 24 ② 25 ③

🔍 점화플러그가 자기 청정 온도 이상이 되면 조기 점화가 일어난다.

26
점화플러그에서 불꽃이 발생하지 않는 원인으로 틀린 것은?

① 점화 코일의 불량
② 크랭크 각센서의 불량
③ 파워 트랜지스터의 불량
④ 산소센서의 불량

🔍 점화플러그에서 불꽃이 발생하지 않는 원인으로 점화 코일, 점화플러그, 파워 트랜지스터, 크랭크 각센서의 불량 등이다.

27
점화플러그시험에 들지 않는 것은?

① 절연시험
② 불꽃시험
③ 기밀시험
④ 용량시험

🔍 점화플러그시험은 절연시험, 불꽃시험, 기밀시험이 있다.

28
연료의 과다한 분사로 점화플러그가 젖어 불꽃이 튀지 못하는 현상은?

① 노킹 현상
② 서징 현상
③ 플라딩 현상
④ 후크 현상

🔍 플라딩 현상이란 연료의 과다한 분사로 점화플러그가 젖어 불꽃이 튀지 못하는 현상을 말한다.

29
고압케이블의 구비조건이 아닌 것은?

① 내열성이 클 것
② 내구성이 클 것
③ 접지성이 클 것
④ 전파 방해 방지가 좋을 것

🔍 고압케이블은 누전이 되지 않아야 하며 절연성이 커야 한다.

30
고압케이블은 전파방해 방지를 위해 TVRS 케이블을 사용하는데 이 케이블의 내부 저항은 얼마인가?

① 10Ω
② 10kΩ
③ 100kΩ
④ 10MΩ

🔍 고주파 억제용 TVRS 케이블 내부에는 10kΩ의 저항이 들어있다.

정답 26 ④ 27 ④ 28 ③ 29 ③ 30 ②

31
트랜지스터 점화장치의 장점과 관계가 없는 것은?

① 접점의 소손이나 채터링 현상이 없다.
② 점화 코일이 없어 구조가 비교적 간단하다.
③ 고속에서도 비교적 1차 전류의 확립이 쉽다.
④ 저속, 고속성능의 탁월한 안정을 갖는다.

> **트랜지스터식 점화장치의 장점**
> ① 저속 성능이 안정되고 고속 성능이 향상
> ② 기계식 단속기구가 없으므로 신뢰성이 향상
> ③ 점화시기 및 캠각 제어를 정확하게 한다.

32
트랜지스터식 점화장치는 어떤 작동으로 점화 코일의 1차 전압을 단속하는가?

① 증폭 작용
② 자기 유도 작용
③ 스위칭 작용
④ 상호 유도 작용

> 트랜지스터는 증폭 작용과 스위칭 작용을 하며, 점화 코일의 1차 전압은 스위칭 작용을 통하여 단속한다.

33
전자제어 점화장치의 파워 트랜지스터의 역할은?

① 1차 전류 차단
② 점화 코일의 냉각
③ 고압 발생
④ 잡음 방지

> 점화장치의 파워 트랜지스터는 점화 코일의 1차 전류를 차단하는 역할을 한다.

34
파워 트랜지스터를 구성하고 있는 단자 중 점화 코일과 접속된 단자는?

① 베이스
② 컬렉터
③ 이미터
④ 몸체

> 파워 TR의 컬렉터는 점화 코일의 (-)단자에 베이스는 ECU에, 이미터는 접지된다.

35
파워 트랜지스터에서 접지되는 단자는 어떤 단자인가?

① 컬렉터
② 이미터
③ 트랜지스터 몸체
④ 베이스

> 파워 TR의 컬렉터는 점화 코일의 (-)단자에 베이스는 ECU에, 이미터는 접지된다.

36
점화회로에서 파워 트랜지스터의 베이스를 차단하는 것은?

① 점화 스위치
② 점화 코일
③ ECU
④ 접지단자

정답 31 ② 32 ③ 33 ① 34 ② 35 ② 36 ③

> 파워 트랜지스터의 베이스를 차단하는 것은 ECU이다.

37

점화 코일의 1차 회로에 흐르는 전류를 단속하여 2차 코일에 고전압이 발생되도록 하는 것은?

① 파워 트랜지스터
② 축전기
③ 포인트기구
④ 점화스위치

> 파워 트랜지스터는 점화 코일 1차 회로에 흐르는 전류를 단속하여 2차 코일에 고전압이 발생되도록 한다.

38

파워 트랜지스터가 불량할 때 일어나는 현상으로 틀린 것은?

① 시동성이 불량하다.
② 주행 시 가속력이 저하된다.
③ 연료 소모가 많아진다.
④ 크랭킹이 되지 않는다.

> 파워 트랜지스터가 불량할 때 일어나는 현상
> ① 엔진 시동성이 불량하다.
> ② 연료 소모가 많아진다.
> ③ 주행 시 가속력이 저하된다.

39

DLI(distributor less ignition) 시스템의 장점으로 틀린 것은?

① 점화 에너지를 크게 할 수 있다.
② 고전압 에너지 손실이 적다.
③ 진각(advance)폭의 제한이 적다.
④ 스파크플러그 수명이 길어진다.

> DLI 시스템은 스파크플러그 수명과는 관계없다.

40

전자 배전 점화장치(DLI)의 특징에 해당되지 않는 것은?

① 고전압 에너지 손실이 적다.
② 전파방해가 적다.
③ 진각폭의 제한을 받는다.
④ 배전누전이 적다.

> 전자 배전 점화장치(DLI)의 특징은 고전압 에너지 손실이 적고, 전파방해 및 배전 누전이 적으며, 진각폭의 제한을 받지 않는다.

41

배전 점화 방식(DLI : Distributer Less Ignition)에 사용되는 구성품이 아닌 것은?

① 파워 트랜지스터   ② 원심진각장치
③ 점화 코일   ④ 크랭크 각센서

정답 37 ① 38 ④ 39 ④ 40 ③ 41 ②

> 배전기식 점화장치의 진각장치로 원심진각장치와 진공진각장치를 사용한다.

42
HEI 코일(폐자로형 코일)에 대한 설명 중 틀린 것은?

① 유도 작용에 의해 생성되는 자속이 외부축의 방출이 방지된다.
② 1차 코일의 굵기를 크게 하여 큰 전류가 통과할 수 있다.
③ 1차 코일과 2차 코일은 연결되어 있다.
④ 코일 방열을 위해 내부에 절연유가 들어있다.

> 개자로형 점화 코일에 방열을 위해 절연유가 들어가지만, HEI 코일(폐자로형 코일)에는 절연유를 사용하지 않는다.

43
고강력 점화장치에서 점화장치의 작동회로가 바르게 된 것은?

① 크랭크 각센서 - 파워 TR - ECU - 점화 코일
② 크랭크 각센서 - ECU - 파워 TR - 점화 코일
③ ECU - 크랭크 각센서 - 파워 TR - 점화 코일
④ ECU - 점화 코일 - 크랭크 각센서 - 파워 TR

44
다음 중 고에너지 점화장치(HEI)의 점화 신호용 센서가 아닌 것은?

① 크랭크 각센서
② 수온센서
③ 흡입 공기량센서
④ TDC센서

> 점화 신호용 센서로는 CAS, WTS, BPS, TDC센서가 있다.

45
전자 배전 점화장치(DLI)에서 점화 타이밍의 신호를 만드는 센서는?

① 대기압센서
② 캠 포지션센서
③ 스로틀 포지션센서
④ 공기 유량센서

46
기본 점화시기 및 연료 분사시기와 가장 밀접한 관계가 있는 센서는?

① 수온센서
② 대기압센서
③ 크랭크 각센서
④ 흡기온센서

> 수온센서, 대기압센서, 흡기온센서는 분사량 보정용 센서로 사용된다.

정답 42 ④ 43 ② 44 ③ 45 ② 46 ③

47
점화장치에서 점화시기를 결정하기 위한 가장 중요한 센서는?

① 크랭크 각센서 ② 스로틀 포지션센서
③ 냉각수 온도센서 ④ 흡기 온도센서

> 크랭크 포지션센서는 연료분사 시기와 점화 시기를 결정하기 위하여 크랭크축의 회전 각도를 검출하여 입력시키면 ECU는 기관의 회전수와 회전속도를 연산하여 점화 시기와 연료분사 시기, 공회전 속도를 보정한다.

48
크랭크 각센서는 다음 중 어디에 설치되어 있는가?

① 연료펌프 ② 서지탱크
③ 스로틀 바디 ④ 배전기

> 크랭크 각센서는 배전기 내에 설치되어 있으며, 배전기가 없는 점화장치는 실린더 블록 또는 크랭크축 풀리, 플라이 휠 근처에 설치된다.

49
크랭크 각센서에 대한 설명으로 틀린 것은?

① 크랭크축의 회전 각도를 검출하여 점화 시기를 결정한다.
② 이 신호를 ECU가 받으면 연료펌프 릴레이를 구동한다.
③ 점화 순서를 결정하기 위해 설치되어 있다.
④ 엔진 RPM을 ECU로 알리는 역할을 한다.

> 점화 순서를 결정하기 위해 설치된 것은 TDC센서이다.

50
크랭크 각센서의 감지 방식이 아닌 것은?

① 광학(optical)식
② 압전(piezo)식
③ 홀(hall)식
④ 전자유도(induction)식

> 크랭크 각센서는 감지하는 방식에 따라 광학 방식(optical type), 전자유도 방식(induction type), 홀 방식(hall type) 등이 있다.

51
전자제어 자동차에서 1번 실린더 TDC센서가 불량하다면 예상되는 증상이 아닌 것은?

① 주행 중 시동 꺼짐 현상이 있다.
② 주행 중 가속력이 저하된다.
③ 공회전 시 엔진 부조 현상이 일어난다.
④ 연료 소비율과는 상관이 없다.

> 1번 실린더 TDC센서 불량 시 예상되는 증상
> ① 주행 중 가속력이 저하된다.
> ② 주행 중 시동 꺼짐 현상이 있다.
> ③ 공회전 시 엔진 부조 현상이 일어난다.

52
점화 코일의 1차 저항을 측정할 때 사용하는 측정기로 옳은 것은?

① 진공시험기
② 압축압력시험기
③ 회로시험기
④ 축전지 용량시험기

> 점화 코일 1차 저항은 회로시험기를 사용하여 점화 코일 +단자와 −단자간의 저항을 측정한다.

53
다음 중 엔진의 점화시기를 점검하는 것은?

① 진공 게이지
② 가스 분석기
③ 타이밍 라이트
④ 압축 압력게이지

> 타이밍 라이트는 점화시기 점검용 시험기이다.

Chapter 1 클러치 · 수동변속기

01 단위계

동력전달장치(power train)는 동력발생장치에서 발생한 동력을 주행 상황에 맞게 적절한 상태로 변화를 주어 바퀴에 전달하는 장치이다. 구성은 클러치, 변속기(트랜스 액슬), 드라이브 라인, 종감속기어, 차동장치, 차축 및 구동바퀴 등으로 되어 있다.

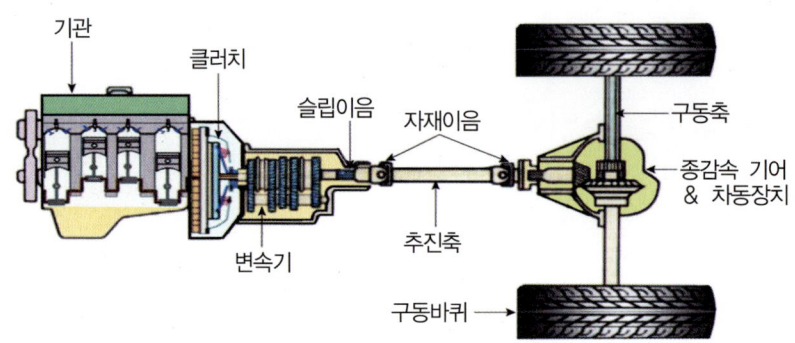

그림 3-1 동력전달장치의 구성

02 클러치(clutch)

클러치(clutch)는 엔진 플라이휠과 변속기 입력축 사이에 설치되며, 엔진의 동력을 변속기에 전달하거나 차단하는 역할을 한다. 엔진 시동을 걸 때나 기어를 변속할 때는 동력을 끊고, 출발할 때에는 엔진의 동력을 서서히 연결하는 일을 하며, 그 조작은 운전석에서 페달을 사용하여 조작할 수 있도록 되어 있다.

1 클러치의 필요성

① 자기기동(self starting)이 불가능함에 따라서 시동 시 엔진을 무부하 상태로 하기 위해
② 변속할 때 엔진의 회전력(동력)을 일시 차단하기 위해
③ 관성운전 시 엔진과의 연결을 차단하기 위하여

2 클러치의 구비조건

① 클러치 작용이 원활하며, 조작이 쉽고 확실할 것
② 냉각이 잘 되어 과열하지 않을 것
③ 회전관성이 작을 것
④ 동력이 전달할 때 서서히 전달되고, 전달된 후에는 미끄러지지 않을 것
⑤ 회전 부분의 평형이 좋을 것
⑥ 구조가 간단하고, 다루기 쉬우며 고장이 적을 것

3 클러치의 구성

클러치는 클러치판, 변속기 입력축(클러치축), 압력판, 릴리스 레버, 릴리스 베어링 및 클러치 스프링으로 구성되어 있다.

그림 3-2 클러치 구조

[1] 클러치판(clutch plate or clutch disc)

플라이휠과 압력판 사이에 끼워져 있으며 엔진의 동력을 변속기 입력축을 통하여 변속기로 전달하는 마찰판이다. 허브와 클러치 강판 사이에는 비틀림 코일 스프링(torsion spring)이 설치되어 있는데, 이것은 클러치판이 플라이휠에 접속될 때 회전 충격을 흡수하는 일을 한다.

또 쿠션 스프링(cushion spring)은 클러치판의 편마멸, 변형, 파손 등의 방지를 위해 둔다.

(1) 클러치 라이닝의 구비조건

① 마찰 계수가 알맞을 것
② 내마멸성, 내열성이 클 것
③ 온도 변화에 따른 마찰 계수의 변화가 없을 것

[2] 변속기 입력축(클러치축)

클러치판이 받은 엔진의 동력을 변속기로 전달하며, 축의 스플라인 부분에 클러치판 허브의 스플라인이 끼워져 길이 방향으로 미끄럼운동을 한다.

[3] 압력판

클러치 스프링의 장력으로 클러치판을 플라이휠에 밀어붙여, 그 마찰력으로 동력전달 작용을 하는 것으로, 클러치가 플라이휠에 접속할 때에는 클러치판과의 사이에 미끄럼이 생기므로, 내열성, 내마모성이 양호하고 열전달이 잘되는 특수 주철로 만든다.

[4] 릴리스 레버

릴리스 레버는 코일 스프링 형식에서 릴리스 베어링의 힘을 받아 압력판을 움직이는 작용을 한다. 이 레버에는 굽힘력이 반복하여 작용하므로 충분한 강도와 강성을 주기 위하여 특수 주철을 사용한다.

[5] 릴리스 베어링

릴리스 베어링은 클러치 페달을 밟았을 때 릴리스 레버를 눌러주는 역할을 하며, 종류에는 앵귤러 접촉형, 카본형, 볼베어링형이 있다. 대부분 오일리스 베어링(영구 주입식)으로 되어 있어 솔벤트로 세척해서는 안 된다.

그림 3-3 릴리스 베어링

[6] 클러치 스프링

클러치 스프링은 클러치 커버와 압력판 사이에 설치되어 있으며, 압력판에 압력을 발생시키는 작용을 한다.

(1) 코일 스프링 형식

몇 개의 코일 스프링을 클러치 압력판과 클러치 커버 사이에 설치한 것이다.

(2) 다이어프램 스프링

코일 스프링 형식의 릴리스 레버와 코일 스프링 역할을 동시에 하는 접시 모양의 다이어프램 스프링을 사용하는 방식이다. 구조 및 설치상태는 바깥쪽 끝에는 압력판과 접촉 피벗링에 의해 지지가 되며, 중앙핑거는 약간 볼록한 상태이며, 바깥쪽은 피벗링을 사이에 두고 클러치 커버가 설치되어 이 피벗링을 지점으로 하여 압력판을 눌러주면서 작동을 한다.

4 클러치 페달의 유격(자유간극)

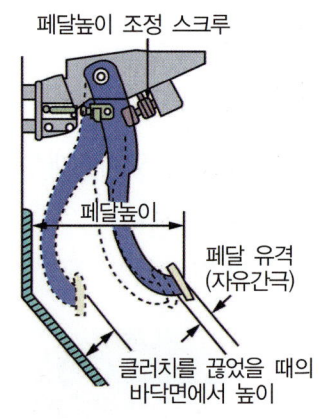

그림 3-4 페달의 자유간극

페달을 밟은 후부터 릴리스 베어링이 다이어프램 스프링(또는 릴리스 레버)에 닿을 때까지 페달이 이동한 거리를 말하며, 간극이 적은 경우는 클러치가 미끄러져 이 미끄럼으로 인하여 클러치판이 과열되어 손상될 수 있다.

또한 간극이 너무 큰 경우에는 클러치 차단이 불량하여 변속기의 기어를 변속할 때 소음이 발생하여 기어가 손상된다. 페달의 자유간극은 기계식의 경우 20~30mm, 유압식은 6~13mm 정도이며 간극조정은 클러치 링키지(푸시로드)에서 한다.

5 유압식 클러치 조작 방식

유압식 클러치 조작기구는 클러치 페달을 밟으면 마스터 실린더에 유압이 발생하고 이 유압은 파이프를 통해 릴리스 실린더에 압송된다. 릴리스 실린더는 이 유압에 의해 릴리스 레버를 밀게 되어 클러치의 작동이 이루어진다.

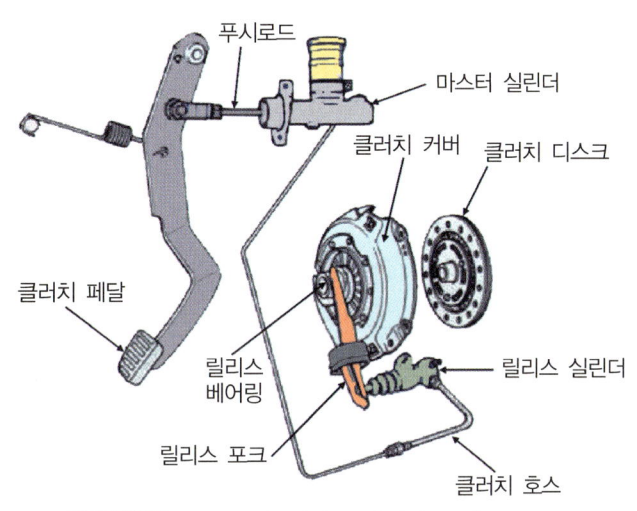

그림 3-5 유압 조작 방식 클러치의 구성

[1] 마스터 실린더(master cylinder)

마스터 실린더의 실린더는 주철이나 알루미늄 합금이며, 클러치 페달을 밟으면 푸시로드가 피스톤을 밀어 유압을 발생시켜 릴리스 실린더로 보낸다.

[2] 릴리스 실린더(release cylinder : 슬레이브 실린더)

릴리스 실린더는 마스터 실린더에서 보내 준 유압을 피스톤과 푸시로드에 작용하여 릴리스 포크를 미는 작용을 한다. 또 릴리스 실린더에는 유압 회로 내에 침입한 공기를 배출시키기 위한 공기빼기용 나사가 있다.

6 클러치 용량 및 전달 효율

[1] 클러치 용량

클러치 용량이란 클러치가 전달할 수 있는 회전력의 크기를 말하며, 일반적으로 엔진 회전력의 1.5~2.5배 정도이다. 클러치 용량이 너무 크면 클러치가 엔진의 플라이휠에 접속될 때 작동이 정지되기 쉽고, 너무 작으면 클러치가 미끄러져 클러치판의 라이닝 마멸이 촉진된다.

$$Tfr \geq C$$

T : 클러치 스프링의 장력(kgf), f : 클러치판의 평균 반지름(m)
r : 클러치판과 압력판 사이의 마찰 계수, C : 엔진의 회전력(kgf·m)

[2] 클러치 전달 효율

$$전달\ 효율 = \frac{클러치에서\ 나온\ 동력}{클러치로\ 들어간\ 동력} \times 100(\%)$$

$$\eta = \frac{T_2 \times N_2}{T_2 \times N_1}$$

T_1 : 엔진의 발생 회전력(kgf·m)
T_2 : 클러치의 출력 회전력(kgf·m)
N_1 : 엔진의 회전수(rpm)
N_2 : 클러치의 출력 회전수(rpm)

7 고장분석

[1] 클러치 차단 불량 원인

① 클러치 페달의 유격이 크다.
② 릴리스 포크가 마모되었다.

③ 릴리스 실린더 컵이 소손되었다.

④ 유압 계통에 공기가 혼입되었다.

[2] 클러치가 미끄러지는 원인

① 변속기 입력축 오일 실의 불량으로 클러치판에 오일이 묻었다.

② 압력판 및 플라이휠 면이 마모되었다.

③ 마찰면의 경화 또는 오일이 부착되었다.

④ 클러치 압력 스프링이 쇠약 및 손상되었다.

⑤ 클러치 페달의 자유간극이 작다.

[3] 클러치를 차단하고 공전 시 또는 접속할 때 소음의 원인

① 릴리스 베어링이 마모되었다.

② 파일럿 베어링이 마모되었다.

③ 클러치 허브 스플라인이 마모되었다.

Chapter 1.1-2 클러치 출제예상문제

01
클러치의 필요성을 설명한 것으로 틀린 것은?

① 관성 운전을 위해서
② 엔진 동력을 역회전으로 하기 위해서
③ 엔진 시동 시 무부하 상태를 유지하기 위해서
④ 기어 변속 시 엔진 동력을 일시 차단하기 위해서

> 클러치의 필요성
> ① 엔진 시동 시 무부하 상태를 유지하기 위해서
> ② 기어 변속 시 엔진 동력을 일시 차단하기 위해서
> ③ 관성 운전을 위해서

02
수동변속기에서 클러치의 역할 중 거리가 먼 것은?

① 엔진과의 연결을 차단하는 일을 한다.
② 변속기로 전달되는 엔진의 토크를 필요에 따라 단속한다.
③ 관성 운전 시 엔진과 변속기를 연결하여 연비 향상을 도모한다.
④ 출발 시 엔진의 동력을 서서히 연결하는 일을 한다.

> 관성 운전 시 엔진과 변속기를 차단하여 연비 향상을 도모한다.

03
클러치의 구비 조건으로 맞지 않는 것은?

① 회전 부분의 평형이 좋을 것
② 동력 단속이 확실하며, 쉬울 것
③ 회전 관성이 되도록 커야 할 것
④ 발진 시 방열의 용이와 과열을 방지할 것

> 클러치는 회전 관성이 적어야 한다.

04
수동변속기 차량에서 클러치의 구비조건으로 틀린 것은?

① 동력전달이 확실하고 신속할 것
② 방열이 잘되어 과열되지 않을 것
③ 회전 부분의 평형이 좋을 것
④ 회전 관성이 클 것

> 클러치의 구비조건
> ① 클러치 작용이 원활하며, 조작이 쉽고 확실할 것
> ② 냉각이 잘 되어 과열되지 않을 것
> ③ 회전 관성이 작을 것

정답 01 ② 02 ③ 03 ③ 04 ④

> ④ 동력이 전달할 때 서서히 전달되고, 전달된 후에는 미끄러지지 않을 것
> ⑤ 회전 부분의 평형이 좋을 것
> ⑥ 구조가 간단하고, 다루기 쉬우며 고장이 적을 것

05

클러치에 대한 설명으로 틀린 것은?

① 페달의 유격은 클러치 미끄럼(Slip)을 방지하기 위하여 필요하다.
② 페달의 리턴 스프링이 약하게 되면 클러치 차단이 불량하게 된다.
③ 건식 클러치에 있어서 디스크에 오일을 바르면 안된다.
④ 페달과 상판과의 간격이 과소하면 클러치 끊임이 나빠진다.

> 리턴 스프링이 약하면 클러치 용량이 작아져 클러치가 미끄러진다.

06

수동변속기 차량에서 클러치의 필요조건으로 틀린 것은?

① 회전관성이 커야 한다.
② 내열성이 좋아야 한다.
③ 방열이 잘되어 과열되지 않아야 한다.
④ 회전 부분의 평형이 좋아야 한다.

> 자동차에서 관성이 필요한 것은 플라이휠 뿐이며, 클러치는 회전 관성이 적어야 한다.

07

수동변속기 클러치 구성 시스템이 아닌 것은?

① 릴리스 레버
② 압력판
③ 후진아이들 기어
④ 릴리스 레버 베어링

> 후진아이들 기어는 수동변속기의 후진작동 시 작동하는 기어이다.

08

다음 중 다이어프램 형식의 클러치 특성이 아닌 것은?

① 압력판에 작용하는 압력이 균일하다.
② 클러치 페달을 밟는 힘이 커야 한다.
③ 원판형으로 회전평형이 좋다.
④ 고속 운전 시 원심력을 받지 않아 스프링 장력이 작아지지 않는다.

> 다이어프램 형식의 클러치는 페달을 밟는 힘이 적어도 된다.

09

수동변속기 차량의 클러치판은 어떤 축의 스플라인에 조립되어 있는가?

① 추진축
② 크랭크축
③ 액슬축
④ 변속기 입력축

정답 05 ② 06 ① 07 ③ 08 ② 09 ④

> 🔍 클러치판은 변속기 입력축의 스플라인에 끼워져 있다.

10

클러치 라이닝의 구비조건이 아닌 것은?

① 내마멸성이 클 것
② 내식성이 클 것
③ 내열성이 클 것
④ 마찰 계수가 알맞을 것

> 🔍 **클러치 라이닝의 구비조건**
> ① 마찰 계수가 알맞을 것
> ② 내마멸성, 내열성이 클 것
> ③ 온도 변화에 따른 마찰 계수의 변화가 없을 것

11

클러치판의 점검 항목이 아닌 것은?

① 페이싱의 리벳 깊이
② 판의 비틀림
③ 클러치 스프링의 장력
④ 페이싱의 폭

> 🔍 점검 항목은 리벳 깊이, 클러치 런 아웃, 토션 스프링 장력, 마찰면의 경화 및 마모 정도

12

클러치 런 아웃의 한계값은?

① 0.1mm　　② 0.3mm
③ 0.5mm　　④ 0.7mm

> 🔍 런 아웃은 클러치판의 비틀림 현상을 말하며, 한계값 0.5mm이다.

13

클러치의 런 아웃이 크면 일어나는 현상으로 맞는 것은?

① 클러치의 단속이 불량해진다.
② 클러치 페달의 유격에 변화가 생긴다.
③ 주행 중 소리가 난다.
④ 클러치 스프링이 파손된다.

> 🔍 클러치의 런 아웃이 크면 단속이 불량해진다.

14

클러치판이 마모되었을 때 일어나는 현상이 아닌 것은?

① 클러치가 미끄러진다.
② 클러치 페달의 유격이 커진다.
③ 클러치 페달의 유격이 작아진다.
④ 클러치 릴리스 레버의 높이가 높아진다.

> 🔍 클러치판이 마모되면 페달의 유격이 작아지고, 클러치가 미끄러지며 릴리스 레버의 높이가 높아진다.

정답　10 ②　11 ④　12 ③　13 ①　14 ②

15

클러치 압력판의 역할로 맞는 것은?

① 엔진의 동력을 받아 속도를 조절한다.
② 제동 거리를 짧게 한다.
③ 견인력을 증가시켜 준다.
④ 클러치판을 밀어서 플라이휠에 압착시키는 역할을 한다.

> 클러치 압력판은 클러치 디스크를 플라이휠에 압착시키는 역할을 한다.

16

수동변속기에서 클러치 작동 중 동력을 차단하였을 경우 플라이휠과 같이 회전하는 부품은?

① 클러치판   ② 압력판
③ 변속기 입력축   ④ 릴리스 포크

> 압력판은 클러치 커버에 설치되어 있고, 클러치 커버는 플라이휠과 볼트로 체결되어 있어 엔진이 회전하면 플라이휠과 함께 회전한다.

17

클러치 부품 중 플라이휠에 조립되어 플라이휠과 같이 회전하는 부품은?

① 클러치판   ② 변속기 입력축
③ 클러치 커버   ④ 릴리스 포크

> 플라이휠과 클러치 커버는 볼트로 직결되어 항상 같이 회전한다.

18

분해 시 솔벤트로 닦으면 안 되는 부품은?

① 릴리스 베어링   ② 십자축 베어링
③ 허브 베어링   ④ 차동장치 베어링

> 릴리스 베어링의 앵귤러 접촉형이나 볼 베어링형은 영구 주입식으로 솔벤트로 닦아서는 안 된다.

19

클러치의 릴리스 베어링의 종류가 아닌 것은?

① 앵귤러 접촉형   ② 볼 베어링형
③ 롤러 베어링형   ④ 카본형

> 릴리스 베어링의 종류에는 앵귤러 접촉형, 볼 베어링형, 카본형이 있다.

20

클러치 축 앞끝을 지지하는 베어링은?

① 파일럿 베어링   ② 앵귤러 베어링
③ 카본 베어링   ④ 스러스트 베어링

> 클러치 축 앞 끝을 지지하는 베어링을 파일럿 베어링이라 한다.

정답 15 ④ 16 ② 17 ③ 18 ① 19 ③ 20 ①

21

클러치 스프링에서 동력의 전달을 원활하게 하고 클러치판의 변형, 편마모, 파손 등을 방지하는 스프링은?

① 다이어프램 ② 토션
③ 댐퍼 ④ 쿠션

> 쿠션 스프링은 클러치 마찰면 안에 설치되어 클러치 디스크의 편마멸, 변형, 파손 등의 방지를 위해 둔다.

22

쿠션 스프링의 작용으로 틀린 것은?

① 회전 충격을 흡수한다.
② 편마모를 방지한다.
③ 평행하게 회전시킨다.
④ 클러치판의 변형을 방지한다.

> 쿠션 스프링은 편마모 방지, 평행회전, 클러치판 변형 방지 기능을 한다.

23

유압식 클러치의 마스터 실린더의 구성 부품이 아닌 것은?

① 피스톤 ② 푸시로드
③ 피스톤 컵 ④ 리턴 스프링

> 푸시로드는 릴리스 실린더의 구성 부품이다.

24

유압식 클러치 조작기구의 장점이 아닌 것은?

① 각부의 기계적 마찰이 작아 페달을 밟는 힘이 적다.
② 오일의 압력 전달이 신속하므로 클러치 조작이 신속하다.
③ 엔진과 클러치 페달의 설치 위치를 자유롭게 정할 수 있다.
④ 오일의 누설 및 공기가 섞여도 조작이 가능하다.

> 유압식 클러치의 오일 누설(공기 혼입) 시 작동이 불량하여 조작되지 않는다.

25

클러치 페달을 밟은 후부터 릴리스 베어링이 다이어프램 스프링(또는 릴리스 레버)에 닿을 때까지 페달이 이동한 거리는?

① 작동간극 ② 자유간극
③ 예비간극 ④ 파일럿간극

> 자유간극(유격)이란 클러치 페달을 밟은 후부터 릴리스 베어링이 다이어프램 스프링(또는 릴리스 레버)에 닿을 때까지 페달이 이동한 거리를 말한다.

26

클러치 페달 자유간극의 정의는?

① 페달과 바닥면과의 거리
② 푸시로드와 레버와의 거리
③ 클러치판과 플라이휠과의 거리
④ 릴리스 레버와 릴리스 베어링과의 거리

정답 21 ④ 22 ① 23 ② 24 ④ 25 ② 26 ④

> 🔎 클러치 페달의 자유간극은 릴리스 레버와 릴리스 베어링과의 거리를 말한다.

27
클러치 페달의 자유간극이 적을 때 발생되는 현상으로 틀린 것은?

① 압력판이 마멸된다.
② 클러치가 미끄러진다.
③ 클러치 용량이 증가한다.
④ 릴리스 베어링이 마멸된다.

> 🔎 클러치 페달의 자유간극이 적을 때 발생되는 현상
> ① 릴리스 베어링이 마멸된다.
> ② 압력판, 플라이휠이 마멸된다.
> ③ 클러치가 미끄러진다.

28
클러치의 자유간극이 너무 클 때 미치는 영향으로 틀린 것은?

① 클러치의 끌림 현상이 발생된다.
② 클러치의 차단이 나빠진다.
③ 동력 전달 효율이 떨어진다.
④ 변속 시 소음이 발생하고, 변속조작이 잘 안 된다.

> 🔎 클러치의 자유간극이 크더라도 동력전달에는 영향을 미치지 않는다.

29
클러치가 미끄러지는 원인이 아닌 것은?

① 마찰면의 경화, 오일 부착
② 페달 자유간극 과대
③ 클러치 압력 스프링 쇠약, 절손
④ 압력판 및 플라이휠 손상

> 🔎 클러치가 미끄러지는 원인
> ① 클러치 스프링 장력 부족(자유고 감소)
> ② 페달 유격 부족
> ③ 마찰면의 경화, 오일 부착
> ④ 압력판 및 플라이휠 손상(마모)
> ⑤ 릴리스 레버 조정 불량

30
클러치가 미끄러지면 나타나는 현상이 아닌 것은?

① 연료 소비량이 증대된다.
② 엔진이 과냉된다.
③ 주행 중 가속 페달을 밟아도 차가 가속되지 않는다.
④ 등판 성능이 저하된다.

> 🔎 클러치가 미끄러지면 차량의 속도가 증가되지 않아 가속량이 많아져 과열의 원인이 될 수 있다.

정답 27 ③ 28 ③ 29 ② 30 ②

31
클러치가 미끄러지는 원인이 아닌 것은?

① 페달의 자유간극이 너무 작다.
② 크랭크축의 리어 오일 실이 파손되었다.
③ 클러치 압력판 스프링의 장력이 약하다.
④ 릴리스 레버가 마모되었다.

> 릴리스 레버가 마모되면 페달의 자유간극은 커진다.

32
클러치 페달을 밟을 때 무겁고, 자유간극이 없다면 나타나는 현상으로 거리가 먼 것은?

① 연료소비량이 증대된다.
② 기관이 과냉된다.
③ 주행 중 가속페달을 밟아도 차가 가속되지 않는다.
④ 등판성능이 저하된다.

> 자유간극이 없으면 클러치는 미끄러지며, 속도가 증가하지 않아 기관은 과열될 수 있다.

33
클러치 스프링의 장력이 작아지면 일어나는 현상은?

① 페달의 유격이 커진다.
② 페달의 유격이 작아진다.
③ 클러치 용량이 커진다.
④ 클러치 용량이 작아진다.

> 클러치 스프링의 장력이 작아지면 용량이 작아져 클러치가 미끄러진다.

34
주행 중 급가속을 하였을 때, 엔진의 회전은 상승하여도 차속은 증속되지 않았다. 그 원인으로 맞는 것은?

① 릴리스 베어링이 마모되었다.
② 릴리스 포크가 마모되었다.
③ 클러치 스프링의 자유고가 감소되었다.
④ 클러치 디스크의 스플라인이 마모되었다.

> 주행 중 급가속을 하였을 때 엔진의 회전이 상승하여도 차속은 증속되지 않는 원인은 클러치가 미끄러지고 있기 때문이며, 클러치가 미끄러지는 원인은 다음과 같다.
> ① 변속기 입력축 오일 실의 불량으로 클러치판에 오일이 묻었다.
> ② 압력판 및 플라이휠 면이 마모되었다.
> ③ 마찰면의 경화 또는 오일이 부착되었다.
> ④ 클러치 압력 스프링이 쇠약 및 손상되었다.
> ⑤ 클러치 페달의 자유간극이 작다.

35
클러치 페달을 서서히 밟았더니 소음이 날 때 고장 부위는?

① 릴리스 베어링의 불량
② 클러치 스프링 장력 부족
③ 클러치 축과 허브 사이의 스플라인 헐거움
④ 페달 유격 부족

정답 31 ④ 32 ② 33 ④ 34 ③ 35 ①

> 🔍 클러치 페달을 밟을 때 소음이 나는 것은 릴리스 베어링이 불량할 때 소음이 난다.

> 🔍 페달의 자유간극이 적으면 미끄러지는 현상이 발생된다.

36
클러치를 주행 상태로 점검하는 방법으로 틀린 것은?

① 페달의 작동 상태 점검
② 끊어짐 및 접속 상태 점검
③ 미끄러짐 유무의 점검
④ 소음 유무의 점검

> 🔍 클러치 페달은 정지 상태에서 점검한다.

37
클러치가 물렸을 때 클러치의 미끄러짐이 가장 큰 구간은?

① 가속　　　② 고속
③ 감속　　　④ 공전

> 🔍 가속 시 미끄러짐이 가장 크다.

38
유압식 클러치에서 동력 차단이 불량한 원인 중 가장 거리가 먼 것은?

① 페달의 자유간극이 없음
② 유압 계통에 공기가 유입
③ 클러치 릴리스 실린더 불량
④ 클러치 마스터 실린더 불량

39
클러치 스프링의 장력을 T, 클러치판과 압력판 사이의 마찰 계수를 f, 클러치판의 평균 반경을 r이라 하고, c를 엔진의 회전력이라 하였을 때 클러치가 미끄러지지 않기 위한 조건식은?

① $Tfr \geq c$　　　② $Tfr \leq c$
③ $T < \dfrac{c}{fr}$　　　④ $T > frc$

40
클러치 마찰면의 전압력이 250N, 마찰 계수가 0.4, 클러치판의 유효반지름이 70cm일 때 클러치의 용량은?

① 40Nm　　　② 55Nm
③ 70Nm　　　④ 85Nm

> 🔍 T = μPr = 0.4 × 250N × 0.7m = 70Nm

정답　36 ①　37 ①　38 ①　39 ①　40 ③

03 수동변속기(manual transmission)

엔진과 추진축 사이 또는 엔진과 차동기어 사이에 설치되어 엔진의 동력을 자동차의 주행 상태에 따라 회전력과 속도로 바꾸어 구동바퀴에 전달하는 장치이다.

1 변속기의 필요성

① 엔진과 차축 사이에서 회전력 증대
② 엔진을 시동할 때 무부하 상태로 하기 위해(변속레버 중립 위치)
③ 자동차를 후진시키기 위해

2 수동변속기의 구비조건

① 동력 전달 효율이 좋을 것
② 단계가 없이 연속적으로 변속될 것
③ 조작이 쉽고, 신속, 확실, 정숙하게 행해질 것
④ 소형·경량이고, 고장이 없으며 다루기 쉬울 것

3 싱크로메시 기구(동기물림장치)

싱크로메시 기구는 수동변속기에서 기어가 물릴 때 입력 기어와 출력축의 회전속도를 동기시켜 기어의 물림이 부드럽게 이루어지도록 하는 기구이다. 클러치 슬리브, 클러치 허브, 싱크로나이저 키와 링으로 구성되어 있다.

[1] 클러치 허브(clutch burb)

안쪽에 있는 스플라인에 의해 변속기 주축의 스플라인에 고정되어 주축의 회전수와 동일하게 회전하며, 그 외주에 싱크로나이저 키가 3개 설치되어 있다. 또한 바깥둘레에는 스플라인을 통하여 클러치 슬리브가 설치되어 있다.

[2] 클러치 슬리브(clutch sleeve)

바깥둘레에는 시프트 포크가 끼워지는 홈이 파져 있고, 안쪽의 스플라인에 의해 클러치 허브가 설치되어 변속기 레버의 작동에 의해서 앞뒤로 섭동하여 싱크로나이저 키를 싱크로나이저 링 쪽으로 밀어주는 역할을 한다. 주축에 설치되어 있는 기어와 주축을 연결하거나 차단하는 클러치 작용을 한다.

[3] 싱크로나이저 링(synchronizer ring)

주축 기어의 콘(원추형)에 끼워져 있다. 기어를 변속할 때 시프트 포크가 클러치 슬리브를 섭동시키면 콘과 마찰 작용으로 클러치가 작동하며, 클러치 작용이 유효하게 이루어지도록 안쪽 면에 나사의 홈이 설치되어 있다.

[4] 싱크로나이저 키(synchronizer key)

키 뒷면에는 돌기가 설치되어 클러치 허브에 마련된 3개의 홈에 끼워져 싱크로나이저 스프링(키 스프링)의 장력에 의해 항상 클러치 슬리브의 안쪽에 압착하는 역할을 한다. 양끝은 일정한 간극을 두고 싱크로나이저 링에 끼워져 있으며, 클러치 슬리브를 고정시켜 작동 중 기어의 물림이 빠지지 않도록 한다.

[5] 로킹볼과 인터록

① 로킹볼(lock ball) : 기어변속 후 기어의 물림이 빠지는 것을 방지한다.
② 인터록(inter lock) : 기어가 2중으로 물리는 것을 방지한다.

그림 3-6 싱크로메시 기구

4 변속비

① 변속기는 여러 개의 기어로 구성 및 조립
② 기어 물림에 따라 구동바퀴에 전달되는 구동력과 회전속도를 변화시킨다.
③ 변속레버를 저속으로 선택하면 바퀴의 회전속도는 느리지만 축의 회전력은 증가
④ 회전력의 증대를 가져오는 것이 변속비이다.

$$변속비 = \frac{기관의\ 회전속도}{변속기\ 주축의\ 회전속도}$$

$$또는 = \frac{부축기어의\ 잇수}{주축기어의\ 잇수} \times \frac{주축기어의\ 잇수}{부축기어의\ 잇수}$$

5 총감속비

① 자동차의 경우 변속기 이외에 최종 감속 기어로도 감속을 하고 있다.
② 엔진과 구동바퀴 사이의 변속비를 의미한다.
③ 변속기의 변속비 × 종 감속기어의 감속비로 나타난다.

6 고장분석

[1] 기어가 잘 물리지도 않고 빠지지도 않는 원인

① 클러치 차단이 불량하다.
② 인터록이 파손되었다.
③ 싱크로나이저 링이 마멸되었다.
④ 컨트롤 케이블이 불량하다.

[2] 기어에서 소음이 발생하는 원인

① 불충분한 윤활 때문이다.
② 구동 기어와 부축 기어가 마모 혹은 손상되었다.
③ 구동 기어 및 부축 기어의 베어링이 손상되었다.
④ 후진 아이들러 기어 혹은 아이들러 부싱의 마모 혹은 손상 때문이다.

Chapter 1.3 수동변속기 출제예상문제

01
수동변속기의 구비조건이 아닌 것은?

① 동력 전달 효율이 좋을 것
② 변속단의 단계는 순차적 변속만 가능할 것
③ 조작이 쉽고, 신속, 확실, 정숙하게 행해질 것
④ 소형·경량이고, 고장이 없으며 다루기 쉬울 것

> 🔍 **수동변속기의 구비조건**
> ① 동력 전달 효율이 좋을 것
> ② 단계가 없이 연속적으로 변속될 것
> ③ 조작이 쉽고, 신속, 확실, 정숙하게 행해질 것
> ④ 소형·경량이고, 고장이 없으며 다루기 쉬울 것

02
변속기가 갖추어야 할 조건으로 틀린 것은?

① 전달 효율이 클 것
② 소형이고 경량일 것
③ 각 단계를 꼭 거쳐야만 변속될 것
④ 조작이 신속하고, 정확하게 이루어질 것

03
변속기의 필요성이 아닌 것은?

① 회전력을 증대시키기 위해서
② 회전속도를 증대시키기 위해서
③ 자동차의 후진을 위해서
④ 기동 시 일단 무부하 상태로 두기 위해서

> 🔍 **변속기의 필요성**
> ① 회전력의 증대
> ② 기동 시 일단 무부하 상태로 두기 위해서
> ③ 자동차의 후진을 위해서

04
다음 중 선택기어식 변속기가 아닌 것은?

① 선택 접동식 변속기 ② 점진 기어식 변속기
③ 상시 물림식 변속기 ④ 동기 물림식 변속기

> 🔍 점진 기어식 변속기는 자동차에서 사용되지 않으며, 1단 2단 3단 차례대로 변속되며 1단에서 바로 3단에는 들어가지 않는다.

정답 01 ② 02 ③ 03 ② 04 ②

05

변속기의 1단 기어를 선정할 때 우선적으로 고려해야 할 사항은?

① 자동차의 최대 등판능력
② 엔진의 최고 회전수
③ 일반적으로 등판능력이 최소 10% 이내
④ 자동차의 목표 최고속도

> 변속기의 1단 기어는 감속비가 가장 크며, 자동차의 최대 등판능력을 결정하는 요소이다.

06

변속장치에서 동기물림 기구에 대한 설명으로 옳은 것은?

① 변속하려는 기어와 메인 스플라인과의 회전수를 같게 한다.
② 주축 기어의 회전속도를 부축 기어의 회전속도보다 빠르게 한다.
③ 주축 기어와 부축 기어의 회전수를 같게 한다.
④ 변속하려는 기어와 슬리브와의 회전수에는 관계없다.

> 동기물림 기구는 변속하려는 기어와 메인 스플라인과의 회전수를 같게 한다.

07

수동변속기 내부구조에서 싱크로메시(synchromesh) 기구의 작용은?

① 배력 작용
② 가속 작용
③ 동기치합 작용
④ 감속 작용

> 싱크로메시 기구는 기어가 물릴 때 작동되며, 속도를 동기시켜 원활한 변속을 할 수 있게 한다.

08

수동변속기 내부에서 싱크로나이저 링의 기능이 작용하는 시기는?

① 변속기 내에서 기어가 빠질 때
② 변속기 내에서 기어가 물릴 때
③ 클러치 페달을 밟을 때
④ 클러치 페달을 놓을 때

09

수동변속기에서 변속 시 서로 다른 기어속도를 동기화시켜 치합이 부드럽게 이루어지도록 하는 것은?

① 록킹볼장치
② 이퀄라이저
③ 앤티롤장치
④ 싱크로메시 기구

> 싱크로메시 기구는 기어가 물릴 때 작동되면 속도를 동기화시켜 변속을 원활히 한다.

정답 05 ① 06 ① 07 ③ 08 ② 09 ④

10

수동변속기에서 기어변속 시 기어가 2중으로 물리는 것을 방지하는 장치는?

① 록킹볼　　② 인터록볼
③ 포핏 플러그　　④ 시프트 포크

> 🔍 인터록볼은 기어가 2중으로 물리는 것을 방지한다.

11

변속기에서 아이들 기어가 하는 역할은?

① 방향 전환　　② 간극 조절
③ 무부하 공회전　　④ 회전력 증대

> 🔍 아이들 기어는 주로 후진 기어에 설치되어 방향을 전환한다.

12

수동변속기 정비 시 측정할 항목이 아닌 것은?

① 주축 엔드플레이　　② 주축의 휨
③ 기어의 직각도　　④ 슬리브와 포크의 간극

13

변속기 부축의 축방향 유격을 조정하는 장치는?

① 시임　　② 드러스트 와셔
③ 플레이트　　④ 키이

> 🔍 수동변속기 부축의 축방향 유격은 스러스트 와셔로 조정한다.

14

수동변속기 내의 싱크로메시 엔드플레이 측정기구는?

① 직각자　　② 필러 게이지
③ 다이얼 게이지　　④ 마이크로미터

15

수동변속기의 이상음 발생 원인이 아닌 것은?

① 인히비터 스위치 고장
② 베어링이 마멸되었을 때
③ 주축의 휨이 한계치를 넘었을 때
④ 윤활유가 적을 때

> 🔍 인히비터 스위치는 자동변속기에 있는 부품이다.

16

수동변속기 기어 소음의 발생 원인이 아닌 것은?

① 윤활유 과다 주입
② 구동 기어와 부축 기어가 마모
③ 구동 기어 및 부축 기어의 베어링이 손상
④ 아이들러 부싱의 마모

> 🔍 윤활유 과다 주입 시 윤활유 누설 등의 원인이 된다.

정답　10 ②　11 ①　12 ③　13 ②　14 ②　15 ①　16 ①

17
변속기에서 고속주행 시 기어를 변속할 때 충돌음이 발생하는 원인은?

① 바르지 못한 엔진과의 얼라인먼트
② 드라이브 기어의 마모
③ 싱크로나이저 링의 고장
④ 기어 변속 링키지의 헐거움

> 싱크로나이저 링이 고장나면 기어 변속 시 소음이 발생한다.

18
수동변속기 기어가 잘 물리지도 않고 빠지지도 않는 원인이 아닌 것은?

① 클러치 차단 불량
② 인터록 파손
③ 싱크로나이저 링 마멸
④ 컨트롤 케이블 불량

> 인터록은 기어가 2중으로 물리는 것을 방지한다.

19
수동변속기 작업과 관련된 사항 중 틀린 것은?

① 분해와 조립순서에 준하여 작업한다.
② 세척이 필요한 부품은 반드시 세척한다.
③ 로크 너트는 재사용이 가능하다.
④ 싱크로나이저 허브와 슬리브는 일체로 교환한다.

> 수동변속기 작업 시 로크 너트는 재사용하지 않고 교환한다.

20
변속기의 감속비를 구하는 공식은?

① $\dfrac{부축}{주축} \times \dfrac{주축}{부축}$
② $\dfrac{부축}{주축} \times \dfrac{부축}{주축}$
③ $\dfrac{부축}{부축} \times \dfrac{주축}{주축}$
④ $\dfrac{주축}{부축} \times \dfrac{주축}{부축}$

> 변속비 = $\dfrac{(입력축)부축기어의 잇수}{(입력축)주축기어의 잇수} \times \dfrac{(출력축)주축기어의 잇수}{(출력축)부축기어의 잇수}$

21
구동바퀴가 자동차를 미는 힘을 구동력이라고 하는데, 구동력을 구하는 공식은?(단, F : 구동력, T : 축의 회전력, R : 바퀴의 반경)

① $F = \dfrac{R}{T}$
② $F = \dfrac{T}{R}$
③ $R = \dfrac{F}{T}$
④ $T = \dfrac{F}{2R}$

정답 17 ③ 18 ② 19 ③ 20 ① 21 ②

22

어느 자동차의 추진축 회전력이 320Nm이고, 바퀴의 반경이 50cm라면 이 자동차의 구동력은 얼마인가?

① 6.4N
② 64N
③ 640N
④ 6,400N

> 구동력 $F = \dfrac{T}{R}$ 이므로 $F = \dfrac{320}{0.5} = 640N$

23

엔진의 회전수가 4,500rpm일 경우, 2단의 변속비가 1.5일 경우 변속기 출력축의 회전수(rpm)는 얼마인가?

① 1,500
② 2,000
③ 2,500
④ 3,000

> 변속기 출력축 회전수
> $= \dfrac{\text{엔진 회전수}}{\text{변속비}} = \dfrac{4,500\text{rpm}}{1.5} = 3,000\text{rpm}$

24

구동바퀴가 자동차를 미는 힘을 구동력이라 하는데, 이때 구동력의 단위는?

① kg
② kg·m
③ ps
④ kg·m/sec

정답 22 ③ 23 ④ 24 ①

Chapter 2 드라이브라인

01 슬립이음(slip joint)

슬립이음은 변속기 주축 뒤끝에 스플라인을 통하여 설치되며, 뒷차축의 상하운동에 따라 변속기와 종감속 기어 사이에서 길이 변화를 가능하도록 하기 위해 두고 있다.

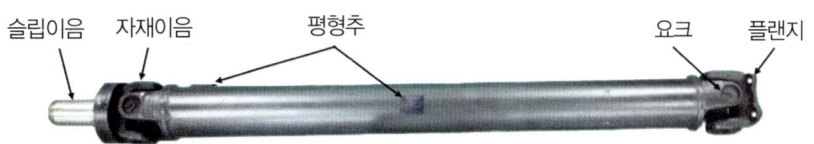

그림 3-7 추진축과 자재이음

02 자재이음(universal joint)

변속기와 차동장치를 연결하며, 두 축 사이의 충격의 완화와 각도 변화를 융통성 있게 동력 전달하는 기구이다. 종류에는 십자형 자재이음, 플렉시블이음, 볼 앤드 트러니언 자재이음, 등속도 자재이음 등이 있다.

1 훅 조인트(십자형 자재이음)

① 중심부의 십자축(spider)과 2개의 요크(yoke)로 구성
② 십자축과 요크는 니들 롤러 베어링(needle roller bearing)을 사이에 두고 연결
③ 십자축은 특수강의 단조품으로 강도와 내마모성을 높이기 위해 저널부를 표면 경화
④ 구조가 간단, 큰 동력 전달 가능. FR 차량에 가장 많이 사용

2 플렉시블 조인트

이 형식은 3가닥의 요크 사이에 가죽이나 경질 고무로 만든 커플링(coupling)을 끼우고 볼트로 조인 것이다. 설치 각도는 3~5° 이상 되면 진동을 일으키기 쉽다.

3 트러니언 조인트

① 안쪽에 홈이 파져 있는 실린더형의 바디 속에 추진축의 한끝을 끼우고 여기에 핀을 끼운 다음 핀의 양끝에 볼을 조립한 자재이음
② 마찰이 많이 발생하여 전달 효율이 낮은 것이 단점

4 등속도(CV) 자재이음

① 등속도 자재이음은 앞바퀴 구동 자동차에서 주로 사용한다. 등속 원리는 구동축과 피동축의 접촉점이 축과 만나는 각의 2등분선상에 있다.
② 버필드이음은 앞바퀴 구동방식 차량의 구동축의 바깥쪽 자재이음으로 사용되며, 자재이음 중 구동축과 회전축의 경사각이 30° 이상에서도 동력전달이 가능하다.
③ 더블 오프셋 조인트는 앞바퀴 구동 승용차에서 변속기 쪽 구동축에서 사용하는 조인트이다.

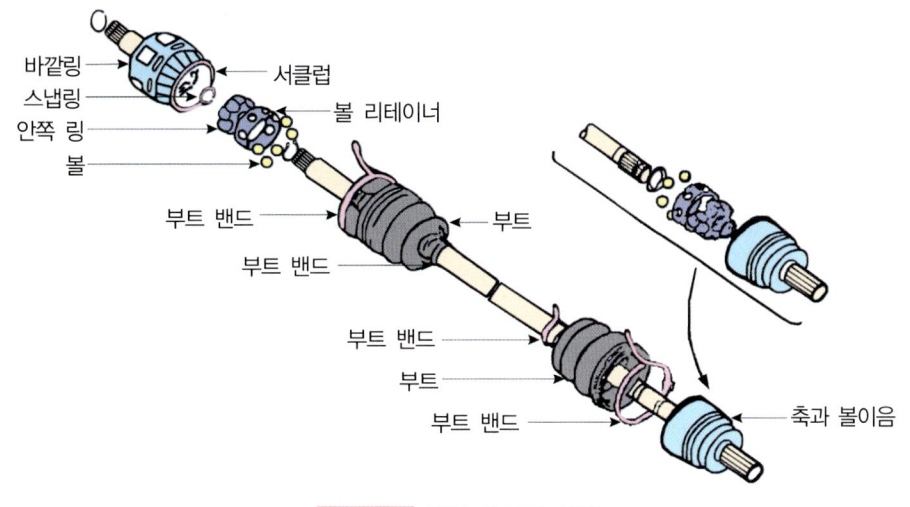

그림 3-8 더블 오프셋 이음

03 추진축(propeller shaft)

추진축은 강한 비틀림을 받으면서 고속 회전하므로 이에 견딜 수 있도록 속이 빈 강관(steel pipe)을 사용한다. 회전 평형을 유지하기 위해 평형추가 부착되어 있으며, 그 양쪽에는 자재 이음의 요크가 있다.

1 토션 댐퍼(torsion damper)

토션 댐퍼는 앞 추진축 끝부분에 센터 베어링과 함께 설치되어 추진축의 비틀림 진동을 흡수하는 작용을 한다.

2 추진축의 센터 베어링

① 분할 방식 추진축을 사용할 때 설치한다.
② 볼베어링을 고무제의 베어링 베드에 설치한다.

③ 베어링 베드의 외주를 다시 원형 강판으로 감싼다.

④ 차체에 고정할 수 있는 구조이다.

> **참고** 추진축이 구부러져 기하학적인 중심과 질량 중심이 일치하지 않으면 휠링(whirling)이라는 굽음 진동을 일으킨다.

③ 추진축에서 소음이 발생하는 원인

① 요크의 방향이 틀린 경우

② 조인트 볼트 등이 헐거울 경우

③ 스플라인부가 마모된 경우

④ 평형추(밸런스 웨이트)가 탈락된 경우

⑤ 자재이음 베어링이 마모된 경우

⑥ 센터 베어링이 마모된 경우

⑦ 윤활이 불량한 경우

04 동력배분장치(종감속 기어와 차동장치)

① 종감속 기어(final reduction gear)

종감속 기어는 추진축의 회전력을 직각으로 전달하며 엔진의 회전력을 최종적으로 감속시켜 구동력을 증가시킨다. 구조는 구동 피니언과 링 기어로 되어 있으며, 종류에는 웜과 웜 기어, 베벨 기어, 하이포이드 기어가 있으며 현재는 주로 하이포이드 기어를 사용한다.

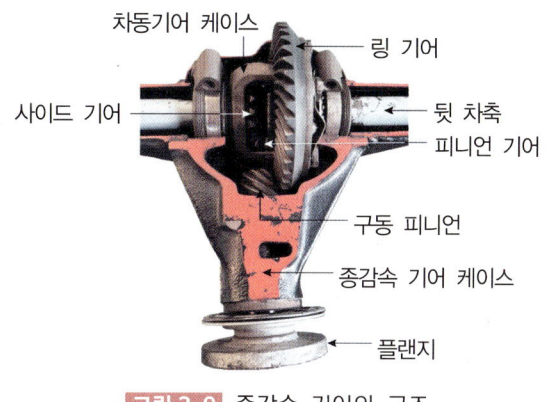

그림 3-9 종감속 기어의 구조

하이포이드 기어(hypoid gear)는 링 기어의 중심보다 구동 피니언의 중심이 10~20% 정도 낮게 설치된 스파이럴 베벨 기어의 전위(off-set) 기어이며 장·단점은 다음과 같다.

[1] 하이포이드 기어의 장점

① 구동 피니언의 오프셋에 의해 추진축 높이를 낮출 수 있어 자동차의 중심이 낮아져 안전성이 증대된다.

② 동일 감속비, 동일 치수의 링 기어인 경우에 스파이럴 베벨 기어에 비해 구동 피니언을 크게 할 수 있어 강도가 증대된다.

③ 기어 물림률이 커 회전이 정숙하다.

[2] 하이포이드 기어의 단점

① 기어 이의 폭 방향으로 미끄럼 접촉을 하므로 압력이 커 극압 윤활유를 사용하여야 한다.

② 제작이 조금 어렵다.

2 종감속비

종감속비는 나누어서 떨어지지 않는 값으로 하는데 그 이유는 특정의 이가 항상 물리는 것을 방지하여 편마멸을 방지하기 위함이다. 또 종감속비는 기관의 출력, 차량중량, 가속성능, 등판능력 등에 따라 정해지며, 종감속비를 크게 하면 가속성능과 등판능력은 향상되나 고속성능이 저하한다. 그리고 변속비×종감속비를 총 감속비라 한다. 이에 따라 변속 기어가 톱 기어(top gear)이면 기관의 감속은 종감속 기어에서만 이루어진다.

$$종감속비 = \frac{링\ 기어의\ 잇수}{구동\ 피니언의\ 잇수}$$

3 차동장치(differential gear system)

래크와 피니언의 원리를 이용한 것이며, 자동차가 선회할 때 양쪽 바퀴가 미끄러지지 않고 원활하게 선회하려면 바깥쪽 바퀴가 안쪽 바퀴보다 더 많이 회전하여야 한다. 차동장치는 노면의 저항을 적게 받는 구동바퀴 쪽으로 동력이 더 많이 전달될 수 있도록 하며, 차동 사이드 기어, 차동 피니언, 피니언축 및 케이스로 구성되어 있다.

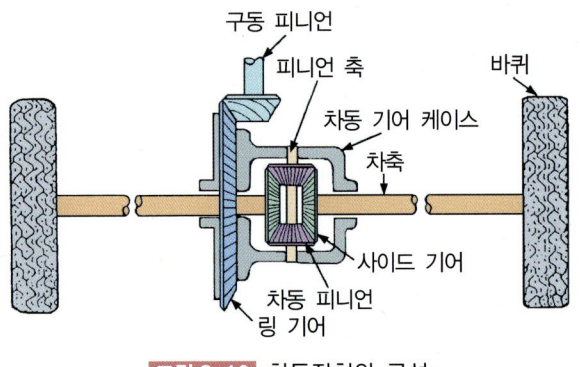

그림 3-10 차동장치의 구성

4 구동 피니언과 링 기어의 접촉 상태

① 정상 접촉 : 구동 피니언과 링 기어의 접촉이 링 기어의 중심부 쪽으로 50~70% 정도 물리는 상태의 접촉이다.

② 힐(heel) 접촉 : 기어 잇면의 접촉이 힐쪽(기어 이빨이 넓은 바깥쪽)으로 치우친 접촉이며, 수정방법은 구동 피니언을 밖으로 이동시켜야 한다.

③ 페이스(face) 접촉 : 기어의 물림이 잇면의 끝부분에 접촉하는 것이며, 수정 방법은 구동 피니언을 안으로 이동시켜야 한다.

④ 토우(toe) 접촉 : 기어 잇면의 접촉이 토우 쪽(기어 이빨이 좁은 안쪽)으로 치우친 접촉이며, 수정방법은 구동 피니언을 안으로 이동시켜야 한다.

⑤ 플랭크(flank) 접촉 : 기어의 물림이 이뿌리 부분에 접촉하는 것이며, 수정방법은 구동 피니언을 밖으로 이동시켜야 한다.

05 뒷바퀴 구동 방식의 뒤 차축지지 방식

① 전 부동식 : 안쪽은 차동 사이드 기어와 스플라인으로 결합되고, 바깥쪽은 차축허브와 결합되어 차축허브에 브레이크 드럼과 바퀴가 설치된 형식으로, 바퀴를 빼지 않고도 차축을 뺄 수 있다.

② 반 부동식 : 구동바퀴가 직접 차축에 설치되며, 차축의 안쪽은 차동 사이드 기어와 스플라인으로 결합되었다. 바깥쪽은 리테이너로 고정시킨 허브 베어링으로 결합되므로 내부 고정장치를 풀지 않고는 차축을 빼낼 수 없다.

③ 3/4 부동식 : 차축 바깥쪽 끝에 차축허브를 두며, 차축 하우징에 1개의 베어링을 두고 허브를 지지한다.

Chapter 2 드라이브라인 출제예상문제

01
드라이브라인의 구성품은?

① 추진축, 변속기
② 추진축, 변속기, 차동장치
③ 추진축, 자재이음, 슬립이음
④ 추진축, 자재이음, 차동장치

02
추진축의 슬립이음은 어떤 변화가 가능한가?

① 길이 변화
② 구동각 변화
③ 축의 회전속도
④ 축의 회전력

> 추진축의 슬립이음은 길이 변화가 가능하다.

03
슬립이음의 설치 목적은?

① 거리의 신축성을 제공
② 각을 통한 회전력 전달
③ 감속비를 이용한 속도비 제공
④ 헬리컬 기어

> 슬립이음은 길이 변화에 대응하기 위해 둔다.

04
추진축의 자재이음이 아닌 것은?

① 플렉시블이음
② 십자형 이음
③ 등속이음
④ 플랩이음

> 추진축의 자재이음은 십자형 이음, 플렉시블이음, 트러니언 조인트, 등속도이음이 있다.

정답 01 ③ 02 ① 03 ① 04 ④

05
추진축 동력 전달각의 변화를 가능하게 하는 방식은?

① 자재이음 ② 슬립이음
③ 볼이음   ④ 튜브이음

> 자재이음은 동력 전달각의 변화가 가능하다.

06
유니버설 조인트의 종류가 아닌 것은?

① 십자형 자재이음
② 플렉시블 조인트
③ 트러스트 조인트
④ 등속도 자재이음

> 유니버설 조인트의 종류는 십자형 자재이음, 플렉시블 조인트, 트러니언 조인트, 등속도 자재이음이 있다.

07
십자형 자재이음에 대한 설명 중 틀린 것은?

① 십자축과 두 개의 요크로 구성되어 있다.
② 주로 후륜구동식 자동차의 추진축에 사용된다.
③ 롤러 베어링을 사이에 두고 축과 요크가 설치되어 있다.
④ 자재이음과 슬립이음 역할을 동시에 하는 형식이다.

> 자재이음은 동력 전달각의 변화가 가능하게 하고, 슬립이음은 길이 변화에 대응하기 위해 두기 때문에 자재이음과 슬립이음의 역할은 서로 다르다.

08
CV(등속) 자재이음은 주로 어느 방식의 자동차에서 사용하는가?

① 앞 엔진 앞바퀴 구동식
② 앞 엔진 뒷바퀴 구동식
③ 뒤 엔진 뒷바퀴 구동식
④ 바닥 밑 엔진 뒷바퀴 구동식

> CV(등속) 자재이음은 앞 엔진 앞바퀴 구동식에서 주로 사용한다.

09
자재이음과 슬립이음을 겸한 방식은?

① 플렉시블이음
② 십자형 이음
③ 등속이음
④ 볼 앤드 트러니언이음

> 볼 앤드 트러니언이음은 자재이음과 슬립이음을 겸한 이음이다.

정답 05 ① 06 ③ 07 ④ 08 ① 09 ④

10
자재이음의 종류에서 동력 전달 각도가 가장 큰 방식은?

① 플렉시블이음 ② 훅이음
③ 십자형 이음 ④ 등속이음

> 플렉시블이음은 7~10°, 십자형(훅) 이음은 12~18°, 등속이음은 29~45°이다.

11
전달 각도와 관계없이 구동축과 피동축이 일정한 속도로 회전하는 방식은?

① 플렉시블이음 ② 십자형 이음
③ 등속이음 ④ 볼 앤드 트러니언이음

> 등속이음은 전달 각도와 관계없이 구동축과 피동축이 일정한 속도로 회전하는 방식이다.

12
등속 자재이음의 방식은?

① CV 자재이음
② 플렉시블 자재이음
③ 십자형 자재이음
④ 트러니언 자재이음

> 자동차의 전륜구동 방식의 동력전달 방식은 CV 자재이음이 주로 사용된다.

13
등속도 자재이음인 CV 자재이음의 종류가 아닌 것은?

① 벤딕스 와이스 자재이음
② 제파 자재이음
③ 트랙터 자재이음
④ 볼 앤드 트러니언 자재이음

14
플렉시블이음의 양축에 이상 진동을 일으키고 전달 효율이 떨어지는 각도는?

① 6~7° ② 3~5°
③ 2~3° ④ 0.5~1°

> 양축의 경사각이 3~5° 이상이 되면 진동 발생, 효율이 저하된다.

15
추진축에 대한 설명으로 틀린 것은?

① 회전 시 평형을 유지하기 위한 평형추를 설치한다.
② 길이 변화에 대응하기 위한 슬립이음을 설치한다.
③ 변속기와 뒤 차축의 높이를 맞추기 위해 유니버설 조인트를 설치한다.
④ 강한 비틀림을 받으면서 고속 회전하므로 속이 찬 강관으로 제작한다.

> 추진축은 속이 빈 강관으로 제작한다.

정답 10 ④ 11 ③ 12 ① 13 ④ 14 ② 15 ④

16
추진축의 스플라인부가 마모될 때 나타나는 현상은?

① 차동기의 드라이브 피니언과 링 기어의 치합이 불량하게 된다.
② 차동기의 드라이브 피니언 베어링의 조임이 헐겁게 된다.
③ 동력을 전달할 때 충격 흡수가 잘 된다.
④ 주행 중 소음을 내고 추진축이 진동한다.

> 스플라인부가 마모되면 주행 중 소음과 진동이 발생된다.

17
추진축의 굽음 진동의 현상은?

① 시미   ② 피칭
③ 휠링   ④ 요잉

> 휠링은 추진축의 굽음 진동의 현상을 말한다.

18
추진축이 진동하는 원인이 아닌 것은?

① 중간 베어링이 마모되었다.
② 요크 방향이 다르다.
③ 플랜지부를 강하게 조였다.
④ 밸런스 웨이트가 떨어졌다.

> 추진축이 진동하는 원인
> ① 추진축이 휘었을 때
> ② 십자축 베어링이 마모되었을 때
> ③ 요크의 방향이 틀렸을 때
> ④ 밸런스 웨이트가 떨어졌을 때

19
주행 중인 자동차의 추진축에서 소음이 발생하였을 때 원인이 아닌 것은?

① 요크의 방향이 틀린 경우
② 조인트 볼트 등이 헐거울 경우
③ 좌우 타이어 Size의 불균형
④ 스플라인부가 마모된 경우

> 추진축에서 소음이 발생하는 원인
> ① 요크의 방향이 틀린 경우
> ② 조인트 볼트 등이 헐거울 경우
> ③ 스플라인부가 마모된 경우
> ④ 평형추(밸런스 웨이트)가 탈락된 경우
> ⑤ 자재이음 베어링이 마모된 경우
> ⑥ 센터 베어링이 마모된 경우
> ⑦ 윤활이 불량한 경우

20
추진축의 주행 중 소음발생 원인이 아닌 것은?

① 자재이음 베어링의 마모
② 센터베어링의 마모
③ 윤활 불량
④ 변속 선택레버의 휨

정답 16 ④ 17 ③ 18 ③ 19 ③ 20 ④

🔍 변속 선택레버가 휘면 기어가 잘 들어가지 않는다.

21
종감속 기어인 하이포이드 기어의 특징이 아닌 것은?

① 추진축의 높이를 낮게 할 수 있다.
② 기어 물림률이 작아서 회전이 정숙하다.
③ 차실 바닥을 낮게 설계하기가 용이하다.
④ 종감속 기어의 강도가 증가된다.

🔍 **하이포이드 기어의 특징**
① 구동 피니언이 링 기어 중심보다 10~20% 낮게 설치되어 있어 추진축의 높이를 낮게 할 수 있다.
② 스파이럴 베벨 기어와 치형은 같지만 구동 피니언과 링 기어를 편심시켜 물리게 한 것으로 승용차뿐만 아니라 대형차에도 사용할 수 있다.
③ 차실의 바닥이 낮게 되어 거주성이 향상된다.
④ 동일 감속비, 동일 치수의 링 기어인 경우 구동 피니언을 크게 할 수 있어 강도가 증가된다.
⑤ 기어의 물림률이 크기 때문에 회전이 정숙하다.

22
스파이럴 베벨 기어의 구동 피니언을 편심시킨 종감속 기어는?

① 웜과 웜 기어   ② 스퍼 베벨 기어
③ 하이포이드 기어 ④ 헬리컬 기어

🔍 하이포이드 기어는 스파이럴 베벨 기어의 구동 피니언을 편심시켰다.

23
두 축이 90°로 만날 때 쓰이는 기어는?

① 스크루 기어   ② 헬리컬 기어
③ 스퍼어 기어   ④ 베벨 기어

🔍 베벨 기어는 교차축 기어의 한 종류로서 일반적으로 90°로 교차되는 축에 적용되는 기어를 일컫는다.

24
추진축의 높이를 낮게 할 수 있는 종감속 기어는?

① 하이포이드 기어
② 베벨 기어
③ 스파이럴 베벨 기어
④ 웜과 웜 기어

🔍 하이포이드 기어는 구동 피니언이 링 기어 중심보다 10~20% 낮게 설치되어 있어 추진축의 높이를 낮게 할 수 있다.

25
하이포이드 기어의 장점이 아닌 것은?

① 기어의 물림률이 나쁘다.
② 스파이럴 베벨 기어의 감속비와 같다.
③ 추진축을 낮게 할 수 있어 거주성과 안전성이 증가한다.
④ 구동 피니언을 크게 할 수 있어서 기어 이의 강도가 증가한다.

정답 21 ② 22 ③ 23 ④ 24 ① 25 ①

🔍 하이포이드 기어는 기어의 물림률이 크고 조용하다.

🔍 구동 피니언과 링 기어의 조정이 불량하면 주행 중에 소음이 발생된다.

26
베벨 기어가 사용되는 기어는?

① 조향 기어 ② 타이밍 기어
③ 종감속 기어 ④ 변속기 기어

🔍 종감속 기어의 종류에는 웜과 웜 기어, 베벨 기어, 하이포이드 기어가 있다.

29
종감속비를 결정하는데 필요한 요소가 아닌 것은?

① 제동 성능 ② 가속 성능
③ 자동차 중량 ④ 엔진의 출력

🔍 종감속비를 결정하는데 필요한 요소로는 가속 성능, 등판능력, 자동차 중량, 엔진의 출력 등이다.

27
종감속 장치의 링 기어와 항상 같은 속도로 회전하는 것은?

① 차동 사이드 기어 ② 액슬축
③ 차동 피니언 기어 ④ 차동 기어 케이스

🔍 차동 기어 케이스는 링 기어와 항상 같은 속도로 회전한다.

30
차동 기어장치의 원리는?

① 애커먼 장토식의 원리
② 파스칼의 원리
③ 래크와 피니언의 원리
④ 베르누이의 원리

🔍 차동기어장치는 래크와 피니언의 원리를 이용하였다.

28
맞물림 조정이 불량 시 주행 중 소음이 발생할 수 있는 장치는?

① 구동 피니언과 링 기어
② 사이드 기어와 피니언 기어
③ 액슬축과 사이드 기어
④ 사이드 기어와 링 기어

31
차동 기어장치의 차동 피니언과 맞물려 있는 장치는?

① 액슬축 ② 차동 사이드 기어
③ 차동 드라이브 기어 ④ 구동 피니언

정답 26 ③ 27 ④ 28 ① 29 ① 30 ③ 31 ②

🔍 차동 기어장치의 차동 피니언은 차동 사이드 기어와 물려 있다.

32
차동장치에서 차동 피니언과 사이드 기어의 백래시 조정은?

① 축받이 차축의 왼쪽 조정심을 가감하여 조정한다.
② 축받이 차축의 오른쪽 조정심을 가감하여 조정한다.
③ 차동장치의 링 기어 조정장치를 조정한다.
④ 스러스트(thrust) 와셔의 두께를 가감하여 조정한다.

🔍 차동 피니언과 사이드 기어의 백래시 조정은 스러스트 와셔의 두께를 가감하여 조정한다.

33
종감속 기어의 감속비가 클 경우 나타나는 현상으로 틀린 것은?

① 가속 성능이 향상된다.
② 고속 성능이 저하된다.
③ 등판능력이 향상된다.
④ 제동 성능이 향상된다.

🔍 종감속비가 크면 가속 및 등판능력이 향상되고, 고속 성능은 저하된다.

34
FR 방식의 자동차가 주행 중 디퍼렌셜장치에서 많은 열이 발생한다면 고장 원인이 아닌 것은?

① 추진축의 밸런스 웨이트 이탈
② 기어의 백래시 과소
③ 프리로드 과소
④ 오일량 부족

🔍 추진축의 밸런스 웨이트가 떨어지면 휠링(추진축의 굽음 진동의 현상)이 발생한다.

35
종감속 기어비가 나누어 떨어지지 않도록 하는 이유로 맞는 것은?

① 항상 같은 회전속도로 회전하도록 하기 위해서
② 특정의 이가 언제나 물리도록 하기 위해서
③ 특정의 이가 언제나 물리지 않도록 하기 위해서
④ 종감속 기어비를 크게 하지 않게 하기 위해서

🔍 종감속비는 나누어서 떨어지지 않는 값으로 하는데, 그 이유는 특정의 이가 항상 물리는 것을 방지하여 편마멸을 방지하기 위함이다.

36
구동 피니언과 링 기어의 접촉의 종류가 아닌 것은?

① 힐 접촉
② 토 접촉
③ 플랭크 접촉
④ 프런트 접촉

> 구동 피니언과 링 기어의 접촉은 힐, 토, 플랭크, 페이스 접촉이 있다.

37
구동 피니언과 링 기어의 접촉이 토 접촉이다. 수정 방법으로 맞는 것은?

① 구동 피니언을 안쪽으로 이동시킨다.
② 구동 피니언을 바깥쪽으로 이동시킨다.
③ 링 기어를 바깥쪽으로 이동시킨다.
④ 구동 피니언과 링 기어 모두 바깥쪽으로 이동시킨다.

> 토 접촉 수정방법은 구동 피니언을 안쪽으로 이동시킨다.

38
차동장치의 링 기어에서 이의 심한 페이스 접촉을 수정하는 방법으로 맞는 것은?

① 구동 피니언을 밖으로 한다.
② 구동 피니언을 안으로 한다.
③ 링 기어를 피니언 쪽으로 한다.
④ 구동 피니언을 고정시킨다.

> 페이스 접촉 시 구동 피니언을 안으로 이동시켜 수정한다.

39
자동차가 가속 시 차동기어장치에서 웅웅거리는 소음 발생의 원인은?

① 기어의 심한 힐 접촉
② 기어의 심한 토우 접촉
③ 기어의 심한 페이스 접촉
④ 기어의 심한 플랭크 접촉

> 힐(heel) 접촉은 기어의 접촉이 링 기어의 힐 부(대단부)에 접촉하여 웅웅거리는 소음이 발생한다.

40
액슬축 지지 방식의 종류가 아닌 것은?

① 전 부동식　　② 1/4 부동식
③ 반 부동식　　④ 3/4 부동식

> 액슬축(차축)의 지지 방식에는 3/4 부동식, 반 부동식, 전 부동식 등이 있다

41
바퀴를 빼내지 않고도 액슬축을 분리할 수 있는 방식은?

① 전 부동식　　② 1/4 부동식
③ 반 부동식　　④ 3/4 부동식

> 액슬축지지 방식에서 전 부동식은 바퀴를 떼어내지 않고도 액슬축을 분리할 수 있다.

정답　37 ①　38 ②　39 ①　40 ②　41 ①

42
차동장치에서 액슬축과 직접 접촉되어 있는 것은?

① 피니언 ② 링 기어
③ 웜 기어 ④ 사이드 기어

> 차동장치에서 액슬축과 직접 접촉되어 있는 것은 사이드 기어이다.

43
전 부동식 차축에서 뒤 차축은 어떻게 떼어내는가?

① 허브를 떼어낸다.
② 허브를 떼어내지 않고 작업한다.
③ 바퀴를 떼어낸 다음 작업한다.
④ 바퀴를 꽉 조인 후 떼어낸다.

> 액슬축 지지 방식의 전 부동식은 허브를 떼어내지 않고도 차축을 떼어낼 수 있다.

44
맞물림 조정이 불량 시 주행 중 소음이 발생할 수 있는 장치는?

① 구동 피니언과 링 기어
② 사이드 기어와 피니언 기어
③ 액슬축과 사이드 기어
④ 사이드 기어와 링 기어

> 구동 피니언과 링 기어의 조정이 불량하면 주행 중에 소음이 발생된다.

45
자동 차동 제한장치의 설명으로 틀린 것은?

① 미끄러운 노면에서 원활한 주행이 가능하다.
② 요철 노면에서 자동차 후부의 흔들림이 방지된다.
③ 가속 주행 시 바퀴의 공전을 제한한다.
④ 커브 주행 시 안전을 고려하여 바퀴의 공전을 제한하지 않는다.

> 커브 주행 시에도 바퀴의 공전을 제한한다.

46
FF차량의 구동축을 정비할 때 유의사항으로 틀린 것은?

① 구동축의 고무부트 부위의 그리스 누유 상태를 확인한다.
② 구동축 탈거 후 변속기 케이스의 구동축 장착 구멍을 막는다.
③ 구동축을 탈거할 때마다 오일 실을 교환한다.
④ 탈거공구를 최대한 깊이 끼워서 사용한다.

47
변속기의 1단 감속비가 4:1이고 종감속 기어의 감속비는 5:1일 때 총감속비는?

① 0.8:1 ② 1.25:1
③ 20:1 ④ 30:1

> $Tr = Rt \times Rf = 4 \times 5 = 20$, Tr : 총감속비, Rt : 변속비, Rf : 종감속비

정답 42 ④ 43 ② 44 ① 45 ④ 46 ④ 47 ③

48
종감속 기어의 감속비가 4 : 1일 때 드라이브 피니언이 4회전하면 링 기어는 몇 회전하는가?

① 16회전 ② 12회전
③ 4회전   ④ 1회전

> 종감속 기어비 = 4 = $\dfrac{\text{구동 피니언기어의 회전수}}{\text{링기어 회전수}}$
> = $\dfrac{4}{\text{링기어의 회전수}}$,
> ∴ 링기어의 회전수는 1회전이다.

49
구동 피니언의 잇수가 15, 링 기어의 잇수가 58일 때 종감속비는 약 얼마인가?

① 2.58 ② 3.87
③ 4.02 ④ 2.94

> $Rf = \dfrac{Rz}{Pz} = \dfrac{58}{15} = 3.87$, Rf : 종감속비,
> Rz : 링 기어의 잇수, Rz : 구동 피니언의 잇수

50
종감속 기어의 감속비가 5 : 1일 때 링 기어가 2회전하려면 구동피니언은 몇 회전하는가?

① 12회전 ② 10회전
③ 5회전   ④ 1회전

> Pn = Rf × Rn = 5 × 2 = 10, Pn : 구동피니언 회전수,
> Rf : 종감속비, Rn : 링 기어 회전수

51
구동 피니언의 잇수가 8, 링 기어의 잇수가 40이고, 추진축이 1,500rpm으로 회전할 때, 왼쪽 바퀴가 250rpm이었다. 이때 오른쪽 바퀴는 몇 rpm인가?

① 150rpm ② 250rpm
③ 350rpm ④ 450rpm

> 링 기어 회전수가 $1{,}500 \times \dfrac{8}{40} = 300$rpm, 양 바퀴의 회전수 합은 300 × 2 = 600rpm이므로, 오른쪽 바퀴 회전수는 600 − 250 = 350rpm이다.

정답 48 ④ 49 ② 50 ② 51 ③

Chapter 3 휠·타이어·얼라인먼트

01 휠

림(Rim)과 휠 디스크로 구성되며 림은 타이어를 유지하고, 휠 디스크는 허브에 장착된다.

① 디스크 휠 : 연강판을 프레스로 성형한 디스크를 리벳이나 용접으로 접합한 것으로, 강도가 좋고, 구조가 간단, 대량 생산성이 좋아 널리 이용되고 있다.

② 경합금 휠 : 알루미늄 합금이나 마그네슘 합금으로 림과 디스크 부분을 한 몸으로 주조, 성형하거나 단조로 가공한 휠로 가볍고 열전도율이 뛰어나 많이 사용된다.

③ 스포크 휠 : 링과 러브를 강철선의 스포크로 연결한 휠로 자전거의 휠과 같은 구조로 되어 있으며, 경량, 탄성이 좋고 냉각성능도 우수하다.

02 타이어

1 타이어 유무에 따른 분류

① 튜브 타이어 : 튜브에 공기를 주입하는 타이어이다.

② 튜브리스 타이어 : 튜브가 없이 타이어와 림과의 밀착으로 기밀이 유지되는 형식으로, 최근에 많이 사용되는 타이어이다. 튜브리스 타이어의 특징은 다음과 같다.

㉮ 구조가 간단하고 가볍다.
㉯ 고속 주행 시 발열이 적다.
㉰ 못 등에 찔려도 공기가 급격히 새지 않는다.
㉱ 유리 조각 등에 의해 타이어가 파손되면 수리가 어렵다.

2 형상에 따른 분류

① 보통 타이어(Bias tire) : 코드층이 타이어 중심선에 약 35도 정도 경사지게 배열되어 있고, 대형 트럭이나 버스 등에 주로 이용된다.

② 레이디얼 타이어(Radial tire) : 타이어를 옆에서 보았을 때 카커스 코드가 방사형으로 배열되어 있으며, 바이어스 타이어에 비해 편평비를 자유롭게 설정할 수 있다. 고속주행용으로 적합하여 승용차에 많이 이용된다.

③ 스노우 타이어(Snow tire) : 눈길이나 빙판길 등에서 접지력을 높인 타이어이다. 스노우 타이어는 50% 이상 마모 시 체인을 설치하여 사용한다.

3 타이어의 구조

타이어는 트레드, 브레이커, 카커스(carcass), 비드(bead) 등으로 구성되어 있다.

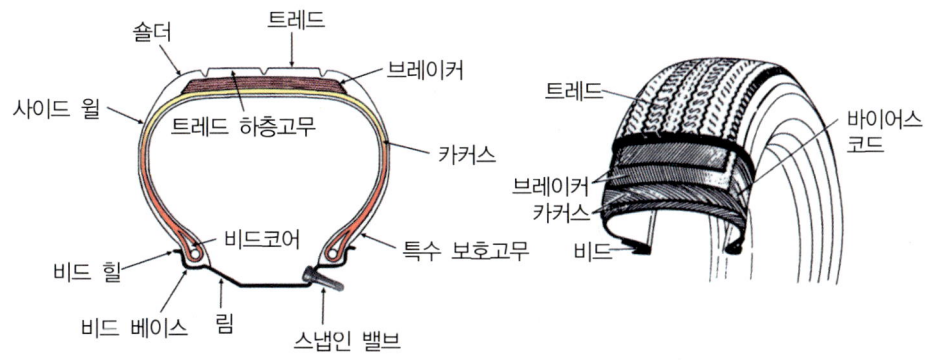

그림 3-11 타이어의 구조

[1] 트레드(tread)

트레드는 타이어에서 직접 노면과 접촉되어 마모에 견디고 적은 슬립으로 견인력을 증대시키는 부분이다.

(1) 타이어의 트레드 패턴의 필요성

① 트레드에 생긴 절상 등의 확대를 방지한다.
② 구동력이나 견인력을 향상시킨다.
③ 타이어의 옆 방향에 대한 저항이 크고 조향 성능을 향상시킨다.
④ 타이어에서 발생한 열을 발산한다.

(2) 트레드 패턴의 종류

① 리브 패턴(rib pattern) : 옆 방향 미끄럼에 대하여 저항이 크고, 조향 성능이 좋으며, 소음도 적기 때문에 포장도로를 주행하는 데 적합하다.
② 러그 패턴(lug pattern) : 타이어의 회전 방향의 직각으로 홈을 둔 것이며, 앞뒤 방향에 대해 강력한 견인력을 준다.
③ 블록 패턴(block pattern) : 눈 위 또는 모래 위 등과 같이 연한 노면을 다지면서 주행하고, 앞뒤 또는 옆 방향으로 미끄러지는 것을 방지할 수 있다.
④ 오프 더 로드 패턴(off the road pattern) : 진흙길에서도 강력한 견인력을 발휘할 수 있도록 러그 패턴의 홈을 깊게 하고 폭을 넓게 한 것이다.

(a) 리브 패턴　　(b) 러그 패턴　　(c) 리브러그 패턴　　(d) 블록 패턴

그림 3-12 트래드 패턴의 종류

[2] 카커스(carcass)

카커스는 타이어의 골격을 이루는 부분이며, 공기압력에 견디어 일정한 체적을 유지하고, 하중이나 충격에 따라 변형되어 충격 완화 작용을 한다.

[3] 비드(bead) 부분

비드 부분은 내부에 고탄소강의 강선(피아노선)을 묶음으로 넣고, 고무로 피복한 링상태의 보강 부위로 타이어를 링에 견고하게 고정시키는 역할을 하는 부품이다.

[4] 사이드 월(side wall) 부분

사이드 월 부분은 노면과 직접 접촉은 하지 않으며, 주행 중 가장 많은 완충 작용을 하는 부분으로서, 타이어 규격과 기타 정보가 표시된 부분이다.

4 타이어의 호칭치수

[1] 타이어 규격표시법

185/65/R14에서 185는 타이어 폭 185mm, 65는 편평비 65%, R은 레이디얼 구조, 14는 타이어 내경을 표시한다.

[2] 편평비(편평률)

(높이/폭) × 100(%)로 표시되며 타이어를 휠에 조립하고 규정의 공기압을 주입하고 하중을 가하지 않은 상태에서 측정한다.

$$편평비(\%) = \frac{H}{W} \times 100$$

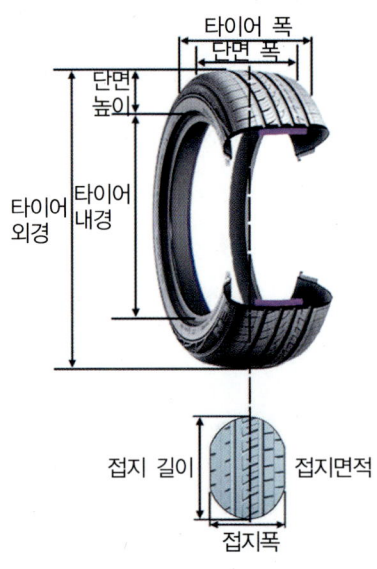

그림 3-13 타이어 치수 및 편평비

> **참고** 타이어의 호칭 표시 방법
> ① 저압타이어 : 타이어 폭 - 타이어 안지름 - 플라이수
> ② 고압타이어 : 타이어 바깥지름 - 타이어 폭 - 플라이수

5 타이어에서 발생하는 이상 현상

[1] 스탠딩 웨이브(standing wave) 현상

스탠딩 웨이브 현상이란 타이어 접지면의 변형이 내압에 의하여 원래의 형태로 되돌아오는 속도보다 타이어 회전속도가 빠르면, 타이어의 변형이 원래의 상태로 복원되지 않고 물결 모양이 남게 되는 현상을 말한다.

타이어 내부의 고열로 인하여 트레드부가 원심력에 견디지 못하고 분리되어 떨어져 파손될 수 있으며, 이와 같은 현상을 방지하기 위해서는 고속주행의 경우 타이어의 공기압을 표준공기압보다 약 20% 정도 높여주어야 한다.

[2] 하이드로 플래닝(hydro planing) 현상

하이드로 플래닝(수막현상)이란 주행 중 물이 고인 도로를 고속으로 주행할 때 타이어 트레드가 물을 완전히 배출시키지 못해 노면과 타이어의 마찰력이 상실되는 현상을 말한다. 타이어 트레드의 마모가 심한 경우에 발생하며 방지법은 다음과 같다.

① 트레드의 마모가 적은 타이어를 사용할 것
② 타이어의 공기압을 높인다. 주행속도를 낮춘다.
③ 리브 패턴의 타이어를 사용한다.
④ 러그 패턴의 타이어는 수막현상 발생이 쉽다.

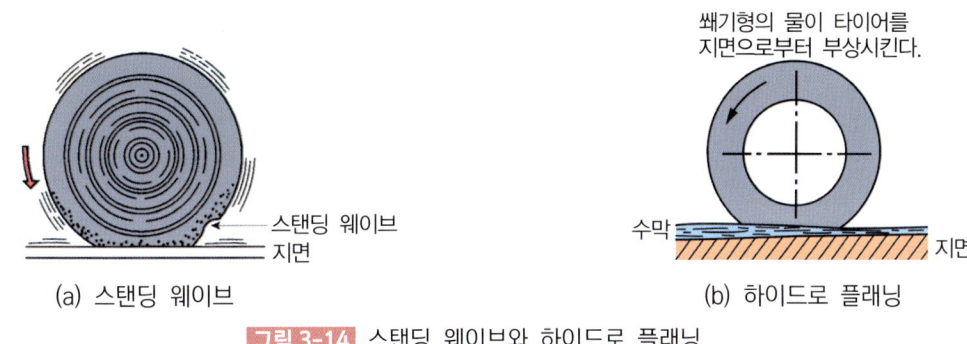

그림 3-14 스탠딩 웨이브와 하이드로 플래닝

03 휠 얼라인먼트(wheel alignment)

1 휠 얼라인먼트의 요소

캠버, 캐스터, 토인, 킹핀 경사각, 선회할 때의 토아웃 등이 있으며, 작용은 다음과 같다.
① 조향핸들의 조작을 확실하게 하고 안전성을 준다.
② 조향핸들에 복원성을 부여한다.
③ 조향핸들의 조작력을 가볍게 한다.
④ 타이어 마멸을 최소로 한다.

2 캠버(camber)

자동차를 앞에서 보았을 때 수직선에 대하여 바퀴의 중심선이 경사되어 있는 것을 말한다. 캠버각은 보통 +0.5°~+1.5°이다. 캠버의 필요성은 다음과 같다.

① 수직방향의 하중에 의한 앞차축의 휨을 방지한다.
② 킹핀 경사각과 함께 조향핸들의 조작을 가볍게 한다.
③ 차량의 하중과 타이어의 접지 부분의 반작용으로 타이어의 아래쪽(폭)이 바깥쪽으로 벌어지려 하므로 정의 캠버를 둔다.

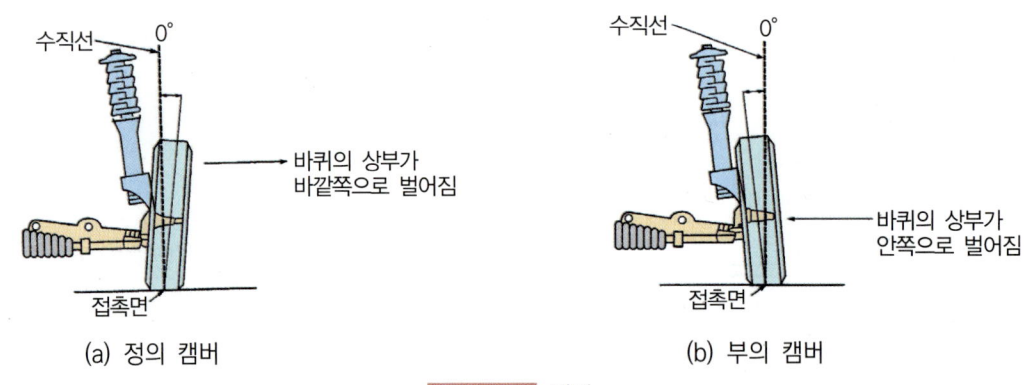

(a) 정의 캠버   (b) 부의 캠버

그림 3-15 캠버

3 캐스터(caster)

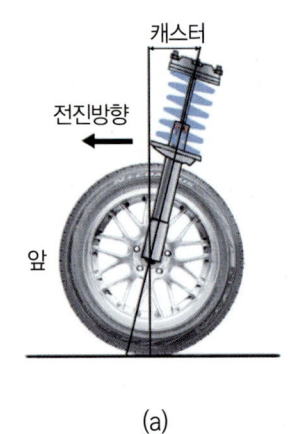

(a)   (b)

그림 3-16 캐스터

자동차의 앞바퀴를 옆에서 보면 독립차축 방식에서는 위·아래 볼 이음을 연결하는 조향축(일체차축 방식에서는 조향 너클과 앞차축을 고정하는 킹핀)이 수직선과 어떤 각도를 두고 설치되는데 이를 캐스터라 하며, 보통 +1°~+3°이다. 캐스터의 필요성은 다음과 같다.

① 주행 중 조향바퀴에 방향성을 부여한다.
② 조향하였을 때 직진 방향으로의 복원력을 준다.

4 토인

앞바퀴를 위에서 보면 양쪽 바퀴 중심선간의 거리가 그 앞쪽이 뒤쪽보다 작게 되어 있는데, 이를 토인이라 하며, 필요성은 다음과 같다.

① 앞바퀴를 평행하게 회전시킨다.
② 바퀴의 사이드슬립의 방지와 타이어 마멸을 방지한다.
③ 조향 링키지의 마멸에 의해 토아웃됨(바퀴의 앞쪽이 바깥쪽으로 벌어짐)을 방지한다.
④ 캠버에 의한 토아웃됨을 방지한다.

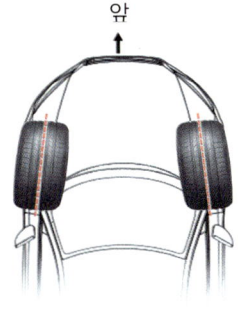 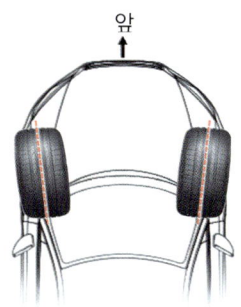

(a) 토인   (b) 토아웃

그림 3-17 토인과 토아웃

5 올 휠 얼라인먼트(all wheel alignment)

[1] 셋백(set back)

셋백은 앞뒤 차축의 평행도를 나타내는 것으로 앞 차축과 뒤 차축이 완전하게 평행되는 경우를 셋백 제로라 한다. 그리고 셋백은 뒷차축을 기준으로 하여 앞 차축의 평행도를 각도로 나타낸다. 축간거리의 차이가 발생된 경우에는 조향핸들이 한쪽으로 쏠리는 원인이 된다.

[2] 뒷바퀴 정렬(rear wheel alignment)

뒷바퀴의 정렬은 캠버와 토(toe) 각도로 이루어진다. 캠버는 앞바퀴와 공통으로 하여야 하며, 토 각도에 대해서는 4바퀴 조향 자동차를 제외하고는 조향장치를 조작하기 때문에 앞바퀴의 안쪽을 분할하여 좌우에는 각각 독립된 수치를 주어야 한다. 뒷바퀴 얼라인먼트는 자동차의 진행 방향을 결정하여 주행 안정성이나 앞바퀴 얼라인먼트에 영향을 미치지 않도록 한다.

[3] 차축 오프셋

앞뒤 차축을 평행하도록 하고 차량 중심선에 대하여 차축 중심선을 일치시키지 않고 서로 좌우로 엇갈리게 되어 있는 상태를 차축 오프셋이라 한다. 축간 거리의 차이가 발생된 경우에는 선회할 때 좌우 회전 반지름의 차이가 발생되어 앞지르기를 할 때 영향을 미친다.

[4] 스러스트 각도(thrust angle)

자동차 중심선과 바퀴의 진행선이 이루는 각도로, 뒷바퀴의 진행선은 뒷바퀴의 토인과 토아웃에 의해서 결정된다. 뒤 좌우 바퀴의 토인과 토아웃 차이의 크기가 커지는 정도에 따라서 스러스트 각도는 커지며, 자동차의 기울기가 진행되는 것을 방지하고 스러스트 각도는 0을 요구할 때만 일반적으로 10° 이하로 설정되어 있다.

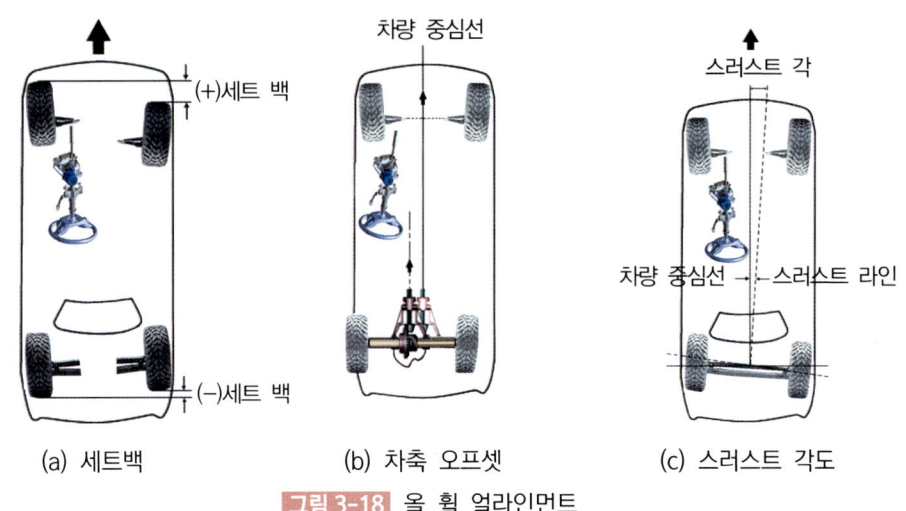

그림 3-18 올 휠 얼라인먼트
(a) 세트백　　(b) 차축 오프셋　　(c) 스러스트 각도

Chapter 3 휠 · 타이어 · 얼라인먼트 출제예상문제

01
연강판을 프레스로 성형한 디스크를 리벳이나 용접으로 접합하여 강도가 좋고 대량 생산성이 좋아 널리 사용하는 휠은?

① 디스크 휠 ② 스포크 휠
③ 경합금 휠 ④ SST 휠

> 디스크 휠은 연강판을 프레스로 성형한 디스크를 리벳이나 용접으로 접합하여 강도가 좋고 대량 생산성이 좋아 널리 사용하는 휠이다.

02
타이어 형상에 의한 분류가 아닌 것은?

① 레이디얼 타이어
② 튜브리스 타이어
③ 스노우 타이어
④ 편평 타이어

> 타이어 형상에 의한 분류는 레이디얼, 스노우, 편평 타이어가 있다.

03
레이디얼 타이어의 장점이 아닌 것은?

① 로드 홀딩이 향상된다.
② 타이어 수명이 다소 감소된다.
③ 하중에 의한 트레드 변형이 적다.
④ 편평비를 크게 할 수 있어 접지 면적이 크다.

> **레이디얼 타이어의 장점**
> ① 편평비를 크게 할 수 있어 접지 면적이 크다.
> ② 하중에 의한 트레드 변형이 적다.
> ③ 로드 홀딩이 향상되며, 스탠딩 웨이브가 잘 일어나지 않는다.
> ④ 선회 시 코너링 포스가 우수하다.
> ⑤ 연료 소비율이 10% 정도 감소한다.
> ⑥ 타이어 수명이 65% 정도 증가한다.

정답 01 ① 02 ② 03 ②

04
튜브리스 타이어의 장점이 아닌 것은?

① 구조가 간단하고 가볍다.
② 고속 주행 시 발열이 적다.
③ 못 등에 찔려도 공기가 급격히 새지 않는다.
④ 유리 조각 등에 의해 타이어가 파손되어도 수리가 용이하다.

> 🔍 **튜브리스 타이어의 장점**
> ① 구조가 간단하고 가볍다.
> ② 고속 주행 시 발열이 적다.
> ③ 못 등에 찔려도 공기가 급격히 새지 않는다.
> ④ 유리 조각 등에 의해 타이어가 파손되면 수리가 어렵다.

05
타이어의 비드부가 늘어나는 것을 방지하기 위해 첨가하는 것은?

① 구리선 ② 강선
③ 피아노선 ④ 알루미늄선

06
타이어의 구조에 해당하지 않는 것은?

① 트레드 ② 브레이커
③ 카커스 ④ 압력판

> 🔍 압력판은 클러치 구성품이다.

07
자동차 바퀴에서 노면과 접촉을 하지 않지만 카커스를 보호하고 타이어 규격, 메이커 등 각종 정보가 표시되는 부분은?

① 림 라인
② 숄더
③ 사이드 월
④ 트레드

> 🔍 타이어 사이드 월은 자동차 바퀴에서 노면과 접촉을 하지 않지만 카커스를 보호하고 타이어 규격, 메이커 등 각종 정보가 표시된다.

08
타이어의 구조 중 노면과 직접 접촉하는 부분은?

① 트레드
② 카커스
③ 비드
④ 숄더

09
타이어의 뼈대가 되는 것은?

① 트레드
② 브레이커
③ 카커스
④ 비드부

정답 04 ④ 05 ③ 06 ④ 07 ③ 08 ① 09 ③

10
카커스를 구성하는 코드층의 수는?

① 카커스 수　　② 코드 수
③ 플라이 수　　④ 비드 수

> 카커스를 구성하는 코드층의 수를 플라이 수라 한다.

11
타이어 트레드 패턴의 필요성으로 틀린 것은?

① 카커스 손상을 방지한다.
② 타이어 내부에서 발생한 열을 발산한다.
③ 주행 중 옆 방향 슬립을 방지한다.
④ 구동력이나 선회 성능을 향상시킨다.

> 카커스 손상을 방지하는 것은 브레이커이다.

12
조향성, 승차감이 우수하고 고속주행에 적합하여 승용차에 많이 사용하는 트레드 패턴은?

① 리브 패턴
② 러그 패턴
③ 리브 러그 패턴
④ 블록 패턴

> 리브 패턴은 조향성, 승차감이 우수하고 고속 주행에 적합하여 승용차에 많이 사용한다.

13
타이어 트레드 패턴의 종류가 아닌 것은?

① 러그 패턴　　② 블록 패턴
③ 리브 러그 패턴　　④ 카커스 패턴

> 타이어 트레드 패턴을 리브, 러그, 블록, 리브 러그, 오프더 로드, 슈퍼트랙션 패턴 등이 있다.

14
타이어 트레드 패턴의 형식이 아닌 것은?

① 리브형　　② 러그형
③ 블록형　　④ 림형

> 타이어 트레드 패턴에는 리브 패턴, 러그 패턴, 리브 러그 패턴, 블록 패턴, 오프 더 로드 패턴 등이 있다.

15
타이어 트레드 패턴에서 회전방향의 직각으로 홈을 둔 것으로, 앞뒤 방향에 대하여 강한 견인력을 제공하는 패턴은?

① 리브 패턴　　② 러그 패턴
③ 블록 패턴　　④ 오프 더 로드 패턴

> 러그 패턴(lug pattern)은 타이어의 회전 방향의 직각으로 홈을 둔 것이며, 앞뒤 방향에 대해 강력한 견인력을 준다.

정답　10 ③　11 ①　12 ①　13 ④　14 ④　15 ②

16
승용차 타이어는 마모가 심하다. 정기적으로 다른 쪽 바퀴로 교환할 필요가 있다. 가장 적절한 교환 시기는?

① 1,000km 주행 후
② 10,000km 주행 후
③ 20,000km 주행 후
④ 40,000km 주행 후

> 타이어 로테이션 주기는 10,000km 주행 후 실시한다.

17
타이어의 동적 평형이 불량한 경우 일어나는 현상은?

① 타이어가 상하로 진동한다.
② 타이어가 좌우로 진동한다.
③ 타이어가 진동하지 않는다.
④ 타이어가 좌우 및 상하로 진동한다.

> 타이어가 동적 불평형인 경우 시미 현상(좌우 진동)이 일어난다.

18
스노우 타이어의 설명으로 틀린 것은?

① 구동 바퀴에 걸리는 하중을 크게 한다.
② 눈길에서 체인 없이 사용하는 타이어이다.
③ 30% 이상 마모 시 체인을 설치하여 사용한다.
④ 트레드부의 폭을 넓고, 홈을 깊게 하여 접지 면적을 크게 한다.

> 스노우 타이어는 50% 이상 마모 시 체인을 설치하여 사용한다.

19
바퀴가 상하로 진동을 하는 현상은?

① 시미   ② 트램핑
③ 로드 홀딩   ④ 스탠딩웨이브

> 바퀴가 상하로 진동을 하는 현상은 트램핑 현상이다.

20
주행 시 타이어에는 많은 열이 발생하여 타이어 수명이 단축되는데, 열 발생 원인이 아닌 것은?

① 기온이 높을 때
② 저속으로 장시간 주행할 때
③ 과다하게 적재하고 주행할 때
④ 타이어 공기압이 낮은 상태로 주행할 때

정답 16 ② 17 ② 18 ③ 19 ② 20 ②

> **주행 시 타이어 열 발생의 원인**
> ① 고속으로 주행할 때
> ② 기온이 높을 때
> ③ 과다하게 적재하고 주행할 때
> ④ 타이어 공기압이 낮은 상태로 주행할 때

21
타이어 강도와 내마멸성이 급격히 감소되는 임계온도는?

① 50~60℃ ② 70~80℃
③ 90~100℃ ④ 120~130℃

> 타이어 강도와 내마멸성이 급격히 감소되는 임계온도는 120~130℃이다.

22
고압 타이어의 호칭 표시 방법으로 맞는 것은?

① 타이어의 외경(inch) × 타이어의 폭(inch) - 플라이 수
② 타이어의 폭(inch) × 타이어의 외경(inch) - 플라이 수
③ 타이어의 내경(inch) - 타이어의 폭(inch) - 플라이 수
④ 타이어의 폭(inch) - 타이어의 내경(inch) - 플라이 수

> **타이어의 호칭 표시 방법**
> ① 저압 타이어 : 타이어 폭 - 타이어 안지름 - 플라이 수
> ② 고압 타이어 : 타이어 바깥지름 × 타이어 폭 - 플라이 수

23
저압 타이어의 호칭이 6.00-13 4PR이다. 여기서 6.00이 표시하는 것은?

① 타이어 내경 ② 타이어 외경
③ 타이어 플라이 수 ④ 타이어 폭

> ① 저압 타이어 : 타이어 폭 - 타이어 안지름 - 플라이 수
> ② 고압 타이어 : 타이어 바깥지름 - 타이어 폭 - 플라이 수

24
타이어의 높이가 180mm, 너비가 220mm인 타이어의 편평비는?

① 1.22 ② 0.82
③ 0.75 ④ 0.62

> 편평비 = $\dfrac{\text{타이어의 높이}}{\text{타이어의 폭}}$ = $\dfrac{180}{220}$ = 0.82

25
레이디얼 타이어의 호칭이 185/70H/R14이다. 설명이 틀린 것은?

① 185는 타이어의 폭(mm)을 말한다.
② 70은 편평비(%)를 말한다.
③ R은 레이디얼을 말한다.
④ 14는 타이어의 외경(inch)을 말한다.

> 14는 타이어의 내경(inch)을 말한다.

정답 21 ④ 22 ① 23 ④ 24 ② 25 ④

26
레이디얼 타이어 호칭이 175/70 SR 14일 때 70이 표시하는 것은?

① 타이어 폭 ② 편평비
③ 최대속도 ④ 타이어 내경

> 175 : 단면폭(175mm), R : 레이디얼 표기, 70 : 편평비(70시리즈), 14 : 림 직경(14인치)

27
고속 주행 시 타이어가 발열로 인하여 주름이 잡히는 현상은?

① 트램핑 ② 로드 홀딩
③ 스탠딩 웨이브 ④ 하이드로 플래닝

> 하이드로 플래닝은 수막 현상이다.

28
타이어의 스탠딩 웨이브 현상에 대한 사항으로 옳은 것은?

① 스탠딩 웨이브를 줄이기 위해 고속 주행 시 공기압을 10% 정도 줄인다.
② 스탠딩 웨이브가 심하면 타이어 박리 현상이 발생할 수 있다.
③ 스탠딩 웨이브는 바이어스 타이어보다 레이디얼 타이어에서 많이 발생한다.
④ 스탠딩 웨이브 현상은 하중과 무관하다.

> **타이어의 스탠딩 웨이브 현상**
> ① 스탠딩 웨이브를 줄이기 위해 고속 주행 시 공기압을 20% 정도 높인다.
> ② 스탠딩 웨이브가 심하면 타이어 박리 현상이 발생할 수 있다.
> ③ 스탠딩 웨이브는 바이어스 타이어보다 레이디얼 타이어에서 적게 발생한다.
> ④ 스탠딩 웨이브 현상은 하중이 크면 많이 발생한다.

29
주행 중 물이 고인 도로를 통행 시 타이어 트레드가 물을 배출하지 못하여 노면과 타이어의 마찰력을 상실하게 하는 현상은?

① 하이드로 플래닝 ③ 캐비테이션
② 워터 햄머링 ④ 스탠딩 웨이브

> 하이드로 플래닝(수막 현상)이란 주행 중 물이 고인 도로를 고속으로 주행할 때 타이어 트레드가 물을 완전히 배출시키지 못해 노면과 타이어의 마찰력이 상실되는 현상

30
하이드로 플래닝(hydroplaning) 현상을 방지하기 위한 방법이 아닌 것은?

① 리브 패턴의 타이어를 사용한다.
② 트레드의 마모가 적은 타이어를 사용한다.
③ 타이어의 공기압을 높인다.
④ 타이어의 접지 면적을 넓힌다.

정답 26 ② 27 ③ 28 ② 29 ① 30 ④

> 🔍 타이어의 접지 면적이 커지면 마모가 증대된다.

31
타이어가 불평형인 상태에서 시속 70~90km/h로 달리면 앞바퀴에 나타나는 현상은?

① 로드 홀딩 현상
② 트램핑 현상
③ 토아웃 현상
④ 시미 현상

> 🔍 시미 현상은 바퀴의 불평형으로 바퀴가 좌우로 흔들리면서 조향 링크를 타고 조향핸들이 좌우로 흔들리는 현상을 말한다.

32
휠 밸런스 시험기 사용 시 적합하지 않은 것은?

① 휠의 탈·부착 시에는 무리한 힘을 가하지 않는다.
② 균형추를 정확히 부착한다.
③ 계기판은 회전이 시작되면 즉시 판독한다.
④ 시험기 사용 방법과 유의사항을 숙지 후 사용한다.

> 🔍 휠 밸런스 시험기의 계기판은 회전이 멈춘 후 판독한다.

33
휠 밸런스가 잘못 조정되었을 때 나타나는 현상으로 틀린 것은?

① 타이어를 지지하는 림이 변형된다.
② 주행 시 핸들 조정이 불안정하다.
③ 트램핑이나 시미 현상으로 인해 핸들이 떨린다.
④ 타이어의 이상 마모가 나타난다.

34
휠 밸런스 점검 시 안전수칙으로 틀린 사항은?

① 점검 후 테스터 스위치를 끄고 자연히 정지하도록 한다.
② 타이어 회전 방향에서 점검한다.
③ 과도하게 속도를 내지 말고 점검한다.
④ 회전하는 휠에 손을 대지 않는다.

> 🔍 휠 밸런스 시험 중 회전 방향의 측면에 서서 작업한다.

35
타이어의 마모 상태를 점검하는 내용으로 틀린 것은?

① 자동차는 공차 상태이고 타이어의 공기압은 표준 공기압으로 한다.
② 트레드 마모 표시가 되어 있는 경우에는 마모 표시를 확인한다.
③ 타이어 접지부의 임의의 한 점에서 120° 각도가 되는 지점마다 트레드 홈의 깊이를 측정한다.
④ 각 측정점의 최대값을 트레드의 잔여 깊이로 한다.

정답 31 ④ 32 ③ 33 ① 34 ② 35 ④

> 각 측정점의 측정값을 산술 평균한 값을 트래드의 잔여 깊이로 한다.

36
휠 얼라이먼트 요소의 목적으로 틀린 것은?

① 조향핸들의 조작을 확실하게 한다.
② 조행핸들에 복원성을 부여한다.
③ 조향핸들의 조작력을 가볍게 한다.
④ 자동차의 트램핑을 방지한다.

> 휠 트램핑 또는 휠홉(Wheel hop) 현상은 타이어의 정적 불평형(Static imbalance)으로 인하여 발생된다.

37
앞바퀴 정렬의 종류가 아닌 것은?

① 토인　　　　② 캠버
③ 섹터 암　　　④ 캐스터

> 전차륜 정렬의 종류는 캠버, 캐스터, 토인, 킹핀경사각 등이 있다.

38
자동차의 수직방향의 하중에 의한 앞차축의 휨을 방지하는 얼라이먼트 요소는?

① 캠버　　　　② 캐스터
③ 킹핀　　　　④ 토우

> 캠버의 필요성
> ① 수직방향의 하중에 의한 앞차축의 휨을 방지한다.
> ② 킹핀 경사각과 함께 조향핸들의 조작을 가볍게 한다.
> ③ 차량의 하중과 타이어의 접지 부분의 반작용으로 타이어의 아래쪽(폭)이 바깥쪽으로 벌어지려 하므로 정의 캠버를 둔다.

39
조향 후 직진 방향으로의 복원력을 주는 휠 얼라이먼트의 요소는?

① 캠버　　　　② 캐스터
③ 킹핀 경사각　④ 토아웃

> 캐스터의 필요성
> ① 주행 중 조향바퀴에 방향성을 부여한다.
> ② 조향하였을 때 직진 방향으로의 복원력을 준다.

40
자동차의 바퀴에 캠버를 두는 이유는?

① 회전했을 때 직진 방향의 직진성을 주기 위해
② 자동차의 하중으로 인한 앞차축의 휨을 방지하기 위해
③ 조향 바퀴에 방향성을 주기 위해
④ 앞바퀴를 평행하게 회전시키기 위해

정답　36 ④　37 ③　38 ①　39 ②　40 ②

> **캠버의 필요성**
> ① 수직 방향의 하중에 의한 앞차축의 휨을 방지한다.
> ② 킹핀 경사각과 함께 조향핸들의 조작을 가볍게 한다.
> ③ 차량의 하중과 타이어 접지 부분의 반작용으로 타이어의 아래쪽(폭)이 바깥쪽으로 벌어지려 하므로 정의 캠버를 둔다.

41
자동차를 옆에서 보았을 때, 킹핀의 중심선이 노면에 수직인 직선에 대하여 어느 한쪽으로 기울어져 있는 상태는?

① 캐스터 ② 캠버
③ 셋백   ④ 토인

> 자동차를 옆에서 보았을 때, 킹핀의 중심선이 노면에 수직인 직선에 대하여 어느 한쪽으로 기울어져 있는 상태를 캐스터라 한다.

42
앞바퀴를 위에서 아래로 보았을 때 앞쪽이 뒤쪽보다 좁게 되어 있는 상태를 무엇이라 하는가?

① 킹핀(king-pin) 경사각
② 캠버(camber)
③ 토인(toe in)
④ 캐스터(caster)

43
자동차의 앞바퀴 정렬에서 토(toe) 조정은 무엇으로 하는가?

① 와셔의 두께   ② 시임의 두께
③ 타이로드의 길이 ④ 드래그 링크의 길이

> 토 조정은 타이로드를 돌려 길이를 변화시켜 조정한다.

44
휠 얼라인먼트 요소 중 하나인 토인의 필요성과 거리가 먼 것은?

① 조향 바퀴에 복원성을 준다.
② 주행 중 토아웃이 되는 것을 방지한다.
③ 타이어 슬립과 마멸을 방지한다.
④ 캠버와 더불어 앞바퀴를 평행하게 회전시킨다.

> 조향 바퀴의 복원성은 캐스터의 필요성이다.

45
토인에 대한 설명으로 틀린 것은?

① 차가 달릴 때 캠버로 인해 바퀴가 앞쪽이 안쪽으로 좁혀지는 것을 방지한다.
② 토인의 측정 단위는 mm이다.
③ 앞바퀴를 위에서 보면 양쪽 바퀴 중심선간의 거리가 그 앞쪽이 뒤쪽보다 작다.
④ 토인은 일반적으로 2~7mm이다.

정답 41 ① 42 ③ 43 ③ 44 ① 45 ①

> 🔍 토인은 차가 달릴 때 캠버로 인해 바퀴가 앞쪽이 바깥쪽으로 벌어지는 것을 방지한다.

46
휠 얼라인먼트를 사용하여 점검할 수 있는 것으로 거리가 먼 것은?

① 토(toe)
② 캠버
③ 킹핀 경사각
④ 휠 밸런스

> 🔍 휠 얼라인먼트를 사용하여 점검할 수 있는 것은 토(toe), 캠버, 킹핀 경사각 등이다.

47
타이어의 이상 마모가 일어나는 원인이 아닌 것은?

① 과도한 토인
② 과도한 캠버
③ 과도한 타이어 공기압력
④ 과도한 캐스터

> 🔍 타이어의 이상 마모 원인은 과도한 토인, 과도한 캠버, 과소 및 과다한 공기압력 등이다.

48
차륜 정렬 측정 및 조정을 해야 할 이유와 거리가 먼 것은?

① 브레이크의 제동력이 약할 때
② 현가장치를 분해·조립했을 때
③ 핸들이 흔들리거나 조작이 불량할 때
④ 충돌사고로 인해 차체에 변형이 생겼을 때

> 🔍 차륜 정렬은 제동력과 무관하다.

49
윤중에 대한 정의이다. 옳은 것은?

① 자동차가 수평으로 있을 때, 1개의 바퀴가 수직으로 지면을 누르는 중량
② 자동차가 수평으로 있을 때, 차량중량이 1개의 바퀴에 수평으로 걸리는 중량
③ 자동차가 수평으로 있을 때, 차량총중량이 2개의 바퀴에 수직으로 걸리는 중량
④ 자동차가 수평으로 있을 때, 공차중량이 4개의 바퀴에 수직으로 걸리는 중량

정답 46 ④ 47 ④ 48 ① 49 ①

Chapter 4 유압식 제동장치

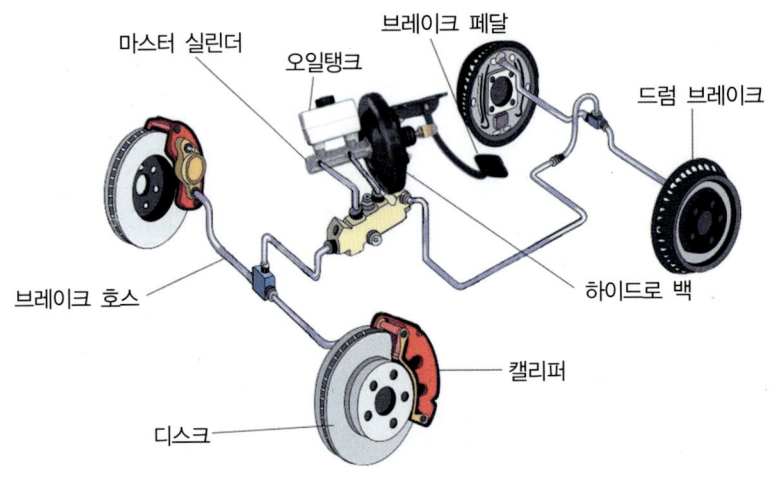

그림 3-19 유압 브레이크의 구성도

01 유압 브레이크 구조

제동장치는 주행 중인 자동차를 감속 또는 정지시키고 동시에 주차 상태를 유지하기 위해 사용하는 매우 중요한 장치이다. 마찰력을 이용하여 주행 중인 자동차의 운동에너지를 열에너지로 바꾸어 제동 작용을 한다. 유압 브레이크는 파스칼의 원리를 응용한 것이다. 파스칼의 원리란 밀폐된 용기 내에 액체를 가득 채우고, 그 용기에 힘을 가하면 그 내부의 압력은 용기의 각 면에 작용하여 용기 내의 어느 곳이든지 동일한 압력이 작용된다는 원리이다.

02 제동장치 구비조건

① 제동이 확실하고 제동 효과가 클 것
② 신뢰성과 내구성이 있을 것
③ 조정과 정비가 용이할 것

03 유압 제동장치 장·단점

1 유압식 브레이크의 장점

① 제동력이 모든 바퀴에 동일하고 빠르게 전달되며 마찰 손실이 적다.
② 페달을 밟는 힘을 적게 할 수 있다.
③ 바퀴의 위치에 관계없이 작동시키므로 설계 위치가 자유롭다.

2 유압식 브레이크의 단점

① 유압회로가 파손되어 오일이 누출되면 제동 기능을 상실한다.
② 유압회로에 공기가 침입하면 제동력이 감소한다.

04 유압 제동장치의 구조와 그 작용

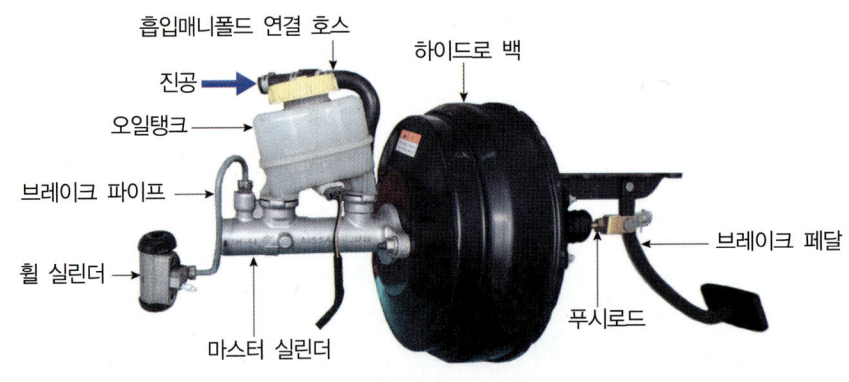

그림 3-20 유압 브레이크 구성

1 마스터 실린더(master cylinder)

브레이크 페달을 밟는 것에 의하여 유압을 발생시키는 일을 한다. 최근 2회로(탠덤 마스터 실린더) 형식을 주로 사용하는 이유는 안전성을 향상시키기 위함이다. 즉, 앞·뒷바퀴에 각각 독립적으로 작용하는 2계통의 회로를 둔 것이다. 체크밸브는 마스터 실린더와 휠 실린더로 통하는 오일 토출구(outlet)에 있으며, 브레이크 페달을 밟지 않은 상태에서 스프링에 의해 눌려져 있다. 유압라인 내의 잔압($0.7 \sim 1.4 kg/cm^2$)을 유지시키는 중요한 역할과 브레이크 오일의 누설, 공기의 혼입 방지 및 제동 시 작동지연을 방지한다.

2 브레이크 파이프(pipe)

브레이크 파이프는 강철제 파이프와 플렉시블 호스를 사용한다. 파이프는 진동에 견디도록 클립으로 고정하고 연결부분은 2중 플레어로 하며, 호스는 차축이나 바퀴와 연결하는 부분에서 사용하며 연결부분에는 금속제 피팅이 설치되어 있다.

3 휠 실린더(wheel cylinder)

휠 실린더는 마스터 실린더에서 압송된 유압에 의하여 브레이크슈를 드럼에 압착시키는 일을 한다.

4 브레이크슈(brake shoe)

브레이크슈는 휠 실린더의 피스톤에 의해 드럼과 접촉하여 제동력을 발생하는 부분이며, 라이닝이 리벳이나 접착제로 부착되어 있다.

그리고 슈에는 리턴 스프링을 두어 마스터 실린더 유압이 해제되었을 때 슈가 제자리로 복귀하도록 하며, 홀드다운 스프링(hold down spring)에 의해 슈를 알맞은 위치에 유지시킨다. 라이닝의 종류에는 위븐 라이닝, 몰드 라이닝, 반금속 라이닝, 금속 라이닝 등이 사용되고 있다. 그리고 라이닝은 다음과 같은 구비 조건을 갖추어야 한다.

① 열에 견디는 성질이 크고, 페이드(fade) 현상이 없을 것
② 기계적 강도 및 마멸에 견디는 성질이 클 것
③ 온도의 변화, 물 등에 의한 마찰 계수 변화가 적을 것

5 브레이크 드럼(brake drum)

브레이크 드럼은 휠 허브에 볼트로 설치되어 바퀴와 함께 회전하며 슈와의 마찰로 제동을 발생시키는 부분이다. 또 열방산을 크게 하고 강성을 높이기 위해 원둘레 방향으로 핀(fin)이나 직각 방향으로 리브(rib)를 두고 있다. 드럼이 갖추어야 할 조건은 다음과 같다.

① 가볍고 강도와 강성이 클 것
② 정적·동적 평형이 잡혀 있을 것
③ 냉각이 잘되어 과열하지 않을 것
④ 마멸에 견디는 성질이 클 것

그림 3-21 브레이크슈와 백 플레이트 및 드럼

6 브레이크 오일

피마자 기름에 알코올 등의 용제를 혼합한 식물성 오일이며, 구비 조건은 다음과 같다.
① 점도가 알맞고 점도지수가 클 것
② 윤활 성능이 있을 것
③ 빙점이 낮고, 비등점이 높을 것
④ 화학적 안정성이 클 것
⑤ 고무 또는 금속 제품을 부식, 연화, 팽창시키지 않을 것
⑥ 침전물 발생이 없을 것

7 서보 브레이크

① 유니 서보형 브레이크 : 전진에서 브레이크를 작동할 때만 2개의 브레이크슈가 자기 배력 작용을 한다.
② 듀오 서보형 브레이크 : 전·후진 모두 브레이크가 작동할 때 2개의 브레이크슈가 자기 배력 작용을 한다.

05 브레이크 이상 현상

1 베이퍼록(vapor lock)

브레이크회로 내의 오일이 비등·기화하여 오일의 압력 전달 작용을 방해하는 현상이다. 즉, 브레이크 계통의 오일이 열을 받아 기화 증발하여 오일의 흐름을 방해하는 현상이며, 그 원인은 다음과 같다.

① 긴 내리막길에서 과도한 풋브레이크를 사용할 때
② 브레이크 드럼과 라이닝의 끌림에 의한 가열
③ 마스터 실린더, 브레이크슈 리턴 스프링 쇠손에 의한 잔압 저하
④ 브레이크 오일 변질에 의한 비점의 저하 및 불량한 오일을 사용할 때

2 페이드(fade)

브레이크 조작을 반복하여 드럼과 라이닝 사이에 마찰열이 축적되어 라이닝의 마찰 계수가 저하하는 현상으로, 방지법은 다음과 같다.

① 드럼의 냉각성능을 향상시킨다.
② 마찰 계수 변화가 적은 라이닝을 사용한다.
③ 브레이크 드럼은 열팽창률이 적은 재질을 사용한다.

06 디스크 브레이크

디스크 브레이크는 마스터 실린더, 디스크, 유압으로 패드를 디스크에 압착하는 캘리퍼로 구성되어 있으며, 특징은 다음과 같다.

① 브레이크 페이드 현상이 가장 적게 발생한다.
② 디스크에 물이 묻어도 제동력의 회복이 빠르다.
③ 디스크가 대기 중에 노출되어 회전하므로 방열성이 좋아 제동안정성이 크다.
④ 고속에서 반복 사용하여도 제동력의 변화가 적다.
⑤ 부품의 평형이 좋고 편 제동되는 경우가 거의 없다.
⑥ 패드의 누르는 힘을 크게 하여야 한다.
⑦ 자기작동 작용을 하지 못한다.
⑧ 자기작동(배력) 작용이 없기 때문에 페달 조작력이 커진다.

자동차는 일반적으로 앞쪽이 무겁기 때문에 앞바퀴의 제동력을 뒷바퀴의 제동력보다 크게 하며, 노면마찰 계수가 동일할 때 고속주행을 하다가 급제동을 하면 관성으로 인해 뒷바퀴가 먼저 고착되는 현상이 발생한다.

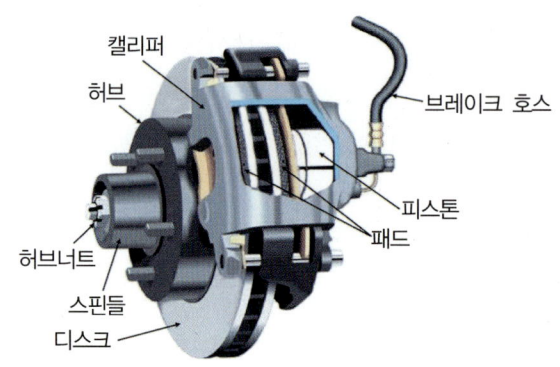

그림 3-22 디스크 브레이크

07 드럼 브레이크

1 개요

휠과 한 몸으로 회전하며, 브레이크(brake) 내부에 2개의 브레이크슈가 설치되어 있다. 제동 시 확장력을 발생시키는 부품들은 배킹 플레이트에 설치되며, 배킹 플레이트는 액슬 하우징에 고정되고, 브레이크 슈는 확장될 수 있으나 회전할 수 없다. 브레이크 페달을 밟으면 브레이크슈에 부착된 라이닝을 통해 제동에 필요한 마찰력이 발생한다. 이때 슈를 확장시키는데 필요한 힘은 휠 실린더의 유압에 의하여 발생된다.

2 자기작동(자기배력 작용)

브레이크 페달을 밟으면 슈는 마찰력에 의해 드럼과 함께 회전하려는 경향이 생겨 확장력이 커지고 마찰력이 증대되는 자기작동 작용을 한다. 회전 방향의 슈는 드럼에서 떨어지려는 경향이 생겨 확장력이 감소되고, 마찰력도 감소된다. 이때 자기배력 작용을 하는 슈를 리딩 슈(leading shoe), 반대방향의 슈를 트레일링 슈(trailing shoe)라고 한다.

08 배력 방식 제동장치

배력 방식 제동장치는 유압 브레이크에서 제동력을 증대시키기 위해 엔진의 흡입행정에서 발생하는 진공(부압)과 대기압력 차이를 이용하는 진공배력 방식(하이드로백)과 압축공기의 압력과 대기압력 차이를 이용하는 공기배력 방식(하이드로 에어 팩)이 있다. 하이드로 마스터의 작동은 다음과 같다.

① 릴레이밸브는 브레이크 페달을 밟았을 때 진공과 대기압력의 압력 차이에 의해 작동한다.
② 유압 계통의 체크밸브는 브레이크액이 마스터 실린더로부터 휠 실린더로 누설되는 것을 방지한다.

③ 진공 계통의 체크밸브는 릴레이밸브와 일체로 되어 있고 운행 중 하이드로백 내부의 진공을 유지시켜 준다.

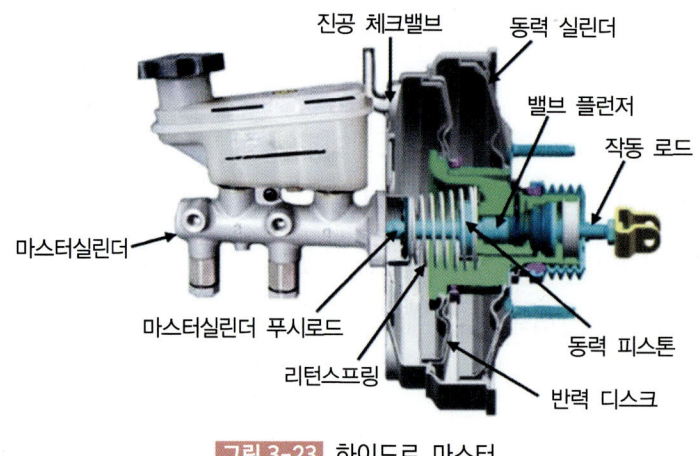

그림 3-23 하이드로 마스터

09 제동 시 자동차가 한쪽으로 쏠리는 원인

① 좌우 라이닝 간극 조정 불량, 간극의 불균일
② 라이닝 마찰 계수의 불균일(오일 침투, 페이드 현상)
③ 브레이크 드럼의 편마모
④ 한쪽 휠 실린더의 작동 불량, 불균일
⑤ 휠 얼라인먼트가 불량

Chapter 4 유압식 제동장치 출제예상문제

01
유압식 브레이크의 원리는?

① 베르누이의 원리
② 파스칼의 원리
③ 애커먼 장토식의 원리
④ 렌츠의 원리

> 파스칼의 원리란 밀폐된 용기 속에 액체를 가득 채우고 그 용기에 힘을 가하면 그 내부의 압력은 용기의 각 면에 수직으로 작용하며, 용기 내의 어느 곳이든지 동일한 압력으로 작용한다.

02
제동장치가 갖추어야 할 구비조건이 아닌 것은?

① 신뢰성이 높고, 내구력이 클 것
② 최고 속도에 대하여 충분한 제동 작용을 할 것
③ 제동 작용이 확실하고, 점검·조정이 용이할 것
④ 자동차 총중량 이상에 대하여 충분한 제동 작용을 할 것

> 제동장치의 구비조건
> ① 최고 속도와 자동차 중량에 대하여 충분한 제동 작용을 할 것
> ② 제동 작용이 확실하고, 점검·조정이 용이할 것
> ③ 신뢰성이 높고, 내구력이 클 것
> ④ 조작이 간단하고 운전자에게 피로감을 주지 않을 것
> ⑤ 브레이크를 작동시키지 않을 때에는 각 바퀴의 회전이 전혀 방해되지 않을 것

03
제동장치의 구비조건이 아닌 것은?

① 제동 효과가 클 것
② 신뢰성이 좋을 것
③ 화재에 견디는 내열성이 클 것
④ 정비가 용이할 것

> 제동장치의 구비조건
> ① 제동이 확실하고 제동 효과가 클 것
> ② 신뢰성과 내구성이 있을 것
> ③ 조정과 정비가 용이할 것

정답 01 ② 02 ④ 03 ③

04
제동장치에 대한 설명 중 맞는 것은?

① 브레이크 오일 파이프 내에 공기가 들어가면 페달의 유격이 작아진다.
② 마스터 실린더 푸시로드 길이가 길면 브레이크 작동이 잘 풀린다.
③ 브레이크 회로 내의 잔압은 작동 지연과 베이퍼 록을 방지한다.
④ 마스터 실린더의 체크밸브가 불량하면 한쪽만 브레이크가 작용하게 된다.

05
브레이크장치(brake system)에 관한 설명으로 틀린 것은?

① 브레이크 작동을 계속 반복하면 드럼과 슈의 마찰열이 축적되어 제동력이 감소되는 것을 페이드 현상이라 한다.
② 공기 브레이크에서 제동력을 크게 하기 위해서 언로더밸브를 조절한다.
③ 브레이크 페달의 리턴 스프링 장력이 약해지면 브레이크 풀림이 늦어진다.
④ 마스터 실린더의 푸시로드 길이를 길게 하면 라이닝이 수축하여 잘 풀린다.

> 마스터 실린더의 푸시로드 길이를 길게 하면 유격이 작아지고 브레이크 끌림 현상이 발생된다.

06
승용자동차에서 주제동 브레이크에 해당되는 것은?

① 디스크 브레이크
② 배기 브레이크
③ 엔진 브레이크
④ 와전류 리타더

07
유압 브레이크의 설명으로 틀린 것은?

① 제동력 전달이 동일하여 마찰 손실이 적다.
② 바퀴 위치가 변경되어도 설계가 용이하다.
③ 유압회로에 약간의 공기가 침투하여도 제동 손실이 없다.
④ 페달을 밟는 힘을 적게 할 수 있다.

> **유압식 제동장치의 특징**
> ① 제동력이 모든 바퀴에 동일하고 빠르게 전달되며 마찰손실이 적다.
> ② 페달을 밟는 힘을 적게 할 수 있다.
> ③ 바퀴의 위치에 관계없이 작동시키므로 설계 위치가 자유롭다.
> ④ 유압회로가 파손되어 오일이 누출되면 제동 기능을 상실한다.
> ⑤ 유압회로에 공기가 침입하면 제동력이 감소한다.

정답 04 ③ 05 ④ 06 ① 07 ③

08

유압식 브레이크의 장점이 아닌 것은?

① 마찰 손실이 적다.
② 조작력이 작아도 된다.
③ 제동력이 모든 바퀴에 균일하게 전달된다.
④ 오일이 약간 누출되어도 작동에 이상 없다.

> 1. 유압식 브레이크의 장점
>   ① 제동력이 모든 바퀴에 동일하고 빠르게 전달되며 마찰손실이 적다.
>   ② 페달을 밟는 힘을 적게 할 수 있다.
>   ③ 바퀴의 위치에 관계없이 작동시키므로 설계 위치가 자유롭다.
> 2. 유압식 브레이크의 단점
>   ① 유압회로가 파손되어 오일이 누출되면 제동 기능을 상실한다.
>   ② 유압회로에 공기가 침입하면 제동력이 감소한다.

09

유압식 브레이크 파이프에 사용되는 재료는?

① 강
② 구리
③ 주철
④ 알루미늄

> 녹과 부식을 방지하기 위해 방청 처리를 한 강 파이프가 사용된다.

10

유압식 브레이크장치에서 잔압을 두는 목적으로 틀린 것은?

① 브레이크의 작동을 신속하게 한다.
② 베이퍼 록을 방지한다.
③ 휠 실린더의 오일 누설을 방지한다.
④ 브레이크 페달의 유격을 작게 한다.

> 잔압을 두는 이유
> ① 브레이크 작동 지연 방지
> ② 회로 내에 공기 유입 방지
> ③ 휠 실린더 내에서의 오일 누출 방지
> ④ 베이퍼 록을 방지한다.

11

유압 브레이크장치에서 잔압을 형성하고 유지시켜 주는 것은?

① 마스터 실린더 피스톤 1차 컵과 2차 컵
② 마스터 실린더의 체크밸브와 리턴 스프링
③ 마스터 실린더 오일탱크
④ 마스터 실린더 피스톤

> 유압 브레이크에서 잔압을 유지시키는 부품은 마스터 실린더의 체크밸브와 리턴 스프링이다.

정답 08 ④ 09 ① 10 ④ 11 ②

12
일반적으로 유압식 브레이크 잔압은?

① 0.1~0.3kg/cm² ② 0.6~0.8kg/cm²
③ 1.0~1.3kg/cm² ④ 1.5~2.0kg/cm²

13
유압 브레이크장치에서 파이프 내의 잔압과 관계가 없는 것은?

① 체크밸브(check valve)
② 피스톤 리턴 스프링(piston return spring)
③ 피스톤 컵(piston cup)
④ 베이퍼록(vapor lock)

14
브레이크슈의 리턴 스프링이 약하면 휠 실린더 내의 잔압은?

① 높아졌다 낮아졌다 한다.
② 낮아진다.
③ 일정하다.
④ 높아진다.

> 브레이크슈의 리턴 스프링이 약하면 잔압은 낮아진다.

15
유압식 브레이크의 잔압을 유지시키는 것은?

① 피스톤 컵 ② 리턴 스프링
③ 체크밸브 ④ 홀드다운 스프링

16
브레이크슈의 리턴 스프링에 관한 설명으로 거리가 먼 것은?

① 리턴 스프링이 약하면 휠 실린더 내의 잔압이 높아진다.
② 리턴 스프링이 약하면 드럼을 과열시키는 원인이 될 수도 있다.
③ 리턴 스프링이 강하면 드럼과 라이닝의 접촉이 신속히 해제된다.
④ 리턴 스프링이 약하면 브레이크슈의 마멸이 촉진될 수 있다.

> 브레이크슈의 리턴 스프링이 약하면 잔압이 저하되고, 드럼과 라이닝과의 끌림 현상이 발생한다.

17
마스터 실린더에서 유압을 발생시키는 것은?

① 부트 ② 피스톤
③ 1차 컵 ④ 2차 컵

> 마스터 실린더의 1차 컵은 유압을 발생시키며, 2차 컵은 오일 누출을 방지한다.

정답 12 ② 13 ③ 14 ② 15 ③ 16 ① 17 ③

18

탠덤 마스터 실린더를 사용하는 이유는?

① 제동력을 증가시키기 위해 사용한다.
② 제동거리를 가능한 짧게 하기 위해 사용한다.
③ 앞, 뒤 바퀴의 제동력을 동시에 전달하기 위해 사용한다.
④ 앞, 뒤 브레이크를 분리하여 안전성을 확보하기 위해 사용한다.

> 탠덤 마스터 실린더를 사용하는 이유는 앞, 뒤 브레이크를 분리하여 안전성을 확보하기 위해서이다.

19

제동장치의 배력장치 중 하이드로 마스터에 대한 설명으로 맞는 것은?

① 유압 계통의 체크밸브는 유압 피스톤의 작동 시에 브레이크액의 역류를 막아 휠 실린더 유압을 증가시킨다.
② 릴레이밸브는 브레이크 페달을 밟았을 때 진공과 대기압의 압력차에 의해 작동한다.
③ 유압 계통의 체크밸브는 브레이크액이 마스터 실린더로부터 휠 실린더로 누설되는 것을 방지한다.
④ 진공 계통의 체크밸브는 릴레이밸브와 일체로 되어 있고 운행 중 하이드로백 내부의 진공을 유지시켜 준다.

> 체크밸브의 역할은 유압 피스톤의 작동 시에 브레이크액의 역류를 막아 실린더 유압을 증가시켜 휠 실린더 누설을 방지한다.

20

하이드로 마스터의 작동 설명으로 틀린 것은?

① 진공과 대기압력의 압력 차이에 의해 작동한다.
② 유압 계통의 휠 실린더 누설 방지를 위해 체크밸브를 설치한다.
③ 진공 계통의 체크밸브는 하이드로백 내부의 진공을 유지시킨다.
④ 브레이크 마스터 실린더와 병렬로 연결되어 제동력을 크게 한다.

> 브레이크 마스터 실린더와 직렬로 연결되어 제동력을 크게 한다.

21

진공식 배력장치는 무엇을 이용한 브레이크 방식인가?

① 대기 압력만을 이용
② 배기가스 압력만을 이용
③ 배기가스와 대기압과의 차이
④ 대기압과 흡기다기관 부압 압력의 차이

> 진공식 배력장치는 엔진의 흡입행정에서 발생하는 진공(부압)과 대기압력 차이를 이용한 브레이크장치이다.

정답 18 ④ 19 ① 20 ④ 21 ④

22
진공식 브레이크 배력장치의 설명으로 틀린 것은?

① 압축공기를 이용한다.
② 흡기다기관의 부압을 이용한다.
③ 기관의 진공과 대기압을 이용한다.
④ 배력장치가 고장나면 일반적인 유압 제동장치로 작동된다.

> 압축공기와 대기압력 차이를 이용하는 방식은 하이드로 에어팩이다.

23
브레이크 오일의 구비조건이 아닌 것은?

① 적절한 점도를 가질 것
② 점도지수가 작을 것
③ 윤활성이 있을 것
④ 비등점이 높을 것

> **브레이크 오일의 구비조건**
> ① 점도가 알맞고 점도지수가 클 것
> ② 윤활성이 있고, 빙점은 낮고, 비등점이 높을 것
> ③ 고무 또는 금속 제품을 부식, 연화, 팽창시키지 않을 것
> ④ 화학적 안정성이 크고, 침전물 발생이 없을 것

24
일반적인 브레이크 오일의 주성분은?

① 윤활유와 경유
② 알코올과 피마자기름
③ 알코올과 윤활유
④ 경유와 피마자기름

> 브레이크 오일의 주성분은 알코올과 피마자기름이다.

25
브레이크 계통의 고무 제품을 세척하는 액체의 종류는?

① 휘발유   ② 경유
③ 등유   ④ 알코올

> 피마자기름에 알코올 등의 용제를 혼합한 식물성 오일이며 알코올로 세척한다.

26
마스터 실린더의 조립 시 마지막 공정의 세척제로 맞는 것은?

① 광유
② 알코올
③ 석유
④ 휘발유

정답 22 ① 23 ② 24 ② 25 ④ 26 ②

27
브레이크 페달을 밟은 후 휠 실린더로부터 오일이 마스터 실린더로 돌아오게 하는 것은?

① 푸시로드
② 브레이크슈
③ 리턴 스프링
④ 브레이크 라이닝

28
라이닝의 구비 조건으로 틀린 것은?

① 내열성이 커야 한다.
② 내마모성이 커야 한다.
③ 마찰 계수 변화가 커야 한다.
④ 페이드 현상이 없어야 한다.

> **라이닝의 구비조건**
> ① 내열성이 크고, 페이드(fade) 현상이 없을 것
> ② 기계적 강도 및 내마모성이 클 것
> ③ 온도의 변화, 물 등에 의해 마찰계수 변화가 적을 것

29
브레이크슈 설치에서 슈 홀드다운 스프링의 기능은?

① 슈를 잡아주는 일을 한다.
② 라이닝의 마멸을 보상해 준다.
③ 슈의 확장력을 돕는다.
④ 슈의 리턴을 돕는다.

> 슈 홀드다운 스프링은 브레이크슈를 잡아주는 역할을 한다.

30
자동차를 멈출 때 생기는 마찰열은 주로 무엇을 통하여 발산되는가?

① 브레이크 드럼
② 브레이크슈
③ 브레이크 라이닝
④ 휠 실린더

31
브레이크 드럼의 점검 사항은?

① 드럼의 두께, 드럼의 내경, 드럼의 외경
② 드럼의 내경, 드럼의 외경, 드럼의 진원도
③ 드럼의 두께, 드럼의 내경, 드럼의 진원도
④ 드럼의 외경, 드럼의 두께, 드럼의 진원도

> 브레이크 드럼의 점검사항은 드럼의 두께, 드럼의 내경, 드럼의 진원도이다.

32
브레이크 드럼의 핀(fin)이 하는 일은?

① 마찰력을 크게 한다.
② 강도를 높인다.
③ 열을 발산한다.
④ 소음을 방지한다.

정답 27 ③ 28 ③ 29 ① 30 ① 31 ③ 32 ③

> 제동은 기계적 운동에너지를 열에너지로 변화하는 것으로 브레이크 작동 시 발생되는 마찰열을 발산하기 위해 브레이크 드럼에 방열 핀을 설치한다.

33
드럼 브레이크의 구비 조건으로 틀린 것은?

① 내마멸성이 좋아야 한다.
② 정적 평형이 되어 있어야 한다.
③ 동적 평형이 되어 있어야 한다.
④ 방열성은 좋지 않아야 한다.

> 드럼 브레이크는 방열성이 좋아야 한다.

34
드럼식 브레이크가 갖추어야 할 조건으로 틀린 것은?

① 정적 및 동적 평형을 유지할 것
② 방열이 양호하고 되도록 무거울 것
③ 제동 시 충분한 강성을 가지고 있을 것
④ 라이닝과 접촉 시 내마모성이 있을 것

> 드럼이 갖추어야 할 조건
> ① 가볍고 강도와 강성이 클 것
> ② 정적·동적 평형이 잡혀 있을 것
> ③ 냉각이 잘되어 과열하지 않을 것
> ④ 마멸에 견디는 성질이 클 것

35
드럼식 브레이크에 대한 설명으로 틀린 것은?

① 앞쪽의 슈를 리딩슈, 뒤쪽의 슈를 트레일링슈라고 한다.
② 제동력을 증가시키는 자기 작동 작용은 트레일링슈라고 한다.
③ 유니 서보형은 전진 제동 시에만 2개의 슈 모두가 리딩슈가 된다.
④ 듀어 서보형은 전후진 모두 자기 작동 작용이 되어 강력한 제동력을 얻는다.

> 자기 작동 작용을 하는 슈는 리딩슈이다.

36
브레이크 작동 시 슈가 드럼을 강하게 압박하여 제동력을 증가시키는 작용은?

① 배력 작동
② 자기 작동
③ 듀어 서보 작동
④ 유니 서보 작동

> 자기 작동은 브레이크 작동 시 슈가 드럼을 강하게 압박하여 제동력을 증가시키는 작용을 말한다.

정답 33 ④ 34 ② 35 ② 36 ②

37
드럼 브레이크 방식에서 전·후진 모두 자기 작동 작용이 되도록 하여 강력한 제동력을 얻도록 하는 형식은?

① 유니 서보형
② 듀어 서보형
③ 2리딩형
④ 리딩 트레일링형

> 듀어 서보형은 전·후진 모두 자기 작동 작용이 되어 강력한 제동력을 얻는다.

38
듀어 서보 자동 조정장치는 어느 경우에 작동되는가?

① 전진에서 브레이크가 작동되었을 때 조정된다.
② 후진에서 브레이크가 작동되었을 때 조정된다.
③ 전진할 때나 후진할 때 브레이크가 작동되면 조정된다.
④ 드럼과 라이닝 간극이 규정보다 커지면 자동으로 조정된다.

> 드럼과 라이닝 간극이 클 때 후진에서 브레이크가 작동되면 조정된다.

39
디스크 브레이크의 특징이 아닌 것은?

① 브레이크 페이드 현상이 가장 적게 발생한다.
② 자기작동 작용을 하지 못한다.
③ 자기작동(배력) 작용이 없기 때문에 페달 조작력이 작아진다.
④ 부품의 평형이 좋고 편 제동되는 경우가 거의 없다.

> **디스크 브레이크의 특징**
> ① 브레이크 페이드 현상이 가장 적게 발생한다.
> ② 디스크에 물이 묻어도 제동력의 회복이 빠르다.
> ③ 디스크가 대기 중에 노출되어 회전하므로 방열성이 좋아 제동안정성이 크다.
> ④ 고속에서 반복 사용하여도 제동력의 변화가 적다.
> ⑤ 부품의 평형이 좋고 편 제동되는 경우가 거의 없다.
> ⑥ 패드의 누르는 힘을 크게 하여야 한다.
> ⑦ 자기작동 작용을 하지 못한다.
> ⑧ 자기작동(배력) 작용이 없기 때문에 페달 조작력이 커진다.

40
디스크 브레이크의 장점으로 틀린 것은?

① 디스크가 대기 중에 노출되어 방열성이 양호하다.
② 페이드 현상이 방지되어 제동 성능이 안정된다.
③ 자기 작동 작용으로 좌우 바퀴의 제동력이 안정된다.
④ 물이나 진흙 등이 묻어도 디스크로부터 이탈이 용이하다.

> **디스크 브레이크의 장점**
> ①, ②, ④ 외에
> ① 자기 작동 작용이 없으므로 좌우 바퀴의 제동력이 안정되어 제동 시 한쪽만 제동되는 일이 적다.
> ② 디스크가 열에 의해 거의 변형되지 않으므로 브레이크 페달을 밟는 거리의 변화가 적다.
> ③ 점검 및 조정이 용이하고 간단하다.

41
디스크 브레이크의 장점이 아닌 것은?

① 페이드 현상이 적게 발생한다.
② 반복 사용 시 제동력 변화가 크다.
③ 오염물질이 묻어도 회복이 빠르다.
④ 부품 평형이 좋고 편제동이 없다.

42
제동장치에서 디스크 브레이크의 형식으로 적합한 것은?

① 앵커핀형
② 2 리딩형
③ 유니서보형
④ 플로팅 캘리퍼형

> 플로팅 캘리퍼형은 디스크 브레이크 형식에 사용된다.

43
드럼 방식 브레이크장치와 비교했을 때 디스크 브레이크의 장점은?

① 자기작동 효과가 크다.
② 오염이 잘되지 않는다.
③ 패드의 마모율이 낮다.
④ 패드의 교환이 용이하다.

44
디스크 브레이크와 비교해 드럼 브레이크의 특성으로 맞는 것은?

① 페이드 현상이 잘 일어나지 않는다.
② 구조가 간단하다.
③ 브레이크의 편제동 현상이 적다.
④ 자기작동 효과가 크다.

> 드럼 브레이크는 디스크 브레이크에 비해 자기작동 효과가 큰 장점이 있다.

45
드럼 브레이크와 비교하여 디스크 브레이크의 단점이 아닌 것은?

① 패드를 강도가 큰 재료로 제작해야 한다.
② 한쪽만 브레이크되는 경우가 많다.
③ 마찰 면적이 적어 압착력이 커야 한다.
④ 자기 작동 작용이 없어 제동력이 커야 한다.

정답 41 ② 42 ④ 43 ④ 44 ④ 45 ②

> **디스크 브레이크의 단점**
> ① 패드의 누르는 힘을 크게 하여야 한다.
> ② 자기작동 작용을 하지 못한다.
> ③ 자기작동(배력) 작용이 없기 때문에 페달 조작력이 커진다.
> ④ 패드를 강도가 큰 재료로 제작해야 한다.

46
페이드 현상이 가장 적게 일어나는 브레이크 형식은?

① 드럼 브레이크
② 듀어 서보형 브레이크
③ 디스크 브레이크
④ 유니 서보형 브레이크

> 디스크 브레이크는 디스크가 대기 중에 노출되어 방열이 좋으므로 페이드 현상이 적게 일어난다.

47
브레이크 조작을 반복적으로 계속하면 드럼과 슈의 마찰열이 축적되어 제동력이 감소되는 현상은?

① 페이드 현상
② 스펀지 현상
③ 슬라이딩 현상
④ 베이퍼록 현상

> 드럼과 슈의 마찰열이 축적되어 제동력이 감소되는 현상은 페이드 현상이다.

48
페이드 현상이 일어났을 때 응급처리 방법으로 맞는 것은?

① 주차 브레이크를 대신 사용한다.
② 자동차의 속도를 조금 높여준다.
③ 자동차를 세우고 열을 식혀준다.
④ 브레이크를 자주 밟아 열을 발생시킨다.

> 페이드 현상은 마찰열이 축적되어 제동력이 감소되는 현상으로 페이드 현상이 일어나면 자동차를 세우고 열을 식혀준다.

49
브레이크장치 유압회로 내에서 생기는 베이퍼록의 원인이 아닌 것은?

① 드럼과 라이닝의 물림에 의한 가열
② 긴 내리막길에서 과도한 브레이크 사용
③ 비점이 높은 브레이크 오일을 사용했을 때
④ 브레이크슈 리턴 스프링의 쇠손에 의한 잔압의 저하

> **베이퍼록 현상의 원인**
> ① 긴 내리막길에서 과도한 브레이크 사용 시
> ② 드럼과 라이닝의 끌림에 의한 가열
> ③ 마스터 실린더, 브레이크슈 리턴 스프링 쇠손에 의한 잔압의 저하
> ④ 불량한 브레이크 오일 사용
> ⑤ 브레이크 오일의 변질에 의한 비점의 저하

정답 46 ③ 47 ① 48 ③ 49 ③

50
긴 내리막길을 내려갈 때 사용하는 브레이크가 아닌 것은?

① 핸드 브레이크
② 배기 브레이크
③ 와전류 브레이크
④ 하이드롤릭 리타더

51
브레이크 페달을 밟았을 때 뒷바퀴가 조기에 고정되지 않도록 뒷바퀴의 브레이크 유압을 조정하는 밸브는?

① 체크밸브
② 교축밸브
③ 프로포셔닝밸브
④ 진공밸브

> 프로포셔닝밸브는 브레이크 페달을 밟았을 때 뒷바퀴가 조기에 고정되지 않도록 뒷바퀴의 브레이크 유압을 조정하는 밸브이다.

52
주행 중 브레이크 드럼과 슈가 접촉하는 원인에 해당하는 것은?

① 마스터 실린더 리턴포트가 열려 있다.
② 슈의 리턴 스프링이 소손되었다.
③ 브레이크액의 양이 부족하다.
④ 드럼과 라이닝의 간극이 과대하다.

> 브레이크 리턴 스프링이 소손되면 드럼과 슈의 끌림에 의한 접촉이 발생할 수 있다.

53
브레이크 파이프 내에 공기가 유입되었을 때 나타나는 현상으로 옳은 것은?

① 브레이크액이 냉각된다.
② 마스터 실린더에서 브레이크액이 누설된다.
③ 브레이크 페달의 유격이 커진다.
④ 브레이크가 지나치게 급히 작동한다.

> 브레이크 파이프 내에 공기가 유입되면 페달의 유격이 커지고, 제동력이 저하된다.

54
브레이크가 작동하지 않는 원인이 아닌 것은?

① 브레이크 오일 회로에 공기가 들어있을 때
② 브레이크 드럼과 슈의 간격이 너무나 과다할 때
③ 휠 실린더의 피스톤 컵이 손상되었을 때
④ 브레이크 오일 탱크 주입구 캡이 분실되었을 때

> 브레이크가 작동하지 않는 원인
> ① 브레이크 오일 부족 및 오일 누출
> ② 브레이크 계통 내 공기 혼입
> ③ 브레이크 배력장치 작동 불량
> ④ 패드 및 라이닝 접촉 불량
> ⑤ 패드 및 라이닝에 오일이 묻어있을 때
> ⑥ 페이드 현상 발생 시
> ⑦ 브레이크 라인이 막혔을 때

정답 50 ① 51 ③ 52 ② 53 ③ 54 ④

55

브레이크를 작동시키다 페달을 놓았다. 이때 브레이크가 풀리지 않는 원인이 아닌 것은?

① 마스터 실린더의 리턴 스프링 불량
② 마스터 실린더의 리턴 구멍의 막힘
③ 드럼과 라이닝의 소결
④ 브레이크의 파열

> 🔍 **브레이크가 해제되지 않는 원인**
> ① 마스터 실린더의 리턴 구멍 막힘 및 리턴 스프링 불량
> ② 마스터 실린더의 푸시로드 길이가 길 때
> ③ 페달의 자유간극이 적을 때
> ④ 드럼과 라이닝의 소결

56

브레이크가 한쪽만 작동하는 원인이 아닌 것은?

① 타이어 공기압의 불평형
② 브레이크 드럼간극 조정 불량
③ 한쪽 라이닝에 오일이 묻었을 때
④ 페달의 자유간극이 적을 때

> 🔍 브레이크가 한쪽만 듣는 경우 ①, ②, ③ 외에 앞바퀴 정렬 불량, 패드나 라이닝의 접촉 불량

57

제동 시 자동차가 한쪽 쏠림의 원인이 아닌 것은?

① 하이드로 마스터 불량
② 브레이크 드럼 편마모
③ 라이닝간극 조절 불량
④ 휠 얼라이먼트 불량

> 🔍 **제동 시 자동차가 한쪽으로 쏠리는 원인**
> ① 좌우 라이닝 간극 조정 불량, 간극의 불균일
> ② 라이닝 마찰 계수의 불균일(오일 침투, 페이드 현상)
> ③ 브레이크 드럼의 편마모
> ④ 한쪽 휠 실린더의 작동 불량, 불균일
> ⑤ 휠 얼라이먼트가 불량

58

주행 중 브레이크 작동 시 조향 핸들이 한쪽으로 쏠리는 원인으로 거리가 가장 먼 것은?

① 휠 얼라이먼트의 조정이 불량하다.
② 좌우 타이어의 공기압이 다르다.
③ 브레이크 라이닝의 좌·우 간극이 불량하다.
④ 마스터 실린더의 체크밸브의 작동이 불량하다.

> 🔍 마스터 실린더의 체크밸브가 불량하면 잔압이 저하된다.

정답 55 ④ 56 ④ 57 ① 58 ④

59

제동장치에서 편제동의 원인이 아닌 것은?

① 타이어 공기압 불평형
② 마스터 실린더 리턴포트의 막힘
③ 브레이크 패드의 마찰계수 저항
④ 브레이크 디스크에 기름 부착

> 마스터 실린더 리턴포트가 막히면 브레이크액의 리턴이 불량하여 제동이 풀리지 않는 현상이 발생한다.

60

배력장치가 장착된 자동차에서 브레이크 페달의 조작이 무겁게 되는 원인이 아닌 것은?

① 푸시로드의 부트가 파손되었다.
② 진공용 체크밸브의 작동이 불량하다.
③ 릴레이밸브 피스톤의 작동이 불량하다.
④ 하이드로릭 피스톤 컵이 손상되었다.

61

오일 브레이크의 공기빼기 작업 중 부적당한 것은?

① 공기는 블리더 플러그에서 뺀다.
② 일반적으로 마스터 실린더에서 제일 먼 곳의 휠 실린더에서 행한다.
③ 마스터 실린더에 브레이크 오일을 보급하면서 행한다.
④ 브레이크 파이프를 빼면서 행한다.

62

공기빼기 작업을 하여야 하는 경우가 아닌 것은?

① 캘리퍼를 교환하였다.
② 휠 실린더를 교환하였다.
③ 라이닝과 패드를 교환하였다.
④ 탠덤 마스터 실린더를 교환하였다.

> 라이닝과 패드를 교환하였을 때는 공기빼기를 하지 않는다.

63

브레이크 계통을 정비한 후 공기빼기 작업을 하지 않아도 되는 경우는?

① 브레이크 파이프나 호스를 떼어낸 경우
② 브레이크 마스터 실린더에 오일을 보충한 경우
③ 베이퍼록 현상이 생긴 경우
④ 휠 실린더를 분해 수리한 경우

> 브레이크 마스터 실린더에 오일을 보충만 한 상태는 공기빼기를 하지 않는다.

64

유압식 브레이크 정비에 대한 설명으로 틀린 것은?

① 패드는 안쪽과 바깥쪽을 세트로 교환한다.
② 패드는 좌·우 어느 한쪽이 교환 시기가 되면 좌·우 동시에 교환한다.
③ 패드 교환 후 브레이크 페달을 2~3회 밟아준다.
④ 브레이크액은 공기와 접촉 시 비등점이 상승하여 제동 성능이 향상된다.

정답 59 ② 60 ① 61 ④ 62 ③ 63 ② 64 ④

> 브레이크액은 공기와 접촉 시 비등점이 하강하여 제동성능이 저하된다.

65
블리드밸브를 열어도 브레이크 오일이 나오지 않는 원인은?

① 블리드밸브가 막혔다.
② 슈 리턴 스프링이 약하다.
③ 블리드밸브를 너무 열었다.
④ 휠 실린더 피스톤이 고착

66
제동시험기의 종류가 아닌 것은?

① 웨이버형 제동시험기
② 포테이블형 제동시험기
③ 정적 제동시험기
④ 롤로 구동형 제동시험기

67
핸드 브레이크 레버는 전 작동범위의 몇 %에서 작동되는가?

① 10~15% 이내
② 20~30% 이내
③ 50~70% 이내
④ 80~95% 이내

> 기계식 주차레버를 당기기 시작하여 50~70% 작동 시 주차가 가능해야 한다.

68
엔진 브레이크에 대한 것 중 틀린 것은?

① 긴 고갯길을 내려갈 때 사용한다.
② 브레이크가 고장을 일으켰을 때 사용한다.
③ 브레이크의 과열을 막기 위해서 사용한다.
④ 언덕길을 올라갈 때 급정거를 위해서 사용한다.

> 엔진 브레이크는 엔진의 기어비를 낮춰 엔진의 돌아가는 속도를 낮춰 브레이크를 잡는 방법으로 경사가 심하거나 내리막길이 긴 구간에서는 브레이크 디스크와 브레이크 패드, 브레이크 오일에서 열이 심하게 나면 베이퍼록 현상이 발생할 수 있다. 또 눈길이나 빙판길에서 회전수를 줄이며 속도를 줄이기 때문에 안전하게 속도를 줄일 수 있다.

69
시동 OFF 상태에서 브레이크 페달을 여러 차례 작동 후 브레이크 페달을 밟은 상태에서 시동을 걸었는데, 브레이크 페달이 내려가지 않는다면 예상되는 고장 부위는?

① 주차 브레이크 케이블
② 앞바퀴 캘리퍼
③ 진공 배력장치
④ 프로포셔닝밸브

> 시동 OFF 상태에서 브레이크 페달을 여러 차례 작동 후 브레이크 페달을 밟은 상태에서 시동을 걸었을 때 브레이크 페달이 내려가야 정상이며, 진공 배력장치의 문제가 발생하면 페달은 내려가지 않는다.

정답 65 ① 66 ② 67 ③ 68 ④ 69 ③

70
마스터 실린더 푸시로드에 작용하는 힘이 120N이고, 피스톤 면적이 4cm일 때 유압은?

① 20N/cm²   ② 30N/cm²
③ 40N/cm²   ④ 50N/cm²

> $P = \dfrac{W}{A} = \dfrac{120N}{4cm^2} = 30N$, P : 유압, W : 푸시로드에 작용하는 힘, A : 피스톤 면적

71
10m/s의 속도는 몇 km/h인가?

① 3.6km/h   ② 36km/h
③ 1/3.6km/h ④ 1/36km/h

> ① 1km=1,000m, 1시간=3600s
> ② $\dfrac{10 \times 3,600}{1,000} = 36 km/h$

72
마스터 실린더의 내경이 2cm, 푸시로드에 100kgf의 힘이 작용할 때 브레이크 파이프에 작용하는 압력은?

① 32kgf/cm²   ② 25kgf/cm²
③ 10kgf/cm²   ④ 2kgf/cm²

> 유압 = $\dfrac{힘}{단면적} = \dfrac{100}{0.785 \times 2^2} = 32kgf/cm^2$

73
브레이크 페달의 지렛대비가 28 : 7이다. 페달을 40kgf의 힘으로 밟았을 때 푸시로드에 작용되는 힘은?

① 150kgf   ② 160kgf
③ 170kgf   ④ 180kgf

> 지렛대비가 28 : 7이므로 4 : 1인 셈이므로 4 × 40kgf = 160kgf

74
그림과 같은 브레이크 페달에 100N의 힘을 가하였을 때 피스톤의 면적이 5cm라고 하면 작동유압은?

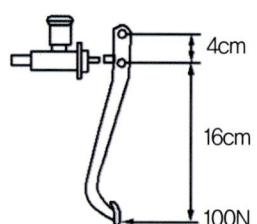

① 100kPa
② 500kPa
③ 1,000kPa
④ 5,000kPa

> 지렛대 비율 = (16+4) : 4 = 5 : 1, 푸시로드에 작용하는 힘 = 지렛대 비율 × 페달 밟는 힘 = 5 × 100N = 500N, 작동유압 = $\dfrac{500N}{5cm^2} = 1,000kPa$

정답 70 ② 71 ② 72 ① 73 ② 74 ③

75

유효 반지름이 0.5m인 바퀴가 600rpm으로 회전할 때 차량의 속도는 약 얼마인가?

① 약 10.98km/h
② 약 25km/h
③ 약 50.92km/h
④ 약 113.04km/h

> $V = \pi D \times \dfrac{En}{Rt \times Rf} \times \dfrac{60}{1000}$
>
> $= 3.14 \times 0.5 \times 2 \times 600 \times \dfrac{60}{1000} = 113.04 \, km/h$
>
> V : 주행속도(km/h), D : 바퀴지름, En : 기관 회전수, Rt : 변속비, Rf : 종감속비

76

기관의 회전수가 2,400rpm이고, 총감속비가 8 : 1, 타이어 유효반경이 25cm일 때 자동차의 시속은?

① 약 14km/h
② 약 18km/h
③ 약 21km/h
④ 약 28km/h

> $V = \pi D \times \dfrac{En}{Rt \times Rf} \times \dfrac{60}{1000}$
>
> $= 3.14 \times 0.25 \times 2 \times \dfrac{2400}{8} \times \dfrac{60}{1000} = 28.26 \, km/h$
>
> V : 주행속도(km/h), D : 바퀴지름, En : 기관 회전수, Rt : 변속비, Rf : 종감속비

77

제동 조작을 개시하여 제동력이 작용하기 시작한 다음에 정지할 때까지의 거리는?

① 공주거리　② 제동거리
③ 정지거리　④ 이동거리

> ① 공주거리 : 주행 중 운전자가 전방의 위험 상황을 발견하고 브레이크를 밟아 실제 제동이 걸리기 시작할 때까지 자동차가 진행한 거리
> ② 제동거리 : 브레이크를 밟은 순간부터가 아닌 브레이크가 완전히 작동한 순간부터 자동차가 완전히 멈출 때까지 자동차가 움직인 거리
> ③ 정지거리 = 공주거리 + 제동거리

78

정지거리를 설명한 것으로 맞는 것은?

① 정지거리는 제동거리와 같은 개념이다.
② 정지거리는 제동력이 작용하여 차가 정지할 때까지 움직인 거리를 말한다.
③ 정지거리는 장애물을 발견한 후 자동차가 정지할 때까지의 거리이다.
④ 정지거리는 브레이크 페달을 밟아 브레이크의 작동이 시작할 때까지 차가 움직인 거리를 말한다.

> 정지거리는 장애물을 발견한 후 차가 정지할 때까지 움직인 거리로 공주거리와 제동거리를 합한 거리이다.

정답　75 ④　76 ④　77 ②　78 ③

79

어떤 자동차가 급제동 시 제동 초속도가 90km/h이고, 공주시간이 0.8초였다면 공주거리는 얼마인가?

① 18m　　② 20m
③ 22m　　④ 24m

> 공주거리(m) = $\dfrac{V}{3.6} \times t = \dfrac{90}{3.6} \times 0.8 = 20m$

80

차량 총중량 5,000kg의 자동차가 20%의 구배길을 올라갈 때 구배저항(Rg)은?

① 2,500kg　　② 2,000kg
③ 1,710kg　　④ 1,000kg

> $5000kg \times \dfrac{20}{100} = 1,000kg$

81

정지하고 있는 질량 2kg의 물체에 1N의 힘이 작용하면 물체의 가속도는?

① 0.5m/s²　　② 1m/s²
③ 2m/s²　　④ 5m/s²

> 힘(F) = 질량(m) × 가속도(a) = N, 따라서 가속도 (a) = N/m = 0.5m/sec²

82

자동차로 서울에서 대전까지 187.2km를 주행하였다. 출발시간은 오후 1시 20분, 도착시간은 오후 3시 8분이었다면 평균 주행속도는?

① 약 126.5km/h
② 약 104km/h
③ 약 156km/h
④ 약 60.78km/h

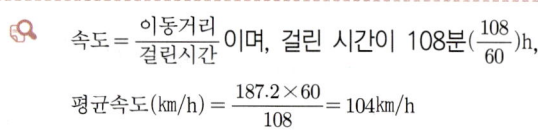

속도 = $\dfrac{이동거리}{걸린시간}$ 이며, 걸린 시간이 108분($\dfrac{108}{60}$)h, 평균속도(km/h) = $\dfrac{187.2 \times 60}{108} = 104$km/h

83

어떤 물체가 초속도 10m/s로 마루면을 미끄러진다면 몇 m를 진행하고 멈추는가?(단, 물체와 마루면 사이의 마찰 계수는 0.5이다)

① 0.51　　② 5.1
③ 10.2　　④ 20.4

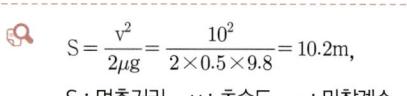

$S = \dfrac{v^2}{2\mu g} = \dfrac{10^2}{2 \times 0.5 \times 9.8} = 10.2m$,
S : 멈춘거리, v : 초속도, μ : 마찰계수, g : 중력가속도(9.8m/s²)

정답　79 ②　80 ④　81 ①　82 ②　83 ③

84

후축에 9,890N의 하중이 작용될 때 후축에 4개의 타이어를 장착하였다면 타이어 한 개당 받는 하중은?

① 약 2,473N
② 약 2,770N
③ 약 3,473N
④ 약 3,770N

> 타이어 한 개당 받는 하중 = $\frac{9,890\text{N}}{4}$ = 2,473N

85

자동차 총중량이 1,200kg인 자동차가 평탄한 길을 85km/h의 속도로 주행할 때 발생되는 공기저항은?(단, 차체 앞면 투영 면적은 1.52m²이고, 공기저항계수는 0.035이다)

① 약 26.12kg
② 약 27.35kg
③ 약 28.54kg
④ 약 29.66kg

> 공기저항 = 공기저항계수 × 차체 앞면 투영, 면적 × $(\frac{\text{차속(km/h)}}{3.6})^2$ = $0.035 \times 1.52 \times (\frac{85}{3.6})^2$
> = $0.035 \times 1.52 \times 557.485$ = 29.66kg

86

자동차에서 제동 시의 슬립비를 표시한 것으로 맞는 것은?

① $\frac{\text{자동차 속도} - \text{바퀴속도}}{\text{자동차 속도}} \times 100$

② $\frac{\text{자동차 속도} - \text{바퀴속도}}{\text{바퀴속도}} \times 100$

③ $\frac{\text{바퀴속도} - \text{자동차 속도}}{\text{자동차 속도}} \times 100$

④ $\frac{\text{바퀴속도} - \text{자동차 속도}}{\text{바퀴속도}} \times 100$

> 슬립비율 = $\frac{\text{자동차 속도} - \text{바퀴속도}}{\text{자동차 속도}} \times 100$로 표시한다.

87

주행저항 중 자동차의 중량과 관계없는 것은?

① 구름저항
② 구배저항
③ 가속저항
④ 공기저항

> 공기저항은 자동차의 속도와 투영면적에 비례한다.

정답 84 ① 85 ④ 86 ① 87 ④

Chapter 5 유압식 현가장치

01 일반 현가장치

현가장치는 차축과 차체를 연결하여, 주행할 때 차축이 노면에서 받는 진동이나 충격이 차체에 직접 전달되지 않도록 하여 차체나 화물의 손상을 방지하고 승차 감각을 향상시키는 장치이다.

02 현가장치의 구비조건

① 도로면에서 받는 충격을 완화하기 위해 상·하 방향의 연결이 유연하여야 한다.
② 바퀴에 발생하는 구동력, 제동력 및 선회할 때의 원심력 등을 이겨낼 수 있도록 수평 방향의 연결이 튼튼하여야 한다.
③ 가벼워야 한다(스프링 질량의 절반은 스프링 아래질량(unspring mass)으로 취급한다).
④ 설치공간을 적게 차지해야 한다.
⑤ 정비가 쉬워야 한다.
⑥ 적차 또는 공차 상태를 막론하고 가능한 차체의 고유진동수가 같도록 해야 한다.
⑦ 적차 또는 공차 상태에도 차체의 최저 지상고는 가능한 한 변화가 적어야 한다.

03 현가장치의 구성

노면의 충격을 완화하는 섀시 스프링, 섀시 스프링의 자유진동을 제어하여 승차감을 향상시키는 쇽업소버(충격 흡수기), 롤링을 방지하는 스태빌라이저(Stabilizer)와 고무부싱 등으로 구성된다.

그림 3-24 현가장치의 구성

1 판 스프링(leaf spring)

판 스프링은 보통 스프링 강을 적당히 구부린 띠 모양으로 된 것을 몇 장 겹쳐서 그 중심에서 센터볼트(center bolt)로 조인 것이다. 스프링 아이 중심 사이의 거리를 스팬(span), 판 스프링의 휨 양을 캠버(camber)라 한다. 판 스프링을 차체에 설치한 부분을 브래킷 또는 행거(bracket or hanger)라 하며, 다른 끝은 섀클(shackle)이라 한다. 섀클은 스팬의 길이 변화를 위하여 설치하며, 사용되는 부싱에 따라 고무 부싱 섀클, 나사 섀클, 청동 부싱 섀클 등이 있다.

2 토션바(torsion bar) 스프링

토션바 스프링은 비틀었을 때 탄성에 의해 원위치하려는 성질을 이용한 스프링 강의 막대이며, 단위 중량당 에너지 흡수율이 가장 크기 때문에 가볍게 할 수 있고, 구조가 간단하다. 스프링의 힘은 바(bar)의 길이와 단면적에 따라 결정된다. 코일 스프링과 같이 진동의 감쇠 작용이 없어 쇽업소버를 병용해야 한다.

3 쇽업소버(shock absorbor)

쇽업소버는 도로면에서 발생한 스프링의 진동을 신속하게 흡수하여 승차감을 향상시키고, 동시에 스프링의 피로를 감소시키기 위해 설치하는 기구이다. 또 이것에 의해 고속 주행 요건의 하나인 로드홀딩(road holding)도 현저히 향상된다.

4 드가르봉형 쇽업소버

[1] 드가르봉형 쇽업소버의 구조와 작동

드가르봉형 쇽업쇼버 유압식의 일종으로 프리 피스톤을 설치하고 위쪽에 오일이 내장되어 있고, 프리 피스톤 아래에는 $30kgf/cm^2$의 고압 질소가스가 들어있다.

[2] 드가르봉형 쇽업소버의 특징

① 구조가 간단하다.
② 작동할 때 오일에 기포가 없어 장시간 작동하여도 감쇠 효과의 감소가 적다.
③ 실린더가 1개이므로 냉각 성능이 크다.
④ 내부에 압력이 걸려 있어 분해하는 것은 위험하다.

5 스태빌라이저(stabilizer)

스태빌라이저는 토션바 스프링의 일종으로 양끝은 좌·우의 컨트롤 암에 연결되고, 중앙 부분은 차체에 설치되어 커브 길을 선회할 때 차체가 롤링(rolling, 좌우 진동)하는 것을 방지한다. 즉, 차체의 기울기를 감소시켜 평형을 유지하는 기구이다.

04 현가장치의 분류

1 일체차축 현가장치의 특징

① 부품 수가 적어 구조가 간단하다.
② 선회할 때 차체의 기울기가 적다.
③ 스프링 밑 질량이 커 승차감이 불량하다.
④ 앞바퀴에 시미(shimmy)가 발생하기 쉽다.
⑤ 평행 판스프링 형식에서는 스프링 정수가 너무 적은 것은 사용하기 어렵다.

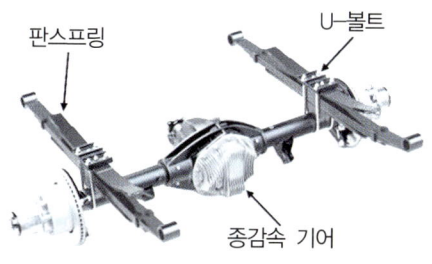

그림 3-25 일체차축 현가장치

2 독립 현가장치의 특징

① 스프링 밑 질량이 작아 승차감이 좋다.
② 바퀴의 시미(shimmy) 현상이 적으며, 로드홀딩(road holding)이 우수하다.
③ 스프링 정수가 작은 것을 사용할 수 있다.
④ 구조가 복잡하므로 값이나 취급 및 정비면에서 불리하다.

⑤ 볼 이음 부분이 많아 그 마멸에 의한 휠 얼라인먼트(wheel alignment)가 틀어지기 쉽다.

⑥ 바퀴의 상하운동에 따라 윤거(tread)나 휠 얼라인먼트가 틀어지기 쉬워 타이어 마멸이 크다.

그림 3-26 독립 현가 방식

3 독립 현가장치의 분류

[1] 위시본 형식

위·아래 컨트롤 암, 조향너클, 코일 스프링 등으로 구성되어 있어 바퀴가 스프링에 의해 완충되면서 상하운동을 하도록 되어 있다. 종류에는 위·아래 컨트롤 암의 길이에 따라 평행사변형 형식과 SLA 형식이 있다. SLA 형식은 아래 컨트롤 암이 위 컨트롤 암보다 길게 되어 있다. 따라서 위 컨트롤 암은 비교적 작은 원호를 그리고, 아래 컨트롤 암은 큰 원호를 그리게 되어 윤거의 변화가 일어나지 않는다. 그러나 컨트롤 암이 상·하로 움직일 때마다 캠버(camber)와 토(toe)가 변화하는 결점이 있다.

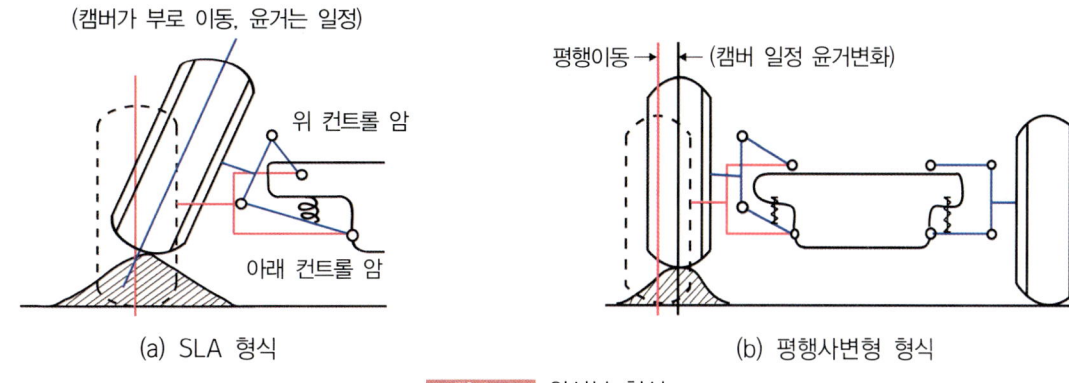

그림 3-27 위시본 형식

[2] 맥퍼슨 형식

조향너클과 일체로 되어 있으며, 쇽업소버가 내부에 들어있는 스트럿(strut, 기둥) 및 볼이음, 현가 암, 스프링으로 구성되어 있다. 스트럿 위쪽에는 현가 지지를 통하여 차체에 설치되며, 현가 지지에는 스러스트 베어링(thrust bearing)이 들어있어 스트럿이 자유롭게 회전할 수 있다. 그리고 아래쪽에는 볼 이음을 통하여 현가 암에 설치되어 있다.

① 구조가 간단하고, 구성부품이 적어 마멸되거나 손상되는 부분이 적고 정비가 쉽다.
② 스프링 밑 질량이 적어 로드홀딩이 우수하다.
③ 엔진룸의 유효체적을 넓게 할 수 있고, 승차감이 향상된다.

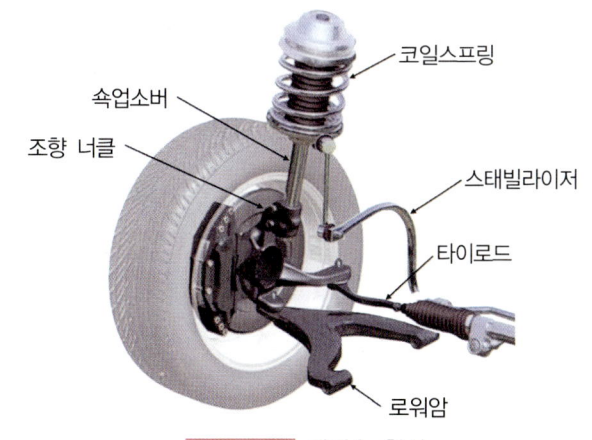

그림 3-28 맥퍼슨 형식

05 자동차 진동

1 스프링 위 질량의 진동

① 바운싱 : 차체가 축 방향과 평행하게 상하 방향으로 운동하는 고유진동이다.
② 피칭 : 차체가 Y축을 중심으로 앞·뒤 방향으로 회전 운동하는 고유진동이다.
③ 롤링 : 차체가 X축을 중심으로 좌·우 방향으로 회전 운동하는 고유진동이다.
④ 요잉 : 차체가 Z축을 중심으로 회전 운동하는 고유진동이다.

2 스프링 아래 질량 진동

① 휠 홉(wheel hop) : 뒤차축이 Z방향의 상하 평행 운동하는 진동
② 트램프(tramp) : 뒤차축이 X축을 중심으로 회전하는 진동
③ 와인드업(wind up) : 뒤차축이 Y축을 중심으로 회전하는 진동

(a) 위 질량

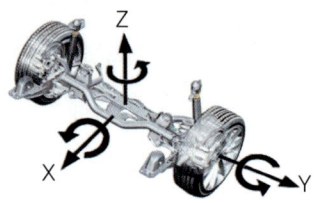
(b) 아래 질량

그림 3-29 스프링 질량 진동

06 차체 진동수와 승차감

1 차체 진동

① 스프링의 특성(딱딱하다, 부드럽다)을 나타낸다.
② 같은 스프링이라도 자동차의 질량에 따라 변화한다.
③ 진동수가 작을수록 딱딱한 스프링이다.
④ 분당 진동수로 표시한다.

2 진동수와 승차감

① 걸어가는 경우 : 60~70cycle/min
② 뛰어가는 경우 : 120~160cycle/min
③ 양호한 승차감 : 60~120cycle/min
④ 멀미를 느끼는 경우 : 45cycle/min 이하
⑤ 딱딱한 느낌의 경우 : 120cycle/min 이상

Chapter 5 유압식 현가장치 출제예상문제

01
현가장치의 구성품이 아닌 것은?

① 스프링
② 쇽업소버
③ 타이로드
④ 스태빌라이저

> 🔍 타이로드는 조향장치의 구성품이다.

02
현가장치가 갖추어야 할 기능이 아닌 것은?

① 승차감의 향상을 위해 상하 움직임에 적당한 유연성이 있어야 한다.
② 원심력이 발생되어야 한다.
③ 주행 안정성이 있어야 한다.
④ 구동력 및 제동력 발생 시 적당한 강성이 있어야 한다.

03
여러 장을 겹쳐 충격 흡수 작용을 하도록 한 스프링은?

① 토션바 스프링
② 고무 스프링
③ 코일 스프링
④ 판 스프링

04
판 스프링의 구조에서 스프링 아이와 스프링 아이 사이의 거리는?

① 섀클
② 스팬
③ 캠버
④ 스프링 닙

> 🔍 스프링 아이와 스프링 아이 사이의 거리를 스팬이라 한다.

정답 01 ③ 02 ② 03 ④ 04 ②

05
판 스프링에서 스팬의 길이를 변화시켜 주는 것은?

① 닙 ② 섀클
③ 캠버 ④ 아이

> 판 스프링에서 스팬의 길이 변화를 변화시켜 주는 것은 섀클이다.

06
독립현가식 자동차의 주행 중 롤링(rolling) 현상을 감소시키고 차의 평형을 유지시켜 주는 장치는?

① 쇽업소버
② 스태빌라이저
③ 스트럿 바
④ 토크 컨버터

> 스태빌라이저는 롤링 현상 감소 및 차의 평형을 유지한다.

07
단위 중량당 에너지 흡수율이 가장 큰 것은?

① 코일 스프링 ② 판 스프링
③ 토션바 ④ 고무 스프링

> 단위 중량당 에너지 흡수율이 가장 큰 것은 토션바이다.

08
토션바 스프링의 특징이 아닌 것은?

① 단위 중량당 에너지 흡수율이 높다.
② 경량화하기 쉽다.
③ 구조가 복잡하다.
④ 스프링의 힘은 바(bar)의 길이와 단면적에 따라 결정된다.

> 토션바 스프링은 비틀었을 때 탄성에 의해 원위치하려는 성질을 이용한 스프링 강의 막대이며, 단위 중량당 에너지 흡수율이 가장 크기 때문에 가볍게 할 수 있고, 구조가 간단하다. 스프링의 힘은 바(bar)의 길이와 단면적에 따라 결정된다.

09
자동차 현가장치에 사용하는 토션바 스프링에 대한 설명으로 틀린 것은?

① 단위 무게에 대한 에너지 흡수율이 다른 스프링에 비해 크며, 가볍고, 구조도 간단하다.
② 스프링의 힘은 바의 길이 및 단면적에 반비례한다.
③ 구조가 간단하고, 가로 또는 세로로 자유로이 설치할 수 있다.
④ 진동의 감쇠 작용이 없어 쇽업소버를 병용한다.

> 스프링의 힘은 바의 길이에 반비례하고, 단면적에 비례한다.

정답 05 ② 06 ② 07 ③ 08 ③ 09 ②

10

차체가 롤링하는 것을 방지하는 장치로 토션바 스프링은?

① 스태빌라이저
② 활대 링크
③ 로워 암
④ 쇽업소버

> 🔍 차체의 롤링을 방지하기 위해 스태빌라이저를 둔다.

11

선회 주행 시 자동차가 기울어짐을 방지하는 부품으로 옳은 것은?

① 너클 암　　② 섀클
③ 타이로드　　④ 스태빌라이저

12

독립 현가장치에서 차체의 기울기를 방지하기 위하여 설치한 장치는?

① 스태빌라이저　　② 판 스프링
③ 쇽업소버　　　　④ 토크 튜브

> 🔍 스태빌라이저는 롤링 현상 감소 및 차의 평형을 유지한다.

13

드가르봉식 쇽업소버의 특징이 아닌 것은?

① 구조가 복잡하다.
② 내부압력이 있어 분해하는 것은 위험하다.
③ 장시간 사용해도 감쇄 효과가 저하되지 않는다.
④ 실린더가 1개로 되어 있어 방열 효과가 좋다.

> 🔍 **드가르봉식 쇽업소버의 특징**
> ① 구조가 간단하다.
> ② 장시간 사용해도 감쇄 효과가 저하되지 않는다.
> ③ 실린더가 1개로 되어 있어 방열 효과가 좋다.
> ④ 내부 압력이 있어 분해하는 것은 위험하다.

14

진동을 흡수하고 진동시간을 단축시키며, 스프링의 부담을 감소시키기 위한 장치는?

① 스태빌라이저　　② 공기 스프링
③ 쇽업소버　　　　④ 비틀림 막대 스프링

> 🔍 쇽업소버는 진동을 흡수하고 진동시간을 단축시키며, 스프링의 부담을 감소시킨다.

15

쇽업소버의 설치 목적은?

① 스프링의 공진 현상을 증가시킨다.
② 스프링의 설치를 더욱 튼튼하게 한다.
③ 현가 스프링의 자유 진동을 흡수한다.
④ 차체의 기울기를 방지하기 위해 설치한다.

정답　10 ①　11 ④　12 ①　13 ①　14 ③　15 ③

> 쇽업소버는 현가 스프링의 자유진동을 흡수하기 위해 설치한다.

16
현가장치에서 스프링이 압축되었다가 원위치로 되돌아올 때 작은 구멍(오리피스)을 통과하는 오일의 저항으로 진동을 감소시키는 것은?

① 스태빌라이저 ② 공기 스프링
③ 토션바 스프링 ④ 쇽업소버

> 쇽업소버는 스프링이 압축되었다가 원위치로 되돌아올 때 작은 구멍(오리피스)을 통과하는 오일의 저항으로 진동을 감소시킨다.

17
쇽업소버의 감쇄력이 너무 작으면 어떤 현상이 생기는가?

① 언더 댐핑 ② 이퀄 댐핑
③ 오버 댐핑 ④ 마이너스 댐핑

18
앞차축과 조향 너클을 연결하는 장치는?

① 킹핀 ② 드래그 링크
③ 타이로드 ④ 스티어링 암

> 앞차축과 조향 너클의 연결은 킹핀이다.

19
전륜 현가장치에서 킹핀의 역할을 하는 장치는?

① 섀클핀
② 어퍼 볼 조인트와 로어 볼 조인트
③ 코터핀
④ 타이로드 엔드와 볼 조인트

> 전륜 현가장치에서는 어퍼 볼 조인트와 로어 볼 조인트가 킹핀의 역할을 한다.

20
위시본형 현가장치의 SLA 형식에서 코일 스프링의 설치 위치는?

① 위 컨트롤 암 지지대
② 아래 컨트롤 암과 프레임 사이
③ 프레임과 위 컨트롤 암 사이
④ 위 컨트롤 암과 아래 컨트롤 암 사이

21
위시본형 현가장치의 SLA 형식에서 위 컨트롤 암의 길이는?

① 아래 컨트롤 암과 같다.
② 아래 컨트롤 암보다 길다.
③ 아래 컨트롤 암보다 짧다.
④ 차종에 따라서 다르다.

정답 16 ④ 17 ① 18 ① 19 ② 20 ② 21 ③

> 위시본형 현가장치의 SLA 형식에서 위 컨트롤 암의 길이는 아래 컨트롤 암보다 짧다.

22
위시본형 현가장치의 평행사변 형식의 설명으로 틀린 것은?

① 현가장치와 조향 너클이 일체이다.
② 바퀴가 상하운동 시 윤거가 변화한다.
③ 캠버의 변화가 없어 커브 주행 시 안전성이 증가한다.
④ 위, 아래 컨트롤 암을 연결하는 4점이 평행사변형이다.

> 현가장치와 조향 너클이 일체인 형식은 스트럿(맥퍼슨) 형식이다.

23
일체 차축 현가장치의 단점이 아닌 것은?

① 스프링 아래 질량이 커 승차감이 불량하다.
② 앞바퀴에 시미(shimmy) 발생이 쉽다.
③ 스프링 정수가 너무 적은 것을 사용하기가 곤란하다.
④ 볼 이음부가 많아 그 마멸에 의한 앞바퀴 정렬이 틀려지기 쉽다.

> 일체 차축 현가장치의 장점으로는 부품수가 적어 구조가 간단하고 선회 시 차체 기울기가 적다.

24
일체차축 현가장치의 특징이 아닌 것은?

① 부품 수가 적어 구조가 간단하다.
② 선회할 때 차체의 기울기가 크다.
③ 스프링 밑 질량이 커 승차감이 불량하다.
④ 앞바퀴에 시미(shimmy)가 발생하기 쉽다.

> **일체차축 현가장치의 특징**
> ① 부품 수가 적어 구조가 간단하다.
> ② 선회할 때 차체의 기울기가 적다.
> ③ 스프링 밑 질량이 커 승차감이 불량하다.
> ④ 앞바퀴에 시미(shimmy)가 발생하기 쉽다.
> ⑤ 평행 판 스프링 형식에서는 스프링 정수가 너무 적은 것은 사용하기 어렵다.

25
일체차축 현가 방식의 특징이 아닌 것은?

① 선회 시 차체의 기울기가 적다.
② 승차감이 좋지 못하다.
③ 구조가 간단하다.
④ 로드홀딩(road holding)이 우수하다.

> 독립현가 방식이 로드홀딩(road holding)이 우수하다.

정답 22 ① 23 ④ 24 ② 25 ④

26
독립 현가장치의 장점에 대한 설명으로 틀린 것은?

① 선회 시 차체 기울기가 적다.
② 스프링 밑 질량이 작아 승차감이 좋다.
③ 스프링 정수가 작은 것을 사용할 수 있다.
④ 바퀴가 시미를 잘 일으키지 않고 로드홀딩(road holding)이 우수하다.

> 독립 현가장치의 장점
> ① 스프링 및 질량이 작아 승차감이 좋다.
> ② 바퀴가 시미를 잘 일으키지 않고 로드홀딩(road holding)이 우수하다.
> ③ 스프링 정수가 작은 것을 사용할 수 있다.

27
독립 현가식의 분류가 아닌 것은?

① 위시본형　　② 공기스프링형
③ 맥퍼슨형　　④ 멀티링크형

28
맥퍼슨 형식의 현가장치를 설명한 것으로 틀린 것은?

① 엔진룸의 유효 체적이 넓다.
② 위시본 형식에 비해 구조가 간단하다.
③ 스프링 밑 질량이 커서 로드 홀딩은 불량하다.
④ 진동의 흡수율이 커서 승차감이 양호하다.

> 스프링 밑 질량이 작아 로드 홀딩이 우수하다.

29
독립 현가장치에서 조향 너클과 일체로 되어 있고, 스트럿 윗부분이 차체와 연결되는 방식은?

① 맥퍼슨　　③ 더블 위시본
② 위시본　　④ 리프 스프링

> 맥퍼슨 형식은 조향너클과 일체로 되어 있으며, 쇽업소버가 내부에 들어 있는 스트럿(strut, 기둥) 및 볼 이음, 현가 암, 스프링으로 구성되어 있다.

30
독립 현가장치에서 엔진실의 유효면적을 가장 넓게 할 수 있는 형식은?

① 맥퍼슨 형식　　② 위시본 형식
③ 트레일링 암 형식　　④ 평행판 스프링 형식

> 맥퍼슨 형식 독립 현가장치는 엔진실의 유효면적을 넓게 할 수 있는 특징이 있다.

31
구동 바퀴의 구동력을 차체에 전달하는 구동 방식의 종류가 아닌 것은?

① 호치키스 구동　　② 토크 튜브 구동
③ 레디어스 암 구동　　④ 리어 앤드 토크

정답　26 ①　27 ②　28 ③　29 ①　30 ①　31 ④

32
호치키스 구동 방식에서 구동 바퀴에 의한 구동력(추력)은 무엇을 통해 차체에 전달되는가?

① 토크 튜브
② 판 스프링
③ 토크 로드
④ 레디어스 암

> 호치키스 방식의 구동바퀴에 의한 구동력(추력)은 판 스프링을 통해 차체에 전달된다.

33
자동차 주행 중 바퀴 좌, 우의 진동을 말하는 것은?

① 시미
② 트램핑
③ 로드 홀딩
④ 스탠딩 웨이브

> 시미(shimmy)는 주행 중 바퀴의 좌우 진동을 말한다.

34
앞바퀴의 옆 흔들림에 따라서 조향휠의 회전축 주위에 발생하는 진동을 무엇이라 하는가?

① 시미
② 휠 플러터
③ 바우킹
④ 킥업

35
앞바퀴에서 발생하는 코너링 포스가 뒷바퀴보다 크게 되면 나타나는 현상은?

① 토크 스티어링 현상
② 언더 스티어링 현상
③ 리버스 스티어링 현상
④ 오버 스티어링 현상

> 운전자가 핸들을 꺾은 정도보다 차가 덜 돌아간다면 언더 스티어링, 운전자가 핸들을 꺾은 정도보다 차가 더 많이 돌아간다면 오버 스티어링이다.

36
스프링 위 무게 진동과 관련된 사항 중 거리가 먼 것은?

① 바운싱(bouncing)
② 피칭(pitching)
③ 휠 트램프(wheel tramp)
④ 롤링(rolling)

> **자동차 진동**
> 1. 스프링 위 질량의 진동
>   ① 바운싱 : 차체가 축 방향과 평행하게 상하 방향으로 운동하는 고유진동이다.
>   ② 피칭 : 차체가 Y축을 중심으로 앞뒤 방향으로 회전 운동하는 고유진동이다.
>   ③ 롤링 : 차체가 X축을 중심으로 좌우 방향으로 회전 운동하는 고유진동이다.
>   ④ 요잉 : 차체가 Z축을 중심으로 회전 운동하는 고유진동이다.

정답 32 ② 33 ① 34 ② 35 ④ 36 ③

2. 스프링 아래 질량 진동
   ① 휠홉(wheel hop) : 뒤차축이 Z 방향의 상하 평행운동하는 진동
   ② 트램프(tramp) : 뒤차축이 X축을 중심으로 회전하는 진동
   ③ 와인드업(wind up) : 뒤차축이 Y축을 중심으로 회전하는 진동

37
스프링 위 질량의 진동이 아닌 것은?

① 휠홉　　　　② 바운싱
③ 피칭　　　　④ 롤링

> 휠홉은 스프링 아래 질량의 진동 현상이다.

38
스프링 아래 질량이 아닌 것은?

① 휠홉　　　　② 바운싱
③ 트램프　　　④ 와인드업

> 바운싱은 스프링 위 질량의 진동 현상이다.

39
현가장치의 진동에서 차체가 좌, 우로 흔들리는 고유진동으로 윤거의 영향을 많이 받는 것은?

① 요잉　　　　② 피칭
③ 롤링　　　　④ 바운싱

> 롤링은 차체가 X축을 중심으로 좌우 방향으로 회전 운동하는 고유진동이다.

40
스프링 아래 질량의 고유진동에 관한 그림이다. Y축을 중심으로 하여 회전운동을 하는 고유진동을 무엇이라 하는가?

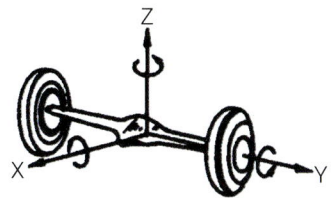

① 휠홉　　　　② 휠 트램프
③ 와인드업　　④ 바운싱

> 와인드업(wind up)은 뒤차축이 Y축을 중심으로 회전하는 진동

41
자동차가 앞, 뒤로 움직이는 진동은?

① 요잉
② 롤링
③ 피칭
④ 바운싱

> 피칭은 차체가 Y축을 중심으로 앞뒤 방향으로 회전 운동하는 고유진동이다.

정답 37 ① 38 ② 39 ③ 40 ③ 41 ③

42

자동차 차체 진동에 대한 설명으로 틀린 것은?

① 스프링의 딱딱함 정도를 나타낸다.
② 진동수가 작을수록 딱딱한 스프링이다.
③ 분당 진동수로 표시한다.
④ 동일한 스프링은 질량 변화에도 동일하다.

> **차체 진동**
> ① 스프링의 특성(딱딱하다, 부드럽다)을 나타낸다.
> ② 같은 스프링이라도 자동차의 질량에 따라 변화한다.
> ③ 진동수가 작을수록 딱딱한 스프링이다.
> ④ 분당 진동수로 표시한다.

43

자동차가 급제동 시 차체가 앞으로 숙였다가 다음 순간 바로 서는 현상은?

① 시미 현상
② 트램핑 현상
③ 노스다운 현상
④ 로드 홀딩 현상

> 노스다운이란 자동차가 급제동 시 차체가 앞으로 숙였다가 다음 순간 바로 서는 현상을 말한다.

44

가장 편안한 승차감을 얻을 수 있는 진동수는?

① 45cycle/min 이하
② 45~60cycle/min
③ 60~120cycle/min
④ 120cycle/min 이상

> ① 가장 편안한 승차감 : 60~120cycle/min
> ② 딱딱한 승차감 : 120cycle/min 이상
> ③ 멀미를 느끼는 승차감 : 45cycle/min 이하

45

스프링 정수가 5N/mm의 코일을 1cm 압축하는데 필요한 힘은?

① 5N
② 10N
③ 50N
④ 100N

> $C_p = C_s \times C_l = 5N/mm \times 10mm = 50N$
> C_p : 코일 스프링을 압축하는데 필요한 힘, C_s : 스프링 상수, C_l : 코일 스프링을 압축하는 길이

46

6cm인 스프링을 7.2cm로 늘였다. 이때 필요한 힘은 얼마인가?(단, 스프링 정수는 4kg/mm이다)

① 12kg
② 24kg
③ 36kg
④ 48kg

> 스프링이 늘어난 길이 = 7.2 − 6 = 1.2cm = 12mm, 따라서 힘은 4kgf/mm × 12mm = 48kgf

정답 42 ④ 43 ③ 44 ③ 45 ③ 46 ④

Chapter 6 조향장치

01 조향장치의 원리

1 애커먼 장토식

자동차가 선회 시에 양쪽 바퀴가 옆 방향으로 미끄러지거나 조향 휠을 돌릴 때 큰 저항을 방지하기 위해 각각의 바퀴가 동심원을 그리면서 선회하는 구조로, 조향너클의 연장선이 뒤차축 중심에 만나게 되며 선회 시 안쪽바퀴의 조향각이 더 크게 된다.

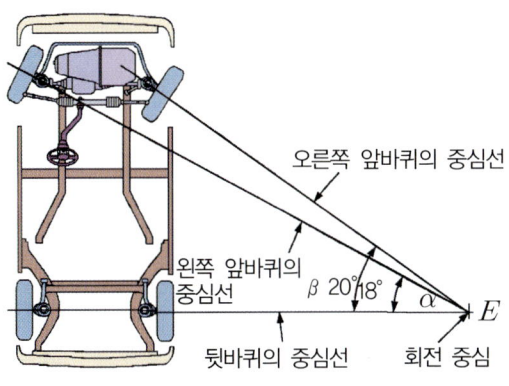

그림 3-30 조향원리(애커먼 장토식)

2 조향장치의 구비조건

① 조향 조작이 주행 중의 충격에 영향을 받지 않을 것

② 조작이 쉽고, 방향 변환이 원활하게 행해질 것
③ 회전반지름이 작아서 좁은 곳에서도 방향 변환을 할 수 있을 것
④ 진행방향을 바꿀 때 섀시 및 바디 각 부에 무리한 힘이 작용되지 않을 것
⑤ 고속주행에서도 조향핸들이 안정될 것
⑥ 조향핸들의 회전과 바퀴 선회 차이가 크지 않을 것
⑦ 수명이 길고 다루기나 정비하기가 쉬울 것

3 최소 회전반경

$$R = \frac{L}{\sin\alpha} + r$$

R : 최소 회전반경(m), L : 축거(m), r : 바퀴 접지면 중심과 킹핀과의 거리(m),
sin α : 회전 시 가장 바깥쪽 앞바퀴의 조향각

02 조향장치의 구조

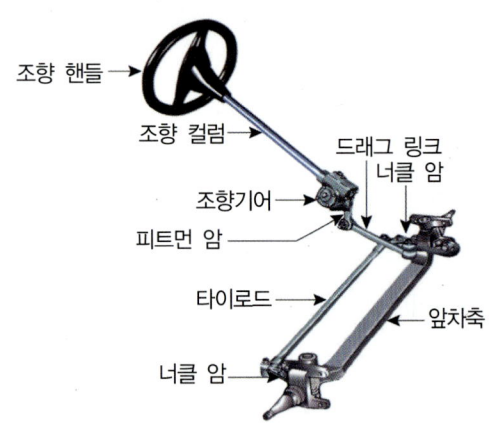

그림 3-31 일체 차축 방식의 조향기구

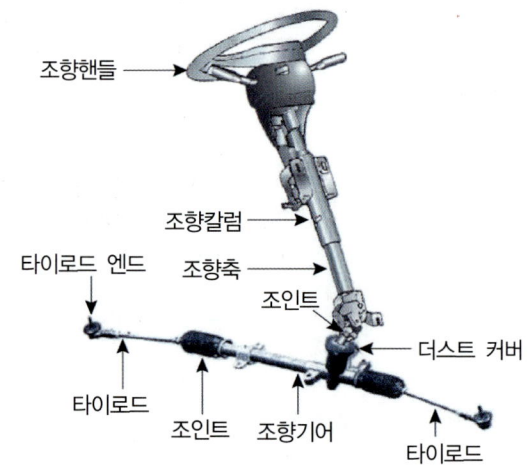

그림 3-32 독립 차축 방식의 조향기구

① 조향휠 : 조향 조작을 하는 것으로서 림, 스포크, 허브로 구성되어 있다.
② 조향휠 축 : 핸들의 조작력을 조향 기어에 전달하는 축
③ 피트먼 암(pitman arm) : 조향핸들의 움직임을 일체 차축 방식의 조향 기구에서는 드래그 링크로, 독립 차축 방식의 조향기구에서는 센터 링크로 전달한다.
④ 드래그 링크(drag link) : 일체 차축 방식 조향기구에서 피트먼 암과 너클 암(제3암)을 연결하는 로드이다.
⑤ 센터 링크(center link) : 독립 차축 방식 조향기구에서 피트먼 암과 볼 이음을 통하여 연결되며, 작동은 조향핸들을 회전시키면 피트먼 암으로부터의 힘을 타이로드로 전달한다. 그러나 래크와 피니언 형식의 조향 기어박스를 사용하는 독립 차축 방식에서는 센터 링크를 두지 않아도 된다.
⑥ 타이로드(tie-rod) : 볼-너트 형식의 조향 기어박스를 사용하는 독립 차축 방식 조향기구에서는 센터 링크의 운동을 양쪽 너클 암으로 전달하며, 래크와 피니언 형식에서는 래크 축에 2개로 나누어져 볼 이음으로 각각 연결되어 있다. 타이로드의 길이를 조정하여 토인(toe-in)을 조정할 수 있다.
⑦ 너클 암(knuckle arm, 제3암) : 일체 차축 방식 조향기구에서 드래그 링크의 운동을 조향너클에 전달하는 기구이다.

03 조향 기어장치의 종류

1 웜과 섹터형

조향 기어의 가장 기본적인 형식으로 구조와 취급이 간단하나, 조작력이 크다.

2 웜과 섹터 롤러형(worm and sector roller type)

볼 베어링으로 된 롤러를 섹터축에 결합하여 이(齒) 사이의 미끄럼 접촉을 구름 접촉으로 바꾸어서 마찰을 적게 한 것

3 웜과 볼 너트형(worm and ball nut type)

① 핸들의 조작이 가볍고 큰 하중에 견디며, 마모도 적은 특징
② 나사와 너트 사이에 여러 개의 볼을 넣어 웜의 회전을 볼의 구름 접촉으로 너트에 전달시키는 구조

4 래크와 피니언형(rack and pinion type)

조향 휠의 회전 운동을 래크를 통해 좌·우로 직선 운동을 하여 그 양끝의 타이로드를 거쳐 좌·우의 조향 암을 이동시켜 조향하며, 마찰이 적고, 소형·경량화가 가능

5 앞차축과 조향너클의 설치 방식

앞차축과 조향너클의 설치 방식으로는 엘리옷형(앞차축 양 끝부분이 요크로 되어 있음), 역엘리옷형(조향너클에 요크가 설치), 마몬형(앞차축 윗부분에 조향너클이 설치), 르모앙형(앞차축 아랫부분에 조향너클이 설치) 등이 있다.

6 조향 기어비

$$조향\ 기어비(조향비) = \frac{조향핸들이\ 움직인\ 각도}{피트먼\ 암이\ 움직인\ 각도}$$

04 조향 기어장치의 방식

1 가역식

앞바퀴로도 조향핸들을 움직일 수 있는 방식

① 장점 : 앞바퀴 복원성을 이용, 조향장치 마모가 적다.
② 단점 : 주행 중의 충격으로 조향핸들을 놓칠 우려가 있다.

2 비가역식

조향핸들로 앞바퀴를 움직일 수 있으나, 그 반대로는 조작이 불가능한 방식

① 장점 : 노면 충격으로 인한 조향핸들을 놓칠 우려가 없다.
② 단점 : 앞바퀴의 복원성을 이용할 수 없고, 조향 링키지의 마모가 쉽다.

3 반가역식

가역식의 장점과 비가역식의 장점을 합한 것

05 조향핸들의 고장증상

1 조향핸들의 유격이 커지는 원인

① 조향 기어의 조정 불량 및 마모
② 조향 링키지의 볼 이음 접속부의 헐거움
③ 조향 링키지의 볼 이음 마모
④ 조향 너클 베어링(허브 베어링)의 마모

⑤ 조향 너클 암의 헐거움

2 주행 중 조향핸들이 한쪽으로 쏠리는 원인

① 브레이크 라이닝 간격 조정이 불량
② 휠의 불평형(밸런스 불량)
③ 쇽업쇼버 불량
④ 타이어 공기압력 불균일
⑤ 앞바퀴 얼라이먼트 조정 불량
⑥ 한쪽 휠 실린더의 작동 불량
⑦ 좌, 우 타이어 공기압이 같지 않다.
⑧ 뒷차축이 차량의 중심선에 대하여 직각이 되지 않는다.
⑨ 앞차축 한쪽의 현가 스프링이 파손

3 조향핸들이 흔들리는 원인

① 웜과 섹터의 간극이 너무 크다(조향 기어의 백래시가 크다).
② 킹핀과 결합이 너무 헐겁다.
③ 캐스터가 고르지 않다.
④ 앞바퀴의 휠 베어링이 마멸되었다.

4 주행 중 조향핸들이 무거워지는 원인

① 앞 타이어 공기가 빠졌다.
② 조향 기어 박스의 오일이 부족하다.
③ 볼 조인트가 과도하게 마모되었다.

④ 앞 타이어의 마모가 심하다.

> **참고** 코너링 포스(구심력)
> 선회 시 발생하는 원심력을 이겨내는 힘으로 타이어가 옆으로 미끄러지며 발생하는 것

06 동력 조향장치

가볍고 원활한 조향조작을 위하여 유압을 이용한 것

1 동력 조향장치의 장점

① 조향 조작력이 작고 신속하며, 노면으로부터의 충격 및 진동을 흡수
② 앞바퀴의 시미(shimmy) 현상을 감쇠
③ 고속 주행 시 조향을 무겁게 하여 안정성을 도모
④ 조향 조작력에 관계없이 조향 기어비 선정 가능

2 동력 조향장치의 단점

① 구조 복잡, 고가
② 고장 시 정비 곤란
③ 오일펌프 구동에 엔진의 출력이 일부 소모

3 동력 조향장치의 구조

① 작동부 : 유체의 압력을 기계적 에너지로 바꾸어 앞바퀴의 조향력을 발생시키는 부분
② 제어부 : 오일회로를 개폐하는 밸브, 제어밸브가 오일회로를 바꾸어 동력 실린더의 작동

방향과 작동 상태를 제어하고 체크밸브는 유압 계통에 고장 발생 시 조향 휠의 수동 조작을 용이하게 한다.

③ 동력부 : 동력원이 되는 유압을 발생시키는 부분으로 오일펌프, 유압조절밸브, 유량조절밸브로 구성

4 동력 조향장치의 종류

[1] 일체형

동력 실린더를 조향 기어박스 내부에 설치한 형식

① 인라인형 : 조향 기어 하우징과 볼 너트를 직접 동력 기구로 사용하는 형식

② 오프셋형 : 동력 실린더를 별도로 설치하여 사용하는 형식

[2] 링키지형

작동장치인 동력실린더를 조향 링키지 중간에 설치한 형식

① 조합형 : 동력실린더와 제어밸브가 일체로 된 형식으로 설치 장소가 비교적 넓은 대형차에 사용

② 분리형 : 동력실린더와 제어밸브가 분리되어 있는 형식으로 설치 장소가 제한된 승용차에 많이 사용

Chapter 6 조향장치 출제예상문제

01
애커먼 장토식의 원리를 이용한 장치는 무엇인가?

① 조향장치 ② 제동장치
③ 현가장치 ④ 충전장치

02
다음 중 조향기어장치의 종류가 아닌 것은?

① 웜과 섹터형 ② 스퍼 기어형
③ 웜과 섹터 롤러형 ④ 래크와 피니언형

03
다음 중 조향장치가 갖추어야 할 조건으로 틀린 것은?

① 조향 휠의 회전과 바퀴의 선회차가 크지 않을 것
② 주행 중 조향 조작이 충격에 영향을 받지 않을 것
③ 회전반경이 커서 좁은 곳에서는 방향전환이 어려울 것
④ 고속주행에서도 조향 휠이 안정될 것

> 회전반경은 작아 좁은 곳에서도 방향전환이 쉬워야 한다.

04
빈 칸에 알맞은 것은?

> 애커먼 장토의 원리는 조향각도를 (㉠)로 하고, 선회할 때 선회하는 안쪽 바퀴의 조향각도가 바깥쪽 바퀴의 조향각도보다 (㉡)되며, (㉢)의 연장선상의 한 점을 중심으로 동심원을 그리면서 선회하여 사이드슬립 방지와 조향핸들 조작에 따른 저항을 감소시킬 수 있는 방식이다.

① ㉠ 최소, ㉡ 작게, ㉢ 앞차축
② ㉠ 최대, ㉡ 작게, ㉢ 뒷차축
③ ㉠ 최소, ㉡ 크게, ㉢ 앞차축
④ ㉠ 최대, ㉡ 크게, ㉢ 뒷차축

정답 01 ① 02 ② 03 ③ 04 ④

05

조향장치의 동력전달 순서로 옳은 것은?

① 핸들 → 타이로드 → 조향 기어박스 → 피트먼 암
② 핸들 → 섹터축 → 조향 기어박스 → 피트먼 암
③ 핸들 → 조향 기어박스 → 섹터축 → 피트먼 암
④ 핸들 → 섹터축 → 조향기어박스 → 타이로드

06

다음 중 조향 기어의 방식이 아닌 것은?

① 가역식
② 비가역식
③ 반가역식
④ 3/4가역식

07

다음 중 최소 회전반경을 구하는 공식을 바르게 나타낸 것은?(단, L : 축거, sinα : 바깥쪽 바퀴의 조향각, r : 바퀴 접지면 중심과 킹핀과의 거리)

① $R = \dfrac{r}{\sin\alpha} + L$

② $R = \dfrac{L}{\sin\alpha} + r$

③ $R = \dfrac{\sin\alpha}{r} + L$

④ $R = \dfrac{\sin\alpha}{L} + r$

08

어떤 자동차의 축거가 2.8m인 차를 왼쪽으로 완전히 꺾을 때 오른쪽 바퀴의 각도가 30°이고, 왼쪽 바퀴의 각도는 45°이다. 바퀴의 접지면 중심과 킹핀과의 거리가 20cm일 때 최소회전반경은?

① 5.6m
② 5.8m
③ 6m
④ 6.2m

> 최소 회전반경(R) = $\dfrac{L}{\sin\alpha} + r = \dfrac{2.8}{\sin 30°} + 0.2$
>
> $= \dfrac{2.8}{0.5} + 0.2 = 5.8m$
>
> L : 축거(m), sinα : 외측바퀴의 조향각,
> r : 킹핀과 타이어 중심간의 거리(m)

09

애커먼 장토식의 원리에 따라 선회 시 앞바퀴의 각도에 대한 설명으로 맞는 것은?

① 선회 시 토인이 되어야 한다.
② 선회 시 토아웃이 되어야 한다.
③ 선회 시 안쪽과 바깥쪽 바퀴의 조향각은 똑같아야 한다.
④ 선회 시 안쪽 바퀴의 조향각이 바깥쪽 바퀴의 조향각보다 작아야 한다.

> 조향너클의 연장선이 뒤차축 중심에 만나게 되며 선회 시 안쪽바퀴의 조향각이 더 크게 된다.

정답 05 ③ 06 ④ 07 ② 08 ② 09 ②

10
자동차가 주행하면서 선회할 때 조향각도를 일정하게 유지하여도 선회 반지름이 커지는 현상은?

① 오버 스티어링   ② 언더 스티어링
③ 리버스 스티어링   ④ 토크 스티어링

> ① 오버 스티어링은 조향된 정도보다(Steer) 실제로 나타나는 조향이 초과(Over)되는 현상을 말한다.
> ② 언더 스티어링은 스티어링을 꺾은 수준보다 적게 방향 전환이 일어나는 현상을 말한다.

11
자동차가 커브를 돌 때 원심력이 발생하는데 이 원심력을 이겨내는 힘은?

① 코너링 포스   ② 컴플라이언 포스
③ 구동 토크   ④ 회전 토크

> 코너링 포스(구심력)는 선회 시 발생하는 원심력을 이겨내는 힘으로 타이어가 옆으로 미끄러지며 발생하는 것

12
조향장치에서 타이로드와 직접 연결된 부품은?

① 조향너클   ② 섹터축
③ 피트먼 암 ④ 아이들 암

13
조향핸들의 회전각도와 조향바퀴의 조향 각도와의 비율을 무엇이라 하는가?

① 조향핸들의 유격
② 최소회전반경
③ 조향 안전 경사각도
④ 조향비

14
조향핸들이 1.5바퀴 회전되었을 때 피트먼 암이 60° 움직였다면 조향 기어비는 얼마인가?

① 6 : 1   ② 7 : 1
③ 8 : 1   ④ 9 : 1

> 조향 기어비(조향비) = $\dfrac{\text{조향핸들이 회전한 각도}}{\text{피트먼암이 움직인 각도}}$
> $= \dfrac{360° \times 1.5}{60°} = 9$

15
조향 기어비를 크게 하였을 때의 현상으로 틀린 것은?

① 조향핸들의 조작이 가벼워진다.
② 복원 성능이 좋지 않게 된다.
③ 좋지 않은 도로에서 조향핸들을 놓치기 쉽다.
④ 조향장치가 마모되기 쉽다.

정답 10 ② 11 ① 12 ① 13 ④ 14 ④ 15 ③

16
조향 기어의 백래시가 커지면 일어나는 현상은?

① 조향 기어비가 커진다.
② 조향 기어비가 작아진다.
③ 조향핸들의 자유 유격이 커진다.
④ 조향핸들의 자유 유격이 작아진다.

> 🔍 조향 기어의 백래시가 너무 크면 조향핸들의 유격이 크게 된다.

17
주행 중 조향핸들이 한쪽으로 쏠리는 원인이 아닌 것은?

① 조행핸들축의 축방향 유격이 크다.
② 좌우 타이어의 압력이 같지 않다.
③ 뒷차축이 차의 중심선에 대하여 직각이 되지 않는다.
④ 앞차축 한쪽의 현가 스프링이 절손되었다.

> 🔍 **주행 중 조향핸들이 한쪽으로 쏠리는 원인**
> ① 브레이크 라이닝 간격 조정이 불량
> ② 휠의 불평형(밸런스 불량)
> ③ 쇽업쇼버 불량
> ④ 타이어 공기압력 불균일
> ⑤ 앞바퀴 얼라이먼트 조정 불량
> ⑥ 한쪽 휠 실린더의 작동 불량
> ⑦ 좌, 우 타이어 공기압이 같지 않다.
> ⑧ 뒷차축이 차량의 중심선에 대하여 직각이 되지 않는다.
> ⑨ 앞차축 한쪽의 현가 스프링이 파손

18
다음 중 조향핸들에 충격을 느끼게 되는 원인으로 틀린 것은?

① 바퀴의 언밸런스
② 쇽업소버의 작동 불량
③ 앞바퀴의 정렬 부적당
④ 타이어의 공기압 저하

> 🔍 타이어의 공기압이 떨어지면 조향핸들이 무거워진다.

19
유압식 동력조향장치에서 주행 중 핸들이 한쪽으로 쏠리는 원인으로 틀린 것은?

① 토인 조정 불량
② 타이어 편마모
③ 좌우 타이어의 이종 사양
④ 파워 오일펌프 불량

20
동력 조향장치의 장점을 설명한 것이다. 맞지 않는 것은?

① 조향 조작력이 작아 경쾌하고 신속하다.
② 노면으로부터의 충격 및 진동을 흡수한다.
③ 앞바퀴의 시미(shimmy) 현상을 감쇠한다.
④ 고속 주행 시 조향을 가볍게 하여 안정성을 도모한다.

> 🔍 고속 주행 시 조향이 가볍게 되면 안정성을 해친다.

정답 16 ③ 17 ① 18 ④ 19 ④ 20 ④

21
유압 제어식 파워 스티어링의 3가지 주요 구성장치로서 맞는 것은?

① 동력장치, 작동장치, 제어장치
② 동력장치, 제어장치, 조향장치
③ 동력장치, 조향장치, 작동장치
④ 동력장치, 링키지장치, 작동장치

22
동력 조향장치의 구조에서 오일 회로를 개폐하는 밸브는 어떤 것인가?

① 작동부   ② 제어부
③ 동력부   ④ 유압 발생부

23
자동차의 동력 조향장치가 고장났을 때, 수동으로 원활하게 조향할 수 있도록 하는 부품은?

① 시프트 레버   ② 안전 체크밸브
③ 조향기어   ④ 동력부

24
파워 스티어링 오일 압력 스위치는 무엇을 조절하기 위하여 있는가?

① 공연비 조절   ② 점화시기 조절
③ 공회전 속도 조절 ④ 연료펌프 구동 조절

25
동력 조향장치에서 오일펌프 압력시험 방법이 틀린 것은?

① 공기빼기 작업을 실시하고 조향핸들을 좌우로 회전시켜 오일의 온도가 50~60℃가 되게 한다.
② 컷오프밸브를 완전히 개방한다.
③ 엔진 시동을 걸고 1,000±100rpm으로 유지시킨다.
④ 압력 게이지의 부하 압력을 측정한다.

> 컷오프밸브를 완전히 개방한 상태에서 측정(무부하 측정)한 다음 컷오프밸브를 완전히 닫힌 상태(부하 측정)에서 측정한다.

26
동력 조향장치에 사용되는 오일펌프의 종류가 아닌 것은?

① 로터리형   ② 기어형
③ 슬리퍼형   ④ 롤러형

27
임팩트 렌치의 사용 시 안전수칙으로 거리가 먼 것은?

① 렌치 사용 시 헐거운 옷은 착용하지 않는다.
② 위험 요소를 항상 점검한다.
③ 에어호스를 몸에 감고 작업을 한다.
④ 가급적 회전부에 떨어져서 작업을 한다.

정답 21 ① 22 ② 23 ③ 24 ③ 25 ② 26 ② 27 ③

28

공기압축기 및 압축공기 취급에 대한 안전수칙으로 틀린 것은?

① 전기배선, 터미널 및 전선 등에 접촉될 경우 전기쇼크의 위험이 있으므로 주의하여야 한다.
② 분해 시 공기압축기, 공기탱크 및 관로 안의 압축공기를 완전히 배출한 뒤에 실시한다.
③ 하루에 한 번씩 공기탱크에 고여 있는 응축수를 제거한다.
④ 작업 중 작업자의 땀이나 열을 식히기 위해 압축공기를 호흡하면 작업 효율이 좋아진다.

29

운반기계의 취급에 대한 안전수칙으로 틀린 것은?

① 무거운 물건을 운반할 때에는 반드시 경종을 울린다.
② 기중기는 규정 용량을 지킨다.
③ 흔들리는 큰 화물은 보조자가 탑승하여 움직이지 못하도록 한다.
④ 무거운 것은 밑에, 가벼운 것은 위에 쌓는다.

30

차량 밑에서 정비할 경우 안전조치 사항으로 틀린 것은?

① 차량은 반드시 평지에 받침목을 사용하여 세운다.
② 차를 들어 올리고 작업할 때에는 반드시 잭으로 들어 올린 다음 스탠드로 지지해야 한다.
③ 차량 밑에서 작업할 때에는 반드시 앞치마를 이용한다.
④ 차량 밑에서 작업할 때에는 반드시 보안경을 착용한다.

31

작업장의 안전점검을 실시할 때 유의사항이 아닌 것은?

① 과거 재해요인이 없어졌는지 확인한다.
② 안전점검 후 강평하고 사소한 사항은 묵인한다.
③ 점검 내용을 서로가 이해하고 협조한다.
④ 점검자의 능력에 적응하는 점검내용을 활용한다.

> 안전점검 후 강평하고 사소한 사항이라도 확인하고 점검 및 시정한다.

32

자동차를 들어 올릴 때 주의사항으로 틀린 것은?

① 잭과 접촉하는 부위에 이물질이 있는지 확인한다.
② 센터 멤버의 손상을 방지하기 위하여 잭이 접촉하는 곳에 헝겊을 넣는다.
③ 차량 하부에는 개러지 잭으로 지지하지 않도록 한다.
④ 래터럴 로드나 현가장치는 잭으로 지지한다.

33

지렛대를 사용할 때 유의사항으로 틀린 것은?

① 깨진 부분이나 마디 부분에 결함이 없어야 한다.
② 손잡이가 미끄러지지 않도록 조치한다.
③ 화물의 치수나 중량에 적합한 것을 사용한다.
④ 파이프를 철제 대신 플라스틱을 사용한다.

정답 28 ④ 29 ③ 30 ③ 31 ② 32 ④ 33 ④

34
물건을 운반 작업할 때 안전하지 못한 경우는?

① LPG 봄베, 드럼통을 굴려서 운반한다.
② 공동 운반에서는 서로 협조하여 운반한다.
③ 긴 물건을 운반할 때는 앞쪽을 위로 올린다.
④ 무리한 자세나 몸가짐으로 물건을 운반하지 않는다.

35
작업장에서 중량물 운반수레의 취급 시 안전사항 중 틀린 것은?

① 적재 중심은 가능한 한 위로 오도록 한다.
② 화물이 앞뒤 또는 측면으로 편중되지 않도록 한다.
③ 사용 전 운반수레의 각부를 점검한다.
④ 앞이 안 보일 정도로 화물을 적재하지 않는다.

> 적재 중심은 가능한 한 아래로 오도록 한다.

36
브레이크 드럼을 연삭할 때 전기가 정전되었다. 가장 먼저 취해야 할 조치사항은?

① 스위치 전원을 내리고(off) 주전원의 퓨즈를 확인한다.
② 스위치는 그대로 두고 정전원인을 확인한다.
③ 작업하던 공작물을 탈거한다.
④ 연삭에 실패했으므로 새것으로 교환하고, 작업을 마무리한다.

> 전기 정전 시 스위치 전원을 내리고(off) 주전원의 퓨즈를 확인한다.

정답 34 ① 35 ① 36 ①

04 PART

부록
필기 CBT 시행 문제

필기 CBT 시행문제 제1회

01
가솔린기관의 실린더헤드 볼트를 규정 토크로 조이지 않았을 때 발생하는 현상으로 거리가 먼 것은?

① 냉각수의 누출
② 스로틀밸브의 고착
③ 실린더헤드의 변형
④ 압축가스의 누설

> **헤드볼트를 규정토크로 조이지 않으면**
> ① 압축압력 및 폭발압력이 낮아진다.
> ② 냉각수가 실린더로 유입된다.
> ③ 기관오일이 냉각수와 섞인다.
> ④ 기관의 출력이 저하한다.
> ⑤ 실린더 헤드가 변형되기 쉽다.
> ⑥ 냉각수 및 엔진오일이 누출된다.

02
176°F는 몇 ℃인가?

① 76   ② 80
③ 144 ④ 176

> $t_C = \frac{5}{9}(t_F - 32)℃ = \frac{5}{9} \times (176-32) = 80℃$

03
엔진의 윤활유 점도지수 또는 점도에 대한 설명으로 틀린 것은?

① 온도 변화에 의한 점도 변화가 적을 경우 점도지수가 높다.
② 추운 지방에서는 점도가 큰 것일수록 좋다.
③ 점도지수는 온도 변화에 대한 점화의 변화 정도를 표시한 것이다.
④ 점도란 윤활유의 끈적끈적한 정도를 나타내는 척도이다.

> 한대 지방에서 점도가 클 경우 윤활유의 역할을 수행하기 어렵다.

정답 01 ② 02 ② 03 ②

04
기관의 습식 라이너(wet type)에 대한 설명 중 틀린 것은?

① 습식 라이너를 끼울 때에는 라이너 바깥둘레에 비눗물을 바른다.
② 실링이 파손되면 크랭크 케이스로 냉각수가 들어간다.
③ 냉각수와 직접 접촉하지 않는다.
④ 냉각효과가 크다.

> 습식 라이너는 냉각수와 직접 접촉하는 방식으로 냉각효과가 크다. 실링이 파손되면 크랭크 케이스로 냉각수가 들어갈 우려가 있으며, 습식 라이너를 끼울 때에는 라이너 바깥둘레에 비눗물을 바른다.

05
가솔린엔진과 비교할 때 디젤엔진의 장점이 아닌 것은?

① 부분부하 영역에서 연료소비율이 낮다.
② 넓은 회전속도 범위에 걸쳐 회전토크가 크다.
③ 질소산화물과 일산화탄소가 조금 배출된다.
④ 열효율이 높다.

> 질소산화물의 배출이 많기 때문에 별도로 배기가스 재순환장치를 둔다.

06
피스톤링의 주요 기능이 아닌 것은?

① 기밀 작용
② 감마 작용
③ 열전도 작용
④ 오일제어 작용

> 피스톤링의 3가지 작용은 기밀유지 작용(밀봉 작용), 오일제어 작용, 열전도 작용(냉각 작용)이다.

07
커넥팅로드 대단부의 배빗메탈의 주재료는?

① 주석(Sn)
② 안티몬(Sb)
③ 구리(Cu)
④ 납(Pb)

> 배빗메탈의 주재료는 주석(Sn)이다.

08
크랭크축 메인 베어링의 오일간극을 점검 및 측정할 때 필요한 장비가 아닌 것은?

① 마이크로미터
② 시크니스 게이지
③ 시임 스톡 방식
④ 플라스틱 게이지

> 오일간극 점검방법에는 마이크로미터 사용, 시임 스톡 방식, 플라스틱 게이지 사용 등이 있으며, 플라스틱 게이지가 가장 적합하다.

정답 04 ③ 05 ③ 06 ② 07 ① 08 ②

09
부동액 사용 시 주의점으로 틀린 것은?

① 부동액은 장시간 사용하지 않는다.
② 냉각액이 100℃를 넘는 것을 예상할 수 있을 때에는 퍼머넌트링을 사용한다.
③ 세미 퍼머넌트형은 인화성이 있으므로 화기에 주의한다.
④ 원액은 흡습성이 있으므로 용기의 뚜껑은 완전히 열리도록 한다.

> 흡습성은 공기 중의 수분을 말하여 용기의 뚜껑을 열어 놓을 경우 이물질 및 수분 유입으로 부동액의 역할을 할 수 없다.

10
가솔린엔진의 흡기다기관과 스로틀 바디 사이에 설치되어 있는 서지탱크의 역할 중 틀린 것은?

① 실린더 상호간에 흡입공기 간섭 방지
② 흡입공기 충진 효율을 증대
③ 연소실에 균일한 공기공급
④ 배기가스 흐름 제어

> 서지탱크의 역할은 실린더 상호간에 흡입공기 간섭방지, 흡입공기 충진 효율 증대, 연소실에 균일한 공기를 공급한다.

11
배기밸브가 하사점 전 55°에서 열려 상사점 후 15°에서 닫힐 때 총 열림각은?

① 240°
② 250°
③ 255°
④ 260°

> 배기밸브 열림 각도 = 배기밸브 열림+배기밸브 닫힘 + 180° = 55° + 15° + 180° = 250°

12
가솔린기관의 밸브간극이 규정값보다 클 때 어떤 현상이 일어나는가?

① 정상 작동온도에서 밸브가 완전하게 개방되지 않는다.
② 소음이 감소하고 밸브기구에 충격을 준다.
③ 흡입밸브간극이 크면 흡입량이 많아진다.
④ 기관의 체적효율이 증대된다.

> 밸브간극이 규정값보다 크면 정상 작동온도에서 밸브가 완전하게 개방되지 않는다.

정답 09 ④ 10 ④ 11 ② 12 ①

13
블로다운(blow down) 현상에 대한 설명으로 옳은 것은?

① 밸브와 밸브시트 사이에서의 가스 누출 현상
② 압축행정 시 피스톤과 실린더 사이에서 공기가 누출되는 현상
③ 피스톤이 상사점 근방에서 흡배기밸브가 동시에 열려 배기 잔류가스를 배출시키는 현상
④ 배기행정 초기에 배기밸브가 열려 배기가스 자체의 압력에 의하여 배기가스가 배출되는 현상

> 블로다운이란 배기행정 초기에 배기밸브가 열려 배기가스 자체의 압력에 의하여 배기가스가 배출되는 현상이다.

14
부특성 서미스터(thermistor)에 해당되는 것으로 나열된 것은?

① 냉각수온센서, 흡기온센서
② 냉각수온센서, 산소센서
③ 산소센서, 스로틀 포지션센서
④ 스로틀 포지션센서, 크랭크 앵글센서

> 대표적 부특성 서미스터는 냉각수온센서와 흡기온도센서이다.

15
커넥팅로드의 길이가 150mm, 피스톤의 행정이 100mm라면 커넥팅로드의 길이는 크랭크 회전반지름의 몇 배가 되는가?

① 1.5배　　② 3배
③ 3.5배　　④ 6배

> $C_r = \dfrac{C_l \times 2}{L} = \dfrac{150 \times 2}{100} = 3$, C_r : 크랭크 회전반경의 비율, C_l : 커넥팅로드 길이, L : 피스톤 행정

16
LPI엔진의 구성품이 아닌 것은?

① 베이퍼라이저
② 연료펌프 모듈
③ 레귤레이터 유닛
④ 흡기다기관 모듈

> 고압 액상으로 LPG를 실린더에 직접 분사하기 때문에 베이퍼라이저는 감압기로 봄베 탱크의 액체 상태인 연료를 기체 상태로 전환하는 장치이기 때문에 필요 없다.

정답　13 ④　14 ①　15 ②　16 ①

17

엔진의 회전속도가 3,600rpm이다. 연소지연시간이 $\frac{1}{600}$ 초라면 연소지연 동안에 크랭크축의 회전각도는?

① 9° ② 18°
③ 36° ④ 72°

> 회전각도 = $\frac{rpm}{60}$ × 연소지연시간 × 360°
> = $\frac{3,600}{60} \times \frac{1}{600} \times 360 = 36°$

18

밸브 오버랩에서 밸브의 상태는?

① 흡기밸브만 열려 있는 상태
② 배기밸브만 열려 있는 상태
③ 흡기, 배기밸브 모두 열려 있는 상태
④ 흡기, 배기밸브 모두 닫혀 있는 상태

> 밸브 오버랩은 가스 흐름의 관성을 유효하게 이용하기 위해 흡기, 배기밸브가 모두 열려있는 상태이다.

19

배압이 엔진에 미치는 영향이 아닌 것은?

① 출력 저하 ② 엔진 과열
③ 피스톤 운동 방해 ④ 냉각수 온도 저하

> 배압인 배기압력이 높을 경우 출력 저하, 엔진 과열의 원인이 된다.

20

4기통 엔진의 실린더 지름이 80mm, 행정 길이 80mm, 압축비가 9:1일 때 이 엔진의 연소실 체적은?

① 40.24cc ② 50.24cc
③ 60.24cc ④ 70.24cc

> $V_2 = \frac{V}{\epsilon - 1} = \frac{\frac{\pi}{4} \times 8^2 \times 8}{9 - 1} = 50.24cc$

21

드럼식 브레이크가 갖추어야 할 조건으로 틀린 것은?

① 정적 및 동적 평형을 유지할 것
② 방열이 양호하고 되도록 무거울 것
③ 제동 시 충분한 강성을 가지고 있을 것
④ 라이닝과 접촉 시 내마모성이 있을 것

> 드럼이 갖추어야 할 조건
> ① 가볍고 강도와 강성이 클 것
> ② 정적·동적 평형이 잡혀 있을 것
> ③ 냉각이 잘되어 과열하지 않을 것
> ④ 마멸에 견디는 성질이 클 것

정답 17 ③ 18 ③ 19 ④ 20 ② 21 ②

22
브레이크 계통을 정비한 후 공기빼기 작업을 하지 않아도 되는 경우는?

① 브레이크 파이프나 호스를 떼어낸 경우
② 브레이크 마스터 실린더에 오일을 보충한 경우
③ 베이퍼록 현상이 생긴 경우
④ 휠 실린더를 분해 수리한 경우

> 브레이크 마스터 실린더에 오일을 보충만 한 상태는 공기빼기를 하지 않는다.

23
종감속 기어인 하이포이드 기어의 특징이 아닌 것은?

① 추진축의 높이를 낮게 할 수 있다.
② 기어 물림률이 작아서 회전이 정숙하다.
③ 차실 바닥을 낮게 설계하기가 용이하다.
④ 종감속 기어의 강도가 증가된다.

> **하이포이드 기어의 특징**
> ① 구동 피니언이 링 기어 중심보다 10~20% 낮게 설치되어 있어 추진축의 높이를 낮게 할 수 있다.
> ② 스파이럴 베벨 기어와 치형은 같지만 구동 피니언과 링 기어를 편심시켜 물리게 한 것으로 승용차뿐만 아니라 대형차에도 사용할 수 있다.
> ③ 차실의 바닥이 낮게 되어 거주성이 향상된다.
> ④ 동일 감속비, 동일 치수의 링 기어인 경우 구동 피니언을 크게 할 수 있어 강도가 증가된다.
> ⑤ 기어의 물림률이 크기 때문에 회선이 정숙하다.

24
타이어의 표시 235 55R 19에서 55는 무엇을 나타내는가?

① 편평비　　② 림 경
③ 부하능력　④ 타이어의 폭

> 235 55R 19에서 235는 타이어 폭, 55은 편평비, R은 레이디얼 타이어, 19는 림의 지름(인치)을 각각 나타낸다.

25
앞바퀴에서 발생하는 코너링 포스가 뒷바퀴보다 크게 되면 나타나는 현상은?

① 토크 스티어링 현상
② 언더 스티어링 현상
③ 리버스 스티어링 현상
④ 오버 스티어링 현상

> 운전자가 핸들을 꺾은 정도보다 차가 덜 돌아간다면 언더 스티어링, 운전자가 핸들을 꺾은 정도보다 차가 더 많이 돌아간다면 오버 스티어링이다.

정답 22 ② 23 ② 24 ① 25 ④

26
토인에 대한 설명으로 틀린 것은?

① 차가 달릴 때 캠버로 인해 바퀴가 앞쪽이 안쪽으로 좁혀지는 것을 방지한다.
② 토인의 측정 단위는 mm이다.
③ 앞바퀴를 위에서 보면 양쪽 바퀴 중심선간의 거리가 그 앞쪽이 뒤쪽보다 작다.
④ 토인은 일반적으로 2~7mm이다.

> 🔍 토인은 차가 달릴 때 캠버로 인해 바퀴가 앞쪽이 바깥쪽으로 벌어지는 것을 방지한다.

27
스프링 정수가 5kgf/mm의 코일을 1cm 압축하는데 필요한 힘은?

① 5kgf ② 10kgf
③ 50kgf ④ 100kgf

> 🔍 $Cp = Cs \times Sl$ = 5kgf/mm × 10mm = 50kgf
> Cp : 코일 스프링을 압축하는데 필요한 힘, Cs : 스프링 상수, Sl : 코일 스프링을 압축하는 길이

28
자동차 차체 진동에 대한 설명으로 틀린 것은?

① 스프링의 딱딱함 정도를 나타낸다.
② 진동수가 작을수록 딱딱한 스프링이다.
③ 분당 진동수로 표시한다.
④ 동일한 스프링은 질량 변화에도 동일하다.

> 🔍 차체 진동
> ① 스프링의 특성(딱딱하다, 부드럽다)을 나타낸다.
> ② 같은 스프링이라도 자동차의 질량에 따라 변화한다.
> ③ 진동수가 작을수록 딱딱한 스프링이다.
> ④ 분당 진동수로 표시한다.

29
정지거리를 설명한 것으로 맞는 것은?

① 정지거리는 제동거리와 같은 개념이다.
② 정지거리는 제동력이 작용하여 차가 정지할 때까지 움직인 거리를 말한다.
③ 정지거리는 장애물을 발견한 후 자동차가 정지할 때까지의 거리이다.
④ 정지거리는 브레이크 페달을 밟아 브레이크의 작동이 시작할 때까지 차가 움직인 거리를 말한다.

> 🔍 정지거리는 장애물을 발견한 후 차가 정지할 때까지 움직인 거리로 공주거리와 제동거리를 합한 거리이다.

30
수동변속기 차량에서 클러치의 필요조건으로 틀린 것은?

① 회전관성이 커야 한다.
② 내열성이 좋아야 한다.
③ 방열이 잘되어 과열되지 않아야 한다.
④ 회전 부분의 평형이 좋아야 한다.

정답 26 ③ 27 ③ 28 ④ 29 ③ 30 ①

> 자동차에서 관성이 필요한 것은 플라이휠 뿐이며, 클러치는 회전관성이 적어야 한다.

31
고속 주행 시 타이어가 발열로 인하여 주름이 잡히는 현상은?

① 트램핑
② 로드 홀딩
③ 스탠딩 웨이브
④ 하이드로 플래닝

> 하이드로 플래닝은 수막 현상이다.

32
브레이크 드럼을 연삭할 때 전기가 정전되었다. 가장 먼저 취해야 할 조치사항은?

① 스위치 전원을 내리고(off) 주전원의 퓨즈를 확인한다.
② 스위치는 그대로 두고 정전원인을 확인한다.
③ 작업하던 공작물을 탈거한다.
④ 연삭에 실패했으므로 새것으로 교환하고, 작업을 마무리한다.

> 전기 정전 시 스위치 전원을 내리고(off) 주전원의 퓨즈를 확인한다.

33
기관의 회전수가 2,400rpm이고, 총 감속비가 8 : 1, 타이어 유효반경이 25cm일 때 자동차의 시속은?

① 약 14km/h
② 약 18km/h
③ 약 21km/h
④ 약 28km/h

> $V = \pi D \times \dfrac{En}{Rt \times Rf} \times \dfrac{60}{1,000}$
>
> $= 3.14 \times 0.25 \times 2 \times \dfrac{2,400}{8} \times \dfrac{60}{1,000}$
>
> $= 28.26 \text{km/h}$
>
> V : 주행속도(km/h), D : 바퀴지름, En : 기관 회전수, Rt : 변속비, Rf : 종감속비

34
독립 현가장치에서 차체의 기울기를 방지하기 위하여 설치한 장치는?

① 스태빌라이저
② 판 스프링
③ 쇽업소버
④ 토크 튜브

> 스태빌라이저는 롤링 현상 감소 및 차의 평형을 유지한다.

정답 31 ③ 32 ① 33 ④ 34 ①

35
마스터 실린더의 내경이 2cm, 푸시로드에 100kgf의 힘이 작용하면 브레이크 파이프에 작용하는 유압은?

① 약 25kgf/cm²
② 약 32kgf/cm²
③ 약 50kgf/cm²
④ 약 200kgf/cm²

> $P = \dfrac{W}{A} = \dfrac{100\,\text{kgf}}{0.785 \times 2^2} = 32\,\text{kgf/cm}^2$,
> P: 유압, W: 푸시로드에 작용하는 힘, A: 피스톤 면적

36
핸드 브레이크 레버는 전 작동범위의 몇 %에서 작동되는가?

① 10~15% 이내
② 20~30% 이내
③ 50~70% 이내
④ 80~95% 이내

> 기계식 주차레버를 당기기 시작하여 50~70% 작동 시 주차가 가능해야 한다.

37
드럼 브레이크 방식에서 전·후진 모두 자기 작동 작용이 되도록 하여 강력한 제동력을 얻도록 하는 형식은?

① 유니 서보형
② 듀어 서보형
③ 2리딩형
④ 리딩 트레일링형

> 듀어 서보형은 전·후진 모두 자기 작동 작용이 되어 강력한 제동력을 얻는다.

38
타이어 트레드 패턴에서 회전방향의 직각으로 홈을 둔 것으로, 앞뒤 방향에 대하여 강한 견인력을 제공하는 종류는?

① 리브 패턴
② 러그 패턴
③ 블록 패턴
④ 오프 더 로드 패턴

> 러그 패턴(lug pattern)은 타이어의 회전 방향의 직각으로 홈을 둔 것이며, 앞뒤 방향에 대해 강력한 견인력을 준다.

39
타이어의 스탠딩 웨이브 현상에 대한 사항으로 옳은 것은?

① 스탠딩 웨이브를 줄이기 위해 고속 주행 시 공기압을 10% 정도 줄인다.
② 스탠딩 웨이브가 심하면 타이어 박리 현상이 발생할 수 있다.
③ 스탠딩 웨이브는 바이어스 타이어보다 레이디얼 타이어에서 많이 발생한다.
④ 스탠딩 웨이브 현상은 하중과 무관하다.

> **타이어의 스탠딩 웨이브 현상**
> ① 스탠딩 웨이브를 줄이기 위해 고속 주행 시 공기압을 20% 정도 높인다.

정답 35 ② 36 ③ 37 ② 38 ② 39 ②

② 스탠딩 웨이브가 심하면 타이어 박리 현상이 발생할 수 있다.
③ 스탠딩 웨이브는 바이어스 타이어보다 레이디얼 타이어에서 적게 발생한다.
④ 스탠딩 웨이브 현상은 하중이 크면 많이 발생한다.

40
바퀴가 상하로 진동을 하는 현상은?

① 시미
② 트램핑
③ 로드 홀딩
④ 스탠딩웨이브

> 바퀴가 상하로 진동을 하는 현상은 트램핑 현상이다.

41
계기판의 엔진 회전계가 작동하지 않는 결함의 원인에 해당되는 것은?

① VSS(Vehicle Speed Sensor) 결함
② CPS(Crank shaft Position Sensor) 결함
③ MAP(Manifold Absolute Pressure) 결함
④ CTS(Coolant Temperature Sensor) 결함

> CPS(Crank shaft Position Sensor) 결함 시 계기판의 엔진 회전계가 작동되지 않는다.

42
시동전동기의 작동원리는?

① 플레밍의 오른손 법칙
② 렌츠의 법칙
③ 플레밍의 왼손 법칙
④ 앙페르의 법칙

> 시동전동기는 플레밍의 왼손 법칙으로 계자철심 내에 설치된 전기자에 전류를 공급하면 전기자는 플레밍의 왼손 법칙에 따르는 방향의 힘을 받는다.

43
저항이 4Ω인 전구를 12V의 축전지에 의하여 점등했을 때 접속이 올바른 상태에서 전류(A)는 얼마인가?

① 4.8A
② 2.4A
③ 3.0A
④ 6.0A

> $I = \dfrac{E}{R} = \dfrac{12V}{4\Omega} = 3A$,
> I: 전류, E: 전압, R: 저항

44
축전지 레이블 판독에서 완충된 축전지가 영하 18도에서 순간적으로 출력을 낼 수 있는 성능을 나타내는 것은?

① AH
② 135MIN
③ 80R
④ CCA

정답 40 ② 41 ② 42 ③ 43 ③ 44 ④

> 저온 시동 전류 CCA 660 : CCA(Cold Cranking Amperage)으로 완충된 축전지가 영하 18도에서 순간적으로 출력을 나타낼 수 있는 성능이다.

45
시동전동기에서 자계를 형성하는 역할을 하는 것은?

① 요크
② 전기자
③ 브러시
④ 계자철심

> 시동전동기의 계자코일에 전류가 흐르면 계자철심이 자계를 형성한다.

46
다음 그림의 기호는 어떤 부품을 나타내는 기호인가?

① 실리콘 다이오드   ② 발광 다이오드
③ 트랜지스터   ④ 제너 다이오드

47
게르마늄(Ge) 또는 실리콘(Si)에 어떤 불순물을 섞어야 P형 반도체가 되는가?

① 인
② 비소
③ 인듐
④ 안티몬

> P형 반도체는 게르마늄(Ge) 또는 실리콘(Si)에 인듐이나 알루미늄을 섞으면 되고, N형 반도체는 게르마늄(Ge) 또는 실리콘(Si)에 비소, 인, 안티몬 등을 섞으면 된다.

48
정전류 충전방법에서 표준으로 충전하고자 할 때 축전지 용량의 몇 % 전류로 충전하여야 하는가?

① 5%
② 10%
③ 15%
④ 20%

> 정전류 충전방법
> ① 표준 충전 전류 : 축전지 용량의 10%
> ② 최대 충전 전류 : 축전지 용량의 20%
> ③ 최소 충전 전류 : 축전지 용량의 5%

정답 45 ④ 46 ④ 47 ③ 48 ②

49
점화 코일에서 고전압을 얻도록 유도하는 공식을 바르게 기술한 공식은?

E1 : 1차 코일에 유도된 전압
E2 : 2차 코일에 유도된 전압
N1 : 1차 코일의 유효 권수
N2 : 2차 코일에 유효 권수

① $E_2 = \dfrac{N_2}{N_1} E_1$

② $E_2 = \dfrac{N_1}{N_2} E_1$

③ $E_2 = N_1 \times N_2 \times E_1$

④ $E_2 = N_2 + (N_1 \times E_1)$

50
링 기어 이의 수가 115, 피니언 이의 수가 10이고 1,500cc급 엔진의 회전저항이 7m-kgf일 때 시동 전동기의 필요한 최소 회전력은 몇 m-kgf인가?

① 약 4.8
② 약 0.61
③ 약 0.58
④ 약 6.1

> 회전력(T) = $\dfrac{회전저항(R) \times 피니언 잇수}{링기어 잇수}$
> = $\dfrac{10 \times 7}{115}$ = 0.61m-kgf

51
계기판의 주차 브레이크 경고등이 점등되는 조건이 아닌 것은?

① 주차 브레이크가 당겨져 있을 때
② 브레이크액이 부족할 때
③ 브레이크 페이드 현상이 발생했을 때
④ EBD 시스템에 결함이 발생했을 때

> 브레이크 페이드 현상이란 잦은 풋브레이크 작용으로 열 축적에 의한 마찰계수가 저하되는 현상이다.

52
발전기 및 레귤레이터 취급 시 주의사항이다. 틀린 것은?

① 발전기 부근의 타 작업 시 배터리 (-)케이블을 탈거할 것.
② 배터리를 단락시키지 말 것.
③ 발전기 작동 중 배터리 배선을 분리해도 무관하다.
④ 회로를 단락시키거나 극성을 바꾸어 연결하지 말 것.

> 발전기 작동 중 배터리 케이블을 분리하면 안 된다.

정답 49 ① 50 ② 51 ③ 52 ③

53
자동차용 납산축전지에 관한 설명으로 맞는 것은?

① 일반적으로 축전지의 음극단자는 양극단자보다 크다.
② 정전류 충전이란 일정한 충전전압으로 충전하는 것을 말한다.
③ 일반적으로 충전시킬 때 [+]단자는 수소가, [-]단자는 산소가 발생한다.
④ 전해액의 황산 비율이 증가하면 비중은 높아진다.

> ① 납산축전지는 양극단자는 음극단자보다 크다.
> ② 정전류 충전이란 일정한 충전전류로 충전하는 것을 말한다.
> ③ 일반적으로 충전시킬 때는 양극판에서는 산소가, 음극판에서는 수소가 발생한다.

54
시동 회전력이 커서 현재 자동차에 사용되는 시동전동기는?

① 직권식 전동기
② 분권식 전동기
③ 복권식 전동기
④ 교류 전동기

> 직권식 시동전동기는 시동 회전력이 크고, 부하를 크게 하면 회전속도가 낮아지고 흐르는 전류가 커서 현재 자동차에 사용되고 있다.

55
다음은 단순부하 회로시험 시 주의사항이다. 옳게 설명된 것은?

① 전류계는 부하에 병렬로 접속하여야 한다.
② 전압계는 부하에 직렬로 접속하여야 한다.
③ 전선의 접촉은 접촉저항이 크도록 한다.
④ 계기의 극성을 바르게 맞추어 접촉한다.

> 전류계는 부하에 직렬로 접속하고, 전압계는 부하에 병렬로 접속해야 하며, 전선의 접촉은 접촉 저항이 작아야 한다.

56
에어백 시스템의 구성이 아닌 것은?

① 제어모듈   ② 충격센서
③ 클록 스프링   ④ 자동차 가속도 모듈

> 에어백 구성품은 제어 모듈, 충격센서, 안전벨트 버클, 스퀴브, 클록 스프링, 에어백 모듈 등이 있다.

57
비중이 1.280(20℃)의 묽은 황산 1ℓ 속에 35%(중량)의 황산이 포함되어 있다면 물은 몇 g 포함되어 있는가?

① 932   ② 832
③ 719   ④ 819

정답 53 ④ 54 ① 55 ④ 56 ④ 57 ②

> 묽은 황산 1ℓ 속에 35%(중량)의 황산이 포함되어 있으면 물이 65% 들어 있으므로 1,280g × 0.65 = 832g

58
중력센서의 구성이 아닌 것은?

① 롤러
② 롤 스프링
③ 베이스
④ 유리 케이스

> 중력센서(G센서)는 롤러, 롤스프링, 가동접점, 고정접점, 베이스, 금속 케이스로 구성되어 있다.

59
다음 중 점화 1차 코일에 유기되는 유도 기전력의 크기에 영향을 주지 않는 것은?

① 1차 코일의 권수
② 전류의 크기
③ 전류의 변화속도
④ 철심의 굵기

> 점화 1차 코일에 유기되는 유도 기전력의 크기는 1차 코일의 권수, 전류의 크기, 전류의 변화속도 등에 의해 영향을 받는다.

60
교류발전기 발전원리에 응용되는 법칙은?

① 플레밍의 왼손 법칙
② 플레밍의 오른손 법칙
③ 옴의 법칙
④ 자기포화의 법칙

> 발전기는 플레밍의 오른손 법칙, 기동전동기는 플레밍의 왼손 법칙을 응용한다.

정답 58 ④ 59 ④ 60 ②

필기 CBT 시행문제 제2회

01
사용 중인 라디에이터에 물을 넣으니 총 14L가 들어갔다. 이 라디에이터와 동일 제품의 신품용량이 20L라고 하면, 이 라디에이터 코어 막힘은 몇 %인가?

① 20% ② 25%
③ 30% ④ 35%

> 코어막힘률 = $\dfrac{\text{신품용량} - \text{사용품 용량}}{\text{신품용량}} \times 100$
>
> $= \dfrac{20-14}{20} \times 100 = 30\%$

02
가솔린엔진의 작동온도가 낮을 때와 혼합비가 희박하여 실화되는 경우에 증가하는 배출가스는?

① 산소(O_2)
② 탄화수소(HC)
③ 질소산화물(NO_x)
④ 이산화탄소(CO_2)

> 연소가 완전하지 않아서 미연소되면 탄화수소의 배출이 증가한다.

03
디젤엔진의 과급목적으로 틀린 것은?

① 출력은 35~40% 증대된다.
② 체적 효율이 증대된다.
③ 회전력이 증가하고, 평균 유효압력이 향상된다.
④ 연료소비율이 3~5% 증대된다.

> 체적효율을 높여 출력을 증대시키는 것이 과급의 목적이므로 연료소비율을 낮출 수 있다.

04
스프링 상수가 2kgf/mm의 자동차 코일 스프링을 3cm 압축하려면 필요한 힘은?

① 6kgf   ② 60kgf
③ 600kgf   ④ 6,000kgf

정답 01 ③ 02 ② 03 ④ 04 ②

> $Cp = Cs \times Sl$ = 2kgf/mm × 30mm = 60kgf
> Cp : 코일 스프링을 압축(또는 늘리는데)하는데 필요한 힘,
> Cs : 스프링 상수, Sl : 코일 스프링을 압축하는 길이

05
전자제어 가솔린 차량을 급감속 시 CO의 배출량을 감소시키고 시동 꺼짐을 방지하는 기능은?

① 퓨얼컷(fuel cut)
② 대시포트(dash pot)
③ 패스트 아이들(fast idle) 제어
④ 킥다운(kick down)

> 퓨얼컷은 엔진의 연료분사를 제어하고, 패스트 아이들은 빠른 웜업을 시키기 위한 제어이고, 킥다운은 자동변속기 시스템에서 기어단을 하향으로 내리는 제어 시스템이다.

06
윤활유의 설명으로 틀린 것은?

① SAE 번호는 점도를 나타낸다.
② 응고점은 낮은 것이 좋다.
③ 인화점은 높은 것이 좋다.
④ 점도 지수가 크면 온도에 의한 점도 변화가 크다.

> 점도 지수는 오일이 온도 변화에 따라 점도가 변화하는 정도를 표시하는 것으로 점도 지수가 높을수록 온도에 의한 점도 변화가 적다.

07
가솔린엔진의 유해 배출물 저감에 사용되는 차콜 캐니스터(charcoal canister)의 기능은?

① 연료 증발가스의 흡착과 저장
② 질소산화물의 정화
③ 탄화수소의 정화
④ PM(입자상 물질)의 정화

> 연료 증발가스 제어장치는 연료 계통에서 발생한 증발가스를 차콜 캐니스터에 포집한 후 PCSV(purge control solenoid valve)의 조절에 의하여 흡기다기관을 통하여 연소실로 보내어 연소시킴으로써 대기 중으로 방출된 증발가스(탄화수소)를 방지하는 장치이다.

08
GDI엔진의 특징이 아닌 것은?

① 약 20:1의 희박 공연비를 갖는다.
② 대량의 EGR 연소와 NOx의 저감이 가능하다.
③ 공회전 속도를 낮게 설정하여 연비를 향상시킨다.
④ 체적 효율의 향상에 의한 고출력 실현과 노킹이 방지된다.

> GDI엔진의 공연비는 약 40:1이다. 20:1은 린번엔진의 공연비이다.

정답 05 ② 06 ④ 07 ① 08 ①

09
컨트롤 릴레이가 전원을 공급하지 않는 것은?

① ECU
② AFS
③ 연료펌프
④ 압력 조절기

> 컨트롤 릴레이는 ECU, AFS, 연료펌프, 인젝터 등에 전원을 공급한다.

10
엔진이 작동 중 과열되는 원인으로 틀린 것은?

① 냉각수의 부족
② 라디에이터 코어의 막힘
③ 전동팬 모터 릴레이의 고장
④ 수온조절기가 열린 상태로 고장

> 수온조절기가 열린 상태로 고장이 발생하면 엔진 냉각수가 계속적으로 방열기를 순환하기 때문에 엔진의 웜업 시간이 길어지게 된다.

11
흡기 시스템의 동적효과 특성을 설명한 것 중 ( ) 안에 알맞은 단어는?

> 흡입행정의 마지막에 흡입밸브를 닫으면 새로운 공기의 흐름이 갑자기 차단되어 (㉮)가 발생한다. 이 압력파는 음으로 흡기다기관의 입구를 향해서 진행하고, 입구에서 반사되므로 (㉯)가 되어 흡입밸브 쪽으로 음속으로 되돌아온다.

① ㉮ 간섭파, ㉯ 유도파
② ㉮ 서지파, ㉯ 정압파
③ ㉮ 정압파, ㉯ 부압파
④ ㉮ 부압파, ㉯ 서지파

> 흡입행정의 마지막에 흡입밸브를 닫으면 새로운 공기의 흐름이 갑자기 차단되어 정압파가 발생한다. 이 압력파는 음으로 흡기다기관의 입구를 향해서 진행하고, 입구에서 반사되므로 부압파가 되어 흡입밸브 쪽으로 음속으로 되돌아온다.

12
실린더 내경이 50mm, 행정이 100mm인 4실린더 기관의 압축비가 11일 때 연소실 체적은?

① 약 40.1cc
② 약 30.1cc
③ 약 15.6cc
④ 약 19.6cc

> $Vc = \dfrac{Vs}{(\epsilon-1)} = \dfrac{0.785 \times 5^2 \times 10}{(11-1)} = 19.6cc$
>
> Vc : 연소실 체적, Vs : 실린더 배기량(행정 체적), ϵ : 압축비

13
질소산화물의 배출을 저감시키기 위해 설치하는 장치는?

① 배기가스 재순환장치
② 질소산화물 산화장치
③ 블로바이가스 제어장치
④ 연료증발가스 제어장치

> EGR밸브로 배기가스를 일부 재순환하여 연소실 온도를 낮춰 질소산화물의 배출을 저감하는 역할을 한다.

14
커먼레일 분사 방식의 장점이 아닌 것은?

① 기존 디젤엔진보다 50%의 토크가 증가된다.
② 기존 디젤엔진보다 20~30%의 출력이 증가된다.
③ 미세한 연료분사로 소음, 진동, 공해가 감소된다.
④ 엔진 회전속도가 낮을 때에는 고압분사가 불가능하다.

> 엔진 운전조건에 따라 연료압력과 분사시기를 조정할 수 있기 때문에 엔진의 회전속도가 낮을 때에도 고압분사가 가능해진다.

15
직접고압 분사방식(CRDI) 디젤엔진에서 예비분사를 실시하지 않는 경우로 틀린 것은?

① 엔진 회전수가 고속인 경우
② 분사량의 보정 제어 중인 경우
③ 연료압력이 너무 낮은 경우
④ 예비분사가 주분사를 너무 앞지르는 경우

> 예비분사를 실시하지 않는 경우
> ① 엔진 회전수가 고속인 경우 : 엔진 회전수가 고속인 경우, 예비분사를 하면 흡입행정 중에 예비분사가 이루어져 연료가 흡입밸브를 통해 배출될 수 있다.
> ② 연료 압력이 너무 낮은 경우 : 연료 압력이 너무 낮은 경우, 예비분사를 하면 충분한 연료가 분사되지 않을 수 있다.
> ③ 예비 분사가 주 분사를 너무 앞지르는 경우 : 예비 분사가 주 분사를 너무 앞지르는 경우, 예비분사된 연료가 주 분사된 연료와 혼합되어 연소가 불안정해질 수 있다.

16
자동차 배출가스 저감장치로 삼원촉매장치의 구성물질은?

① Pt, Rh
② Fe, Sn
③ As, Sn
④ Al, Sn

> 삼원촉매장치는 백금과 로듐으로 구성되어 있다.

17
부동액의 종류가 아닌 것은?

① 에틸렌글리콜 ② 메틸알코올
③ 메탄올 ④ 글리세린

> 부동액의 종류에는 에틸렌글리콜, 메탄올, 글리세린 등이 있다.

정답 14 ④ 15 ② 16 ① 17 ②

18
연료는 온도가 높아지면 외부로부터 불꽃을 가까이 하지 않아도 발화하여 연소된다. 이때의 최저온도를 무엇이라 하는가?

① 인화점 ② 착화점
③ 연소점 ④ 응고점

> 착화점이란 연료가 그 온도가 높아지면 외부로부터 불꽃을 가까이하지 않아도 발화하여 연소된다. 이때의 최저온도이다.

19
밸브의 주요부에서 기밀유지를 위해 보조 충격에 지탱력을 가진 두께로서 재사용 여부를 결정하는 것은?

① 밸브 헤드 ② 밸브 마아진
③ 밸브 페이스 ④ 스템 앤드

> 밸브 마진은 기밀유지를 위해 보조 충격에 지탱력을 유지하기 위해 재사용 여부 두께는 0.8mm 이하가 되면 교환해야 한다.

20
엔진이 과열되는 원인이 아닌 것은?

① 온도조절기가 닫혔을 때
② 방열기의 용량이 클 때
③ 방열기 코어가 막혔을 때
④ 팬벨트의 장력이 느슨할 때

> 방열기는 라디에이터를 말하며, 방열기의 용량이 크면 엔진은 과냉된다.

21
다음은 브레이크장치(brake system)에 관한 설명으로 틀린 것은?

① 브레이크 작동을 계속 반복하면 드럼과 슈의 마찰열이 축적되어 제동력이 감소되는 것을 페이드 현상이라 한다.
② 공기 브레이크에서 제동력을 크게 하기 위해서 언로더밸브를 조절한다.
③ 브레이크 페달의 리턴 스프링 장력이 약해지면 브레이크 풀림이 늦어진다.
④ 마스터 실린더의 푸시로드 길이를 길게 하면 라이닝이 수축하여 잘 풀린다.

> 마스터 실린더의 푸시로드 길이를 길게 하면 유격이 작아지고 브레이크 끌림 현상이 발생된다.

22
브레이크 페달을 밟았을 때 뒷바퀴가 조기에 고정되지 않도록 뒷바퀴의 브레이크 유압을 조정하는 밸브는?

① 체크밸브
② 교축밸브
③ 프로포셔닝밸브
④ 진공밸브

정답 18 ② 19 ② 20 ② 21 ④ 22 ③

> 프로포셔닝밸브는 브레이크 페달을 밟았을 때 뒷바퀴가 조기에 고정되지 않도록 뒷바퀴의 브레이크 유압을 조정하는 밸브이다.

23
구동 바퀴의 구동력을 차체에 전달하는 구동 방식의 종류가 아닌 것은?

① 호치키스 구동
② 토크 튜브 구동
③ 레디어스 암 구동
④ 리어 앤드 토크

24
수동변속기 작업과 관련된 사항 중 틀린 것은?

① 분해와 조립순서에 준하여 작업한다.
② 세척이 필요한 부품은 반드시 세척한다.
③ 로크너트는 재사용이 가능하다.
④ 싱크로나이저 허브와 슬리브는 일체로 교환한다.

> 수동변속기 작업 시 로크너트는 재사용하지 않고 교환한다.

25
휠 얼라인먼트 요소 중 하나인 토인의 필요성과 거리가 먼 것은?

① 조향 바퀴에 복원성을 준다.
② 주행 중 토아웃이 되는 것을 방지한다.
③ 타이어 슬립과 마멸을 방지한다.
④ 캠버와 더불어 앞바퀴를 평행하게 회전시킨다.

> 조향 바퀴의 복원성은 캐스터의 필요성이다.

26
유압식 브레이크의 원리는?

① 베르누이의 원리   ② 파스칼의 원리
③ 애커먼 장토식의 원리 ④ 렌츠의 원리

> 파스칼의 원리란 밀폐된 용기 속에 액체를 가득 채우고 그 용기에 힘을 가하면 그 내부의 압력은 용기의 각 면에 수직으로 작용하며, 용기 내의 어느 곳이든지 동일한 압력으로 작용한다.

27
자동차가 앞뒤로 움직이는 진동은?

① 요잉   ② 롤링
③ 피칭   ④ 바운싱

> 피칭은 차체가 Y축을 중심으로 앞뒤 방향으로 회전 운동하는 고유진동이다.

정답 23 ④ 24 ③ 25 ① 26 ② 27 ③

28
자동 차동 제한장치의 설명으로 틀린 것은?

① 미끄러운 노면에서 원활한 주행이 가능하다.
② 요철 노면에서 자동차 후부의 흔들림이 방지된다.
③ 가속 주행 시 바퀴의 공전을 제한한다.
④ 커브 주행 시 안전을 고려하여 바퀴의 공전을 제한하지 않는다.

> 커브 주행 시에도 바퀴의 공전을 제한한다.

29
클러치 페달을 서서히 밟았더니, 소음이 날 때 고장 부위는?

① 릴리스 베어링의 불량
② 클러치 스프링 장력 부족
③ 클러치 축과 허브 사이의 스플라인 헐거움
④ 페달 유격 부족

> 클러치 페달을 밟을 때 소음이 나는 것은 릴리스 베어링이 불량할 때 소음이 난다.

30
유니버설 조인트의 종류가 아닌 것은?

① 십자형 자재이음
② 플렉시블 조인트
③ 트러스트 조인트
④ 등속도 자재이음

> 유니버설 조인트의 종류는 십자형 자재이음, 플렉시블 조인트, 트러니언 조인트, 등속도 자재이음이 있다.

31
타이어의 스탠딩 웨이브 현상에 대한 사항으로 옳은 것은?

① 스탠딩 웨이브를 줄이기 위해 고속 주행 시 공기압을 10% 정도 줄인다.
② 스탠딩 웨이브가 심하면 타이어 박리 현상이 발생할 수 있다.
③ 스탠딩 웨이브는 바이어스 타이어보다 레이디얼 타이어에서 많이 발생한다.
④ 스탠딩 웨이브 현상은 하중과 무관하다.

> **타이어의 스탠딩 웨이브 현상**
> ① 스탠딩 웨이브를 줄이기 위해 고속 주행 시 공기압을 20% 정도 높인다.
> ② 스탠딩 웨이브가 심하면 타이어 박리 현상이 발생할 수 있다.
> ③ 스탠딩 웨이브는 바이어스 타이어보다 레이디얼 타이어에서 적게 발생한다.
> ④ 스탠딩 웨이브 현상은 하중이 크면 많이 발생한다.

정답 28 ④ 29 ① 30 ③ 31 ②

32

클러치 마찰면에 작용하는 압력이 300N, 클러치판의 지름이 80cm, 마찰계수 0.3일 때 기관의 전달회전력은 약 몇 N·m인가?

① 36
② 56
③ 62
④ 72

> $Et = Cp \times Cr \times \mu$ = 300N × 0.4m × 0.3 = 36N·m
> Et : 기관의 전달 회전력, Cp : 클러치 마찰면에 작용하는 압력,
> Cr : 클러치판의 반지름, μ : 마찰 계수

33

레이디얼 타이어 호칭이 "175/70SR14"일 때 "70"이 의미하는 것은?

① 편평비
② 타이어 폭
③ 최대속도
④ 타이어 내경

> 175/70R14에서 175는 타이어 폭, 70은 편평비, R은 레이디얼 타이어, 14는 림의 지름(인치)을 각각 나타낸다.

34

윤중에 대한 정의이다. 옳은 것은?

① 자동차가 수평으로 있을 때, 1개의 바퀴가 수직으로 지면을 누르는 중량
② 자동차가 수평으로 있을 때, 차량중량이 1개의 바퀴에 수평으로 걸리는 중량
③ 자동차가 수평으로 있을 때, 차량총중량이 2개의 바퀴에 수직으로 걸리는 중량
④ 자동차가 수평으로 있을 때, 공차중량이 4개의 바퀴에 수직으로 걸리는 중량

35

브레이크를 작동시키다 페달을 놓았다. 이때 브레이크가 풀리지 않는 원인이 아닌 것은?

① 마스터 실린더의 리턴 스프링 불량
② 마스터 실린더의 리턴 구멍의 막힘
③ 드럼과 라이닝의 소결
④ 브레이크의 파열

> 브레이크가 해제되지 않는 원인
> ① 마스터 실린더의 리턴 구멍 막힘 및 리턴 스프링 불량
> ② 마스터 실린더의 푸시로드 길이가 길 때
> ③ 페달의 자유간극이 적을 때
> ④ 드럼과 라이닝의 소결

정답 32 ① 33 ① 34 ① 35 ④

36
동력 조향장치의 장점을 설명한 것이다. 맞지 않는 것은?

① 조향 조작력이 작아 경쾌하고 신속하다.
② 노면으로부터의 충격 및 진동을 흡수한다.
③ 앞바퀴의 시미(shimmy) 현상을 감쇠한다.
④ 고속 주행 시 조향을 가볍게 하여 안정성을 도모한다.

> 고속 주행 시 조향이 가볍게 되면 안정성을 해친다.

37
물건을 운반 작업할 때 안전하지 못한 경우는?

① LPG 봄베, 드럼통을 굴려서 운반한다.
② 공동 운반에서는 서로 협조하여 운반한다.
③ 긴 물건을 운반할 때는 앞쪽을 위로 올린다.
④ 무리한 자세나 몸가짐으로 물건을 운반하지 않는다.

38
슬립이음의 설치 목적은?

① 거리의 신축성을 제공
② 각을 통한 회전력 전달
③ 감속비를 이용한 속도비 제공
④ 헬리컬 기어

> 슬립이음은 길이 변화에 대응하기 위해 둔다.

39
타이어의 이상 마모가 일어나는 원인이 아닌 것은?

① 과도한 토인
② 과도한 캠버
③ 과도한 타이어 공기압력
④ 과도한 캐스터

> 타이어의 이상 마모 원인은 과도한 토인, 과도한 캠버, 과소 및 과다한 공기압력 등이다.

40
시동 OFF 상태에서 브레이크 페달을 여러 차례 작동 후 브레이크 페달을 밟은 상태에서 시동을 걸었는데, 브레이크 페달이 내려가지 않는다면 예상되는 고장 부위는?

① 주차 브레이크 케이블
② 앞바퀴 캘리퍼
③ 진공 배력장치
④ 프로포셔닝밸브

> 시동 OFF 상태에서 브레이크 페달을 여러 차례 작동 후 브레이크 페달을 밟은 상태에서 시동을 걸었을 때 브레이크 페달이 내려가야 정상이며, 진공 배력장치의 문제가 발생하면 페달은 내려가지 않는다.

정답 36 ④ 37 ① 38 ① 39 ④ 40 ③

41
전류의 3대 작용이 아닌 것은?

① 발열작용
② 화학작용
③ 자기작용
④ 전기작용

> 전류의 3대 작용은 발열작용, 화학작용, 자기작용이다.

42
축전지 용량이 다른 축전지를 동시에 충전하는 경우에 충전전류는 얼마로 하는가?

① 축전지 용량이 가장 큰 축전지를 기준으로 한다.
② 축전지 용량이 가장 작은 축전지를 기준으로 한다.
③ 축전지 용량의 평균값을 기준으로 한다.
④ 축전지에 표시된 충전전류라면 어느 것이라도 상관없다.

> 축전지 용량이 가장 작은 축전지를 기준으로 조절하여 충전한다.

43
시동전동기 취급 시 유의사항으로 틀린 것은?

① 10초 이상 연속하여 사용하지 않는다.
② 시동되지 않으면 연속하여 시동전동기를 작동한다.
③ 규정 속도 이하로 시동전동기가 회전되지 않도록 주의한다.
④ 시동 시 순간 전류가 많이 흐르므로 짧게 간격을 두고 작동시킨다.

> 시동전동기를 연속하여 작동하면 과전류가 흘러 시동전동기 손상을 초래한다.

44
버튼 엔진 시동 시스템의 전원 공급 모듈(PDM)의 주요 기능이 아닌 것은?

① 배터리 전압 모니터링
② FOB 홀더 조명 제어
③ 시동 정지 버튼 스위치 입력 모니터링
④ 전자식 스티어링 컬럼록 제어

> PDM의 주요 기능
> ① 단자 릴레이 제어
> ② 센서 또는 ABS/VDC ECU로부터의 차속 모니터링
> ③ SB LED(조명, 클램프 상태) 및 FOB 홀더 조명 제어
> ④ ESCL 전원 라인 제어 및 ESCL 잠금 해제 상태 모니터링
> ⑤ 시리얼 인터페이스와 FOB 홀더를 통한 트랜스폰더 통신
> ⑥ 스마트키 유닛의 결함을 진단하기 위해 그리고 림프 홈 모드(LIMP HOME MODE) 관련 변환을 위해 시스템 지속 모니터링
> ⑦ 시동 정지 버튼(SB) 스위치 입력 모니터링 및 스타터 모터 전원 제어

정답 41 ④ 42 ② 43 ② 44 ①

45
점화플러그의 자기 청정온도로 맞는 것은?

① 450~600℃   ② 200~300℃
③ 300~400℃   ④ 800~1,000℃

> 점화플러그의 온도
> ① 자기 청정온도 : 450~600℃
> ② 성능 저하온도 : 400℃
> ③ 조기 점화온도 : 800~1,000℃

46
다음의 축전기 중 걸리는 전압이 같을 때 전기적 에너지가 가장 큰 것은?

① 5μF   ② 25μF
③ 32μF   ④ 100μF

> 1F이란 1V의 전압을 가하였을 때 1쿨롱의 전기가 저장되는 축전기의 용량으로 패럿의 단위는 F, μF, pF이 있으나, F은 실용상 너무 크기 때문에 μF을 많이 사용하며, 용량이 큰 것이 전기적 에너지가 가장 크다.

47
4기통 디젤기관에 저항이 0.8Ω인 예열플러그를 각 기통에 병렬로 연결하였다. 이 기관에 설치된 예열플러그의 합성저항은 몇 Ω인가?(단, 기관의 전원은 24V임)

① 0.1   ② 0.2
③ 0.3   ④ 0.4

> 병렬 합성저항
> $\frac{1}{R} = \frac{1}{R_1} + \frac{1}{R_2} + \frac{1}{R_3} + \cdots + \frac{1}{R_n}$ 에서
> $\frac{1}{0.8} + \frac{1}{0.8} + \frac{1}{0.8} + \frac{1}{0.8} = \frac{4}{0.8}$,
> ∴ $R = \frac{0.8}{4} = 0.2\,\Omega$

48
축전지의 온도, 전압, 전류를 내부 소자와 맵핑값을 검출하는 센서는?

① 내부저항센서   ② 전압센서
③ 전류센서   ④ 배터리센서

> 배터리의 마이너스(-) 단자에 장착되어 있는 배터리센서(IBS)는 차량용 배터리의 전류, 전압, 온도를 실시간으로 측정한 데이터를 기반으로 배터리 상태를 진단한다.

49
괄호 안에 알맞은 소자는?

> SRS(supplemental restraint system) 점검 시 반드시 배터리의 (-)터미널을 탈거 후 5분 정도 대기한 후 점검한다. 이는 ECU 내부에 있는 데이터를 유지하기 위한 내부 ( )에 충전되어 있는 전하량을 방전시키기 위함이다.

① 서미스터   ② G센서
③ 사이리스터   ④ 콘덴서

정답 45 ① 46 ④ 47 ② 48 ④ 49 ④

50
다음 중 점화플러그의 열가를 나타낸 것은?

① 실(seal)부터 접지전극까지
② 셀(cell)부터 중심전극까지
③ 절연체 아랫부분의 끝에서 아래 실(seal)까지
④ 아래 실(seal)부터 위 실(seal)까지

> 플러그의 열가는 절연체 아랫부분의 끝에서 아래 실(seal)까지 표현한다.

51
자동차 전기장치에서 "유도기전력은 코일 내의 자속의 변화를 방해하는 방향으로 생긴다"는 현상을 설명한 것은?

① 앙페르의 법칙   ② 키르히호프의 제 1법칙
③ 뉴턴의 제 1법칙   ④ 렌츠의 법칙

> 렌츠의 법칙이란 유도기전력은 코일 내의 자속의 변화를 방해하는 방향으로 생기는 현상을 말한다.

52
AGM(Absorbent Glass Mat) 축전지의 설명으로 틀린 것은?

① 유리섬유로 만들어진 분리판에 사용한다.
② 내부저항이 낮고 에너지 전달률이 높다.
③ 가격이 서럼하고 수명이 길다.
④ 저온 시동성이 높다.

> AGM(Absorbent Glass Mat) 축전지는 가격이 다소 높고 수명이 긴 특징을 가진다.

53
교류발전기에서 직류발전기의 컷아웃 릴레이와 같은 일을 하는 것은?

① 로터   ② 전압조정기
③ 전류조정기   ④ 실리콘 다이오드

> 교류발전기에서 직류발전기의 컷아웃 릴레이와 같은 일을 하는 것은 실리콘 다이오드로 스테이터에서 발생한 삼상 교류전류를 정류함과 동시에 축전지에서 발전기로 역류하는 것을 방지한다.

54
스파크플러그 표시기호의 한 예이다. 열가를 나타내는 것은?

BP6ES

① P   ② 6
③ E   ④ S

> BP6ES에서 B는 점화플러그 나사부분 지름, P는 자기 돌출형(프로젝티드 코어 노스 플러그), 6은 열가(열값), E는 점화플러그 나사길이, S는 표준형을 의미한다.

정답 50 ③ 51 ④ 52 ③ 53 ④ 54 ②

55

연료탱크의 연료량을 표시하는 연료계의 형식 중 계기식의 형식에 속하지 않는 것은?

① 밸런싱 코일식
② 연료면 표시기식
③ 서미스터식
④ 바이메탈 저항식

> 연료면 표시기식은 경고등 방식이다.

56

AC 발전기의 출력 변화 조정은 무엇에 의해 이루어지는가?

① 엔진의 회전수
② 배터리의 전압
③ 로터의 전류
④ 다이오드 전류

> AC발전기의 출력 변화 조정은 로터전류에 의해 이루어진다.

57

그림에서 $I_1 = 5A$, $I_2 = 2A$, $I_3 = 3A$, $I_4 = 4A$라고 하면 I_5에 흐르는 전류(A)는?

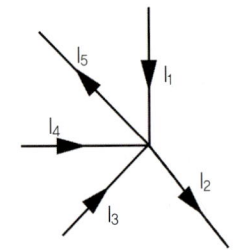

① 8
② 4
③ 2
④ 10

> 유입전류($I_1+I_3+I_4$)= 유출전류(I_2+I_5)에서 5A + 3A + 4A = 2A + I_5, ∴ I_5 = 10A

58

플레밍의 왼손 법칙을 이용한 것은?

① 충전기
② DC발전기
③ AC발전기
④ 전동기

> 플레밍의 왼손 법칙을 이용한 것은 전동기이며, 플레밍의 오른손 법칙을 이용한 것은 발전기이다.

59

기동전동기를 기관에서 떼어내고 분해하여 결함 부분을 점검하는 그림이다. 옳은 것은?

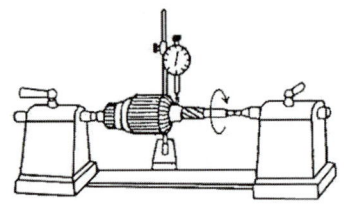

① 전기자축의 휨상태 점검
② 전기자축의 마멸 점검
③ 전기자 코일 단락 점검
④ 전기자 코일 단선 점검

정답 55 ② 56 ③ 57 ④ 58 ④ 59 ①

60

중앙 집중식 제어장치(ETACS 또는 ISU)의 입·출력 요소의 역할에 대한 설명 중 틀린 것은?

① 열선 스위치 : 열선 작동 여부 감지
② INT 스위치 : 운전자의 의지인 볼륨의 위치 검출
③ 모든 도어 스위치 : 각 도어 잠김 여부 감지
④ 핸들 록 스위치 : 와셔 작동 여부 감지

> 핸들 록 스위치는 핸들 감김 여부를 감지한다.

정답 60 ④

필기 CBT 시행문제 제3회

01
온도 변화에 따른 오일 점도의 변화 정도를 표시한 것은?

① 점도 유성
② 점도 지수
③ 한계 점도
④ 점도 계수

> 점도 지수는 온도 변화에 따른 오일 점도의 변화 정도를 표시한 것으로 점도 지수가 높은 오일일수록 점도의 변화가 적다.

02
4행정 디젤기관에서 실린더 내경 100mm, 행정 127mm, 회전수 1,200rpm, 도시평균유효압력 7kgf/cm², 실린더 수가 6이라면 도시마력(PS)은?

① 약 49
② 약 56
③ 약 80
④ 약 112

> $I_{PS} = \dfrac{P \times A \times L \times R \times N}{75 \times 60} =$
> $\dfrac{7 \times 0.785 \times 10^2 \times 12.7 \times 1,200 \times 6}{75 \times 60 \times 2 \times 100} = 56\text{PS}$
>
> I_{PS} : 지시(도시)마력, P : 평균유효압력, A : 실린더 단면적,
> L : 피스톤 행정, R : 기관 회전속도(4행정 사이클= $R/2$, 2행정 사이클= R), N : 실린더 수

03
엔진에서 발생되는 유해가스 중 블로바이가스의 성분은?

① CO
② HC
③ NO
④ SOx

> 블로바이가스는 미연소 탄화수소이다.

정답 01 ② 02 ② 03 ②

04
플라이휠이 필요한 이유는?

① 더 많은 가속력을 얻기 위해서 필요하다.
② 크랭크축의 무게 중심을 잡아주기 위해서 필요하다.
③ 엔진의 동력을 전달하거나 차단하는 클러치를 설치하기 위해서 필요하다.
④ 폭발행정에 발생된 맥동적인 회전을 균일한 회전으로 유지하기 위해 필요하다.

> 플라이휠은 폭발행정에서 발생된 힘을 저장하였다가, 흡입, 압축, 배기행정을 원활하게 하고, 회전력의 차이에 의한 속도변화를 감소시켜 맥동적인 회전을 균일한 회전으로 유지하는 역할을 한다.

05
가솔린엔진의 압축시험 준비 조건으로 맞는 것은?

① 1개의 점화 플러그를 떼어낸 상태
② 자동 초크가 닫혀 있는 상태
③ 모든 점화 플러그를 떼어낸 상태
④ 스로틀밸브가 닫혀 있는 상태

> 가솔린엔진의 압축시험 준비 조건
> ① 축전지의 충전 상태를 점검한 다음 단자 기둥과 케이블과의 접속 상태를 점검한다.
> ② 엔진을 시동하여 난기운전(웜업)시킨 후 정지한다(수온게이지 80~90도).
> ③ 모든 점화플러그를 탈거한다.
> ④ 연료의 공급차단 및 점화 1차선을 분리한다.
> ⑤ 공기 청정기 및 구도밸트를 제거한다.
> ⑥ 스로틀밸브를 완전 개방한다.

06
엔진의 기본 연료 분사시간을 결정하는 센서는?

① AFS ② ATS
③ BPS ④ TPS

> AFS(공기유량센서)는 흡입 공기량을 측정하여 기본연료 분사시간을 결정한다.

07
석유를 사용하는 자동차의 대체에너지에 해당되지 않는 것은?

① 알코올 ② 전기
③ 중유   ④ 수소

> 중유도 원유에서 가솔린, 석유, 경유 등을 증류하고 나서 얻어지는 기름이다.

08
디젤엔진의 연소실 중 연료분사압력이 가장 높은 것은?

① 공기실식   ② 와류실식
③ 예연소실식 ④ 직접 분사실식

> 연소실 종류에 따른 분사압력
> ① 직접분사실식 : 150~300kgf/cm²
> ② 예연소실식 : 100~120kgf/cm²
> ③ 공기실식, 와류실식 : 100~140kgf/cm²

정답 04 ④ 05 ③ 06 ① 07 ③ 08 ④

09

피스톤의 열팽창이 억제되어 항상 일정한 간극을 유지할 수 있는 피스톤은?

① 캠연마 피스톤　② 스플릿 피스톤
③ 옵셋 피스톤　④ 인바 스트럿 피스톤

> 🔍 인바 스트럿 피스톤은 열팽창계수가 적은 인바강을 넣고 일체로 주조하여 항상 일정한 간극을 유지할 수 있다.

10

디젤엔진의 정지방법에서 인테이크 셔터(intake shutter)의 역할에 대한 설명으로 맞는 것은?

① 연료를 차단　② 흡입공기를 차단
③ 배기가스를 차단　④ 압축압력 차단

> 🔍 디젤엔진의 정지 방법에서 인테이크 셔터는 흡입공기를 차단하여 연료 공급을 차단하는 역할을 한다.

11

배기밸브가 하사점 전 55°에서 열리고 상사점 후 15°에서 닫혀진다면 배기밸브의 열림각은?

① 70°　② 195°
③ 235°　④ 250°

> 🔍 배기밸브 열림각도 = 배기밸브 열림 + 배기밸브 닫힘 + 180° = 55° + 15° + 180° = 250°

12

베어링이 하우징 내에서 움직이지 않게 하기 위하여 베어링의 바깥 둘레를 하우징의 둘레보다 조금 크게 하여 차이를 두는 것은?

① 베어링 크러시　② 베어링 스프레드
③ 베어링 돌기　④ 베어링 어셈블리

> 🔍 베어링 크러시는 베어링이 하우징 내에서 움직이지 않게 하기 위하여 베어링의 바깥둘레를 하우징의 둘레보다 조금 크게 하여 압착되도록 하는데, 베어링 바깥둘레와 하우징 둘레와의 차이를 크러시라 한다.

13

실린더의 마멸량을 측정하는 설명으로 틀린 것은?

① 상사점 부근이 가장 마모가 심하다.
② 최소 치수는 실린더 하부에서 알 수 있다.
③ 크랭크축 방향이 직각 방향보다 마모가 심하다.
④ 크랭크축 방향과 직각 방향으로 상, 중, 하 6군데를 측정한다.

> 🔍 크랭크축 방향보다 직각 방향의 마모가 더 심하다.

14

밸브 스템을 중공으로 하여 그 속에 넣어 냉각 효과를 돕는 물질은?

① 나트륨　② 칼륨
③ 라듐　④ 알루미늄

정답　09 ④　10 ②　11 ④　12 ①　13 ③　14 ①

> 금속 나트륨이 열을 받아 액체가 되기 위해서는 약 100℃의 열이 필요하기 때문에 헤드의 온도를 약 100℃ 정도 저하시킬 수 있다.

15
오일펌프의 종류가 아닌 것은?

① 기어펌프 ② 모터펌프
③ 로터리펌프 ④ 베인펌프

> 오일펌프의 종류는 기어, 로터리, 베인펌프 등이 있다.

16
인젝터 분사시간에 대한 설명으로 틀린 것은?

① 급가속 시에는 순간적으로 분사시간이 길어진다.
② 축전지 전압이 낮으면 무효 분사시간이 길어진다.
③ 급감속 시에는 경우에 따라 연료공급이 차단된다.
④ 산소센서의 전압이 높으면 분사시간이 길어진다.

> 산소센서의 전압이 높다는 것은 공연비가 농후하다는 것으로 분사시간이 짧아진다.

17
라디에이터의 구비조건이 아닌 것은?

① 가볍고 작으며, 강도가 클 것
② 냉각수 흐름저항이 적을 것
③ 공기 흐름저항이 클 것
④ 단위 면적당 방열량이 클 것

> **라디에이터의 구비조건**
> ① 단위 면적당 방열량이 클 것
> ② 가볍고 작으며, 강도가 클 것
> ③ 냉각수 흐름저항이 적을 것
> ④ 공기 흐름저항이 적을 것

18
과급기 케이스 내부에 설치되어 공기의 속도 에너지를 압력 에너지로 바꾸는 장치는?

① 루트 과급기 ② 디퓨저
③ 터빈 ④ 송풍기

> 디퓨저는 공기의 속도 에너지를 압력 에너지로 바꾼다.

19
흡기다기관을 통해 연소실에서 재연소가 되어 대기 중으로 방출되는 탄화수소 발생을 저감하는 장치는?

① 익죠스트 가스 리서큘레이션
② 퍼지 컨트롤 솔레노이드밸브
③ 포지티브 크랭크 케이브 벤틸에이션
④ 차콜 캐니스터

> 블로바이가스는 PCV(positive crank case ventilation)밸브의 열림 정도에 따라서 유량이 조절되어 흡기다기관을 통해 연소실에서 재연소가 되어 대기 중으로 방출될 탄화수소(HC)의 발생을 저감시킨다.

정답 15 ② 16 ④ 17 ③ 18 ② 19 ③

20
디젤엔진의 시동을 쉽게 해주는 장치가 아닌 것은?

① 감압장치　　② 과급장치
③ 예열플러그　④ 히트 레인지

> 디젤엔진의 시동을 용이하게 하기 위한 보조장치에는 감압장치, 예열플러그, 히트 레인지가 있다.

21
변속기의 감속비를 구하는 공식은?

① $\dfrac{부축}{주축} \times \dfrac{주축}{부축}$　　② $\dfrac{부축}{주축} \times \dfrac{부축}{부축}$

③ $\dfrac{부축}{부축} \times \dfrac{주축}{주축}$　　④ $\dfrac{주축}{부축} \times \dfrac{주축}{부축}$

> 변속비 = $\dfrac{(입력축)부축기어의 잇수}{(입력축)주축기어의 잇수} \times \dfrac{(출력축)주축기어의 잇수}{(출력축)부축기어의 잇수}$

22
수동변속기 차량의 클러치판은 어떤 축의 스플라인에 조립되어 있는가?

① 추진축　　② 크랭크축
③ 액슬축　　④ 변속기 입력축

> 클러치판은 변속기 입력축의 스플라인에 끼워져 있다.

23
드럼 브레이크와 비교하여 디스크 브레이크의 단점이 아닌 것은?

① 패드를 강도가 큰 재료로 제작해야 한다.
② 한쪽만 브레이크되는 경우가 많다.
③ 마찰 면적이 적어 압착력이 커야 한다.
④ 자기작동 작용이 없어 제동력이 커야 한다.

> 디스크 브레이크의 단점
> ① 패드의 누르는 힘을 크게 하여야 한다.
> ② 자기작동 작용을 하지 못한다.
> ③ 자기작동(배력) 작용이 없기 때문에 페달 조작력이 커진다.
> ④ 패드를 강도가 큰 재료로 제작해야 한다.

24
임팩트 렌치의 사용 시 안전 수칙으로 거리가 먼 것은?

① 렌치 사용 시 헐거운 옷은 착용하지 않는다.
② 위험 요소를 항상 점검한다.
③ 에어 호스를 몸에 감고 작업을 한다.
④ 가급적 회전부에 떨어져서 작업을 한다.

25
스프링 아래 질량이 아닌 것은?

① 휠홉　　② 바운싱
③ 트램프　④ 와인드업

> 바운싱은 스프링 위 질량의 진동 현상이다.

정답　20 ②　21 ①　22 ④　23 ②　24 ③　25 ②

26
일반적인 브레이크 오일의 주성분은?

① 윤활유와 경유
② 알코올과 피마자기름
③ 알코올과 윤활유
④ 경유와 피마자기름

> 🔍 브레이크 오일의 주성분은 알코올과 피마자기름이다.

27
10m/s의 속도는 몇 km/h인가?

① 3.6km/h   ② 36km/h
③ 1/3.6km/h   ④ 1/36km/h

> 🔍 ① 1km = 1,000m, 1시간 = 3,600s,
> ② $\dfrac{10 \times 3,600}{1,000}$ = 36km/h

28
주행 중 브레이크 드럼과 슈가 접촉하는 원인에 해당하는 것은?

① 마스터 실린더 리턴포트가 열려 있다.
② 슈의 리턴 스프링이 소손되었다.
③ 브레이크액의 양이 부족하다.
④ 드럼과 라이닝의 간극이 과대하다.

> 🔍 브레이크 리터 스프링이 소손되면 드럼과 슈의 끌림에 의한 접촉이 발생할 수 있다.

29
현가장치의 구성품이 아닌 것은?

① 스프링   ② 쇽업소버
③ 타이로드   ④ 스태빌라이저

> 🔍 타이로드는 조향장치의 구성품이다.

30
차량 총중량 5,000kgf의 자동차가 20%의 구배길을 올라갈 때 구배저항(Rg)은?

① 2,500kgf   ② 2,000kgf
③ 1,710kgf   ④ 1,000kgf

> 🔍 5,000kgf × $\dfrac{20}{100}$ = 1,000kgf

31
고압 타이어의 호칭 표시 방법으로 맞는 것은?

① 타이어의 외경(inch) × 타이어의 폭(inch) - 플라이 수
② 타이어의 폭(inch) × 타이어의 외경(inch) - 플라이 수
③ 타이어의 내경(inch) - 타이어의 폭(inch) - 플라이 수
④ 타이어의 폭(inch) - 타이어의 내경(inch) - 플라이 수

> 🔍 **타이어의 호칭 표시 방법**
> ① 저압 타이어 : 타이어 폭 - 타이어 안지름 - 플라이 수
> ② 고압 타이어 : 타이어 바깥지름 × 타이어 폭 - 플라이 수

정답 26 ② 27 ② 28 ② 29 ③ 30 ④ 31 ①

32
유압 브레이크의 설명으로 틀린 것은?

① 제동력 전달이 동일하여 마찰 손실이 적다.
② 바퀴 위치가 변경되어도 설계가 용이하다.
③ 유압회로에 약간의 공기가 침투하여도 제동 손실이 없다.
④ 페달을 밟는 힘을 적게 할 수 있다.

> 유압식 제동장치의 특징
> ① 제동력이 모든 바퀴에 동일하고 빠르게 전달되며 마찰 손실이 적다.
> ② 페달을 밟는 힘을 적게 할 수 있다.
> ③ 바퀴의 위치에 관계없이 작동시키므로 설계 위치가 자유롭다.
> ④ 유압회로가 파손되어 오일이 누출되면 제동 기능을 상실한다.
> ⑤ 유압회로에 공기가 침입하면 제동력이 감소한다.

33
제동 조작을 개시하여 제동력이 작용하기 시작한 다음에 정지할 때까지의 거리는?

① 공주거리
② 제동거리
③ 정지거리
④ 이동거리

> ① 공주거리 : 주행 중 운전자가 전방의 위험 상황을 발견하고 브레이크를 밟아 실제 제동이 걸리기 시작할 때까지 자동차가 진행한 거리
> ② 제동거리 : 브레이크를 밟은 순간부터가 아닌 브레이크가 완전히 작동한 순간부터 자동차가 완전히 멈출 때까지 자동차가 움직인 거리
> ③ 정지거리 = 공주거리 + 제동거리

34
위시본형 현가장치의 평행사변 형식의 설명으로 틀린 것은?

① 현가장치와 조향 너클이 일체이다.
② 바퀴가 상하운동 시 윤거가 변화한다.
③ 캠버의 변화가 없어 커브 주행 시 안전성이 증가한다.
④ 위, 아래 컨트롤 암을 연결하는 4점이 평행사변형이다.

> 현가장치와 조향 너클이 일체인 형식은 스트럿(맥퍼슨) 형식이다.

35
판 스프링의 구조에서 스프링 아이와 스프링 아이 사이의 거리는?

① 섀클
② 스팬
③ 캠버
④ 스프링 닙

> 스프링 아이와 스프링 아이 사이의 거리를 스팬이라 한다.

36
차량 밑에서 정비할 경우 안전조치 사항으로 틀린 것은?

① 차량은 반드시 평지에 받침목을 사용하여 세운다.
② 차를 들어 올리고 작업할 때에는 반드시 잭으로 들어 올린 다음 스탠드로 지지해야 한다.
③ 차량 밑에서 작업할 때에는 반드시 앞치마를 이용한다.
④ 차량 밑에서 작업할 때에는 반드시 보안경을 착용한다.

37
클러치 라이닝의 구비 조건이 아닌 것은?

① 내마멸성이 클 것
② 내식성이 클 것
③ 내열성이 클 것
④ 마찰 계수가 알맞을 것

> **클러치 라이닝의 구비 조건**
> ① 마찰 계수가 알맞을 것
> ② 내마멸성, 내열성이 클 것
> ③ 온도 변화에 따른 마찰 계수의 변화가 없을 것

38
엔진의 회전수가 4,500rpm일 경우, 2단의 변속비가 1.5일 경우 변속기 출력축의 회전수(rpm)는 얼마인가?

① 1,500
② 2,000
③ 2,500
④ 3,000

> 변속기 출력축 회전수 = $\dfrac{\text{엔진 회전수}}{\text{변속비}}$
> = $\dfrac{4,500\text{rpm}}{1.5}$ = 3,000rpm

39
브레이크장치 유압회로 내에서 생기는 베이퍼 록의 원인이 아닌 것은?

① 드럼과 라이닝의 물림에 의한 가열
② 긴 내리막길에서 과도한 브레이크 사용
③ 비점이 높은 브레이크 오일을 사용했을 때
④ 브레이크 슈 리턴 스프링의 쇠손에 의한 잔압의 저하

> **베이퍼 록 현상의 원인**
> ① 긴 내리막길에서 과도한 브레이크 사용 시
> ② 드럼과 라이닝의 끌림에 의한 가열
> ③ 마스터 실린더, 브레이크 슈 리턴 스프링 쇠손에 의한 잔압의 저하
> ④ 불량한 브레이크 오일 사용
> ⑤ 브레이크 오일의 변질에 의한 비점의 저하

40
제동 시 자동차가 한쪽 쏠림의 원인이 아닌 것은?

① 하이드로 마스터 불량
② 브레이크 드럼 편마모
③ 라이닝간극 조절 불량
④ 휠 얼라이먼트 불량

> **제동 시 자동차가 한쪽으로 쏠리는 원인**
> ① 좌우 라이닝 간극 조정 불량, 간극의 불균일
> ② 라이닝 마찰 계수의 불균일(오일 침투, 페이드 현상)
> ③ 브레이크 드럼의 편마모
> ④ 한쪽 휠 실린더의 작동 불량, 불균일
> ⑤ 휠 얼라인먼트가 불량

정답 37 ② 38 ④ 39 ③ 40 ①

41
자동차용 교류발전기에 대한 특성 중 거리가 먼 것은?

① 브러시 수명이 일반적으로 직류발전기보다 길다.
② 중량에 따른 출력이 직류발전기보다 1.5배 정도 높다.
③ 슬립링 손질이 불필요하다.
④ 자여자 방식이다.

> 교류발전기는 타여자 방식을, 직류발전기는 자여자 방식을 사용한다.

42
순방향으로 전류를 흐르게 하였을 때 빛이 발생되는 다이오드는?

① 제너 다이오드 ② 포토 다이오드
③ 사이리스터   ④ 발광 다이오드

> 발광 다이오드는 순방향으로 전류를 흐르게 하였을 때 캐리어가 가지고 있는 에너지의 일부가 빛으로 되어 외부에 방사하는 다이오드이다.

43
150Ah의 축전지 2개를 병렬로 연결한 상태에서 15A의 전류로 방전시킨 경우 몇 시간 사용할 수 있는가?

① 5   ② 10
③ 15 ④ 20

> 150Ah 축전지 2개를 병렬로 연결하면 300Ah가 된다. $AH = A \times H$에서, $H = \frac{AH}{A} = \frac{300Ah}{15A} = 20H$

44
편의장치 중 중앙집중식 제어장치(ETACS 또는 ISU) 입·출력요소의 역할에 대한 설명으로 틀린 것은?

① INT 볼륨 스위치 : INT 볼륨위치 검출
② 모든 도어 스위치 : 각 도어 잠김 여부 검출
③ 키 리마인드 스위치 : 키 삽입 여부 검출
④ 와셔 스위치 : 열선 작동 여부 검출

> 열선 작동 여부를 검출하는 것은 열선 스위치이다.

45
기동전동기 무부하시험을 하려고 한다. A와 B에 필요한 것은?

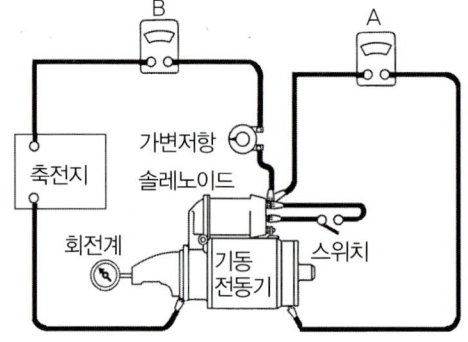

① A는 전류계, B는 전압계
② A는 전압계, B는 전류계
③ A는 전류계, B는 저항계
④ A는 저항계, B는 전압계

46
퓨즈에 관한 설명으로 맞는 것은?

① 퓨즈는 정격전류가 흐르면 회로를 차단하는 역할을 한다.
② 퓨즈는 과대전류가 흐르면 회로를 차단하는 역할을 한다.
③ 퓨즈는 용량이 클수록 정격전류가 낮아진다.
④ 용량이 적은 퓨즈는 용량을 조정하여 사용한다.

> 퓨즈는 단락 및 누전에 의해 과대전류가 흐르면 차단되어 전류의 흐름을 방지하는 부품으로 전기회로에 직렬로 설치된다. 재질은 납과 주석의 합금이다.

47
자동차용 축전지의 비중이 30℃에서 1.276이었다. 기준온도 20℃에서의 비중은?

① 1.269
② 1.275
③ 1.283
④ 1.290

> $S_{20} = St + 0.0007 \times (t-20)$
> $= 1.276 + 0.0007 \times (30-20) = 1.283$
> S_{20} : 20℃에서의 전해액 비중, St : 실제 측정한 전해액 비중,
> t : 측정할 때의 전해액 온도

48
점화 스위치를 OFF하고 키를 홀더에서 제거한 후에도 소모되는 기본적인 전류는?

① 순전류
② 역전류
③ 암전류
④ 소모전류

> 암전류는 시동키를 탈거한 상태에서 차량에 소비되는 기본 전류로 시계, 오디오, ECU, 백업 전원이 필요한 전자제어 유닛에 기본적인 전류 공급이 필요 차량에는 암전류가 필연적으로 존재한다.

49
12V의 전압에 20Ω의 저항을 연결하였을 경우 몇 A의 전류가 흐르겠는가?

① 0.6A
② 1A
③ 5A
④ 10A

> $I = \dfrac{E}{R} = \dfrac{12V}{20\Omega} = 0.6A$,
> I : 전류, E : 전압, R : 저항

50
유리 상단 내면부에 장착된 것으로 강우량을 감지하는 센서는?

① 레인센서
② 라이트센서
③ 오토센서
④ 타임센서

> 레인센서는 유리 상단 내면부에 장착된 것으로 강우량을 감지하는 센서이다.

정답 46 ② 47 ③ 48 ③ 49 ① 50 ①

51

다음은 축전지의 충·방전 화학식을 나타낸 것이다. ( )안에 들어갈 알맞은 것은?

$$\text{양극판} \quad \text{전해액} \quad \text{음극판} \quad \text{충전} \quad \text{양극판} \quad \text{전해액} \quad \text{음극판}$$
$$PbSO_4 + 2H_2O + PbSO_4 \rightleftarrows PbO_2 + (\ ) + Pb$$
$$\text{방전}$$

① PbO
② H_2O_2
③ PbH_2
④ $2H_2SO_4$

> 축전지용 전해액은 묽은 황산($2H_2SO_4$)이다.

52

적외선 전구에 의한 화재 및 폭발할 위험성이 있는 경우와 거리가 먼 것은?

① 용제가 묻은 헝겊이나 마스킹 용지가 접촉한 경우
② 적외선 전구와 도장면이 필요 이상으로 가까운 경우
③ 상당한 고온으로 열량이 커진 경우
④ 상온의 온도가 유지되는 장소에서 사용하는 경우

> 적외선 전구는 상온에서 화재 및 폭발할 위험성이 낮다.

53

점화플러그에서 불꽃이 발생하지 않는 원인으로 틀린 것은?

① 점화코일의 불량
② 크랭크 각센서의 불량
③ 파워 트랜지스터의 불량
④ 산소센서의 불량

> 점화플러그에서 불꽃이 발생하지 않는 원인으로 점화코일, 점화플러그, 파워 트랜지스터, 크랭크 각센서의 불량 등이다.

54

축전기(condenser)와 관련된 식 표현으로 틀린 것은?(Q=전하량, E=전압, C=정전용량)

① Q=CE
② $C = \dfrac{Q}{E}$
③ $E = \dfrac{Q}{C}$
④ C=QE

> $C = \dfrac{Q}{E}$,
> C : 정전용량, Q : 전하량, E : 전압

55
다음 중 발광 다이오드를 설명한 것으로 틀린 것은?

① 순방향으로 전류가 흐를 때 빛이 발생된다.
② 가시광선, 적외선 및 레이저까지 여러 파장의 빛이 발생된다.
③ LED라고 하며, 10mA 정도에서 발광이 가능하다.
④ 빛을 받으면 역방향으로 전압이 발생된다.

> 포토다이오드는 빛을 받으면 순방향으로 전류를 흐르게 한다.

56
자동차용 배터리의 충·방전에 관한 화학반응으로 틀린 것은?

① 배터리 방전 시 (+)극판의 과산화납은 점점 황산납으로 변한다.
② 배터리 충전 시 (+)극판의 황산납은 점점 과산화납으로 변한다.
③ 배터리 충전 시 물은 묽은 황산으로 변한다.
④ 배터리 충전 시 (-)극판에는 산소가, (+)극판에는 수소를 발생시킨다.

> 충전시킬 때는 양극판에서는 산소가, 음극판에서는 수소가 발생한다.

57
2개 이상의 배터리를 연결하는 방식에 따라 용량과 전압 관계의 설명으로 맞는 것은?

① 직렬연결 시 1개 배터리 전압과 같으며 용량은 배터리 수만큼 증가한다.
② 병렬연결 시 용량은 배터리 수만큼 증가하지만 전압은 1개 배터리 전압과 같다.
③ 병렬연결이란 전압과 용량이 동일한 배터리 2개 이상을 (+)단자와 연결대상 배터리 (-)단자에, (-)단자는 (+)단자로 연결하는 방식이다.
④ 직렬연결이란 전압과 용량이 동일한 배터리 2개 이상을 (+)단자와 연결대상 배터리의 (+)단자에 서로 연결하는 방식이다.

> 직렬연결 시 전압은 개수 배가 되고 용량은 1개 때와 같으며, 병렬연결 시 전압은 1개 때와 같고 용량은 개수 배가 된다.

58
교류발전기의 스테이터 결선법 중 △결선의 선간전류는 얼마인가?

① 각 상전류의 $\sqrt{3}$ 배이다.
② 각 상전류의 $\sqrt{4}$ 배이다.
③ 각 상전류의 $\sqrt{5}$ 배이다.
④ 각 상전류의 $\sqrt{6}$ 배이다.

> △결선은 선간전류가 각 상전류의 $\sqrt{3}$ 배이다.

정답 55 ④ 56 ④ 57 ② 58 ①

59
전조등 종류 중 전류를 흘려보내면서 빛을 낼 가스 입자를 활용한 방식은?

① 할로겐램프
② 고전압 방출램프
③ 발광 다이오드램프
④ 고성능 할로겐램프

> 고전압 방출램프(HID)는 전류를 흘려보내면서 빛을 낼 가스 입자를 활용한 방식으로, 기존 할로겐 전구와 비교했을 때 적은 소비전력으로 3배 이상 밝은 자연색에 가까운 백색광을 발생시킨다.

60
전기장치의 배선 연결부 점검 작업으로 적합한 것을 모두 고른 것은?

> a. 연결부의 풀림이나 부식을 점검한다.
> b. 배선 피복의 절연, 균열상태를 점검한다.
> c. 배선이 고열부위로 지나가는지 점검한다.
> d. 배선이 날카로운 부위로 지나가는지 점검한다.

① a - b
② a - b - d
③ a - b - c
④ a - b - c - d

정답 59 ② 60 ④

필기 CBT 시행문제 제4회

01
가솔린 연료에서 노크를 일으키기 어려운 성질을 나타내는 수치는?

① 옥탄가　　　② 점도
③ 세탄가　　　④ 베이퍼록

> 가솔린의 노크 억제 수치는 옥탄가로 표시한다.

02
가솔린의 조성 비율(체적)이 이소옥탄 80, 노멀헵탄 20인 경우 옥탄가는?

① 20　　　② 40
③ 60　　　④ 80

> 옥탄가 = $\dfrac{\text{이소옥탄}}{\text{이소옥탄}+\text{노멀헵탄}} \times 100$
> $= \dfrac{80}{80+20} \times 100 = 80$

03
크랭크축의 구조 명칭이 아닌 것은?

① 핀(pin)
② 암(arm)
③ 저널(journal)
④ 플라이휠

> **크랭크축 구조 명칭**
> ① 메인 저널(main journal) : 크랭크축의 회전의 중심을 형성하는 축 부분으로 블록에 직접 장착되는 부분
> ② 핀 저널(pin journal) : 커넥팅로드 대단부가 장착되는 부분으로 피스톤의 왕복 에너지를 전달받는 부분
> ③ 크랭크 암(crank arm) : 핀 저널과 메인 저널을 연결하는 부분
> ④ 밸런스 웨이트(평형추) : 크랭크축의 회전 균형을 유지하는 부분으로 크랭크 암에 밸런스 웨이트(평형추)가 부착되어 있다.

정답　01 ①　02 ④　03 ④

04

평균유효압력이 4kgf/cm², 행정 체적이 300cc인 2행정 사이클 단기통 기관에서 1회의 폭발로 몇 kgf·m의 일을 하는가?

① 6
② 8
③ 10
④ 12

> Wk = Pm × Vs = 4kgf/cm² × 300cc
>   = 1,200kgf·cm = 12kgf·m
> Wk : 일,   Pm : 평균유효압력,   Vs : 행정 체적

05

다음 (   )에 들어갈 말로 옳은 것은?

> NOx는 (㉠)의 화합물이며, 일반적으로 (㉡)에서 쉽게 반응한다.

① ㉠ 일산화질소와 산소, ㉡ 저온
② ㉠ 일산화질소와 산소, ㉡ 고온
③ ㉠ 질소와 산소, ㉡ 저온
④ ㉠ 질소와 산소, ㉡ 고온

06

수온조절기는 몇 ℃에서 열리기 시작하여 몇 ℃에서 완전히 열리는가?

① 55~75℃
② 65~85℃
③ 75~95℃
④ 95~105℃

> 수온조절기는 65℃에서 열리기 시작하여 85℃에서 완전히 열린다.

07

예혼합(믹서) 방식 LPG엔진의 장점으로 틀린 것은?

① 점화플러그의 수명이 연장된다.
② 연료펌프가 불필요하다.
③ 베이퍼록 현상이 없다.
④ 가솔린에 비해 냉시동성이 좋다.

> LPG엔진의 단점은 냉시동성이 나쁘다.

08

LPG엔진에서 액체를 기체로 변화시켜 주는 장치는?

① 솔레노이드 스위치
② 베이퍼라이저
③ 봄베
④ 프리히터

> 베이퍼라이저는 감압기로 봄베 탱크의 액체 상태인 연료를 기체 상태로 전환하는 장치이다. 일명 액상-기상 변환장치로 부르기도 한다.

정답 04 ④ 05 ④ 06 ② 07 ④ 08 ②

09
건식 라이너에 대한 설명으로 맞는 것은?

① 냉각수와 직접 접촉하는 라이너이다.
② 디젤엔진에서 사용한다.
③ 라이너 두께가 5~8mm이다.
④ 라이너 삽입 시 2~3ton의 힘이 필요하다.

> 🔍 **건식 라이너**
> 건식 라이너는 냉각수가 직접 라이너와 접촉하지 않고 실린더블록을 거쳐 냉각되는 형식으로 라이너의 두께는 2~4mm로써 비교적 얇다. 삽입 시 압력이 2~3ton이 필요하며, 삽입 후에는 호닝(horning)을 하여야 한다. 구조가 복잡하여 정비 성능이 떨어지고 냉각효과가 불량하다.

10
엔진의 압축압력 측정시험 방법에 대한 설명으로 틀린 것은?

① 엔진을 정상 작동온도로 한다.
② 점화플러그를 전부 뺀다.
③ 엔진오일을 넣고도 측정한다.
④ 엔진회전을 1,000rpm으로 한다.

> 🔍 압축압력은 공회전 상태가 아닌 시동이 걸리지 않고 기동모터의 회전수만으로 측정하기 때문에 기동모터의 회전수 약 300~400rpm 정도로 측정한다.

11
디젤엔진에서 분사압력 발생과 분사과정이 별개로 이루어져 1,350~1,600bar의 고압으로 분사하는 방식은?

① GDI 방식　　② MTV 방식
③ CRDI 방식　　④ CVT 방식

> 🔍 CRDI(common rail direct injection, 커먼레일 분사 방식)

12
공랭식 냉각장치의 장점으로 틀린 것은?

① 냉각수의 동결 및 누수 염려가 없다.
② 냉각팬 등에 의한 운전 중의 소음이 적다.
③ 웜업시간이 짧고, 엔진 전체 무게가 가볍다.
④ 냉각수를 보충할 필요가 없어 엔진의 보수 점검이 용이하다.

> 🔍 공랭식 냉각장치는 별도의 냉각 라디에이터를 설치하지 않기 때문에 냉각팬이 필요 없다.

13
직렬형 연료분사펌프의 분사량 조절 방법으로 맞는 것은?

① 플런저의 행정에 의해서
② 플런저의 유효 리드의 종류에 의해서
③ 플런저의 유효 행정에 의해서
④ 플런저의 홈의 길이에 의해서

정답 09 ④　10 ④　11 ③　12 ②　13 ③

> 분사량은 플런저의 유효 행정(래크와 피니언의 변화)에 의해서 정해진다.

> **자동차 고압 부분의 도관의 안전기준**
> ① 강관, 동관 또는 내유성고무관
> ② 최소한 1미터마다 차체에 고정(내유성 고무관 제외)
> ③ 고압 부분의 도관-가스용기 충전압력의 1.5배의 압력에 견딜 수 있는 구조

14
엔진의 유압이 낮아지는 원인이 아닌 것은?

① 엔진오일의 점도가 낮을 때
② 윤활유가 심하게 희석되었을 때
③ 유압 조절밸브의 스프링 장력이 과대할 때
④ 윤활 회로 내의 어느 부분이 파손되었을 때

> 유압 조절밸브의 스프링 장력이 과대하면 유압이 상승한다.

15
LPG기관에서 연료공급 경로로 맞는 것은?

① 봄베 → 솔레노이드밸브 → 베이퍼라이저 → 믹서
② 봄베 → 베이퍼라이저 → 솔레노이드밸브 → 믹서
③ 봄베 → 베이퍼라이저 → 믹서 → 솔레노이드밸브
④ 봄베 → 믹서 → 솔레노이드밸브 → 베이퍼라이저

16
LPG를 연료로 사용하는 자동차 고압 부분의 도관은 가스용기 충전압력의 몇 배의 압력에 견디는가?

① 1   ② 1.5
③ 1.8   ④ 2

17
유압식 밸브 리프터의 특징이 아닌 것은?

① 밸브간극을 점검·조정하지 않아도 된다.
② 밸브 개폐시기가 정확하고 작동이 조용하다.
③ 밸브기구의 구조가 간단하다.
④ 밸브 개폐기구의 내구성이 향상된다.

> **유압식 리프터의 특징**
> ① 밸브간극이 0(zero)이므로 밸브간극을 점검·조정하지 않아도 된다.
> ② 밸브 개폐시기가 정확하고 충돌음이 없어 작동이 조용하다.
> ③ 오일이 완충 작용을 하므로 밸브 개폐기구의 내구성이 향상된다.
> ④ 밸브기구의 구조가 복잡하다.
> ⑤ 윤활장치가 고장이 나면 엔진 작동이 정지된다.

18
크랭크축의 축방향 놀음(end play)을 측정하는 계측기는?

① 버니어캘리퍼스   ② 마이크로미터
③ 다이얼 게이지   ④ 텔레스코핑 게이지

정답 14 ③ 15 ① 16 ② 17 ③ 18 ③

> 크랭크축 축방향 움직임 측정을 플라이 바로 크랭크축을 한쪽으로 밀고 다이얼 게이지(또는 필러 게이지)로 점검한다.

> 쇽업소버는 스프링이 압축되었다가 원위치로 되돌아올 때 작은 구멍(오리피스)을 통과하는 오일의 저항으로 진동을 감소시킨다.

19
냉각장치의 냉각수 비등점을 올리기 위한 장치는?

① 압력식 캡 ② 코어
③ 라디에이터 ④ 물 재킷

> 압력식 캡은 라디에이터 내의 압력을 0.2~0.9kgf/cm² 높여 냉각수의 비등점을 112℃로 높인다.

20
배기가스가 삼원촉매 컨버터를 통과할 때 산화·환원되는 물질로 맞는 것은?

① N_2, CO ② N_2, H
③ N_2, O ④ N_2, CO_2, H_2O

> 질소, 이산화탄소, 물로 산화환원된다.

21
현가장치에서 스프링이 압축되었다가 원위치로 되돌아올 때 작은 구멍(오리피스)을 통과하는 오일의 저항으로 진동을 감소시키는 것은?

① 스태빌라이저 ② 공기 스프링
③ 토션바 스프링 ④ 쇽업소버

22
브레이크 드럼의 핀(fin)이 하는 일은?

① 마찰력을 크게 한다.
② 강도를 높인다.
③ 열을 발산한다.
④ 소음을 방지한다.

> 제동은 기계적 운동에너지를 열에너지로 변화하는 것으로 브레이크 작동 시 발생되는 마찰열을 발산하기 위해 브레이크 드럼에 방열 핀을 설치한다.

23
추진축이 진동하는 원인이 아닌 것은?

① 중간 베어링이 마모되었다.
② 요크 방향이 다르다.
③ 플랜지부를 강하게 조였다.
④ 밸런스 웨이트가 떨어졌다.

> 추진축이 진동하는 원인
> ① 추진축이 휘었을 때
> ② 십자축 베어링이 마모되었을 때
> ③ 요크의 방향이 틀렸을 때
> ④ 밸런스 웨이트가 떨어졌을 때

정답 19 ① 20 ④ 21 ④ 22 ③ 23 ③

24
정지하고 있는 질량 2kg의 물체에 1N의 힘이 작용하면 물체의 가속도는?

① $0.5m/s^2$
② $1m/s^2$
③ $2m/s^2$
④ $5m/s^2$

> 힘(F) = 질량(m) × 가속도(a) = N,
> 따라서 가속도(a) = N/m = $0.5m/sec^2$

25
앞차축과 조향 너클을 연결하는 장치는?

① 킹핀
② 드래그 링크
③ 타이로드
④ 스티어링 암

> 앞차축과 조향 너클의 연결은 킹핀이다.

26
작업장에서 중량물 운반수레의 취급 시 안전사항 중 틀린 것은?

① 적재 중심은 가능한 한 위로 오도록 한다.
② 화물이 앞뒤 또는 측면으로 편중되지 않도록 한다.
③ 사용 전 운반수레의 각부를 점검한다.
④ 앞이 안 보일 정도로 화물을 적재하지 않는다.

27
마스터 실린더 푸시로드에 작용하는 힘이 150kgf이고, 피스톤의 면적이 $3cm^2$일 때 단위 면적당 유압은?

① $10kgf/cm^2$
② $50kgf/cm^2$
③ $150kgf/cm^2$
④ $450kgf/cm^2$

> $P = \dfrac{W}{A} = \dfrac{150kgf}{3cm^2} = 50kgf/cm^2$,
> P : 유압, W : 푸시로드에 작용하는 힘, A : 피스톤 면적

28
단위 중량당 에너지 흡수율이 가장 큰 것은?

① 코일 스프링
② 판 스프링
③ 토션바
④ 고무 스프링

> 단위 중량당 에너지 흡수율이 가장 큰 것은 토션바이다.

29
클러치가 미끄러지는 원인이 아닌 것은?

① 마찰면의 경화, 오일 부착
② 페달 자유간극 과대
③ 클러치 압력 스프링 쇠약, 절손
④ 압력판 및 플라이휠 손상

정답 24 ① 25 ① 26 ① 27 ② 28 ③ 29 ②

> **클러치가 미끄러지는 원인**
> ① 클러치 스프링 장력 부족(자유고 감소)
> ② 페달 유격 부족
> ③ 마찰면의 경화, 오일 부착
> ④ 압력판 및 플라이휠 손상(마모)
> ⑤ 릴리스 레버 조정 불량

30
클러치판이 마모되었을 때 일어나는 현상이 아닌 것은?

① 클러치가 미끄러진다.
② 클러치 페달의 유격이 커진다.
③ 클러치 페달의 유격이 작아진다.
④ 클러치 릴리스 레버의 높이가 높아진다.

> 클러치판이 마모되면 페달의 유격이 작아지고, 클러치가 미끄러지며 릴리스 레버의 높이가 높아진다.

31
자동차가 가속 시 차동 기어장치에서 웅웅거리는 소음 발생의 원인은?

① 기어의 심한 힐 접촉
② 기어의 심한 토우 접촉
③ 기어의 심한 페이스 접촉
④ 기어의 심한 플랭크 접촉

> 힐(heel) 접촉은 기어의 접촉이 링 기어의 힐 부(대단부)에 접촉하여 웅웅거리는 소음이 발생한다.

32
플렉시블이음의 양축에 이상 진동을 일으키고 전달 효율이 떨어지는 각도는?

① 6~7° ② 3~5°
③ 2~3° ④ 0.5~1°

> 양축의 경사각이 3~5° 이상이 되면 진동이 발생하고, 효율이 저하된다.

33
구동피니언의 잇수가 15, 링 기어의 잇수가 58일 때 종감속비는 약 얼마인가?

① 2.58 ② 3.87
③ 4.02 ④ 2.94

> $Rf = \dfrac{Rz}{Pz} = \dfrac{58}{15} = 3.87$,
> Rf : 종감속비, Rz : 링 기어의 잇수, Pz : 구동 피니언의 잇수

34
드럼식 브레이크에 대한 설명으로 틀린 것은?

① 앞쪽의 슈를 리딩슈, 뒤쪽의 슈를 트레일링슈라고 한다.
② 제동력을 증가시키는 자기 작동 작용은 트레일링슈라고 한다.
③ 유니 서보형은 전진 제동 시에만 2개의 슈 모두가 리딩슈가 된다.
④ 듀어 서보형은 전후진 모두 자기 작동 작용이 되어 강력한 제동력을 얻는다.

정답 30 ② 31 ① 32 ② 33 ② 34 ②

> 자기 작동 작용을 하는 슈는 리딩슈이다.

35
추진축의 자재이음은 어떤 변화를 가능하게 하는가?

① 축의 길이   ② 회전속도
③ 회전축의 각도   ④ 회전토크

> 자재이음은 동력전달 각도의 변화를 가능하게 한다.

36
휠 얼라인먼트를 사용하여 점검할 수 있는 것으로 가장 거리가 먼 것은?

① 토(toe)   ② 캠버
③ 킹핀 경사각   ④ 휠 밸런스

> 휠 얼라인먼트를 사용하여 점검할 수 있는 것은 토(toe), 캠버, 킹핀 경사각 등이다.

37
클러치 작동기구 중에서 세척유로 세척하여서는 안 되는 것은?

① 릴리스 포크   ② 클러치 커버
③ 릴리스 베어링   ④ 클러치 스프링

> 릴리스 베어링은 대부분 오일리스 베어링으로 되어 있어 세척유로 세척해서는 안 된다.

38
빈 칸에 알맞은 것은?

> 애커먼 장토의 원리는 조향각도를 (㉠)로 하고, 선회할 때 선회하는 안쪽 바퀴의 조향각도가 바깥쪽 바퀴의 조향각도보다 (㉡)되며, (㉢)의 연장선상의 한 점을 중심으로 동심원을 그리면서 선회하여 사이드슬립 방지와 조향핸들 조작에 따른 저항을 감소시킬 수 있는 방식이다.

① ㉠ 최소, ㉡ 작게, ㉢ 앞차축
② ㉠ 최대, ㉡ 작게, ㉢ 뒷차축
③ ㉠ 최소, ㉡ 크게, ㉢ 앞차축
④ ㉠ 최대, ㉡ 크게, ㉢ 뒷차축

39
주행 중 조향핸들이 한쪽으로 쏠리는 원인이 아닌 것은?

① 조향핸들 축의 축방향 유격이 크다.
② 좌우 타이어의 압력이 같지 않다.
③ 뒷차축이 차의 중심선에 대하여 직각이 되지 않는다.
④ 앞차축 한쪽의 현가스프링이 절손되었다.

> 주행 중 조향핸들이 한쪽으로 쏠리는 원인
> ① 브레이크 라이닝 간격 조정이 불량
> ② 휠의 불평형(밸런스 불량)
> ③ 쇽업쇼버 불량
> ④ 타이어 공기압력 불균일
> ⑤ 앞바퀴 얼라인먼트 조정 불량
> ⑥ 한쪽 휠 실린더의 작동 불량

정답 35 ③ 36 ④ 37 ③ 38 ④ 39 ①

⑦ 좌, 우 타이어 공기압이 같지 않다.
⑧ 뒷차축이 차량의 중심선에 대하여 직각이 되지 않는다.
⑨ 앞차축 한쪽의 현가 스프링이 파손

🔍 발광 다이오드는 정방향으로 전류를 흐르게 하면 빛이 발생된다.

40

자동차로 서울에서 대전까지 187.2km를 주행하였다. 출발시간은 오후 1시 20분, 도착시간은 오후 3시 8분이었다면 평균 주행속도는?

① 약 126.5km/h
② 약 104km/h
③ 약 156km/h
④ 약 60.78km/h

🔍 속도 = $\dfrac{\text{이동 거리}}{\text{걸린 시간}}$ 이며,

걸린 시간이 108분($\dfrac{108}{60}h$),

평균속도(km/h) = $\dfrac{187.2 \times 60}{108}$ = 104km/h

42

교류발전기에서 도체를 고정하고 무엇을 회전시켜 전류를 발생시키는가?

① 로터   ② 바이트
③ 부도체   ④ 반도체

🔍 로터는 교류발전기의 회전자이며, 엔진의 크랭크 축에 의해 구동된다.

43

오토라이트 시스템의 구성이 아닌 것은?

① 스마트키 유닛
② 전원 공급 모듈
③ 기계식 스티어링 컬럼록
④ 외장 리시버

🔍 오토라이트 시스템의 구성은 스마트키 유닛, 전원 공급 모듈(PDM : Power Distribution Module), FOB 키홀더, 외장 리시버, 스타터 릴레이, 시동정지 버튼과 전자식 스티어링 컬럼록(ESCL : Electronic Steering Column Lock), EMS (Engine Management System) 등으로 구성된다.

41

발광 다이오드의 특징을 설명한 것이 아닌 것은?

① 배전기의 크랭크 각센서 등에서 사용된다.
② 발광할 때는 10mA 정도의 전류가 필요하다.
③ 가시광선으로부터 적외선까지 다양한 빛을 발생한다.
④ 역방향으로 전류를 흐르게 하면 빛이 발생된다.

정답 40 ② 41 ④ 42 ① 43 ③

44
3,300V를 110V로 전압을 강하시키는데 변압기의 권선비는 얼마로 하면 되는가?

① 10 : 1　　② 11 : 1
③ 30 : 1　　④ 33 : 1

> 🔍 권선비 = $\dfrac{3,300}{110}$ = 30

45
점화 코일의 1차 회로에 흐르는 전류를 단속하여 2차 코일에 고전압이 발생되도록 하는 것은?

① 파워 트랜지스터　　② 축전기
③ 포인트기구　　④ 점화 스위치

> 🔍 파워 트랜지스터는 점화 코일 1차 회로에 흐르는 전류를 단속하여 2차 코일에 고전압이 발생되도록 한다.

46
다음 중 부특성 가변저항기(NTC)를 이용한 센서는?

① 산소센서　　② 수온센서
③ 에어 플로센서　　④ TDC센서

> 🔍 부특성(NTC) 가변저항은 온도가 올라가면 저항은 감소하는 것으로 부특성을 이용한 센서는 수온센서, 흡기온도센서 등이 있다.

47
축전지의 역할이 아닌 것은?

① 시동 전동기의 전원을 공급한다.
② 발전기 고장 시 대체 전원으로 작동한다.
③ 주행 중 자동차의 모든 전원을 공급한다.
④ 발전기 출력과 부하의 언밸런스를 조정한다.

> 🔍 주행 중 자동차의 전원 공급은 발전기가 공급한다.

48
FOB 홀더의 주요 기능이 아닌 것은?

① 키가 방전될 때 홀더에 삽입 후 정상 작동
② 통신장애 발생 시 삽입 후 정상 작동
③ FOB키는 전원이 연결된 상태에서만 정상 작동
④ FOB키 홀더에 키를 삽입하면 시동이 가능

> 🔍 FOB 홀더의 주요 기능
> ① FOB 키 배터리 방전 혹은 통신 장애일 때, 홀더에 키를 삽입하면 정상 동작이 가능하다.
> ② FOB 키홀더에 키를 삽입 후, 버튼을 누르면 전원 이동 및 시동이 가능하다.
> ③ FOB 키는 전원 상태에 무관하게 탈거가 가능하다. 단, 탈거 시에도 전원 상태는 변하지 않는다.
> ④ FOB 키를 탈거할 때는 삽입된 FOB 키를 누르면 약 6~7mm 정도 튀어나온다. 이때 FOB 키를 빼내면 된다.

정답　44 ③　45 ①　46 ②　47 ③　48 ③

49

자동차용 전조등에 사용되는 조도에 관한 설명 중 맞는 것은?

① 조도는 전조등의 밝기를 나타내는 척도이다.
② 조도의 단위는 암페어이다.
③ 조도는 광도에 반비례하고 광원과 피조면 사이의 거리에 비례한다.
④ 조도(Lux) = $\dfrac{\text{피조면 단면적}(m^2)}{\text{피조면에 입사되는 광속}(1m)}$ 로 나타낸다.

> 조도란 빛을 받는 면의 밝기를 말하며, 단위는 룩스(lux)이다. 빛을 받는 면의 조도는 광원의 광도에 비례하고, 광원의 거리의 2제곱에 반비례한다.
> 조도(Lux) = $\dfrac{\text{광도}(cd)}{\text{거리}^2(R^2)}$

50

회로시험기로 전기회로의 측정 점검 시 주의사항으로 틀린 것은?

① 테스트 리드의 적색은 [+]단자에, 흑색은 [−]단자에 연결한다.
② 전류 측정 시는 테스터를 병렬로 연결하여야 한다.
③ 각 측정 범위의 변경은 큰 쪽부터 작은 쪽으로 한다.
④ 저항 측정 시엔 회로 전원을 끄고 단품은 탈거한 후 측정한다.

> 전류측정 시는 테스터를 직렬로 연결해야 한다.

51

자력선을 잘 통과시키고 맴돌이 전류를 감소시키는 것은?

① 전기자축
② 전기자 철심
③ 전기자 코일
④ 정류자

> 전기자 철심은 자력선을 잘 통과시키고 맴돌이 전류를 감소시킨다.

52

전원측에 연결하는 커넥터는 암 커넥터를 사용한다. 그 이유를 바르게 설명한 것은?

① 커넥터를 분리했을 때 차체에 접촉되지 않게 하기 위하여
② 축전지 연결 시 (-)배선을 차체에 마지막에 연결하므로
③ 커넥터 연결 시 전압 강하가 없도록 하기 위하여
④ 커넥터의 파손을 방지하기 위하여

> 전원측에 연결하는 커넥터에 암 커넥터를 사용하는 이유는 커넥터를 분리했을 때 차체에 접촉되지 않게 하기 위해서이다.

53

크랭크 각센서는 다음 중 어디에 설치되어 있는가?

① 연료펌프　　② 서지탱크
③ 스로틀 바디　④ 배전기

> 🔍 크랭크 각센서는 배전기 내에 설치되어 있으며, 배전기가 없는 점화장치는 실린더블록 또는 크랭크 축 풀리, 플라이 휠 근처에 설치된다.

54

모터나 릴레이 작동 시 라디오에 유기되는 일반적인 고주파 잡음을 억제하는 부품으로 맞는 것은?

① 트랜지스터　② 볼륨
③ 콘덴서　　　④ 동소기

> 🔍 모터나 릴레이 작동 시 라디오에 유기되는 일반적인 고주파 잡음을 억제하는 부품으로 콘덴서를 사용한다.

55

축전지를 차에 설치한 채로 급속충전을 할 때 주의해야 할 사항으로 틀린 것은?

① 축전지 각 셀의 플러그를 열어 놓고 충전한다.
② 전해액의 온도가 45℃ 이상 되지 않도록 주의한다.
③ 축전지 가까이에서 불꽃이 튀지 않도록 주의한다.
④ 축전지의 (+), (−)케이블을 단단히 고정하고 충전한다.

> 🔍 차에 설치한 채로 축전지를 급속충전할 때에는 (+), (−) 케이블을 분리하고 충전한다.

56

브레이크등 회로에서 12V 축전지에 24W의 전구 2개가 연결되어 점등된 상태라면 합성저항은?

① 2Ω　　② 3Ω
③ 4Ω　　④ 6Ω

> 🔍 $R = \dfrac{E^2}{P} = \dfrac{12V^2}{(24W + 24W)} = 3\Omega$,
> R : 저항, E : 전압, P : 전력

57

전자 배전 점화장치(DLI)의 특징에 해당되지 않는 것은?

① 고전압에너지 손실이 적다.
② 전파방해가 적다.
③ 진각폭의 제한을 받는다.
④ 배전누전이 적다.

> 🔍 전자 배전 점화장치(DLI)의 특징은 고전압에너지 손실이 적고, 전파방해 및 배전 누전이 적으며, 진각폭의 제한을 받지 않는다.

정답　53 ④　54 ③　55 ④　56 ②　57 ③

58
자동차용 MF 축전지의 특성 중 틀린 것은?

① 인디케이터로 충전 상태를 확인할 수 있다.
② 저온시동 능력이 좋다.
③ 충전 회복이 빠르고 과충전 시 수명이 길다.
④ 전기저항이 낮은 격리판을 사용한다.

> **MF 축전지 특성**
> ① 인디케이터로 충전 상태를 확인할 수 있다.
> ② 저온시동 능력이 좋다.
> ④ 전기저항이 낮은 격리판을 사용한다.
> ⑤ 전해액을 보충 및 정비가 필요 없다.
> ⑥ 자기 방전율이 매우 작다.
> ⑦ 장시간 보관이 가능하다.

59
"회로 내의 어떠 한 점에 유입한 전류의 총합과 유출한 전류의 총합은 같다"에 해당되는 법칙은?

① 뉴턴의 제 1법칙
② 옴의 법칙
③ 키르히호프의 제 1법칙
④ 줄의 법칙

> 키르히호프의 제 1법칙이란 "회로 내의 어떤 한 점에 유입한 전류의 총합과 유출한 전류의 총합은 같다"는 법칙이다.

60
시동전동기에서 정류자가 하는 역할은?

① 교류를 직류로 정류한다.
② 전류를 양방향으로 흐르도록 한다.
③ 전류를 역방향으로 흐르도록 한다.
④ 전류를 일정한 방향으로 흐르도록 한다.

> 정류자는 브러시에서 공급되는 전류를 일정한 방향으로 흐르도록 하는 역할을 한다.

정답 58 ③ 59 ③ 60 ④

필기 CBT 시행문제 제5회

01
배출가스 저감장치 중 삼원촉매장치를 사용하여 저감시킬 수 있는 유해가스의 종류는?

① CO, HC, 흑연
② CO, NOx, 흑연
③ NOx, HC, SO
④ CO, HC, NOx

> 🔍 삼원촉매는 일산화탄소, 탄화수소, 질소산화물을 동시에 1개의 촉매로 처리한다.

02
전자제어 연료분사장치의 기본 목적으로 틀린 것은?

① 유해 배출가스 감소
② 연비 증가
③ 촉매 컨버터 효율 향상
④ 엔진 토크 증대

> 🔍 전자 제어의 궁극적 목적은 엔진출력 향상과 유해가스 저감에 있다.

03
여지 반사식 매연측정기의 시료 채취관을 배기관에 삽입 시 가장 알맞은 깊이는?

① 20cm
② 40cm
③ 50cm
④ 60cm

> 🔍 여지 반사식 매연측정기의 시료 채취관은 배기관에 20cm 정도 삽입한다.

04
엔진오일의 유압이 낮아지는 원인으로 틀린 것은?

① 베어링의 오일간극이 크다.
② 유압조절밸브의 스프링 장력이 크다.
③ 오일팬 내의 윤활유 양이 작다.
④ 윤활유 공급라인에 공기가 유입되었다.

> 🔍 유압조절밸브 스프링 장력이 클 경우 유압이 커지는 원인이 된다.

정답 01 ④ 02 ③ 03 ① 04 ②

05
캠축의 구동방식이 아닌 것은?

① 기어형 ② 체인형
③ 포핏형 ④ 벨트형

> 🔍 캠축의 구동 방식에는 기어 구동 방식, 체인 구동 방식, 벨트 구동 방식이 있다.

06
엔진 과열의 원인이 아닌 것은?

① 팬벨트의 늘어짐 ② 오일압력의 과대
③ 냉각장치 내부의 물때 ④ 방열기 코어의 막힘

> 🔍 엔진과열은 오일압력과는 관계가 없으며 오일압력이 높다는 것은 윤활장치의 막힘이나 오일이 과다할 경우 나타나는 현상이다.

07
전자제어기관에서 배기가스가 재순환되는 EGR 장치의 EGR율(%)을 바르게 나타낸 것은?

① $EGR율 = \dfrac{EGR가스량}{배기공기량 + EGR가스량} \times 100$

② $EGR율 = \dfrac{EGR가스량}{EGR가스량 + 흡입공기량} \times 100$

③ $EGR율 = \dfrac{흡입공기량}{흡입공기량 + EGR가스량} \times 100$

④ $EGR율 = \dfrac{배기공기량}{EGR공기량 + 흡입공기량} \times 100$

08
가솔린 연료의 조성으로 맞는 것은?

① 산소, 수소 ② 산소, 탄소
③ 탄소, 수소 ④ 탄소, 질소

> 🔍 가솔린은 석유계 원유로 탄소(83~87%)와 수소(11~14%)의 유기화합물(C_nH_n)이다.

09
이소옥탄 60%, 정헵탄 40%의 표준연료를 사용했을 때 옥탄가는 얼마인가?

① 40% ② 50%
③ 60% ④ 70%

> 🔍 옥탄가 $= \dfrac{이소옥탄}{이소옥탄 + 노멀헵탄} \times 100$
> $= \dfrac{60}{60+40} \times 100 = 60\%$

10
가솔린엔진에서 고속회전 시 토크가 낮아지는 원인은?

① 체적효율이 낮아지기 때문이다.
② 화염전파 속도가 상승하기 때문이다.
③ 공연비가 이론공연비에 근접하기 때문이다.
④ 점화시기가 빨라지기 때문이다

정답 05 ③ 06 ② 07 ② 08 ③ 09 ③ 10 ①

> 🔍 고속회전 시 연소실 내의 체적효율이 낮아지기 때문에 토크가 낮아진다.

11
엔진의 흡기장치 구성요소에 해당하지 않는 것은?

① 촉매장치
② 서지탱크
③ 공기청정기
④ 레조네이터(resonator)

> 🔍 촉매장치는 배기장치의 구성요소이며, 레조네이터는 흡기계의 공명음을 억제하기 위한 일종의 흡기 소음장치이다.

12
디젤엔진에서 기계식 독립형 연료분사펌프의 분사시기 조정방법으로 맞는 것은?

① 거버너의 스프링을 조정
② 랙과 피니언으로 조정
③ 피니언과 슬리브로 조정
④ 펌프와 타이밍 기어의 커플링으로 조정

> 🔍 독립형 분사펌프의 분사시기 조정은 펌프와 타이밍 기어의 커플링으로 한다.

13
디젤 분사펌프 시험기에 의하여 시험할 수 없는 사항은?

① 조속기의 작동시험과 조정
② 연료의 분사시기 측정 및 조정
③ 연료공급펌프의 공급량 시험
④ 연료 분사량 측정과 분사시기 점검

> 🔍 디젤 분사펌프 시험기의 시험 항목
>   ① 조속기의 작동시험과 조정
>   ② 연료의 분사시기 측정 및 조정
>   ③ 연료 분사량 측정과 분사시기 점검

14
배기장치(머플러) 교환 시 안전 및 유의사항으로 틀린 것은?

① 분해 전 촉매가 정상온도가 되도록 한다.
② 배기가스 누출이 되지 않도록 조립한다.
③ 조립할 때 개스킷은 신품으로 교환한다.
④ 조립 후 다른 부분과의 접촉 여부를 점검한다.

> 🔍 배기장치(머플러) 교환 시 촉매 정상온도와는 무관하다.

15
수냉식과 비교한 공랭식 엔진의 장점이 아닌 것은?

① 구조가 간단하다.
② 마력당 중량이 가볍다.
③ 정상온도에 도달하는 시간이 짧다.
④ 엔진을 균일하게 냉각시킬 수 있다.

정답 11 ① 12 ④ 13 ③ 14 ① 15 ④

> 공랭식 엔진의 경우 냉각핀이 공기 접촉에 의해 냉각하는 방식으로 엔진 뒤편은 상대적으로 냉각이 어렵기 때문에 균일한 냉각이 어렵다.

16

실린더 지름이 100mm의 정방형 엔진이다. 행정 체적은 약 얼마인가?

① 600cm²
② 785cm²
③ 1,200cm²
④ 1,490cm²

> $Vs = 0.785 \times D^2 \times L = 0.785 \times 10^2 \times 10$
> $= 785 cm^2$
> Vs : 행정 체적, D : 실린더 지름, L : 피스톤 행정

17

가솔린엔진의 진공도 측정 시 안전에 관한 내용으로 적합하지 않은 것은?

① 엔진의 벨트에 손이나 옷자락이 닿지 않도록 주의한다.
② 작업 시 주차브레이크를 걸고 고임목을 괴어둔다.
③ 리프트를 눈높이까지 올린 후 점검한다.
④ 화재 위험이 있을 수 있으니 소화기를 준비한다.

> 진공도 측정은 가동 중에 흡기다기관의 진공 상태를 측정해 엔진의 이상 여부를 측정하는 시험으로, 측정방법은 기관을 가동해 정상 작동 온도로 하고, 기관을 정지한 후 흡기다기관에 진공 게이지 진공호스를 연결한 다음 기관을 공전 상태로 운전하면서 진공계의 눈금을 판독하는 것이기 때문에 리프트의 높이와는 무관하다.

18

크랭크축 베어링의 오일간극이 클 때 일어나는 현상으로 틀린 것은?

① 유압이 저하된다.
② 운전 중 이상음이 난다.
③ 오일의 유출량이 많다.
④ 베어링에 소결이 일어난다.

> 소결 현상은 오일간극이 작을 때 일어난다.

19

4행정 사이클 기관에서 크랭크축이 4회전할 때 캠축은 몇 회전하는가?

① 1회전
② 2회전
③ 3회전
④ 4회전

> 흡입, 압축, 폭발, 배기의 4행정이 1사이클을 완성하는 엔진으로 1사이클을 완료하면 크랭크축이 2회전, 캠축이 1회전하므로 크랭크축이 4회전이면 캠축은 2회전한다.

20

디젤엔진의 노크발생 원인으로 맞는 것은?

① 착화지연 시간이 길다.
② 착화성이 좋은 연료를 사용한다.
③ 압축비가 크다.
④ 흡기 온도가 높다.

정답 16 ② 17 ③ 18 ④ 19 ② 20 ①

> **디젤노크의 발생원인**
> ① 엔진 회전수, 엔진의 온도, 세탄가가 너무 낮을 때
> ② 착화지연 시간이 너무 길 때 일어난다.

21
구동바퀴가 자동차를 미는 힘을 구동력이라 하는데, 이때 구동력의 단위는?

① kg
② kg · m
③ ps
④ kg · m/sec

22
스노우 타이어의 설명으로 틀린 것은?

① 구동 바퀴에 걸리는 하중을 크게 한다.
② 눈길에서 체인 없이 사용하는 타이어이다.
③ 30% 이상 마모 시 체인을 설치하여 사용한다.
④ 트레드부의 폭을 넓고, 홈을 깊게 하여 접지 면적을 크게 한다.

> 스노우 타이어는 50% 이상 마모 시 체인을 설치하여 사용한다.

23
그림과 같은 브레이크 페달에 100N의 힘을 가하였을 때 피스톤의 면적이 5cm²라고 하면 작동유압은?

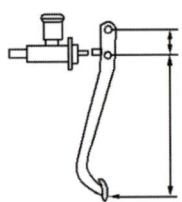

① 100kPa
② 500kPa
③ 1,000kPa
④ 5,000kPa

> 지렛대 비율 = (16 + 4) : 4 = 5 : 1
> 푸시로드에 작용하는 힘 = 지렛대 비율 × 페달 밟는 힘 = 5 × 100N = 500N, 작동유압 = $\frac{500N}{5cm^2}$ = 1,000kPa

24
스파이럴 베벨 기어의 구동 피니언을 편심시킨 종감속 기어는?

① 웜과 웜 기어
② 스퍼 베벨 기어
③ 하이포이드 기어
④ 헬리컬 기어

> 하이포이드 기어는 스파이럴 베벨 기어의 구동 피니언을 편심시켰다.

25
브레이크슈 설치에서 슈 홀드다운 스프링의 기능은?

① 슈를 잡아주는 일을 한다.
② 라이닝의 마멸을 보상해 준다.
③ 슈의 확장력을 돕는다.
④ 슈의 리턴을 돕는다.

> 슈 홀드다운 스프링은 브레이크슈를 잡아주는 역할을 한다.

26
유압 브레이크장치에서 잔압을 형성하고 유지시켜 주는 것은?

① 마스터 실린더 피스톤 1차 컵과 2차 컵
② 마스터 실린더의 체크밸브와 리턴 스프링
③ 마스터 실린더 오일탱크
④ 마스터 실린더 피스톤

> 유압 브레이크에서 잔압을 유지시키는 부품은 마스터 실린더의 체크밸브와 리턴 스프링이다.

27
브레이크 드럼을 연삭할 때 전기가 정전되었다. 가장 먼저 취해야 할 조치사항은?

① 스위치 전원을 내리고(off) 주전원의 퓨즈를 확인한다.
② 스위치는 그대로 두고 정전 원인을 확인한다.
③ 작업하던 공작물을 탈거한다.
④ 연삭에 실패했으므로 새것으로 교환하고, 작업을 마무리한다.

28
타이어 트레드 패턴의 종류가 아닌 것은?

① 러그 패턴　　② 블록 패턴
③ 리브 러그 패턴　　④ 카커스 패턴

> 타이어 트레드 패턴에는 리브 패턴, 러그 패턴, 리브 러그 패턴, 블록 패턴, 오프 더 로드 패턴 등이 있다.

29
탠덤 마스터 실린더를 사용하는 이유는?

① 제동력을 증가시키기 위해 사용한다.
② 제동거리를 가능한 짧게 하기 위해 사용한다.
③ 앞, 뒷바퀴의 제동력을 동시에 전달하기 위해 사용한다.
④ 앞뒤 브레이크를 분리하여 안전성을 확보하기 위해 사용한다.

정답　25 ①　26 ②　27 ①　28 ④　29 ④

> 탠덤 마스터 실린더를 사용하는 이유는 앞뒤 브레이크를 분리하여 안전성을 확보하기 위해서이다.

30
토션바 스프링의 특징이 아닌 것은?

① 단위 중량당 에너지 흡수율이 높다.
② 경량화하기 쉽다.
③ 구조가 복잡하다.
④ 스프링의 힘은 바(bar)의 길이와 단면적에 따라 결정된다.

> 토션바 스프링은 비틀었을 때 탄성에 의해 원위치하려는 성질을 이용한 스프링 강의 막대이며, 단위 중량당 에너지 흡수율이 가장 크기 때문에 가볍게 할 수 있고, 구조가 간단하다. 스프링의 힘은 바(bar)의 길이와 단면적에 따라 결정된다.

31
두 축이 90°로 만날 때 쓰이는 기어는?

① 스크루 기어   ② 헬리컬 기어
③ 스퍼어 기어   ④ 베벨 기어

> 베벨 기어는 교차축 기어의 한 종류로서 일반적으로 90°로 교차되는 축에 적용되는 기어를 일컫는다.

32
액슬축의 지지 방식이 아닌 것은?

① 반 부동식   ② 3/4 부동식
③ 고정식   ④ 전 부동식

> 액슬축(차축)의 지지 방식에는 3/4 부동식, 반 부동식, 전 부동식 등이 있다.

33
쿠션 스프링의 작용으로 틀린 것은?

① 회전 충격을 흡수한다.
② 편마모를 방지한다.
③ 평행하게 회전시킨다.
④ 클러치판의 변형을 방지한다.

> 쿠션 스프링은 편마모 방지, 평행회전, 클러치판 변형 방지 기능을 한다.

34
진동을 흡수하고 진동시간을 단축시키며, 스프링의 부담을 감소시키기 위한 장치는?

① 스태빌라이저
② 공기 스프링
③ 쇽업소버
④ 비틀림 막대 스프링

정답 30 ③ 31 ④ 32 ③ 33 ① 34 ③

> 쇽업소버는 진동을 흡수하고 진동시간을 단축시키며, 스프링의 부담을 감소시킨다.

35
어떤 물체가 초속도 10m/s로 마루면을 미끄러진다면 몇 m를 진행하고 멈추는가?(단, 물체와 마루면 사이의 마찰 계수는 0.5이다)

① 0.51 ② 5.1
③ 10.2 ④ 20.4

> $S = \dfrac{v^2}{2\mu g} = \dfrac{10^2}{2 \times 0.5 \times 9.8} = 10.2m$
>
> S: 멈춘 거리, v: 초속도, μ: 마찰 계수, g: 중력가속도(9.8m/s²)

36
일반적인 브레이크 오일의 주성분은?

① 윤활유와 경유
② 알코올과 피마자기름
③ 알코올과 윤활유
④ 경유와 피마자기름

> 브레이크 오일의 주성분은 알코올과 피마자기름이다.

37
후축에 9,890kgf의 하중이 작용될 때 후축에 4개의 타이어를 장착하였다면 타이어 한 개당 받는 하중은?

① 약 2,473kgf ② 약 2,770kgf
③ 약 3,473kgf ④ 약 3,770kgf

> 타이어 한 개당 받는 하중 = $\dfrac{9,890\text{kgf}}{4}$
> = 2,473kgf

38
작업장에서 중량물 운반수레의 취급 시 안전사항 중 틀린 것은?

① 적재 중심은 가능한 한 위로 오도록 한다.
② 화물이 앞뒤 또는 측면으로 편중되지 않도록 한다.
③ 사용 전 운반수레의 각부를 점검한다.
④ 앞이 안 보일 정도로 화물을 적재하지 않는다.

> 적재 중심은 가능한 한 아래로 오도록 한다.

39
수동변속기에서 기어변속 시 기어의 이중물림을 방지하기 위한 장치는?

① 파킹볼장치 ② 인터록장치
③ 오버드라이브장치 ④ 록킹볼장치

> 변속기 기어의 이중물림을 방지하는 장치는 인터록장치이다.

정답 35 ③ 36 ② 37 ① 38 ① 39 ②

40

기관의 회전수가 3,500rpm, 제2속의 감속비 1.5, 최종 감속비 4.8, 바퀴의 반경이 0.3m일 때 차속은?(단, 바퀴의 지면과 미끄럼은 무시한다)

① 약 35km/h   ② 약 45km/h
③ 약 55km/h   ④ 약 65km/h

$V = \pi D \times \dfrac{En}{Rt \times Rf} \times \dfrac{60}{1,000} = 3.14 \times 0.3 \times 2 \times$
$\dfrac{3,500}{1.5 \times 4.8} \times \dfrac{60}{1,000} = 54.95 \text{km/h}$

V : 주행속도(km/h), D : 바퀴지름, En : 기관 회전수,
Rf : 변속비, Rf : 최종감속비

41

자동차 전조등회로에 대한 설명으로 맞는 것은?

① 전조등 좌우는 직렬로 연결되어 있다.
② 전조등 좌우는 병렬로 연결되어 있다.
③ 전조등 좌우는 직·병렬로 연결되어 있다.
④ 전조등 작동 중에는 미등이 소등된다.

전조등은 안전을 고려하여 병렬로 연결되어 있다.

42

발전기의 기전력 발생에 관한 설명으로 틀린 것은?

① 로터의 회전이 빠르면 기전력은 커진다.
② 로터코일을 통해 흐르는 여자전류가 크면 기전력은 커진다.
③ 코일의 권수와 도선의 길이가 길면 기전력은 커진다.
④ 자극의 수가 많아지면 여자되는 시간이 짧아져 기전력이 작아진다.

자극의 수가 많아지면 여자되는 시간이 짧아져 기전력이 커진다.

43

다음 그림과 같이 측정했을 때 저항값은?

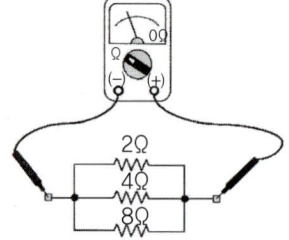

① 14Ω ② $\dfrac{1}{14}\Omega$
③ $\dfrac{8}{7}\Omega$ ④ $\dfrac{7}{8}\Omega$

병렬 합성저항 $\dfrac{1}{R} = \dfrac{1}{R_1} + \dfrac{1}{R_2} + \dfrac{1}{R_3} \cdots + \dfrac{1}{R_n} =$
$\dfrac{1}{2} + \dfrac{1}{4} + \dfrac{1}{8} = \dfrac{4}{8} + \dfrac{2}{8} + \dfrac{1}{8} = \dfrac{7}{8}$,
따라서 $R = \dfrac{8}{7} \Omega$

44

이모빌라이저장치에서 키 실린더 주변에 장착되어 트랜스폰더로부터 고유 코드를 읽는 기능을 하는 부품은?

① 제어 모듈   ② 토르젠 기어
③ 토로이달 코일   ④ 점화 코일

정답 40 ③ 41 ② 42 ④ 43 ③ 44 ③

🔍 토로이달 코일은 이모빌라이저장치에서 키 실린더 주변에 장착되어 트랜스폰더로부터 고유 코드를 읽는 기능을 한다.

45
자동차의 안전기준에서 제동등이 다른 등화와 겸용하는 경우 제동조작 시 그 광도가 몇 배 이상 증가하여야 하는가?

① 2배 ② 3배
③ 4배 ④ 5배

🔍 제동등이 다른 등화와 겸용하는 경우 제동조작 시 그 광도는 다른 등화에 비해 3배 이상 증가해야 한다.

46
다음 중 고에너지 점화장치(HEI)의 점화 신호용 센서가 아닌 것은?

① 크랭크 각센서
② 수온센서
③ 흡입 공기량센서
④ TDC센서

🔍 점화 신호용 센서로는 CAS, WTS, BPS, TDC센서가 있다.

47
멀티회로시험기를 사용할 때의 주의사항 중 틀린 것은?

① 고온, 다습, 직사광선을 피한다.
② 영점 조정 후에 측정한다.
③ 직류전압의 측정 시 선택 스위치는 AC.(V)에 놓는다.
④ 지침은 정면에서 읽는다.

🔍 직류전압의 측정 시 선택 스위치는 DC.(V)에 놓고 측정한다.

48
단방향 3단자 사이리스터(SCR)에 대한 설명 중 틀린 것은?

① 애노드(A), 캐소드(K), 게이트(G)로 이루어진다.
② 캐소드에서 게이트로 흐르는 전류가 순방향이다.
③ 게이트에 (+), 캐소드에 (-) 전류를 흘려보내면 애노드와 캐소드 사이가 순간적으로 도통된다.
④ 애노드와 캐소드 사이가 도통된 것은 게이트 전류를 제거해도 계속 도통이 유지되며, 애노드 전위를 0으로 만들어야 해제된다.

🔍 애노드에서 캐소드로 흐르는 전류가 순방향이다.

정답 45 ② 46 ③ 47 ③ 48 ②

49
자동차용 교류발전기에 대한 특성 중 거리가 먼 것은?

① 브러시 수명이 일반적으로 직류발전기보다 길다.
② 중량에 따른 출력이 직류발전기보다 1.5배 정도 높다.
③ 슬립링 손질이 불필요하다.
④ 자여자 방식이다.

> 교류발전기는 타여자 방식을, 직류발전기는 자여자 방식을 사용한다.

50
시동전동기의 계측시험에서 회전력시험은 무엇을 시험하는가?

① 정지 회전력
② 무부하 회전력
③ 저속 회전력
④ 고속 회전력

> 시동전동기의 회전력시험은 정지 회전력을 측정한다.

51
할로겐 전조등은 무슨 가스에 할로겐을 미량 혼합시킨 전조등인가?

① 산소
② 질소
③ 붕소
④ 나트륨

> 할로겐 전조등은 필라멘트가 텅스텐으로 되어 있고, 질소가스에 할로겐을 미량 혼합시킨 불활성가스가 봉입되어 있다.

52
고압케이블의 구비조건이 아닌 것은?

① 내열성이 클 것
② 내구성이 클 것
③ 접지성이 클 것
④ 전파 방해 방지가 좋을 것

> 고압케이블은 누전이 되지 않아야 하며 절연성이 커야 한다.

53
계기판의 속도계가 작동하지 않을 때 고장부품으로 옳은 것은?

① 차속센서
② 크랭크 각센서
③ 흡기매니폴드 압력센서
④ 냉각수온센서

> 자동차는 차속센서의 신호를 받아 계기판의 속도계를 지시한다.

54
배선 회로도에서 표시된 0.85RW의 W는 무엇을 나타내는가?

① 단면적
② 바탕색
③ 줄색
④ 커넥터 수

> 0.85는 배선 단면적을, R은 배선 바탕색을, W는 배선 줄색을 나타낸다.

정답 49 ④ 50 ① 51 ② 52 ③ 53 ① 54 ③

55
온도가 내려가면 축전지에서 일어나는 것 중 틀린 것은?

① 전압이 내려간다.
② 용량이 내려간다.
③ 전해액의 비중이 내려간다.
④ 동결하기 쉽다.

> 납산축전지의 전해액의 온도가 낮아지면 비중은 올라간다.

56
발전기 스테이터 코일의 시험 중 그림은 어떤 시험인가?

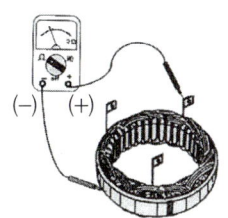

① 코일과 철심의 절연시험
② 코일의 단선시험
③ 코일과 브러시의 단락시험
④ 코일과 철심의 전압시험

57
비중이 1.280(20℃)의 묽은 황산 1ℓ 속에 35%(중량)의 황산이 포함되어 있다면 물은 몇 g 포함되어 있는가?

① 932
② 832
③ 719
④ 819

> 묽은 황산 1ℓ 속에 35%(중량)의 황산이 포함되어 있으면 물이 65% 들어 있으므로 1,280g × 0.65 = 832g

58
자동차에 사용되는 라디오 글라스 안테나에 대한 내용 중 틀린 것은?

① 유리 중간층에 0.3mm 이하의 도선 안테나를 삽입하는 방식도 사용된다.
② 유리 안쪽 면에 도체선을 프린트한 것도 사용된다.
③ 디포거용 발열 도체선을 병용하여 AM 수신 감도를 향상시킨다.
④ 글라스 안테나는 풀형 안테나에 비해 작동 소음이 다소 크다.

> 글라스의 실내 쪽 상부에 디포거와 같이 프린트한 라디오 안테나로 풀형 안테나처럼 상하 조작이나 풍절음도 없는 것이 장점이다.

정답 55 ③ 56 ① 57 ② 58 ④

59

자동차에서 축전지를 떼어낼 때 작업방법으로 옳은 것은?

① 접지 터미널을 먼저 푼다.
② 양극 터미널을 함께 푼다.
③ 벤트 플러그(vent plug)를 열고 작업한다.
④ 극성에 상관없이 작업성이 편리한 터미널부터 분리한다.

> 자동차에서 축전지를 떼어낼 때 접지 터미널을 먼저 탈거하고, 조립 시에는 접지 터미널을 나중에 조립한다.

60

히트 싱크(heat sink)는 어디에 설치되어 있는가?

① 엔드 프레임
② 스테이터
③ 로터
④ 슬립링

> 히트 싱크는 발전기의 다이오드 온도상승으로 파괴되는 것을 방지하기 위해 발전기의 엔드 프레임에 설치된다.

정답 59 ① 60 ①

필기 CBT 시행문제 제6회

01
LPG엔진의 운전석에서 조작할 수 있는 것으로 연료를 차단할 수 있는 것은?

① 안전밸브
② 과류방지밸브
③ 솔레노이드밸브
④ 가스 혼합밸브

> LPG엔진의 운전석에서 솔레노이드밸브를 조작하여 연료를 차단할 수 있다.

02
CNG엔진에서 고압 차단밸브와 열교환기구 사이에 설치되어 감압을 조절하는 장치는?

① 압력조절 기구
② CNG탱크 압력센서
③ CNG탱크 온도센서
④ 연료온도 조절 기구

> 압력을 떨어뜨리는 감압은 압력조절 기구에 의해 조정된다.

03
실린더헤드의 변형을 점검할 때 사용하는 공구는?

① 다이얼 게이지
② 마이크로미터
③ 직각자
④ 곧은자와 필러게이지

> 실린더헤드의 변형 점검은 곧은자와 필러게이지를 이용하여 6개소를 측정한다.

04
윤활유는 각부의 마찰 및 마멸을 방지하는데, 마찰면 사이에 충분한 유체막을 형성하는 이상적인 윤활 상태는?

① 경계 윤활
② 극압 윤활
③ 마찰 윤활
④ 유체 윤활

> 마찰면 사이에 충분한 유체막을 형성하는 상태의 이상적인 윤활 상태를 유체 윤활이라고 한다.

정답 01 ③ 02 ① 03 ④ 04 ④

05
피스톤 헤드부의 고온을 스커트부로 전달되는 것을 방지하는 것은?

① 랜드
② 리브
③ 보스부
④ 히트댐

> 히트댐(heat dam)은 피스톤에 설치되어 있는 슬롯이나 돌기로, 피스톤의 열 흐름을 제한하여 피스톤 헤드부의 고온을 스커트부로 전달되는 것을 방지

06
피스톤링의 작용이 아닌 것은?

① 혼합기 기밀 유지
② 오일제어 기능
③ 열전도 기능
④ 응력 분산

> 피스톤링의 3대 기능은 기밀 유지, 오일 제어, 열전도이며, 응력분산은 윤활유의 역할이다.

07
디젤엔진에 과급기를 설치했을 때의 장점이 아닌 것은?

① 동일 배기량에서 출력이 증가한다.
② 연료소비율이 향상된다.
③ 잔류 배기가스를 완전히 배출시킬 수 있다.
④ 연소 상태가 좋아지므로 착화지연이 길어진다.

> 연소 상태가 좋을 경우 착화지연 기간을 짧게 한다.

08
단위 환산으로 맞는 것은?

① 1mile = 2km
② 1lb = 1.55kg
③ 1kgf·m = 1.42ft·lbf
④ 9.81N·m = 9.81J

> ① 1mile = 1.6km, ② 1lb = 0.45kg,
> ③ 1kgf·m = 7.2ft·lbf

09
각 실린더의 분사량을 측정하였더니 최대 분사량이 66cc, 최소 분사량이 58cc, 평균 분사량이 60cc이였다면 분사량의 "+불균형률"은 얼마인가?

① 5%
② 10%
③ 15%
④ 20%

> $(+)불균형률 = \dfrac{최대분사량 - 평균분사량}{평균분사량} \times 100$
> $= \dfrac{66-60}{60} \times 100 = 10\%$

정답 05 ④ 06 ④ 07 ④ 08 ④ 09 ②

10

흡입되는 공기량을 체적 및 질량 유량으로 검출하는 직접 계량 방식을 L-제트로닉 방식이라 하는데, 이 방식이 아닌 것은?

① 메저링 플레이트식 ② MAP 방식
③ 핫 와이어식 ④ 카르만 와류식

> MAP센서는 흡입공기의 밀도 검출 방식으로 D-제트로닉 방식이다.

11

LPG연료의 특성으로 틀린 것은?

① 무색, 무취, 무미이다.
② 기체일 때의 비중은 1.5~2이다.
③ 옥탄가는 90~120이다.
④ LPG 연료는 프로판가스 100%로 구성되어 있다.

> LPG 연료 구성은 프로판(C_3H_8)과 부탄(C_4H_{10})으로 구성되어 있다.

12

디젤엔진의 장점에 대한 설명으로 틀린 것은?

① 연료소비율이 적고, 열효율이 높다.
② 연료의 인화점이 낮아 화재의 위험성이 적다.
③ 전기 점화장치가 없어 고장률이 낮다.
④ 경부하 때의 효율은 그다지 나쁘지 않다.

> 연료의 인화점이 높아 화재의 위험성이 적다.

13

커먼레일의 기능에 대한 설명으로 맞는 것은?

① 고압의 연료를 저장하는 기능이다.
② 연료의 분사량을 결정하는 기능이다.
③ 연료의 분사시기를 결정하는 기능이다.
④ 연료의 분사율을 결정하는 기능이다.

> 커먼레일(고압 어큐뮬레이터)은 고압펌프에서 공급된 연료가 축압·저장하는 장치이다.

14

디젤엔진의 분사노즐에 관한 설명으로 맞는 것은?

① 분사개시압력이 낮으면 연소실 내에 카본 퇴적이 생기기 쉽다.
② 직접분사실식의 분사개시압력은 일반적으로 100~120kgf/cm²이다.
③ 연료공급펌프의 송유압력이 저하하면 연료분사압력이 저하한다.
④ 분사개시압력이 높으면 노즐의 후적이 생기기 쉽다.

> 직접분사실식 압력은 160~180kgf/cm²이고, 송유압력과 분사압력의 관계는 정의되기 어렵고, 분사개시압력이 높을수록 후적 발생이 적어진다.

정답 10 ② 11 ④ 12 ② 13 ① 14 ①

15
LPG엔진의 단점이 아닌 것은?

① 한랭 시 시동성이 나쁘다.
② 고압용기의 위험성이 있다.
③ 연료탱크가 고압용기로 자동차 중량이 증가한다.
④ 계절에 관계없이 부탄 100%인 것을 사용해야 한다.

> LPG는 겨울철에는 시동성 향상을 위해 프로판 30%, 부탄 70%를, 여름철에는 부탄 100%인 것을 사용한다.

16
린번엔진의 특징이 아닌 것은?

① 연비가 10~20% 향상된다.
② 희박연소에 의한 연소온도가 저하된다.
③ 희박연소로 토크는 저하된다.
④ 새로운 삼원촉매기인 CCC(closed-coupled catalyst converter)가 사용된다.

> 희박연소 엔진이나 토크 저하 및 변동을 방지한다.

17
배출가스 중 삼원촉매장치에서 저감되는 요소가 아닌 것은?

① 질소(N_2)
② 일산화탄소(CO)
③ 탄화수소(HC)
④ 질소산화물(NOx)

> 일반적으로 질소는 공기 중에 78%을 차지하는 가스이다.

18
크랭크축이 회전하면서 받는 힘이 아닌 것은?

① 휨(bending)
② 전단(shearing)
③ 비틀림(torsion)
④ 관통(penetration)

> 크랭크축이 회전하면서 받는 힘은 휨, 전단, 비틀림 등이다.

19
엔진에 이상이 있을 때 또는 엔진의 성능이 현저하게 저하되었을 때 분해 수리 여부를 결정하기 위한 시험은?

① 압축압력 시험
② 진공도 시험
③ 코일의 용량 시험
④ CO가스 시험

> 엔진의 분해 수리 여부를 결정하기 위한 시험은 압축압력 시험이다.

정답 15 ④ 16 ③ 17 ① 18 ④ 19 ①

20
점도 지수에 대한 설명으로 틀린 것은?

① 온도 변화에 따른 오일 점도의 변화 정도를 표시한 것이다.
② 점도 지수가 높은 오일은 점도의 변화가 많은 것이다.
③ 일반적으로 엔진오일의 점도 지수는 120~140이다.
④ 점도 지수가 큰 것일수록 좋은 오일이다.

> 점도 지수가 높은 오일은 점도의 변화가 적은 것을 의미한다.

21
페이드 현상이 일어났을 때 응급처리 방법으로 맞는 것은?

① 주차 브레이크를 대신 사용한다.
② 자동차의 속도를 조금 높여준다.
③ 자동차를 세우고 열을 식혀준다.
④ 브레이크를 자주 밟아 열을 발생시킨다.

> 페이드 현상은 마찰열이 축적되어 제동력이 감소되는 현상으로 페이드 현상이 일어나면 자동차를 세우고 열을 식혀준다.

22
차동 기어장치의 차동 피니언과 맞물려 있는 장치는?

① 액슬축   ② 차동 사이드 기어
③ 차동 드라이브 기어   ④ 구동 피니언

> 차동 기어장치의 차동 피니언은 차동 사이드 기어와 물려 있다.

23
차동장치에서 차동 피니언과 사이드 기어의 백 래시 조정은?

① 축받이 차축의 왼쪽 조정심을 가감하여 조정한다.
② 축받이 차축의 오른쪽 조정심을 가감하여 조정한다.
③ 차동장치의 링 기어 조정장치를 조정한다.
④ 스러스트(thrust) 와셔의 두께를 가감하여 조정한다.

> 차동 피니언과 사이드 기어의 백 래시 조정은 스러스트 와셔의 두께를 가감하여 조정한다.

24
자동차 현가장치에 사용하는 토션바 스프링에 대한 설명으로 틀린 것은?

① 단위 무게에 대한 에너지 흡수율이 다른 스프링에 비해 크며, 가볍고, 구조도 간단하다.
② 스프링의 힘은 바의 길이 및 단면적에 반비례한다.
③ 구조가 간단하고, 가로 또는 세로로 자유로이 설치할 수 있다.
④ 진동의 감쇠 작용이 없어 쇽업소버를 병용한다.

> 스프링의 힘은 바의 길이에 반비례하고, 단면적에 비례한다.

정답 20② 21③ 22② 23④ 24②

25
튜브리스 타이어의 장점이 아닌 것은?

① 구조가 간단하고 가볍다.
② 고속 주행 시 발열이 적다.
③ 못 등에 찔려도 공기가 급격히 새지 않는다.
④ 유리 조각 등에 의해 타이어가 파손되어도 수리가 용이하다.

> **튜브리스 타이어의 장점**
> ① 구조가 간단하고 가볍다.
> ② 고속 주행 시 발열이 적다.
> ③ 못 등에 찔려도 공기가 급격히 새지 않는다.
> ④ 유리 조각 등에 의해 타이어가 파손되면 수리가 어렵다.

26
클러치 압력판의 역할로 맞는 것은?

① 엔진의 동력을 받아 속도를 조절한다.
② 제동 거리를 짧게 한다.
③ 견인력을 증가시켜 준다.
④ 클러치판을 밀어서 플라이휠에 압착시키는 역할을 한다.

> 클러치 압력판은 클러치 디스크를 플라이휠에 압착시키는 역할을 한다.

27
주행 중 물이 고인 도로를 통행 시 타이어 트레드가 물을 배출하지 못하여 노면과 타이어의 마찰력을 상실하게 하는 현상은?

① 하이드로 플래닝
② 워터 햄머링
③ 캐비테이션
④ 스탠딩 웨이브

> 하이드로 플래닝(수막 현상)이란 주행 중 물이 고인 도로를 고속으로 주행할 때 타이어 트레드가 물을 완전히 배출시키지 못해 노면과 타이어의 마찰력이 상실되는 현상

28
클러치 페달을 서서히 밟았더니, 소음이 날 때 고장 부위는?

① 릴리스 베어링의 불량
② 클러치 스프링 장력 부족
③ 클러치 축과 허브 사이의 스플라인 헐거움
④ 페달 유격 부족

> 클러치 페달을 밟을 때 소음이 나는 것은 릴리스 베어링이 불량할 때 소음이 난다.

정답 25 ④ 26 ④ 27 ① 28 ①

29
듀어 서보 자동 조정장치는 어느 경우에 작동되는가?

① 전진에서 브레이크가 작동되었을 때 조정된다.
② 후진에서 브레이크가 작동되었을 때 조정된다.
③ 전진할 때나 후진할 때 브레이크가 작동되면 조정된다.
④ 드럼과 라이닝간극이 규정보다 커지면 자동으로 조정된다.

> 드럼과 라이닝간극이 클 때 후진에서 브레이크가 작동되면 조정된다.

30
브레이크가 작동하지 않는 원인이 아닌 것은?

① 브레이크 오일 회로에 공기가 들어있을 때
② 브레이크 드럼과 슈의 간격이 너무나 과다할 때
③ 휠 실린더의 피스톤 컵이 손상되었을 때
④ 브레이크 오일 탱크 주입구 캡이 분실되었을 때

> 브레이크가 작동하지 않는 원인
> ① 브레이크 오일 부족 및 오일 누출
> ② 브레이크 계통 내 공기 혼입
> ③ 브레이크 배력장치 작동 불량
> ④ 패드 및 라이닝 접촉 불량
> ⑤ 패드 및 라이닝에 오일이 묻어있을 때
> ⑥ 페이드 현상 발생 시
> ⑦ 브레이크 라인이 막혔을 때

31
자동차 주행 중 바퀴 좌우의 진동을 말하는 것은?

① 시미   ② 트램핑
③ 로드 홀딩   ④ 스탠딩 웨이브

> 시미(shimmy)는 주행 중 바퀴의 좌우 진동을 말한다.

32
바퀴를 빼내지 않고도 액슬축을 분리할 수 있는 방식은?

① 전 부동식   ② 1/4 부동식
③ 반 부동식   ④ 3/4 부동식

> 액슬축 지지 방식에서 전 부동식은 바퀴를 떼어내지 않고도 액슬축을 분리할 수 있다.

33
유압식 브레이크 파이프에 사용되는 재료는?

① 강
② 구리
③ 주철
④ 알루미늄

> 녹과 부식을 방지하기 위해 방청 처리를 한 강 파이프가 사용된다.

정답 29 ② 30 ④ 31 ① 32 ① 33 ①

34
유압식 브레이크장치에서 잔압을 두는 목적으로 틀린 것은?

① 브레이크의 작동을 신속하게 한다.
② 베이퍼록을 방지한다.
③ 휠 실린더의 오일 누설을 방지한다.
④ 브레이크 페달의 유격을 작게 한다.

> 잔압을 두는 이유
> ① 브레이크 작동 지연 방지
> ② 회로 내에 공기 유입 방지
> ③ 휠 실린더 내에서의 오일 누출 방지
> ④ 베이퍼록을 방지한다.

35
판 스프링에서 스팬의 길이를 변화시켜 주는 것은?

① 닙   ② 섀클
③ 캠버   ④ 아이

> 판 스프링에서 스팬의 길이 변화를 변화시켜 주는 것은 섀클이다.

36
위시본형 현가장치의 SLA 형식에서 위 컨트롤 암의 길이는?

① 아래 컨트롤 암과 같다.
② 아래 컨트롤 암보다 길다.
③ 아래 컨트롤 암보다 짧다.
④ 차종에 따라서 다르다.

> 위시본형 현가장치의 SLA 형식에서 위 컨트롤 암의 길이는 아래 컨트롤 암보다 짧다.

37
가장 편안한 승차감을 얻을 수 있는 진동수는?

① 45cycle/min 이하
② 45~60cycle/min
③ 60~120cycle/min
④ 120cycle/min 이상

> ① 가장 편안한 승차감 : 60~120cycle/min
> ② 딱딱한 승차감 : 120cycle/min 이상
> ③ 멀미를 느끼는 승차감 : 45cycle/min 이하

38
캐스터에서 킹핀의 중심선과 바퀴 중심선을 지나는 수선이 노면과 만나는 거리를 무엇이라 하는가?

① 리드   ② 킹핀 거리
③ 킹핀 오프셋   ④ 캠버 오프셋

> 리드 또는 트레일이라고도 한다.

39
조향핸들이 1.5바퀴 회전되었을 때 피트먼 암이 60° 움직였다면 조향 기어비는 얼마인가?

① 6 : 1   ② 7 : 1
③ 8 : 1   ④ 9 : 1

정답 34 ④ 35 ② 36 ③ 37 ③ 38 ① 39 ④

> 조향 기어비(조향비) = $\dfrac{\text{조향핸들이 회전한 각도}}{\text{피트먼암이 움직인 각도}}$
> = $\dfrac{360° \times 1.5}{60°}$ = 9

40
타이어 트레드 패턴의 형식이 아닌 것은?

① 리브형　　② 러그형
③ 블록형　　④ 림형

> 타이어 트레드 패턴에는 리브 패턴, 러그 패턴, 리브 러그 패턴, 블록 패턴, 오프 더 로드 패턴 등이 있다.

41
다음 중 전자력의 크기가 가장 큰 경우는 어느 경우인가?

① 자계의 방향과 전류의 방향이 일치할 때
② 자계의 방향과 전류의 방향이 직각일 때
③ 자계의 방향과 전류의 방향이 반대 방향일 때
④ 자계의 방향과 전류의 방향이 45도로 교체될 때

> 자계의 방향과 전류의 방향이 직각일 때 전자력의 크기가 가장 크다.

42
주파수를 설명한 것 중 틀린 것은?

① 1초에 60회 파형이 반복되는 것을 60Hz라고 한다.
② 교류의 파형이 반복되는 비율을 주파수라고 한다.
③ $\dfrac{1}{주기}$ 은 주파수와 같다.
④ 주파수는 직류의 파형이 반복되는 비율이다.

> 주파수는 교류의 파형이 반복되는 비율이다.

43
전압과 도선의 길이가 일정할 때 도선의 지름을 1/2로 하면 저항과 전류는 어떻게 되는가?

① 모두 1/4로 감소한다.
② 모두 4배로 증가한다.
③ 저항은 4배로 증가하고 전류는 1/4로 감소한다.
④ 전류는 4배로 증가하고 저항은 1/4로 감소한다.

> 도선의 지름이 1/2로 되면, 저항은 4배로 증가하고 전류는 1/4로 감소한다.

44
다음 중 전류의 캐리어가 전자인 경우의 반도체는?

① P형 반도체　　② PN형 반도체
③ 진성 반도체　　④ N형 반도체

> N형 반도체는 전자가 많고, P형 반도체는 홀이 더 많다.

정답　40 ④　41 ②　42 ④　43 ③　44 ④

45
납산축전지의 양극판과 음극판의 수는?

① 모두 같다.
② 양극판이 1장 더 많다.
③ 음극판이 1장 더 많다.
④ 양극판이 2장 더 많다.

> 양극판이 음극판보다 더 활성적이기 때문에 화학적 평형을 유지하기 위해서 음극판이 1장 더 많다.

46
용량과 전압이 같은 축전지 2개를 직렬로 연결할 때의 설명으로 옳은 것은?

① 용량은 축전지 2배와 같다.
② 전압이 2배로 증가한다.
③ 용량과 전압 모두 2배로 증가한다.
④ 용량은 2배로 증가하지만 전압은 같다.

> 직렬 연결 시 전압은 2배로 증가하고 용량은 1개 때와 같으며, 병렬 연결 시 전압은 1개 때와 같고 용량은 2배로 증가한다.

47
발전기의 3상 교류에 대한 설명으로 틀린 것은?

① 3조의 코일에서 생기는 교류 파형이다.
② Y결선을 스타결선, △결선을 델타결선이라 한다.
③ 각 코일에 발생하는 전압을 선간전압이라 하며, 스테이터 발생전류는 직류전류가 발생된다.
④ △결선은 코일의 각 끝과 시작점을 서로 묶어서 각각의 접속점을 외부 단자로 한 결선 방식이다

> 각 코일에 발생하는 전압을 선간전압이라 하며, 스테이터 발생전류는 교류전류가 발생된다.

48
디젤 승용자동차의 시동장치회로 구성요소로 틀린 것은?

① 축전지 ② 기동전동기
③ 점화코일 ④ 예열·시동스위치

> 디젤 승용자동차는 압축 착화 방식으로 점화코일이 없으며, 가솔린기관 및 LPG기관에 사용된다.

49
시동전동기에서 계철의 역할은 무엇인가?

① 전압을 발생시킨다.
② 전기자를 회전시킨다.
③ 전류를 일정한 방향으로 흐르도록 한다.
④ 자력선의 통로로 자력손실을 방지한다.

> 계철은 자력선의 통로로 자력 손실을 방지한다.

정답 45 ③ 46 ② 47 ③ 48 ③ 49 ④

50
고속, 고압축비 엔진에서 사용하는 점화플러그는?

① 냉형　　② 열형
③ 고속형　④ 중간형

> 고속, 고압축비 엔진에서 사용하는 점화플러그는 냉형 점화플러그이다.

51
12V용 직류발전기의 컷인 전압으로 알맞은 것은?

① 9~10V　　② 11~12V
③ 13~14V　　④ 15~16V

> 컷인전압은 발전기로부터 축전지로 충전이 시작되는 전압으로 약 13.8V이다.

52
점화장치에서 점화시기를 결정하기 위한 가장 중요한 센서는?

① 크랭크 각센서　　② 스로틀 포지션센서
③ 냉각수 온도센서　④ 흡기 온도센서

> 크랭크 포지션센서는 연료분사 시기와 점화시기를 결정하기 위하여 크랭크축의 회전 각도를 검출하여 입력시키면 ECU는 기관의 회전수와 회전속도를 연산하여 점화시기와 연료분사시기, 공회전속도를 보정한다.

53
다음 중 시동전동기의 피니언과 링기어의 물림 방식에 속하지 않는 것은 어느 것인가?

① 피니언 섭동식　　② 벤딕스식
③ 전기자 슬립식　　④ 유니버설식

> 시동전동기 피니언과 링 기어의 물림 방식에는 벤딕스식, 전기자 섭동식, 피니언 섭동식이 있다.

54
자동차 발전기 B단자에서 발생되는 전기는?

① 3상 전파 정류된 직류전압
② 3상 반파 정류된 교류전압
③ 단상 전파 정류된 직류전압
④ 단상 반파 정류된 교류전압

> (+), (−)다이오드 각각 3개가 전파 정류하여 교류를 직류로 바꾼다.

55
시동전동기의 브러시는 얼마 이상 마모 시 교환하는가?

① 1/2　　② 1/3
③ 1/4　　④ 3/4

> 시동전동기의 브러시는 1/3 이상 마모되면 교환을 해야 한다.

정답　50 ①　51 ③　52 ①　53 ④　54 ①　55 ②

56
시동전동기 중 오버러닝 클러치를 사용하지 않는 방식은?

① 벤딕스식
② 전기자 섭동식
③ 풀인방식
④ 전기자 섭동식

> 벤딕스식은 피니언의 회전관성을 이용하므로 오버러닝 클러치를 사용하지 않는다.

57
SCR의 제어 단자를 무엇이라 하는가?

① 애노드 ② 캐소드
③ 게이트 ④ 베이스

> 사이리스터는 애노드(A), 게이트(G), 케소드(K)로 구성되어 있으며, 제어단자는 게이트 단자이다.

58
자동차 시스템에 따라 다를 수 있으나 도난 경보장치 구성부품으로 가장 거리가 먼 것은?

① 도어 열림 스위치
② 트렁크 열림 스위치
③ 후드 열림 스위치
④ 오일 압력 스위치

> 도난 경보기 입력 요소
> ① 모든 도어 스위치 : 4개의 도어 스위치를 병렬로 감지하여 어느 하나라도 열림이 있는 경우 경계 진입을 보류한다.
> ② 트렁크 스위치 : 트렁크가 열린 경우 경계 진입을 보류한다.
> ③ 후드 스위치 : 후드가 열린 경우 경계 진입을 보류한다.
> ④ 도어록 스위치 : 운전석과 동승석은 독립으로, 뒤 좌우는 병렬로 감지하며, 도어록 액추에이터 내의 록 스위치를 감지하여 실제로 도어록이 되었는지를 감지하여 경계 상태로 진입한다.

59
현재의 연료소비율, 평균속도, 항속 가능거리 등의 정보를 표시하는 시스템으로 옳은 것은?

① 종합경보 시스템(ETACS 또는 ETWIS)
② 엔진·변속기 통합제어 시스템(ECM)
③ 자동주차 시스템(APS)
④ 트립(Trip) 정보 시스템

> 트립 정보는 주행 평균속도, 주행거리, 회기온도, 항속 가능 거리 등 주행과 관련된 정보를 LCD 표시창을 통해 운전자에게 알려주는 시스템이다.

정답 56 ① 57 ③ 58 ④ 59 ④

60
배선에 있어서 기호와 색의 연결이 틀린 것은?

① Gr : 보라
② G : 녹색
③ R : 적색
④ Y : 노랑

> Gr-회색(Gray), G-녹색(Green), R-적색(Red), Y-노란색(Yellow), Br-보라색(Bromine)

정답 60 ①

자동차정비기능사 필기

초 판 발 행 | 2023년 2월 20일
개정1판 발행 | 2025년 1월 05일

저　　　자 | 자동차연구회
발　행　인 | 조규백
발　행　처 | 도서출판 구민사
(07293) 서울특별시 영등포구 문래북로 116, 604호(문래동 3가 46, 트리플렉스)
전　　　화 | (02) 701-7421
팩　　　스 | (02) 3273-9642
홈 페 이 지 | www.kuhminsa.co.kr

신 고 번 호 | 제2012-000055호 (1980년 2월 4일)
I S B N | 979-11-6875-476-8(13550)

값 | 24,000원

※ 낙장 및 파본은 구입하신 서점에서 바꿔드립니다.
※ 본서를 허락없이 부분 또는 전부를 무단복제 게재행위는 저작권법에 저축됩니다.